简明分析化学

主　编　马成有　王英华　来雅文

科学出版社

北　京

内 容 简 介

本书共分 8 章，包括绪论、定量分析的误差和数据处理、滴定分析法概论、酸碱滴定法、沉淀滴定法、配位滴定法、氧化还原滴定法、分光光度法。每章后附有本章小结、思考及练习题。在主体内容上力求简明扼要，脉络清晰。在具体细节上，深入探讨，体现研究型教学的特点。

本书可作为高等院校农学、地学、食品、医学、生物技术等相关专业本科生的分析化学教材，同时可供分析化学教师及科研人员参考。

图书在版编目（CIP）数据

简明分析化学 / 马成有，王英华，来雅文主编. —北京：科学出版社，2017.3

ISBN 978-7-03-052419-5

Ⅰ.①简… Ⅱ.①马… ②王… ③来… Ⅲ.①分析化学 Ⅳ.①O65

中国版本图书馆 CIP 数据核字（2017）第 055477 号

责任编辑：陈雅娴 / 责任校对：何艳萍
责任印制：赵 博 / 封面设计：迷底书装

科 学 出 版 社 出版
北京东黄城根北街 16 号
邮政编码：100717
http://www.sciencep.com

三河市书文印刷有限公司 印刷
科学出版社发行 各地新华书店经销

*

2017 年 3 月第 一 版　开本：720×1000　1/16
2017 年 3 月第一次印刷　印张：19 1/4
字数：377 000

定价：49.00 元
（如有印装质量问题，我社负责调换）

《简明分析化学》编写委员会

主　　编　马成有　王英华　来雅文

副主编　许迪欧　任林柱　卢　可
　　　　　汤肖丹　赵新运

编　　委（按姓名汉语拼音排序）
　　　　　邱建城　来雅文　李东哲　卢　可
　　　　　马成有　任林柱　汤肖丹　田　微
　　　　　王　楠　王英华　许迪欧　闫冬梅
　　　　　赵　昕　赵新运　邹　楠

前　言

为贯彻落实教育部《关于"十二五"普通高等教育本科教材建设的若干意见》(教高[2011]5号)和《吉林大学中长期改革与发展规划纲要(2011—2020)》，编者积极参与吉林大学本科"十二五"规划教材建设工作，以分析化学讲义为基础，在总结多年教学经验基础上编写了本书。

分析化学是一门计算精确、原理明确的科学，其知识系统性、内容连贯性强，较其他学科来说，分析化学以实验为基础，注重理论与实验相结合，注重实验细节。本书在内容安排上既充分考虑学科特点，又力求简明扼要、繁中求简。

分析化学是化学专业的基础课程之一，也是农学、地学、食品、医学、生物技术等相关专业的重要基础理论课程之一。通过本课程的学习，学生应掌握分析化学的基本理论，准确树立"量"的概念，在四大平衡的基础上了解滴定分析的基本原理和常见的具体应用。分析化学分为化学分析和仪器分析两个主要部分。本书主要内容是化学分析部分，具体包括：误差和分析数据处理、滴定分析法概论、酸碱滴定法、沉淀滴定法、配位滴定法、氧化还原滴定法，以及仪器分析中的分光光度法等内容。仪器分析也是分析化学的主要内容之一，其中分光光度法是仪器分析中很有代表性的一种光学分析方法，因此本书最后补充了这一方法的介绍。

本书编写分工如下：吉林大学王英华负责第1章和第3章，马成有负责第2章和第4章，许迪欧负责第5章，邸建城负责第6章，汤肖丹负责第7章，来雅文负责第8章；吉林大学任林柱、李东哲、闫冬梅和长春水利电力学校田微等负责部分图表的绘制以及文字、数据的校对工作；长春工程学院王楠及吉林大学卢可、邹楠、赵新运、赵昕等负责附录与每章思考及练习题的编写。全书由马成有负责统一整理、补充、修改，王英华负责定稿。

感谢吉林大学原农学部教务处、吉林大学教务处在本书出版过程中给予的大力支持，尤其是常晓宏老师给予的具体指导与帮助。感谢科学出版社通力合作。在本书编写过程中，参考、借鉴了相关学科的教材内容，在此一并表示感谢。

由于编者水平有限，加之成稿时间仓促，书中难免存在疏漏和不足之处，恳请读者批评指正。

编　者

2016年12月于长春

目 录

前言
第1章 绪论 ·· 1
  1.1 分析化学的任务和作用 ·· 1
  1.2 分析方法的分类 ·· 2
    1.2.1 结构分析、定性分析和定量分析 ·· 2
    1.2.2 无机分析和有机分析 ·· 2
    1.2.3 化学分析和仪器分析 ·· 2
    1.2.4 常量分析、半微量分析、微量分析和痕量分析 ································· 4
  1.3 分析化学的发展简史 ··· 4
  本章小结 ·· 6
  思考及练习题 ··· 7
第2章 定量分析的误差和数据处理 ·· 8
  2.1 误差的种类及产生的原因 ·· 8
    2.1.1 系统误差 ·· 8
    2.1.2 随机误差 ·· 9
  2.2 误差的表征——准确度和精密度 ··· 10
  2.3 误差的表示方法——误差与偏差 ··· 11
    2.3.1 准确度与误差 ·· 11
    2.3.2 精密度与偏差 ·· 12
  2.4 分析数据的统计处理与评价 ··· 14
    2.4.1 随机误差的正态分布规律 ·· 14
    2.4.2 有限次测定数据的统计处理——t 分布曲线 ·································· 16
    2.4.3 显著性检验 ··· 19
    2.4.4 可疑值的取舍 ··· 22
    2.4.5 分析结果的报告 ·· 24
  2.5 提高测定结果准确度的措施 ··· 25
    2.5.1 减小测量误差 ··· 25
    2.5.2 减小偶然误差 ··· 26
    2.5.3 消除系统误差 ··· 26

2.6 有效数字及其运算规则 ... 27
2.6.1 有效数字及其确定 ... 27
2.6.2 有效数字的修约规则 ... 28
2.6.3 有效数字的运算规则 ... 29
本章小结 ... 30
思考及练习题 ... 35

第3章 滴定分析法概论 ... 37
3.1 滴定分析的基础知识 ... 37
3.1.1 滴定分析的术语 ... 37
3.1.2 滴定分析的特点 ... 37
3.1.3 滴定分析的分类 ... 38
3.1.4 滴定分析的要求 ... 39
3.1.5 滴定分析的方式 ... 40
3.2 滴定分析中的标准溶液 ... 41
3.2.1 标准溶液浓度的表示方法 ... 41
3.2.2 标准溶液的配制和标定 ... 43
本章小结 ... 48
思考及练习题 ... 49

第4章 酸碱滴定法 ... 52
4.1 酸碱质子理论 ... 52
4.1.1 酸碱定义和共轭酸碱对 ... 52
4.1.2 酸碱反应 ... 53
4.1.3 酸碱的强弱、共轭酸碱的 $K_a^\ominus$ 和 $K_b^\ominus$ 对应关系 ... 54
4.2 酸碱溶液中氢离子浓度的计算 ... 56
4.2.1 酸度对水溶液中弱酸(碱)型体分布的影响 ... 57
4.2.2 质子条件式 ... 64
4.2.3 各种类型水溶液酸度计算 ... 65
4.3 酸碱指示剂 ... 77
4.3.1 酸碱指示剂的变色原理 ... 77
4.3.2 酸碱指示剂的变色范围 ... 78
4.3.3 影响酸碱指示剂变色范围的因素 ... 81
4.3.4 混合指示剂 ... 81
4.4 酸碱滴定法原理 ... 83
4.4.1 强酸强碱的滴定 ... 84
4.4.2 一元弱酸(碱)的滴定 ... 88

4.4.3 多元酸(碱)的滴定 96
4.4.4 混合酸(碱)的滴定 101
4.4.5 酸碱滴定中 CO_2 的影响 102
4.4.6 酸碱滴定中的返滴定法 107
4.5 酸碱滴定法的应用 108
4.5.1 酸碱标准溶液的配制及标定 108
4.5.2 酸碱滴定法应用实例 111
本章小结 117
思考及练习题 126

第5章 沉淀滴定法 129
5.1 银量法的滴定曲线 129
5.2 银量法的分类 132
5.2.1 莫尔法 132
5.2.2 福尔哈德法 135
5.2.3 法扬斯法 137
本章小结 138
思考及练习题 141

第6章 配位滴定法 143
6.1 EDTA 的分析特性 144
6.1.1 乙二胺四乙酸的性质及其离解平衡 144
6.1.2 EDTA 与金属离子形成螯合物的特点 145
6.2 影响 M-EDTA 配合物稳定性的因素 147
6.2.1 M-EDTA 配合物的稳定性 147
6.2.2 配位反应的副反应及副反应系数 148
6.2.3 M-EDTA 配合物的条件稳定常数 156
6.3 配位滴定法的基本原理(单一金属离子的滴定) 157
6.3.1 配位滴定曲线 157
6.3.2 影响配位滴定突跃的因素 160
6.3.3 单一金属离子准确滴定的条件 162
6.3.4 单一金属离子滴定的适宜酸度范围 163
6.4 金属离子指示剂 166
6.4.1 金属离子指示剂的性质和作用原理 166
6.4.2 金属离子指示剂应具备的条件 167
6.4.3 金属离子指示剂在使用中存在的问题 168
6.4.4 常用金属离子指示剂简介 169

6.4.5　金属离子指示剂的变色点和选择 …………………………… 171
　6.5　混合离子滴定简介 ………………………………………………… 174
　　　6.5.1　控制酸度进行分步滴定 …………………………………… 175
　　　6.5.2　使用掩蔽剂的选择性滴定 ………………………………… 177
　6.6　配位滴定法的应用 ………………………………………………… 179
　　　6.6.1　滴定方式 …………………………………………………… 179
　　　6.6.2　标准溶液的配制和标定 …………………………………… 181
　本章小结 ……………………………………………………………… 181
　思考及练习题 ………………………………………………………… 188

第7章　氧化还原滴定法 ………………………………………………… 190
　7.1　氧化还原反应的基本知识 ………………………………………… 190
　　　7.1.1　条件电极电势 ……………………………………………… 191
　　　7.1.2　影响条件电极电势的因素 ………………………………… 195
　　　7.1.3　氧化还原反应进行的程度 ………………………………… 200
　　　7.1.4　氧化还原反应的速率及其影响因素 ……………………… 203
　7.2　氧化还原滴定的基本原理 ………………………………………… 206
　　　7.2.1　氧化还原滴定曲线 ………………………………………… 206
　　　7.2.2　影响氧化还原反应滴定曲线的因素 ……………………… 210
　7.3　氧化还原滴定中的指示剂 ………………………………………… 212
　　　7.3.1　自身指示剂 ………………………………………………… 212
　　　7.3.2　特殊指示剂 ………………………………………………… 212
　　　7.3.3　氧化还原指示剂 …………………………………………… 212
　7.4　重要的氧化还原反应及其应用 …………………………………… 214
　　　7.4.1　高锰酸钾法 ………………………………………………… 215
　　　7.4.2　重铬酸钾法 ………………………………………………… 218
　　　7.4.3　碘量法 ……………………………………………………… 220
　本章小结 ……………………………………………………………… 224
　思考及练习题 ………………………………………………………… 233

第8章　分光光度法 ……………………………………………………… 235
　8.1　分光光度法概述 …………………………………………………… 235
　8.2　分光光度法的基本原理 …………………………………………… 236
　　　8.2.1　光的基本性质 ……………………………………………… 236
　　　8.2.2　溶液的颜色和对光的选择性吸收 ………………………… 237
　　　8.2.3　吸收光谱曲线 ……………………………………………… 238
　　　8.2.4　光吸收定律——朗伯-比尔定律 …………………………… 239

8.3 分光光度计 241
　　8.3.1 光度分析仪的基本部件 241
　　8.3.2 吸光度的测定 244
　　8.3.3 分光光度计简介 244
8.4 分光光度的定量分析方法及其应用 247
　　8.4.1 分光光度的定量分析方法 247
　　8.4.2 分光光度法的应用 254
本章小结 257
思考及练习题 260

参考文献 263
附录 264
　附录1 弱酸、弱碱的离解常数 264
　附录2 常用难溶电解质的溶度积常数 270
　附录3 配合物稳定常数 275
　附录4 常用标准电极电势 287

第1章 绪 论

分析化学是化学学科的一个重要分支,是研究物质的化学组成的分析方法及相关理论的一门学科。它通过发展和应用各种理论、方法、仪器和技术等来获取物质的组成和性质的信息,现在又称分析科学。

1.1 分析化学的任务和作用

分析化学的任务是鉴定物质的化学结构、化学成分及测定各成分的含量,它们分别属于结构分析、定性分析及定量分析研究的内容。要解决这些问题,就要应用相应的实验方法、实验技术和实验仪器。分析化学还担负着不断建立新的分析方法、开发新的实验技术和研究新的分析仪器的任务。

分析化学作为化学的分支学科,无论是对化学学科本身的发展还是化学相关学科的发展都起着至关重要的作用,在化学领域被称为"现代化学之母",是应用非常广泛的学科。同时,分析化学与数学、物理学、计算机科学、信息学、制造学、自动化技术等相互结合,学科发展不断被促进和推动。生命科学、食品科学、环境科学、地球科学、能源科学、材料科学、医药科学等领域为分析化学提供了广阔的发展空间,同时也给分析化学提出了更高的要求。

分析化学研究的范围很广泛。从分析对象来说,包括各种气态、固态或液态的无机物质和有机物质;从分析要求来说,包括对各种元素、化合物等的定性分析和定量分析,以及它们的存在形式和结构分析;从分析方法来说,包括各种化学方法、物理方法和物理化学方法等。

分析化学的应用十分广泛,它几乎与国民经济中的各个领域都有密切的联系。分析化学有"工农业生产的眼睛"、"科学研究的参谋"之称,是实现工业、农业、国防和科学技术现代化的重要手段和工具。在农业方面,对农药、化肥的研制,对土壤性质的分析,对农作物生长过程及规律的研究等,都要用到分析化学。在工业方面,工业原料的选择,工艺流程的控制,工业产品的检验都必须以分析结果为重要依据。在国防、公共安全等领域,武器装备的生产和研制,侦察、破获敌特活动和刑事犯罪方面也经常需要分析化学的紧密配合。在地球化学领域,岩石矿物等地质样品的分析测试,土壤、水、大气等样品的分析测试都需要用到分析化学的知识。化学学科的其他分支学科——无机化学、有机化学、物理化学、高分子化学、环境化学、放射化学等的发展也需要运用分析化学的方法来解决科学研究中的各种问题。现代生物学已经发展到分子水平，对分析化学提出了更高的要求，如单个细胞内检测痕量元素及其结合形式、活体分析以及基因序列测试。考古学也要利用分析化学来探求远古时代的秘密。

分析化学是一门实践性很强的学科，在掌握基本理论的同时，必须认真锻炼实验操作技能，分析并解决实验中的各种问题，要学会设计实验，知其然，更应知其所以然。

1.2 分析方法的分类

根据分析任务、分析对象、测试原理、操作方法和具体要求的不同，分析方法可分为许多种类。

1.2.1 结构分析、定性分析和定量分析

结构分析的任务是研究物质的分子结构、晶体结构或综合形态。定性分析的任务是鉴定物质由哪些元素、原子团、官能团或化合物组成。定量分析的任务是测定物质有关组分的含量。

1.2.2 无机分析和有机分析

根据分析对象是无机物质还是有机物质，分为无机分析和有机分析。分析对象不同，对分析方法的要求和分析使用手段都有所不同。无机物质所含的种类较多，分析结果以元素、离子、化合物等形式以及它们的相对含量表示；有机物质组成的元素种类虽然较少，但是结构复杂，要进行官能团的分析和结构分析。根据分析对象的不同，还可以进一步分类，如食品分析、环境样品分析、冶金分析、岩矿分析、药物分析、材料分析及生物样品分析等。

1.2.3 化学分析和仪器分析

根据测定原理，可将分析化学分为化学分析和仪器分析。

1. 化学分析

以物质的化学反应为基础的分析方法称为化学分析。许多定性分析中的分离和鉴定反应都是利用化学反应生成气体、沉淀或有色物质而进行的。定量分析主要有滴定分析法、重量分析法和气体分析法。

(1)滴定分析法是将其中一种溶液用滴定管逐滴加入另一种体积准确已知的

溶液中，两种溶液中，其一浓度准确已知，两者按照化学计量关系反应完毕后，根据两者的体积和其一的浓度，即可准确计算另一种溶液的浓度，得被测组分的含量。此法简便、快速，并且准确度较高，是最常用的定量化学分析方法。

(2) 重量分析法是利用被测物质与加入的试剂反应，生成稳定的沉淀，经过滤、洗涤、烘干，称量所得沉淀的质量，再根据化学计量关系，即可算得被测物质的质量。此方法结果准确度很高，但是操作比较麻烦，现在也很少用。

(3) 气体分析法是利用化学反应前后气体体积的变化进行定量测定的方法，其理论基础是气体定律，如理想气体状态方程、道尔顿气体分压定律等。气体分析法准确度不高。

2. 仪器分析

仪器分析是以物质的物理性质或物理化学性质为依据而设计的分析方法。这类方法通过测量物质的物理或物理化学参数来进行，需要较特殊的仪器，因此称为仪器分析。

依据具体的测定原理，仪器分析可分为光学分析法、电化学分析法、色谱分析法及质谱分析法等。随着科学技术的发展，各种新的仪器分析方法还在不断地被发现，新的仪器被不断地制造出来。仪器分析方法快速、灵敏，适用于微量、痕量组分的分析，在各行各业都有使用。

(1) 光化学分析是根据物质对特定波长的辐射能的吸收或发射建立起来的分析方法，有两大类：吸收光谱法和发射光谱法。

(2) 电化学分析是利用物质的电学或电化学性质建立的分析方法，如电位分析法、电解分析法、库仑分析法、极谱分析法和电导分析法。

(3) 色谱分析是根据物质的吸附或溶解性能不同而建立起来的分离、分析方法，主要有气相色谱分析法和液相色谱分析法。

(4) 质谱分析法是将离子按其质量与所带电荷的比值(简称质荷比，用 m/e 或 m/z 表示)的不同进行分离和测定的分析方法，简称质谱法。

仪器分析的出现是分析化学史上的一次重大变革，是现代分析化学的主体和发展方向。化学分析和仪器分析是分析化学的两大分支，两者互为补充。化学分析是仪器分析的基础，仪器分析本身离不开化学分析的原理和技术，并且对待分析样品的前处理、标准溶液的配制和标定、测定过程中对干扰的掩蔽等都需要利用化学分析的知识和方法进行解决和处理。分光光度法对显色反应的研究、离子选择性电极对电化学界面结构和机理的研究、色谱法对物质分离技术的研究等本身就属于化学分析研究的范畴。

1.2.4 常量分析、半微量分析、微量分析和痕量分析

根据分析过程中所用试样的用量及操作方法不同,可分为常量分析、半微量分析、微量分析和痕量分析。具体情况见表 1-1。

表 1-1 根据试样用量分类的各种分析方法

分析方法	试样用量/mg	试液体积/mL
常量分析	>100	>10
半微量分析	10~100	1~10
微量分析	0.1~10	0.01~1
痕量分析	<0.1	<0.01

以上分类方法的划分是人为的,不同的国家或部门常有不同的分类方法。

常量分析、半微量分析、微量分析和痕量分析并不表示它们与被测组分含量之间的关系。通常根据被测组分的质量分数,又粗略地分类为常量组分分析(>1%)、微量组分分析(0.01%~1%)和痕量组分分析(<0.01%),见表 1-2。

表 1-2 根据被测组分的质量分数分类的分析方法

分析方法	组分质量分数/%
常量组分分析	>1
微量组分分析	0.01~1
痕量组分分析	<0.01

1.3 分析化学的发展简史

分析化学的发展具有悠久的历史,起源可以追溯到几千年前古人为了追求长生不老而对炼丹术的研究。16 世纪出现了第一个使用天平的实验室,才使分析化学开始具有科学的内涵。无机定性分析曾一度是化学科学的前沿,它对元素的发现和地质、矿产资源的勘探等都起过重要的作用;定量分析对工农业生产的发展,特别是许多化学基本定律的确定作出过巨大贡献。但是,分析化学发展成为一门独立的学科,一般认为是 20 世纪初。

20 世纪以来,由于现代科学技术的发展,相邻学科间的相互渗透,分析化学

的发展经历了三次巨大变革。

第一次变革：发生在20世纪初，由于物理化学的发展，具体就是化学热力学的发展，溶液中四大平衡理论的建立，分析化学从一门技术发展成一门科学，成为化学的一个分支。

第二次变革：发生在第二次世界大战前后，直到20世纪60年代，物理学、电子学、半导体及原子能工业的发展促进了分析中物理方法的发展。一些简便、快速的仪器分析方法取代了常规的分析方法，奠定了仪器分析发展的基础。当时，有人称与其把今天的分析化学叫"分析化学"还不如叫"分析物理"更符合实际。也可以说，20世纪60年代是分析化学、物理学、电子学结合的时代。

第三次变革：从20世纪70年代末到现在，在以计算机应用为主要标志的信息时代，计算机技术的飞速发展给科学技术的发展带来巨大的活力，分析化学正处在第三次变革时期。对分析化学的要求不再限于定性分析和定量分析的范畴，而是要求能提供更多、更全面、更深层次的信息。从常量到微量及微粒分析，从组成到形态分析，从总体到微区分析，从宏观组分到微观结构分析，从整体到表面及逐层分析，从静态到快速反应追踪分析，从破坏试样到无损分析，从离线到在线分析等。总之，分析化学吸收了当代科学技术的最新成就，利用一切可以利用的物质性质，建立了分析化学的新技术和新方法。

现在的分析化学在生命科学、食品科学、环境科学、材料科学等领域有着辉煌的发展前景，在这些研究领域中起着越来越重要的作用，并逐渐发展了一些边缘学科和分支学科。分析化学自身也向着灵敏度更高、准确度更高、选择性更好的方向发展。

计算机技术的发展提高了仪器分析的灵敏度和准确度，检出限更低，如激光探针质谱法对某金属的检出限可达$10^{-20} \sim 10^{-19}$ g，电子探针分析所用试液体积最少可达10^{-12} mL，高含量的组分分析测定的相对误差可达0.01%以下。另外，计算机在分析数据处理、实验条件选择及优化中起着越来越重要的作用。

不同分析方法的联合应用也是分析化学的一个重要发展方向。充分发挥各种分析方法的优势，使分析功能更为强大，如气相色谱与质谱联用、高效液相色谱与质谱联用、气相色谱与红外光谱联用、等离子体与质谱联用、高效液相色谱与核磁共振技术联用。随着科学技术的发展，各种高精尖仪器更会脱颖而出，达到令人意想不到的效果。

在所有的分析化学方法研究中，都是以提高分析方法或仪器的灵敏度、准确度、选择性、自动化、智能化、人性化为研究目标。

分析化学已经发展到"分析科学"阶段。分析化学正在成长为一门建立在化学、物理学、数学、计算机科学、精密仪器制造等学科基础上的综合性学科。

本 章 小 结

分析化学是化学学科的一个重要分支，是研究物质的化学组成的分析方法及相关理论的一门学科。分析化学分为化学分析和仪器分析两部分主要内容。化学分析是以利用物质的化学反应为基础的分析方法。化学分析历史悠久，是分析化学的基础，又称经典分析。仪器分析是指采用比较复杂或特殊的仪器设备，通过测量物质的某些物理或物理化学性质的参数及其变化来获取物质的化学组成、成分含量及化学结构等信息的分析方法。

1. 分析化学的任务和作用

分析化学的任务是确定物质的化学组成，测量各组成的含量以及表征物质的化学结构。

分析化学研究和应用的范围非常广泛。它几乎与国民经济中的各个领域都有密切的联系。

分析化学作为化学学科的分支学科之一，在化学学科中也居于核心地位。

2. 分析化学的分类

根据分析任务、分析对象、测试原理、操作方法和具体要求的不同，分析方法可分为许多种类。

(1) 结构分析、定性分析和定量分析。

结构分析的任务是研究物质的分子结构、晶体结构或综合形态。定性分析的任务是鉴定物质由哪些元素、原子团、官能团或化合物组成。定量分析的任务是测定物质有关组分的含量。

(2) 无机分析和有机分析。

根据分析对象是无机物质还是有机物质，分为无机分析和有机分析。

(3) 化学分析和仪器分析。

根据测定原理，可将分析化学分为化学分析和仪器分析。以物质的化学反应为基础的分析方法称为化学分析。仪器分析是以物质的物理性质或物理化学性质为依据而设计的分析方法。

(4) 常量分析、半微量分析、微量分析和痕量分析。

根据分析过程中所用试样的用量及操作方法不同，可分为常量分析、半微量分析、微量分析和痕量分析。

(5) 常量组分分析、微量组分分析和痕量组分分析。

根据被测组分的质量分数,又粗略地分类为常量组分分析(>1%)、微量组分分析(0.01%~1%)和痕量组分分析(<0.01%)。

3. 分析化学的发展简史

第一次变革:因为化学热力学的发展,建立了溶液中的四大平衡理论,分析化学从一门技术发展成一门科学。

第二次变革:物理学、电子学等相关学科的发展促进了分析中物理方法的发展,即仪器分析的发展。

第三次变革:目前,分析化学正处在第三次变革时期,生命科学、环境科学、新材料科学发展的要求,生物学、信息科学、计算机技术的引入,使分析化学进入了一个崭新的时期。从采用的手段看,是在综合光、电、热、磁等现象的基础上进一步采用数学、计算机科学及生命科学等学科新成就对物质进行纵深分析的科学;从解决的任务看,现代分析化学已发展成为获取形形色色物质尽可能全面的信息,进一步认识自然、改造自然的科学。现代分析化学的任务已不只限于测定物质的组成及含量,而是要对物质的形态、结构、微区、薄层及化学和生物活性等进行瞬时追踪、无损和在线监测等分析及过程控制。随着计算机科学及仪器自动化的飞速发展,分析化学家也不能只满足于分析数据的提供,而是要和其他学科的科学家合作,成为生产和科学研究中实际分析难题的解决者。

思考及练习题

1. 简述分析化学的任务和作用。
2. 简述分析化学的分类。
3. 简述分析化学的发展历程。
4. 如何学好分析化学?

第 2 章 定量分析的误差和数据处理

在定量分析中,准确的分析方法、准确的数据记录是非常重要的。
测定结果的两个特征:
(1)即使是技术最可靠的分析技术人员,采用最可靠、最先进的测量方法,配备最先进、最精密的分析仪器进行测定,其测定结果也不可能绝对准确。
(2)同一个人对同一样品在相同条件下进行多次平行测定,所测结果也不可能完全相同。

定量分析中误差是不可避免的,定量分析的结果只能是真值的近似值。误差是客观存在的。

2.1 误差的种类及产生的原因

误差是测量值与真实值之间的差距。误差有正负,测量值高于真实值为正误差,测量值低于真实值为负误差。根据误差产生的原因及其性质的不同可分为两大类,即系统误差和随机误差。

2.1.1 系统误差

系统误差又称可测量误差,系统误差是由某些固定原因造成的,系统误差的正负和大小有一定的规律性,或者总是正的,或者总是负的,或者总是大的,或者总是小的,即系统误差具有单向性和重复性。根据系统误差的来源可将其分为三类:方法误差、仪器及试剂误差、操作误差。

方法误差:分析方法本身不尽完善,不管分析技术人员如何严格遵守操作规程,如何认真负责,仍然不可避免误差。

仪器及试剂误差:如分析天平的灵敏度不符合要求,出现倾向性误差,称量时读数总是偏大或总是偏小。在钙、镁离子的定量分析实验中,所用的分析试剂中钙、镁离子的含量超标,导致分析结果不准确。

操作误差:这类误差是由分析技术人员的主观因素造成的。例如,分析技术人员在观察滴定管读数时总是把数据读大或总是读小,这可能和个人习惯有关。在滴定分析时,对滴定误差的判断,如对指示剂颜色突变的敏感程度不同,会对数据结果有一定的倾向性影响。以上是系统误差的大致来源。

系统误差具有如下特点：

(1) 系统误差对分析结果的影响是比较固定的，系统误差的大小和正负是可以测定的，因而可以校正。

(2) 系统误差采用数理统计的方法是不能消除的，但系统误差可以用对照实验、空白试验、校准仪器等方法加以校正。

(3) 系统误差具有单向性、规律性、重复性、可测性。

系统误差影响测定结果的准确度，增加平行测定次数，采取数理统计的方法并不能消除此类误差。系统误差必须采取相应的办法加以校正。

2.1.2 随机误差

随机误差又称偶然误差，是指在分析过程中由某些随机的偶然因素造成的误差。例如，测量时的环境温度、湿度及大气压等外界条件的微小变动等引起的测量数据波动。它的特点是大小、方向均不确定，具有可变性。随机误差的大小决定分析结果的精密度。

随机误差虽然不能通过校正而减小或消除，但它遵循一定的统计规律，可以通过增加平行测定次数从而减小随机误差，并采用数理统计方法对测定结果做出正确的表达。

在平行条件下多次测定结果的随机误差的分布有一定规律：①大小相等的正负误差出现的概率相等；②小误差出现的概率高，大误差出现的概率低。

系统误差与随机误差的划分界线并非严格，有时对某种误差很难界定是系统误差还是随机误差。在误差允许范围内的系统误差可以认为是随机误差。例如，用毫米级的刻度尺量一个只需准确到米级的长度，即使尺有些问题，也是在允许范围之内的；用万分之一的分析天平称量蔬菜、粮食的质量，俗称"大材小用"，即使天平有些误差，误差也应该在允许之内。又如，通过观察指示剂颜色来判断滴定终点，指示剂的变色范围有倾向于或酸或碱一面，但是如果在误差允许范围之内，这个指示剂就是可以用的，如果对滴定误差的要求更高时，可能这个指示剂所带来的误差就是系统误差了。

随机误差比系统误差更具有普遍意义。

由于分析技术人员的粗心大意或不按操作规则进行操作而产生的，不能称之为误差，而是"过失"。在处理数据时，如果发现过失所引起的错误，应该把这次测定结果弃去不用，也可以用数理统计的方法检查这次测定结果是不是由过失引起的。

2.2 误差的表征——准确度和精密度

测定结果的准确度是指测定结果与真实值的接近程度。测定结果与真实值之间差别越小，则测定结果的准确度越高。

为了获取更准确的测定结果，在实际工作中，人们总是在平行条件下对同一样品进行多次测定，获取多个测定值，并取其算术平均值，以此作为最后的测定结果。

如果平行测定的数据很接近，说明精密度较高。精密度就是多次平行测定结果相互接近的程度。

那么如何用准确度和精密度这两个指标来评价分析结果的好坏呢？

图 2-1 表示甲、乙、丙、丁四人测定同一试样中某成分含量时所得的结果。由图可见，甲所得结果的准确度和精密度都好，结果可靠；乙的测定结果是精密度很高，但是准确度很低，存在系统误差；丙的精密度和准确度都很差；丁的几个测定结果彼此之间离散，精密度不好，但是准确度较为接近真实值，但这也只是巧合而已，是较大的正、负误差彼此相消，所以测定次数尽量选奇数次而不选偶数次是有道理的。

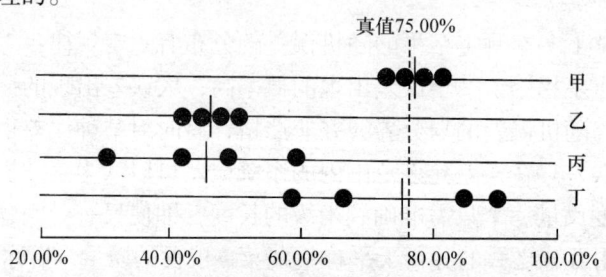

图 2-1　不同分析技术人员对同一样品的测定结果
●表示每次测定结果；▎表示平均值

由图 2-1 可见，好的测定结果，准确度与精密度都要好；精密度差，结果绝不可信，即使准确度好也不行，因为有可能是巧合，不具有普遍性和代表性；但精密度好，也不能保证准确度一定就好，仅凭好的精密度不能断定分析结果一定可靠。因此，有以下结论：

(1) 精密度是保证准确度的先决条件，精密度差，所得到的分析结果不可靠，就不能谈准确度的问题了，因为它失去了衡量准确度的前提。

(2) 精密度好，准确度也未必好。精密度和准确度必须同时具备，才能保证有可靠的分析结果。

2.3 误差的表示方法——误差与偏差

2.3.1 准确度与误差

准确度是指测定结果与真实值的接近程度。准确度高低用误差表示。

每个测定结果 x_1、x_2、$\cdots$、x_n 与真值 T 的差异称为每个测定结果的误差,分别表示为

$$x_1 - T 、 x_2 - T 、 \cdots 、 x_i - T 、 \cdots 、 x_n - T$$

通常是用各次测定结果的平均值 $\bar{x}$ 来表示测定结果,因此用 $\bar{x} - T$ 来表示测定结果的误差。

误差可用绝对误差 E_a 和相对误差 E_r 两种方法来表示:

$$E_a = x_i - T \tag{2-1}$$

式(2-1)为单次测定结果的绝对误差

$$E_a = \bar{x} - T \tag{2-2}$$

式(2-2)为各次测定结果平均值 $\bar{x}$ 的绝对误差,实际是全部单个测定结果的误差的算术平均值。

$$E_r = \frac{E_a}{T} \tag{2-3}$$

误差越小,表示结果与真值越接近,测定的准确度越高;反之,误差越大,测定的准确度越低。误差有正负:$\bar{x} > T$ 时,误差为正误差;$\bar{x} < T$ 时,误差为负误差。

相对误差比绝对误差更具实际意义,更为常用。

【例 2-1】 用分析天平称量两个试样,测得质量分别为 0.0041g 和 5.1258g,两试样真实质量分别为 0.0043g 和 5.1260g,计算两测定结果的绝对误差和相对误差。

解
$$E_a = x_i - T$$
$$E_{a1} = 0.0041\text{g} - 0.0043\text{g} = -0.0002\text{g}$$
$$E_{a2} = 5.1258\text{g} - 5.1260\text{g} = -0.0002\text{g}$$

两个试样的质量相差很大,但是称量的绝对误差都为 -0.0002g,误差在测定结果中所占的比例没有反映出来。因此,只用绝对误差不能全面地反映测量误差对分析结果准确度的影响。

计算各自的相对误差:

$$E_r = \frac{E_a}{T}$$

$$E_{r1} = \frac{E_{a1}}{T_1} = \frac{-0.0002\text{g}}{0.0043\text{g}} = -5\%$$

$$E_{r2} = \frac{E_{a2}}{T_2} = \frac{-0.0002\text{g}}{5.1260\text{g}} = -0.004\%$$

从二者相对误差来看,前者测量的相对误差为–5%,后者测量的相对误差很小,仅为–0.004%,这是因为后者的实际质量要远大于前者。因此,增大称样量有助于减小称量的相对误差。

真值是不可能准确知道的,实际工作中往往用"标准值"代替真实值来进行准确度的检验。标准值是标准品上标注的某种物质含量的数据值,是由具有丰富经验的分析技术人员经过反复多次测定得出的比较准确的结果。

2.3.2 精密度与偏差

精密度是指同一样品在相同条件下所做多次平行测定的各个结果相互吻合的程度,或者说是各个测定结果之间的离散程度,表现测定结果的重复性。

精密度常用偏差衡量:偏差越小,精密度越高,表示平行测定结果的接近程度越好。

偏差的种类有绝对偏差、平均偏差、相对平均偏差及相对偏差,具体如下:

$$d_i = x_i - \bar{x} \quad (i = 1, 2, \cdots, n) \tag{2-4}$$

单次测定结果与平均值之差为绝对偏差。

如果将单次测定结果的绝对偏差相加,则得

$$\sum_{i=1}^{n} d_i = \sum_{i=1}^{n} (x_i - \bar{x}) = \sum_{i=1}^{n} x_i - n\bar{x} = 0$$

可见单次测定结果的绝对偏差之和等于零,即不能用偏差之和来表示一组分析测定结果的精密度。因此,为了说明分析测定结果的精密度,通常用单次测定结果的绝对偏差的绝对值的平均值即平均偏差 $\bar{d}$ 来表示其精密度。

$$\bar{d} = \frac{|d_1| + |d_2| + \cdots + |d_n|}{n} = \frac{\sum_{i=1}^{n} |d_i|}{n} \tag{2-5}$$

相对平均偏差为平均偏差与平均值之比,常以百分数形式表示:

$$\bar{d}_r = \frac{\bar{d}}{\bar{x}} \times 100\% \tag{2-6}$$

单次测定结果的绝对偏差与平均值之比为相对偏差 d_{r_i}。

$$d_{r_i} = \frac{d_i}{\bar{x}} \quad (i=1,2,\cdots,n) \tag{2-7}$$

【例 2-2】 下列数据为两组平行测定结果及其绝对偏差，据此计算两组测定结果的平均偏差。

第一组	10.30	9.80	9.60	10.20	10.10	10.40	10.00	9.70	10.20	9.70
绝对偏差	+0.30	−0.20	−0.40	+0.20	+0.10	+0.40	0.00	−0.30	+0.20	−0.30
第二组	10.00	10.10	9.30	10.20	9.90	9.80	10.50	9.80	10.30	10.10
绝对偏差	0.00	+0.10	−0.70	+0.20	−0.10	−0.20	+0.50	−0.20	+0.30	+0.10

解

$$\bar{d_1} = \frac{0.30+0.20+0.40+0.20+0.10+0.40+0.00+0.30+0.20+0.30}{10} = 0.24$$

$$\bar{d_2} = \frac{0.00+0.10+0.70+0.20+0.10+0.20+0.50+0.20+0.30+0.10}{10} = 0.24$$

第一组数据的 $\bar{d_1}=0.24$，第二组数据的 $\bar{d_2}=0.24$，两组数据的平均偏差相同，但明显可以看出，第二组数据较为分散，因其中有两个较大的偏差：−0.70 和+0.50。因此，用平均偏差反映不出这两批数据的好坏，对极值反映不灵敏。

如果用标准偏差或相对标准偏差来表示，情况就会分明。标准偏差又称均方根偏差，当平行测定次数趋于无穷大时，标准偏差定义为

$$\sigma = \sqrt{\frac{\sum_{i=1}^{n}(x_i-\mu)^2}{n}} \tag{2-8}$$

式中，μ 为无限多次平行测定结果的平均值，称为总体平均值。

一般分析工作仅做有限次平行测定，此时标准偏差用 s 表示，定义为

$$s = \sqrt{\frac{\sum_{i=1}^{n}(x_i-\bar{x})^2}{n-1}} = \sqrt{\frac{\sum_{i=1}^{n}d_i^2}{n-1}} = \sqrt{\frac{\sum_{i=1}^{n}x_i^2-(\sum_{i=1}^{n}x_i)^2/n}{n-1}} \tag{2-9}$$

在例 2-2 中两组数据的标准偏差分别为

$$s_1 = \sqrt{\frac{\sum_{i=1}^{n}d_i^2}{n-1}}$$

$$= \sqrt{\frac{0.30^2 + 0.20^2 + 0.40^2 + 0.20^2 + 0.10^2 + 0.40^2 + 0.00^2 + 0.30^2 + 0.20^2 + 0.30^2}{10-1}}$$

$$= 0.28$$

$$s_2 = \sqrt{\frac{\sum_{i=1}^{n} d_i^2}{n-1}}$$

$$= \sqrt{\frac{0.00^2 + 0.10^2 + 0.70^2 + 0.20^2 + 0.10^2 + 0.20^2 + 0.50^2 + 0.20^2 + 0.30^2 + 0.10^2}{10-1}}$$

$$= 0.33$$

第一组数据的精密度较好，可见标准偏差对极值反应灵敏，故用其表示精密度要比用平均偏差效果好，更能反映测定值的离散程度。

相对标准偏差（又称变异系数）可表示为

$$\text{CV} = \frac{s}{\bar{x}} \times 100\% \tag{2-10}$$

CV是样本标准偏差占样本平均值的百分数。

【例2-3】 用丁二酮肟重量法测定钢铁中Ni的百分含量，结果为10.48%、10.37%、10.47%、10.43%、10.40%，计算单次分析结果的平均偏差、相对平均偏差、标准偏差和相对标准偏差。

解
$$\bar{x} = 10.43\%$$

$$\bar{d} = \frac{\sum |d_i|}{n} = \frac{0.18\%}{5} = 0.036\%$$

$$\bar{d}_r = \frac{\bar{d}}{\bar{x}} \times 100\% = \frac{0.036\%}{10.43\%} \times 100\% = 0.35\%$$

$$s = \sqrt{\frac{\sum d_i^2}{n-1}} = \sqrt{\frac{8.6 \times 10^{-7}}{4}} = 4.6 \times 10^{-4} = 0.046\%$$

$$\text{CV} = \frac{s}{\bar{x}} \times 100\% = \frac{0.046\%}{10.43\%} \times 100\% = 0.44\%$$

2.4 分析数据的统计处理与评价

2.4.1 随机误差的正态分布规律

在平行条件下多次测定结果的随机误差的分布遵循正态分布规律，其数学表达式为

$$y = f(x) = \frac{1}{\sigma\sqrt{2\pi}} e^{-\frac{(x-\mu)^2}{2\sigma^2}} \tag{2-11}$$

式中，y 为测定值 x 出现的概率密度；x 为测量值；μ 为总体平均值，反映测量值分布的集中趋势，在没有系统误差存在时，μ 为真值 T；σ 为总体标准偏差，反映测量值分布的离散程度；$(x-\mu)$ 为随机误差。当 $x=\mu$ 时，y 最大；当测定值大于总体平均值时，随机误差为正误差；当测定值小于总体平均值时，随机误差为负误差。

具体用正态分布曲线进行解释，见图 2-2。图解说明：

(1) 纵坐标表示概率密度 y，其意义是测定值 x 在某点出现次数与总测定次数之比，或者是测定值的随机误差在某点出现次数与总测定次数之比。

(2) 横坐标表示测定值 x，横坐标也可以用随机误差表示，随机误差等于 0 时，测定值等于 μ。

(3) 当 σ 较大时曲线较平缓，当 σ 较小时曲线较陡峭。总体标准偏差 σ 越大，精密度越不好，测定结果落在 μ 附近的概率很小，以 μ 代表真值的可信程度很低。总体标准偏差 σ 越小，精密度越好，测定结果落在 μ 附近的概率很大，以 μ 代表真值的可信程度很高。σ 不同的正态分布曲线如图 2-3 所示。

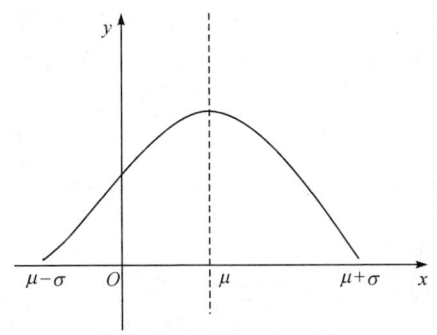

图 2-2 正态分布曲线

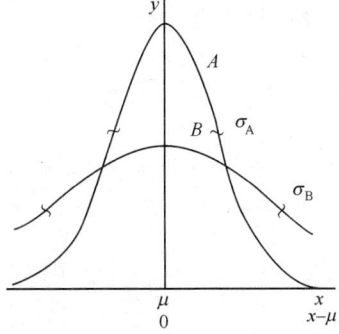

图 2-3 σ 不同的正态分布曲线

(4) $x=\mu$，$y=f(x)=\dfrac{1}{\sigma\sqrt{2\pi}}$。$x=\mu\pm\sigma$，$y=\dfrac{1}{\sigma\sqrt{2\pi}}e^{-\frac{1}{2}}$，有拐点。$x\to\pm\infty$，$y\to 0$，曲线以 x 轴为渐近线。

随机误差的正态分布具有以下特性：

(1) 对称性：绝对值相等的正负随机误差出现的概率相等，纵轴左右对称，称为误差的对称性。

(2) 绝对值小的随机误差比绝对值大的随机误差出现的概率大，曲线的形状是中间高两边低，称为误差的单峰性。

(3)在一定的测量条件下,随机误差的绝对值不会超过一定界限,称为误差的有界性。

(4)随着测量次数的增加,随机误差的算术平均值趋于零,称为误差的抵偿性。抵偿性是随机误差最本质的统计特性,换言之,凡具有抵偿性的误差,原则上均按随机误差处理。

2.4.2 有限次测定数据的统计处理——t分布曲线

在没有系统误差的条件下,无限次平行测定各结果的随机误差的代数和趋于0,即无限次平行测定结果的平均值——总体平均值μ趋于真值。

在没有系统误差的条件下,无限次平行测定结果的随机误差遵从正态分布规律。

在没有系统误差的条件下,有限次平行测定,随机误差不遵从正态分布规律,各测定结果的平均值$\bar{x}$只能接近μ,只能用有限次测定数据的标准偏差s来估计测量数据的分散情况。

英国化学家、统计学家戈塞特(Gosset)提出t分布(student distribution)规律,用t分布可描述测量次数有限时随机误差的分布规律。

t分布曲线的纵坐标是概率密度,横坐标是t,如图2-4所示。t分布可说明当测量次数n不大时($n<20$)随机误差分布的规律性。t分布曲线与正态分布曲线很近似,只是t分布曲线随着自由度$f=n-1$而改变。

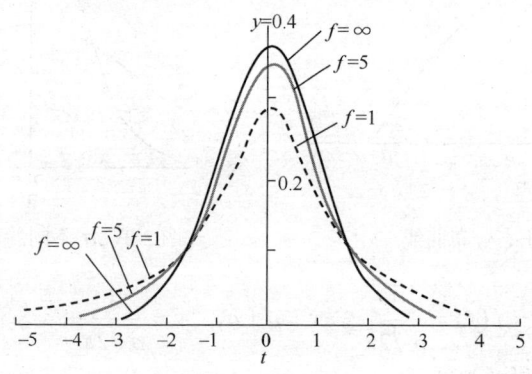

图2-4 t分布曲线

当$f<10$时,t分布曲线与标准正态分布曲线差别较大;当$f>20$时,t分布曲线与标准正态分布曲线很近似;当$f\to\infty$时,t分布曲线趋于标准正态分布曲线。

t 定义为

$$t = \frac{\overline{x} - \mu}{s}\sqrt{n}$$

变换得

$$\mu = \overline{x} \pm \frac{ts}{\sqrt{n}} \qquad (2\text{-}12)$$

式中，s 为标准偏差；n 为测定次数；t 为校正系数。t 的取值与选定的置信度 P 及测定次数 n 有关(表 2-1)。

表 2-1　t 分布值表

自由度 $f = n - 1$	置信度 P			
	0.50	0.90	0.95	0.99
1	1.00	6.31	12.71	63.66
2	0.82	2.92	4.30	9.93
3	0.76	2.35	3.18	5.84
4	0.74	2.13	2.78	4.60
5	0.73	2.02	2.57	4.03
6	0.72	1.94	2.45	3.71
7	0.71	1.90	2.37	3.50
8	0.71	1.86	2.31	3.36
9	0.70	1.83	2.26	3.25
10	0.70	1.81	2.23	3.17
20	0.69	1.73	2.09	2.85
30		1.70	2.04	2.75
60		167	2.00	2.66
120		1.66	1.98	2.62
∞		1.64	1.96	2.58

式(2-12)表示，在没有系统误差的情况下，在一定把握程度(如 95%、90%，统计学中称为置信度)上，估计总体平均值 μ 会在以测定平均值 $\overline{x}$ 为中心的多大范围或半径 $\left(\dfrac{ts}{\sqrt{n}}\right)$ 内出现。统计学中称此范围(或半径)为置信区间。

置信度也称置信水平，是指人们所作判断的可靠程度。它与概率在数值上是相等的，但是二者观察的角度是不一样的。从数学意义来说，$\overline{x} = \mu \pm ts$ 和 $\mu = \overline{x} \pm ts$ 是完全等效的。从概率角度来讲，$\overline{x} = \mu \pm ts$ 的含义是在假定 μ 已知的情况下，以 μ 为中心来考察测量值 $\overline{x}$ 在 μ 附近某一范围内出现的可能性有多大。

置信区间：在某一置信度下，以测定结果为中心的包含确定的 μ 在内的可能性范围称为置信区间，也称置信界限。它是正确表示真值的一种统计测定。

置信度与置信区间是对立统一体。置信度越高，置信区间就越大；置信度越低，置信区间就越小。置信度高低反映了把握程度大小，置信区间的大小反映了估计的精密度高低。过高的置信度意味着极宽的置信区间，精密度极差，结果毫无意义。在实际工作中，置信度不能定得过高或过低。因此，在作统计推断时必须兼顾置信度和置信区间。既要使置信区间足够窄，以使对真值的估计比较准确，又要使置信度较高，以使置信区间内包含真值的可能性较大。

一定置信度下，测定次数 n 越多，t 值越小，所得置信区间就越小，对结果估计的精度越高，这说明平行测定次数越多，平均值 $\bar{x}$ 与 μ 越接近，随机误差对准确度的影响越小。但 n 超过 20 次后，t 值基本不再减小，因此过多增加测定次数对减小随机误差已经失去意义了。

标准偏差也影响置信区间：若测定的精密度差，则置信区间就宽，即随机误差对准确度的影响较大。因此，只有在保证精密度满足要求的条件下，做多次平行测定取平均值才能减小随机误差对准确度的影响。

【例 2-4】 分析测试结果分别为 2.06、1.93、2.12；后来又做了两次测试，结果分别为 2.04 和 2.04。试分别计算 3 次和 5 次检测结果的总体平均值（真值）的置信区间，$P = 0.95$。

解 检测 3 次时：
$$\bar{x} = \frac{2.06 + 1.93 + 2.12}{3} = 2.04$$

$$s = \sqrt{\frac{(2.06-2.04)^2 + (1.93-2.04)^2 + (2.12-2.04)^2}{3-1}} = 0.097$$

查表 2-1 知，当 $P = 0.95$，$f = 3 - 1 = 2$ 时，$t = 4.30$

$$\mu = \bar{x} \pm \frac{ts}{\sqrt{n}} = 2.04 \pm 4.30 \times \frac{0.097}{\sqrt{3}} = 2.04 \pm 0.24$$

检测 5 次时：
$$\bar{x} = \frac{2.06 + 1.93 + 2.12 + 2.04 + 2.04}{5} = 2.04$$

$$s = \sqrt{\frac{(2.06-2.04)^2 + (1.93-2.04)^2 + (2.12-2.04)^2 + (2.04-2.04)^2 + (2.04-2.04)^2}{5-1}}$$
$$= 0.069$$

查表 2-1 知，当 $P = 0.95$，$f = 5 - 1 = 4$ 时，$t = 2.78$

$$\mu = \bar{x} \pm \frac{ts}{\sqrt{n}} = 2.04 \pm 2.78 \times \frac{0.069}{\sqrt{5}} = 2.04 \pm 0.086$$

2.4.3 显著性检验

系统误差往往严重影响准确度，因此定量分析工作中必须检验其是否存在，具体方法有三种：

(1) 做对照实验：选用组成与试样相近的标准试样做测定，若测定结果 $\bar{x}$ 与标准值 μ 不符，则说明存在系统误差，原因可能是方法、仪器或试剂等其他影响系统误差来源的因素。如果仪器和试剂有所保证，则系统误差来源的最大可能性就是方法误差。

(2) 采用经典、传统的标准方法与新方法测同一样品，若两组测定结果 $\bar{x}_1$ 和 $\bar{x}_2$ 不符，则说明新方法存在方法误差，属于系统误差类别。

(3) 采用加入法（回收试验）：称取等量试样两份，每份试样中都有待测样品，在其中一份中再加入已知量的待测组分，加入的量不能多也不能少，对两份试样进行平行测定，根据加入量是否完全定量回收，判断有无系统误差。

判断有无系统误差的具体方法是，对分析数据采用一定的方法进行处理，得出结论才能判断有无，即采用一定的数学方法对平均值 $\bar{x}$ 与标准值 μ 或 $\bar{x}_1$ 与 $\bar{x}_2$ 之间是否相符做出判断。是否相符并非指 $\bar{x}$ 与 μ 或 $\bar{x}_1$ 与 $\bar{x}_2$ 是否相等，而是指两者之间差异是否显著：若差异不显著，则可认为差异是随机误差引起的，是不可避免的正常现象；若差异显著，则说明存在系统误差。

定量分析中常用的有 t 检验法和 F 检验法。

1. t 检验法

检测系统误差中的方法误差，可用建立的新方法分析标准样品或纯物质，然后比较测定值和标准值之间是否存在显著性差异，从而确定是否存在系统误差，这种方法称为 t 检验法。

如用已知含量的纯物质或标准试样在相同的条件下作对照分析。设平行测定值的平均值为 $\bar{x}$，标准偏差为 s，根据式(2-12)得

$$t_{\text{计算}} = \frac{|\bar{x} - \mu|}{s}\sqrt{n} \tag{2-13}$$

式中，μ 为总体平均值，没有系统误差的情况下即真值，在此为标准样品中的标准值；n 为测定次数。

在一定的置信度 P 条件下，如果计算出的 $t_{\text{计算}}$ 值大于从 t 表（表 2-1）中查出来的 t 值，即 $t_{\text{计算}} > t_{\text{表}}$，则可认为 μ 与 $\bar{x}$ 之间存在显著性差异，说明分析方法存在误差。否则就认为 μ 与 $\bar{x}$ 之间的差异是由随机误差引起的，即两者之间无显著性差异。

置信度定得过高或过低都得不到正确的判断结果，为进行合理的判断，在定量分析中，一般采用 0.95 的置信度。

$t_{计算} = \dfrac{|\bar{x} - \mu|}{s}\sqrt{n}$ 由 $\mu = \bar{x} \pm \dfrac{ts}{\sqrt{n}}$ 变形而来，在数学意义上来说，本质是一样的，所以也可这样理解：在一定置信度下，若标准值 μ 落在以平均值 $\bar{x}$ 为中心的置信区间内，则两者无显著性差异，反之，则差异显著。也可以得到这样的变形 $|\mu - \bar{x}| = \dfrac{ts}{\sqrt{n}}$，就是看 μ 与 $\bar{x}$ 之间的差距：差距过大，有显著性差异；差距过小，差异不显著。

【例 2-5】 为确定某一新分析方法是否可靠，测定标准样品 CaO 的质量分数，结果如下：$\bar{x} = 30.85\%$，$s = 0.03\%$，$n = 5$，标样中质量分数标准值 $\mu = 30.43\%$，在 $P = 0.95$ 时，此测定是否有系统误差存在？

解
$$t_{计算} = \dfrac{|\bar{x} - \mu|}{s}\sqrt{n} = \dfrac{|30.85\% - 30.43\%|}{0.03\%} \times \sqrt{5} = 31.30$$

查表 2-1：$P = 0.95$，$f = n - 1 = 4$ 时，$t_{表} = 2.78$。

$t_{计算} > t_{表}$，说明 μ 与 $\bar{x}$ 之间差异显著，此测定中有系统误差存在。从题中可以看出，如果 μ 与 $\bar{x}$ 的差距很小，$t_{计算}$ 就有可能很小，当然 $\bar{x}$ 这个值取决于测量的精密度以及测定次数。

如果 $\bar{x} = 30.45\%$，$s = 0.06\%$，$n = 9$，其他不变，结果会如何呢？

此时
$$t_{计算} = \dfrac{|\bar{x} - \mu|}{s}\sqrt{n} = \dfrac{|30.45\% - 30.43\%|}{0.06\%} \times \sqrt{9} = 1.00$$

查表 2-1：$P = 0.95$，$f = 9 - 1 = 8$ 时，$t_{表} = 2.31$。

$t_{计算} < t_{表}$，说明 μ 与 $\bar{x}$ 之间无显著性差异，此测定中不存在系统误差。从题中可以看出，如果 μ 与 $\bar{x}$ 的差距很小，$t_{计算}$ 就有可能很小。

2. F 检验法

为了比较两组数据 $\bar{x}_1$、s_1、n_1 与 $\bar{x}_2$、s_2、n_2 之间是否存在显著性差异，需首先用 F 检验法检验两组测定数据的精密度 s_1 与 s_2 之间是否差异显著。若两者无明显差异，再用 t 检验法检验 $\bar{x}_1$ 和 $\bar{x}_2$ 有无明显差异；若 s_1 与 s_2 之间差异显著，进一步处理就很复杂。

F 检验法计算公式如下:

$$F_{\text{计算}} = \frac{s_{\text{大}}^2}{s_{\text{小}}^2} \tag{2-14}$$

其中 $s_{\text{大}}^2$ 和 $s_{\text{小}}^2$ 分别代表方差较大的和较小的那组数据的方差。再查一定置信度下的 F 值表(表 2-2),将 $F_{\text{计算}}$ 和 $F_{\text{表}}$ 比较:如果 $F_{\text{计算}} \leqslant F_{\text{表}}$,表明两组数据的精密度没有显著性差异;反之,如果 $F_{\text{计算}} > F_{\text{表}}$,表明两组数据的精密度存在显著性差异。

表 2-2　F 值表(单边,置信度 $P = 0.95$)

$f_2(s_{\text{小}})$	$f_1(s_{\text{大}})$									
	2	3	4	5	6	7	8	9	10	∞
2	19.00	19.16	19.25	19.30	19.33	19.35	19.37	19.38	19.40	19.50
3	9.55	9.28	9.12	9.01	8.94	8.89	8.85	8.81	8.79	8.53
4	6.94	6.59	6.39	6.26	6.16	6.09	6.04	6.00	5.96	5.63
5	5.79	5.41	5.19	5.05	4.95	4.88	4.82	4.77	4.74	4.36
6	5.14	4.76	4.53	4.39	4.28	4.21	4.15	4.10	4.06	3.67
7	4.74	4.35	4.12	3.97	3.87	3.79	3.73	3.68	3.64	3.23
8	4.46	4.07	3.84	3.69	3.58	3.50	3.44	3.39	3.35	2.93
9	4.26	3.86	3.63	3.48	3.37	3.29	3.23	3.18	3.14	2.71
10	4.10	3.71	3.48	3.33	3.22	3.14	3.07	3.05	2.98	2.54
∞	3.00	2.60	2.37	2.21	2.10	2.01	1.94	1.88	1.83	1.00

f_1 是对应 $s_{\text{大}}$ 的自由度,f_2 是对应 $s_{\text{小}}$ 的自由度。若两组数据测定的精密度相差很小,则 $F_{\text{计算}}$ 值趋于 1,反之,则 $F_{\text{计算}}$ 值较大。

能否继续进行 t 检验,要看 s_1 和 s_2 之间有无显著性差异,如果二者没有显著性差异,则可进行 t 检验,按式(2-15)计算 t 值。

$$t_{\text{计算}} = \frac{|\bar{x}_1 - \bar{x}_2|}{s}\sqrt{\frac{n_1 n_2}{n_1 + n_2}} \tag{2-15}$$

s 应根据两组数据由式(2-16)求出:

$$s = \sqrt{\frac{\sum_{i=1}^{n}(x_{1i} - \bar{x}_1)^2 + \sum_{i=1}^{n}(x_{2i} - \bar{x}_2)^2}{(n_1 - 1) + (n_2 - 1)}} \tag{2-16}$$

式(2-16)也可变换成

$$s = \sqrt{\frac{s_1^2(n_1-1) + s_2^2(n_2-1)}{(n_1-1)+(n_2-1)}} \tag{2-17}$$

式中，s 称为合并标准偏差。注意式中总自由度 $f = n_1 + n_2 - 2$。式(2-16)与式(2-17)是等价的。

另外，关于 s 也有简易的处理方法，就是将 s_1 和 s_2 中较小者作为式(2-15)中的值，不需要再利用式(2-16)或式(2-17)进行处理。

【例 2-6】 采用两种不同的方法对同一试样中 $CaCO_3$ 质量分数进行测定，结果如下。判断两种方法之间是否存在显著性差异（$P = 0.95$）。

方法一：$\bar{x}_1 = 71.26$，$s_1 = 0.13$，$n_1 = 6$

方法二：$\bar{x}_2 = 71.38$，$s_2 = 0.11$，$n_2 = 9$

解 先用 F 检验法检验 s_1 和 s_2 之间是否存在显著性差异

$$F_{计算} = \frac{s_{大}^2}{s_{小}^2} = \frac{0.13^2}{0.11^2} = 1.40$$

查 F 值表，$f_1 = 5$，$f_2 = 8$，$P = 0.95$，查得 $F_{表} = 3.69$。因为 $F_{计算} < F_{表}$，所以这两种方法的精密度无显著性差异。接下来进行 t 检验

$$s = \sqrt{\frac{s_1^2(n_1-1) + s_2^2(n_2-1)}{(n_1-1)+(n_2-1)}}$$

$$= \sqrt{\frac{0.13^2 \times (6-1) + 0.11^2 \times (9-1)}{(6-1)+(9-1)}} = 0.12\%$$

$$t_{计算} = \frac{|71.38\% - 71.26\%|}{0.12\%} \sqrt{\frac{6 \times 9}{6+9}} = 1.90$$

查 t 值表，$f = 13$，$P = 0.95$，查得 $t_{表} = 2.16$。因为 $t_{计算} < t_{表}$，所以这两种方法的测定结果无显著性差异。

再有，如果对 s 采取简易处理的方法，将 s_1 和 s_2 中较小者代入 t 检验公式，则有

$$t_{计算} = \frac{|71.38\% - 71.26\%|}{0.11\%} \sqrt{\frac{6 \times 9}{6+9}} = 2.07$$

同样 $t_{计算} < t_{表}$，结论仍为这两种方法的测定结果无显著性差异。

2.4.4 可疑值的取舍

在处理数据时，常会发现一组平行测定结果中有个别特别大或特别小的数据，这种数据称为离群值或可疑值。之所以称为可疑值或离群值，是因为不知道这一

偏离较远的值是属于偶然误差范围内的值，还是操作过失而引起的偏差。若由过失引起的偏离，就必须舍弃；若非过失引起，则必须依据统计学原理判断其误差是否属于偶然，进而决定其取舍。

取舍的意义：无限次平行测定，随机误差遵从正态分布规律，可大可小，且绝对值相等的正负误差出现的概率相同，故任何测定结果，不论偏差大小都不应舍弃，但是对有限数据处理时，随意取舍可疑值可能会严重影响测定结果的准确度和精密度。

统计学中对可疑值的取舍有几种方法，较为常用的有 $4\bar{d}$ 法和 Q 检验法。

1. $4\bar{d}$ 法

具体步骤如下：

(1) 在一组数据中，除去可疑值 x' 后，求出其余数据的平均值 $\bar{x}$ 和平均偏差 $\bar{d}$。

(2) 若可疑值 x' 与平均值 $\bar{x}$ 之间差值的绝对值大于或等于 4 倍的平均偏差，则可疑值 x' 舍去，反之则应保留。

$|x' - \bar{x}| \geq 4\bar{d}$，舍弃 x'；

$|x' - \bar{x}| < 4\bar{d}$，保留 x'。

【例 2-7】 某分析工作，4 次平行测定结果分别为 1.25、1.27、1.31、1.40。1.40 这个数据是否应保留？

解
$$\bar{x} = \frac{\sum_{i=1}^{n} x_i}{n} = \frac{1.25 + 1.27 + 1.31}{3} = 1.28$$

$$\bar{d} = \frac{\sum_{i=1}^{n} |d_i|}{n} = \frac{0.03 + 0.01 + 0.03}{3} = 0.023$$

因为 $|x' - \bar{x}| = |1.40 - 1.28| = 0.12 > 4\bar{d} = 0.092$，所以 1.40 应舍去。

这样处理问题存在较大误差。但是，这种方法简单，不必查表，多为人们所采用。

2. Q 检验法

从统计学观点考虑，当测定次数不多时(3～10 次)，比较严格而使用又方便的是 Q 检验法。具体步骤如下：

(1) 将数据由大到小依次排列，求出可疑值与其最邻近数据之差，然后将此差值的绝对值与极差(最大值与最小值之差)相比，得

$$Q_{计算} = \frac{|x_{可疑} - x_{邻近}|}{x_{最大} - x_{最小}} \tag{2-18}$$

(2)根据测定次数 n 和置信度 P，查 Q 值表(表 2-3)，若 $Q_{计算} > Q_{表}$，则可疑值应舍弃，反之则保留。

表 2-3　Q 值表(置信度 0.90 和 0.95)

测定次数 n	3	4	5	6	7	8	9	10
$Q_{0.90}$	0.94	0.76	0.64	0.56	0.51	0.47	0.44	0.41
$Q_{0.95}$	0.97	0.84	0.73	0.64	0.59	0.54	0.51	0.49

【例 2-8】 Na_2CO_3 标定 HCl 实验中，四次结果($mol \cdot L^{-1}$)如下：0.1014，0.1012，0.1019，0.1016，试用 Q 检验法确定 0.1019 是否应舍弃($P = 0.90$)。

解　(1)首先将测定结果由大到小依次排列：

$$0.1019，0.1016，0.1014，0.1012$$

(2)求 $Q_{计算}$

$$Q_{计算} = \frac{|x_{可疑} - x_{邻近}|}{x_{最大} - x_{最小}} = \frac{|0.1019 - 0.1016|}{0.1019 - 0.1012} = 0.43$$

由表 2-3 查得，当 $n = 4$ 时，$Q_{表} = 0.76$，由于 $Q_{计算} = 0.43 < Q_{表} = 0.76$，因此 0.1019 这个数据应该保留。

2.4.5　分析结果的报告

在科学研究实验中，对分析结果的报告要求较严。分析结果的报告应当按统计学观点综合反应准确度、精密度和测定次数三项必不可少的指标。

分析报告常用形式有两种：一种是直接报告平均值 $\bar{x}$、标准偏差 s 和测定次数 n；另一种是报告指定置信度 P(一般指 $P = 0.95$)时平均值的置信区间。第二种分析结果报告方式不仅指明了测定的准确度、精密度以及获得准确度和精密度的平行测定次数，还指明了测定结果的可靠程度，是报告分析结果的很好方式。

【例 2-9】 标定 HCl 溶液的浓度($mol \cdot L^{-1}$)，标定 3 次，结果分别为 0.2001、0.2009 和 0.2005。试用两种方式报告分析结果($P = 0.95$)。

解　(1)用 $\bar{x}$、s 和 n 报告分析结果：

$$\bar{x} = \frac{\sum_{i=1}^{n} x_i}{n} = \frac{0.2001 + 0.2005 + 0.2009}{3} = 0.2005$$

$$s = \sqrt{\frac{(0.2001-0.2005)^2 + (0.2005-0.2005)^2 + (0.2009-0.2005)^2}{3-1}}$$

$$= 0.4 \times 10^{-3}$$

(2) 用平均值置信区间(P=0.95)报告分析结果：

查表 2-1 可知，当 $P = 0.95$，$f = 3-1 = 2$ 时，$t = 4.30$

$$\mu = \bar{x} \pm \frac{ts}{\sqrt{n}} = 0.2005 \pm 4.30 \times \frac{0.0004}{\sqrt{3}} = 0.2005 \pm 0.001$$

3 次标定结果表明，总体平均值在 0.2005 ± 0.001 范围内的置信度是 0.95。

2.5 提高测定结果准确度的措施

学习了误差的产生及其规律性，便可掌握减小分析过程中误差的方法。

要提高分析测定的准确度，首先要选择合适的分析方法。不同的分析方法对准确度和灵敏度各有侧重，如化学分析法准确度高(相对误差可控制在千分之几以内)，但灵敏度低(绝对误差较大)，适用于常量组分的分析；仪器分析灵敏度高，但相对误差较大，一般适用于微量组分的测定。

定量分析中对准确度和精密度的要求主要取决于分析目的、样品的复杂程度、被测组分含量的高低等，选择分析方法时，还需注意样品的组成。

选定分析方法后，再从以下方面入手减少分析过程的误差。

2.5.1 减小测量误差

为了保证分析的准确度，必须尽量减小测量误差。在化学分析中，主要是滴定分析，需要称量和滴定，应该从称量和滴定两个方面减小测量误差。

使用仪器进行测量时，绝对误差的大小是由测量仪器本身的精度决定的。

使用常规的分析天平以差减法或点样法进行称量，可能引起的最大绝对误差为 ±0.0002g，因为用分析天平称量时实际读数是两次，为了使称量的相对误差小于 0.1%，即

$$相对误差(E_r) = \frac{绝对误差}{试样质量} \times 100\%$$

$$= \frac{E_a}{m} \times 100\% \leqslant 0.1\%$$

$$试样质量(m) = \frac{绝对误差}{相对误差} \times 100\%$$

$$= \frac{E_a}{E_r} \times 100\% \geq \frac{0.0002g}{0.1\%} = 0.2g$$

常用的滴定管一般是50.00mL，滴定管的最小分度值为0.1mL，确定液面位置时，可在两刻度线之间估计读至0.01mL，所以读数误差为±0.01mL。用滴定管量液时需读数两次，可能造成的量液误差为±0.02mL。为使滴定管造成的测量误差不超过0.1%，滴定时由滴定管放出溶液的体积就不能太少，最低值可依下式算出：

$$相对误差(E_r) = \frac{绝对误差}{试样体积} \times 100\%$$

$$= \frac{E_a}{V} \times 100\% \leq 0.1\%$$

$$试样体积(V) = \frac{绝对误差}{相对误差} \times 100\%$$

$$= \frac{E_a}{E_r} \times 100\% \geq \frac{0.02mL}{0.1\%} = 20mL$$

即要求滴定分析中消耗滴定剂体积必须大于20mL，当然滴定剂体积越大，相对误差就会越小。实际情况是一般控制在20~30mL，这样既保证了减小测量误差，又节省试剂和时间。

2.5.2 减小偶然误差

在没有系统误差的情况下，平行测定次数越多，平均值越接近标准值。一般测三四次以减小偶然误差，但必须保证测定精密度符合要求。

在处理一组平等数据时，有时会出现个别特别大或特别小的数据，这种数据就是可疑的。如果能确定可疑值是由于过失而引起的，则必须舍去，否则应用统计学原理决定其取舍。

2.5.3 消除系统误差

由分析结果的精密度看不出系统误差的存在，所以检验和消除系统误差对提高结果准确度极为重要。经显著性检验，若确证存在系统误差，则应根据误差产生的原因找出具体原因，采用不同的办法加以处理。

1. 消除仪器误差

分析方法的系统误差有来源于分析仪器方面的，可通过校准仪器消除。例如，在精确的分析过程中,要对滴定管、移液管、容量瓶、天平、砝码等进行校准。具体可参照分析仪器所配备的说明书。

2. 消除试剂误差

采用空白实验,可判断系统误差是否因试剂或蒸馏水不纯等因素所致。空白实验就是不加试样,按照与试样分析相同的操作步骤和条件进行试验,测定结果称为空白值。若空白值较低,则从试样测定结果中减去空白值,就可得到较可靠的测定结果;若空白值较高,则应更换或提纯所用的试剂。

3. 消除方法误差

若无仪器和试剂误差,从对照实验的结果可判断是否存在方法误差。

对照实验就是在相同条件下,对标准试样(已知标样的准确值)与被测试样同样进行测定,通过对标准试样的分析结果与其标准值的比较(进行 t 检验),可以判断测定是否存在系统误差。

也可以对同一试样采用其他可靠的分析方法进行测定,或由不同个人进行试验,对照其结果,达到检查系统误差存在的目的。

存在方法误差时,必须对测定方法进行检查,对不合理处进行改进。例如,滴定分析中,指示剂选择是否合理,是否有共存干扰物质存在,介质酸度是否符合要求,化学反应的温度是否适合等。

2.6 有效数字及其运算规则

分析结果的准确度应当与测量方法的准确度相适应,分析结果不仅表示待测组分的含量,也表示测量值的准确度。例如,测定土壤试样含氮量为 0.18%,这个数字除了说明氮的含量之外,还说明分析的准确度为 0.01%。因此,分析过程中要注意正确地记录、计算以及正确地表示分析结果。

2.6.1 有效数字及其确定

在科学实验中用到的数据可分为两类:一类是准确数字,如自然数 1、2、3、4、$\cdots$,分数 $\frac{1}{2}$、$\frac{1}{3}$ 等,以及纯数学上的数,如 $\sqrt{2}$、$\ln 5$、π;另一类为实验测量得到的数据,是有单位的数,有一定物理意义的数。

为了获得准确的分析结果,除了要进行准确的测量以外,还要正确地记录和按规则处理数据,记录和测量数据须使用有效数字。

有效数字是指仪器能测量到的数字。在有效数字中，只有最后的一位数是不确定的，其余各数是准确的。有效数字不仅表示大小，而且反映测量仪器的精密程度。

例如，分析天平称得试样质量为0.4675g，这里"0.467"是准确数字，"5"是不确定的数字，有一定的误差。

又如，滴定管中的液面位置为28.35mL，这里前三位数字即"28.3"在滴定管上有刻度标出，是准确的，第四位数字"5"是估计出来，没有刻度，是不确定数字。如果记为28mL或28.3mL，则没有反映出滴定管的准确程度，会使人误认为是其他粗略测量仪器度量的。

有效数学位数的保留是与所使用仪器的精密程度有关的，也是分析化学记录、处理数据所必须要求的。

在确定有效数字位数时，需要注意数字"0"的不同作用。数字"0"有两种意义。它作为普通数字用就是有效数字，作为定位用就不是有效数字。例如，10.10mg，两个"0"都是测量所得的数字，都是有效数字，这个有效数字位数是四位。如果以"g"为单位，则写成0.01010g，此时前面的两个"0"起定位作用，不是有效数字，后面的两个"0"是有效数字，此数仍为四位有效数字。

常数如$\sqrt{5}$、lg8、π等类的数据，还有分数、倍数等非测量数据，其有效数字的位数是无限的，可不考虑。

pH、$pK_a^\ominus$、$pK_b^\ominus$、pM、$lgK^\ominus$等数据其小数部分为有效数字，整数部分只表示真数的方次，不是有效数字。例如，$pK_a^\ominus = 4.75$，为两位有效数字，转化为$K_a^\ominus = 1.8 \times 10^{-5}$也是两位有效数字，不能写成$K_a^\ominus = 1.80 \times 10^{-5}$或$K_a^\ominus = 1.800 \times 10^{-5}$，$K_a^\ominus = 1.80 \times 10^{-5}$表示三位有效数字，$K_a^\ominus = 1.800 \times 10^{-5}$表示四位有效数字。

有效数字单位变换时，有效数字位数不能变。例如，10.10mg为四位有效数字，若以g为单位时，则应表示为0.01010g，仍为四位有效数字。若以μg为单位时，则应表示为1.010×10^4μg，仍为四位有效数字。如果写成10100μg，这样表示就为五位有效数字，是错误的。

2.6.2 有效数字的修约规则

在数据处理过程中，涉及的有效数字位数可能不同，按照运算规则，当有效数字位数确定后，对位数过多的尾数应进行舍弃，舍弃多余尾数的过程称为修约。

修约规则是"四舍六入五成双"。"五成双"的意思是：若尾数是5或5后的数为0，5前面为偶数则舍去尾数，5前面为奇数时则入；若5后面数字不为0时，则入，不分奇偶。

例如，将下列数据修约为 4 位有效数字：

$$0.52664 \longrightarrow 0.5266$$
$$0.52666 \longrightarrow 0.5267$$
$$0.52665 \longrightarrow 0.5266$$
$$0.526650 \longrightarrow 0.5266$$
$$0.526550 \longrightarrow 0.5266$$
$$0.526651 \longrightarrow 0.5267$$
$$0.526851 \longrightarrow 0.5269$$

另外，值得注意的是，所舍去数字并非单独一个数字时，不能对该数进行连续修约，需要一步到位。例如，25.4890 修约为整数：

$$25.4890 \longrightarrow 25.489 \longrightarrow 25.49 \longrightarrow 25.5 \longrightarrow 26$$

这种做法是错误的。应根据所舍去的数字中最左边的第一个数字的大小，按"四舍六入五成双"这个规则进行处理，因此，25.4890 修约为 25。

2.6.3 有效数字的运算规则

1. 有效数字相加减

以小数点后位数最少的数为准，即以绝对误差最大的数为准。绝对误差最小和小数点后位数最少是一致的。例如

$$0.0121 \ + \ 25.64 \ + \ 1.0651 \ + \ 11.015 \ + \ 10.225$$

对应的绝对误差 E_a　　0.0001　　　0.01　　　0.0001　　　0.001　　　0.001

其中 25.64 的绝对误差最大，故计算中小数点后只应保留两位有效数字，以 25.64 为标准，并且计算前应将各数据根据需要一次修约到位，如此例，运算前应先将各数据一次修约至两位小数。

$$0.0121 + 25.64 + 1.0651 + 11.015 + 10.225$$
$$= 0.01 + 25.64 + 1.07 + 11.02 + 10.22$$
$$= 47.96$$

2. 有效数字相乘除

以有效数字位数最少的数为准，即以相对误差最大的数为准。相对误差最大和有效数字位数最少一致。例如

	0.0121	+	25.64	+	1.0651	+	11.015	+	10.225
对应的绝对 误差 E_a	0.0001		0.01		0.0001		0.001		0.001
对应的相对 误差 E_r	$\dfrac{0.0001}{0.0121}$		$\dfrac{0.01}{25.64}$		$\dfrac{0.0001}{1.0651}$		$\dfrac{0.001}{11.015}$		$\dfrac{0.001}{10.225}$
	8.26×10^{-3}		3.90×10^{-4}		9.39×10^{-5}		9.08×10^{-5}		9.78×10^{-5}

其中 0.0121 的相对误差最大，故计算中每个数据应保留三位有效数字，以 0.0121 为标准，并且计算前应将各数据根据需要一次修约到位，如此例，运算前应先将各数据一次修约至三位有效数字

$$0.0121\times 25.64\times 1.0651\times 11.015\times 10.225$$
$$=0.0121\times 25.6\times 1.07\times 11.0\times 10.2$$
$$=37.2$$

结果也应该保留三位有效数字。

定量分析中，各数据有效数字位数及所用仪器的精度应根据实际要求及所用方法能达到的准确度来决定。例如，滴定分析的方法误差可达±0.1%，故各测量值和结果一般均应为四位有效数字，称量样品时应用万分之一天平。

分析实验中所用容量瓶、移液管等精密量器的容积，一般均可保证四位有效数字。在计算误差或偏差时，一般只保留一两位有效数字。进行化学平衡计算时，因平衡常数一般仅两三位有效数字，结果也只需保留两三位有效数字。

本 章 小 结

在定量分析中，准确的分析方法和准确的数据记录都是非常重要的。

误差是测定值和真实值之差。测定值大于真实值时误差为正误差，测定值小于真实值时误差为负误差。

定量分析中误差是不可避免的，定量分析的结果只能是真实值的近似值。误差是客观存在的。

1. 误差的种类及特点

根据误差产生的原因及其性质的不同可分为两大类，即系统误差和随机误差。

1) 系统误差

系统误差是由某些固定原因造成的，系统误差的正负和大小有一定的规律性，或者总是正的，或者总是负的，或者总是大的，或者总是小的，即系统误差具有

单向性和重复性。根据系统误差的来源可将其分为三类：方法误差、仪器及试剂误差、操作误差。

系统误差具有如下特点：

(1) 系统误差对分析结果的影响是比较固定的,系统误差的大小和正负可以测定，因而可以校正。

(2) 系统误差采用数理统计的方法是不能消除的，但系统误差可以用对照实验、空白实验、标准仪器等方法加以校正。

(3) 系统误差具有单向性、规律性、重复性、可测性。

系统误差影响测定结果的准确度，增加平行测定次数，采取数理统计的方法并不能消除此类误差。

2) 随机误差

随机误差是指在分析过程中由某些随机的偶然因素造成的误差。它的特点是大小、方向均不确定，具有可变性。随机误差的大小决定分析结果的精密度。

随机误差遵循一定的统计规律，可以通过增加平行测定次数从而减小随机误差，并采用数理统计方法对测定结果做出正确的表达。

系统误差与随机误差的划分界线并非严格，有时对某种误差很难界定是系统误差还是随机误差。在误差允许范围内的系统误差可以认为是随机误差。

2. 误差的表征

1) 准确度

测定结果的准确度是指测定结果与真实值的接近程度。测定结果与真值之间差别越小，则测定结果的准确度越高。

2) 精密度

精密度是多次平行测定结果相互接近的程度。如果平行测定的数据很接近，说明精密度较高。

精密度是保证准确度的先决条件，精密度差，所得到的分析结果不可靠，就不能谈准确度的问题了，因为它失去了衡量准确度的前提。

精密度好，准确度也未必好。精密度和准确度必须同时保证，才能保证分析结果的可靠。

3. 误差的表示方法

1) 误差

准确度高低用误差表示。

误差可用绝对误差 E_a 和相对误差 E_r 两种方法表示。

2) 偏差

精密度常用偏差来衡量：偏差越小，精密度越高，表示平行测定结果的接近程度越好。

偏差的种类有绝对偏差、平均偏差、相对平均偏差及标准偏差和相对标准偏差。

标准偏差又称均方根偏差，标准偏差最重要，当平行测定次数趋于无穷大时，标准偏差定义为

$$\sigma = \sqrt{\frac{\sum_{i=1}^{n}(x_i - \mu)^2}{n}}$$

式中，μ 为无限多次平行测定结果的平均值，称为总体平均值。

一般分析工作仅做有限次平行测定，此时标准偏差用 s 表示，定义为

$$s = \sqrt{\frac{\sum_{i=1}^{n}(x_i - \bar{x})^2}{n-1}} = \sqrt{\frac{\sum_{i=1}^{n}d_i^2}{n-1}} = \sqrt{\frac{\sum_{i=1}^{n}x_i^2 - (\sum_{i=1}^{n}x_i)^2/n}{n-1}}$$

4. 随机误差的分布规律

在没有系统误差的条件下，无限次测定结果的随机误差遵循正态分布规律，其数学表达式为

$$y = f(x) = \frac{1}{\sigma\sqrt{2\pi}} e^{-\frac{(x-\mu)^2}{2\sigma^2}}$$

随机误差的正态分布具有以下特性：

(1) 对称性：绝对值相等的正负随机误差出现的概率相等，纵轴左右对称，称为误差的对称性。

(2) 绝对值小的随机误差比绝对值大的随机误差出现的概率大，曲线的形状是中间高两边低，称为误差的单峰性。

(3) 在一定的测量条件下，随机误差的绝对值不会超过一定界限，称为误差的有界性。

(4) 随着测量次数的增加，随机误差的算术平均值趋于零，称为误差的抵偿性。抵偿性是随机误差最本质的统计特性。

5. 有限次测定数据的统计处理

在没有系统误差的条件下，无限次平行测定结果的随机误差遵从正态分布规律。

在没有系统误差的条件下，有限次平行测定，随机误差不遵从正态分布规律，各测定结果的平均值 $\bar{x}$ 也只能接近真实值 μ，也只能用有限次测定数据的标准偏差 s 来估计测量数据的分散情况。

用 t 分布公式可描述有限次测量结果随机误差的分布规律。

t 分布公式：

$$t = \frac{\bar{x} - \mu}{s}\sqrt{n}$$

变换得

$$\mu = \bar{x} \pm \frac{ts}{\sqrt{n}}$$

式中，s 为标准偏差；n 为测定次数；t 为校正系数，t 的取值与选定的置信度 P 及测定次数 n 有关。此式表示，在没有系统误差的情况下，在一定把握程度(如 95%、90%，统计学中称为置信度)上，估计总体平均值，即真值 μ 会在以测定平均值 $\bar{x}$ 为中心的多大范围或半径 $\left(\dfrac{ts}{\sqrt{n}}\right)$ 内出现。统计学中称此范围(或半径)为置信区间。

通俗的说法是：真值 μ 在以测定平均值 $\bar{x}$ 为中心，以 $\dfrac{ts}{\sqrt{n}}$ 为半径的范围内出现的可能性有多大，这个可能性称为置信度。

6. 显著性检验

系统误差严重影响准确度，因此定量分析工作中必须检验其是否存在。

判断有无系统误差的具体方法是，对分析数据采用一定的方法进行处理，得出结论才能判断有无。具体有 t 检验法和 F 检验法。

1) t 检验法

用已知含量的纯物质或标准试样在相同的条件下作对照分析。设平行测定值的平均值为 $\bar{x}$，标准偏差为 s，根据 $t_{计算} = \dfrac{|\bar{x} - \mu|}{s}\sqrt{n}$ 计算 $t_{计算}$。

在一定的置信度 P 条件下，如果计算出的 $t_{计算}$ 值大于从 t 表中查出来的 $t_{表}$ 值，即 $t_{计算} > t_{表}$，则可认为 μ 与 $\bar{x}$ 之间存在显著性差异，说明分析方法存在误差。否则，认为 μ 与 $\bar{x}$ 之间的差异是由随机误差引起的，即两者之间无显著性差异。

2) F 检验法

比较两组数据 $\bar{x}_1$、s_1、n_1 与 $\bar{x}_2$、s_2、n_2 之间是否存在显著性差异，需首先用 F 检验法检验两组测定结果的精密度 s_1 与 s_2 之间是否差异显著。若两者无明显差异，再用 t 检验法检验 $\bar{x}_1$ 和 $\bar{x}_2$ 有无明显差异；若 s_1 与 s_2 之间差异显著，进一步处理就很复杂。公式：$F_{计算} = \dfrac{s_{大}^2}{s_{小}^2}$，其中 $s_{大}^2$ 和 $s_{小}^2$ 分别代表方差较大的和较小的那组数据的方差。再查一定置信度下的 F 值表，将 $F_{计算}$ 和 $F_{表}$ 比较，如果 $F_{计算} \leqslant F_{表}$，表明两组数据的精密度没有显著性差异；反之，如果 $F_{计算} > F_{表}$，表明两组数据的精密度存在显著性差异。

能否继续进行 t 检验，要看 s_1 和 s_2 之间有无显著性差异，如果二者没有显著性差异，则可进行 t 检验，按 $t_{计算} = \dfrac{|\bar{x}_1 - \bar{x}_2|}{s} \sqrt{\dfrac{n_1 n_2}{n_1 + n_2}}$ 计算 t 值。s 就是将 s_1 和 s_2 中较小者作为上式中的值，不需要再利用其他公式处理。

7. 可疑值的取舍

可疑值的来源有两方面：一是属于偶然误差范围内的可疑值，二是由操作过失而引起偏差过大的可疑值。若是由过失引起的可疑值，就必须舍弃；若非过失引起，则必须依据统计学原理判断其误差是否属于偶然，进而决定其取舍，不能随意取舍。

统计学中对可疑值的取舍有几种方法，较为常用的有 $4\bar{d}$ 法和 Q 检验法。

1) $4\bar{d}$ 法

具体步骤：在一组数据中，除去可疑值 x' 后，求出其余数据的平均值 $\bar{x}$ 和平均偏差 $\bar{d}$；若可疑值 x' 与平均值 $\bar{x}$ 之间差值的绝对值大于或等于 4 倍的平均偏差，则可疑值 x' 舍去，反之则应保留。

2) Q 检验法

从统计学观点考虑，当测定次数不多时（3~10 次），比较严格而使用又方便的是 Q 检验法。

具体步骤：首先将数据由大到小依次排列，求出可疑值与其最邻近数据之差，然后将此差值的绝对值与极差（最大值与最小值之差）相比，得 $Q_{计算} = \dfrac{|x_{可疑} - x_{邻近}|}{x_{最大} - x_{最小}}$。再根据测定次数 n 和置信度 P，查 Q 值表，若 $Q_{计算} > Q_{表}$，则可疑值应舍弃，反之则保留。

8. 提高测定结果准确度的措施

要提高分析测定的准确度，首先要选择合适的分析方法。不同的分析方法对准确度和灵敏度各有侧重，如化学分析法准确度高（相对误差可控制在千分之几以内）但灵敏度低（绝对误差较大），适用于常量分析中常量组分的分析；仪器分析灵敏度高，但相对误差较大，一般适用于微量组分的测定。

选定分析方法后，再从以下方面入手减少分析过程的误差。

(1) 增大被测量，减小测量误差。

(2) 增加测定次数，减小偶然误差。

(3) 消除系统误差。

由分析结果的精密度看不出系统误差的存在，所以检验和消除系统误差对提高结果准确度极为重要。经显著性检验，若确证存在系统误差，则应根据误差产生的原因找出具体原因，采用不同的办法加以处理。

9. 有效数字及其运算规则

有效数字是指仪器能测量到的数字。在有效数字中，只有最后的一位数是不确定的，其余各位数是准确的。有效数字不仅表示大小，而且反映测量仪器的精密程度。

有效数字位数的保留与所使用仪器的精密程度有关，也是分析化学记录、处理数据所必须要求的。

有效数字的修约规则是"四舍六入五成双"。"五成双"意思为：若尾数是 5 或 5 后的数为 0，5 前面为偶数则舍去尾数，5 前面为奇数时则入；若 5 后面数字不为 0 时，则入，不分奇偶。

有效数字相加减，以小数点后位数最少的数为准，即以绝对误差最大的数为准。绝对误差最小和小数点后位数最少一致。

有效数字相乘除，以有效数字位数最少的数为准，即以相对误差最大的数为准。相对误差最大和有效数字位数最少一致。

思考及练习题

1. 简述系统误差的来源和特点。
2. 简述随机误差的来源和特点。
3. 如何检验系统误差？
4. 如何消除系统误差？
5. 如何减小随机误差？
6. 随机误差的处理方法有什么？
7. 简述 t 检验的目的。
8. 简述 F 检验的目的。
9. 误差的绝对值和绝对误差是否相同？
10. 按照有效数字的运算规则，计算下列算式。

(1) $215.64 + 4.408 + 0.3244$

(2) $\dfrac{0.1001 \times (25.01 - 1.52) \times 246.67}{1.000 \times 1000}$

(3) $\dfrac{1.5 \times 10^{-6} \times 6.11 \times 10^{-8}}{3.3 \times 10^{-5}}$

(4) pH = 8.00，求 H^+ 浓度

11. 常用滴定管可估计到 ±0.01mL，若要求滴定的相对误差小于 0.1%，在滴定时，耗用体积应用控制为多少？

12. 分析天平可称准至 ±0.0001g，若要求称量误差小于 0.1%，至少应称量多少试样？

13. 用 50.00mL 滴定管放液 5.50mL，相对误差是多少？放液 25.00mL，相对误差又是多少？这样的结果说明了什么？

14. 用沉淀法测定纯氯化钠中氯的含量，得到下列 5 次平行测定结果，分别为 60.06%、59.90%、59.86%、60.16%、60.44%。

(1) 是否有可疑值要取舍？

(2) 求平均值、相对平均偏差、标准偏差。

(3) $P = 0.95$ 时，求平均值的置信区间。

(4) 用 t 检验法说明本法是否可靠。氯相对原子质量 35.453，钠相对原子质量 22.990。

15. 甲乙两人分别测同一试样，结果如下：

甲：96.5%, 95.9%, 97.2%, 96.5%;

乙：94.2%, 93.5%, 95.1%, 93.4%, 94.6%。

试比较两人测定结果是否有显著差异（$P = 0.90$）。

16. 某试样五次测定结果：12.40%、12.43%、12.38%、12.47%、12.45%，判断有无可疑值。最大值和最小值都要判断。

17. 某分析人员测定试样中某一成分的质量分数，结果如下：21.64%, 21.63%, 21.65%, 21.59%。已知标准值为 21.45%。置信度 $P = 0.95$ 时，分析结果是否存在系统误差？

18. 一次学生实验中，有平行四次测定结果，分别为 34.49%、34.52%、35.09%、34.23%，应该如何处理分析结果（$P = 0.95$）？

第3章 滴定分析法概论

滴定分析法是定量化学分析中最重要的方法。

若被测物质可与某种试剂以一定的化学计量关系相互作用,则可将一定量的被测物溶液置于锥形瓶中,然后用滴定管逐滴加入已知准确浓度的试剂溶液,直到所加试剂与被测物按化学计量关系恰好定量作用。

根据所加试剂溶液的浓度和体积,以及两者相互作用时的化学计量关系,即可求出被测物含量。

3.1 滴定分析的基础知识

3.1.1 滴定分析的术语

分析化学中将已知准确浓度的溶液称为标准溶液。

将标准溶液加到被测溶液中的过程称为滴定。

当标准溶液与被测溶液按照一定的化学计量关系完全反应时称达到化学计量点。

由于滴定反应通常没有外观特征的变化,因此常用其他方式指示化学计量点的到达,如在被测溶液中加入一种在化学计量点附近变色的指示剂,滴定到指示剂变色时停止滴定,此时称为滴定终点。

滴定终点和化学计量点往往不同,由此所引起的误差称为终点误差,也称滴定误差。

终点误差是滴定分析误差的最主要来源之一,一般可控制在±(0.1%~0.2%)以内。

终点误差的大小不仅与指示剂选择的影响相关,还与滴定反应的完全程度高低密切相关。因此,滴定分析时,首先要根据反应完全程度判断终点误差能否达到要求,再次要选择合适的指示剂。

3.1.2 滴定分析的特点

滴定分析是化学分析方法中最经典的分析方法之一,适用于含量在1%以上各组分的测定。

滴定分析的特点是加入标准溶液的物质的量与被测物质的量恰好符合化学计量关系，并且操作简便、快速，便于进行多次平行测定，有利于提高测定的精密度，测定的准确度较高，一般情况下，滴定的相对误差在±0.1%。但滴定分析方法灵敏度较低，主要用来测定组分含量1%以上的物质，不适用于微量组分的测定。

滴定分析法可以用来测定许多物质，因此在生产实践和科学研究中具有很高的实用价值。

3.1.3 滴定分析的分类

根据标准溶液与被测物质反应类型的不同，滴定分析法可分为以下四类。

1. 酸碱滴定法

利用酸碱反应进行的滴定分析方法称为酸碱滴定法。其滴定反应的实质可表示如下：

$$H^+ + OH^- = H_2O$$

$$HA(酸) + OH^- = A^- + H_2O$$

$$A^-(碱) + H^+ = HA$$

酸碱滴定可以用酸或碱作标准溶液来测定碱或酸性物质。

酸碱滴定法可以用于直接或间接测定各类试样如土壤、水、粮食、蔬菜等的酸度或碱度，也可以间接测定氮、磷、碳酸盐、硫酸盐等的含量。酸碱滴定法是滴定分析中应用较为广泛的方法之一。

2. 沉淀滴定法

利用沉淀反应进行的滴定分析方法称为沉淀滴定法。这类方法在进行过程中会有沉淀产生，如银量法、福尔哈德法等。以银量法为例，在农业分析中可测定氯的含量，反应实质可表示如下：

$$Ag^+ + X^- = AgX\downarrow \quad (X^- 为 Cl^-、Br^-、I^-、SCN^- 等)$$

3. 配位滴定法

利用配位反应进行的滴定分析方法称为配位滴定法。常用来测定钙、镁、磷、钾、硫酸盐等。代表性反应如下：

$$Ag^+ + 2CN^- = [Ag(CN)_2]^-$$

$$Mg^{2+} + H_2Y^{2-} = [MgY]^{2-} + 2H^+$$

4. 氧化还原滴定法

滴定反应为氧化还原反应的称为氧化还原滴定法,也是应用较为广泛的滴定分析方法之一,可以测定各种氧化剂和还原剂以及一些能与氧化剂或还原剂发生定量反应的物质。在农业分析常用于测定土壤肥料中的有机质、钾、钙、铁和有机物质的含量,以及农药中的砷和铜等。按照所使用标准溶液的不同,氧化还原滴定法分为高锰酸钾法、重铬酸钾法和碘量法等。

以上四类滴定分析方法均是以水作为溶液的分析方法。此外,还有在非水溶剂中进行的滴定分析方法,称为非水滴定法,主要用来滴定在水中很难进行滴定的酸、碱等物质。

滴定分析通常用于常量分析,主要用来测定含量在 1%以上的物质。在适当条件下,其准确度可很高,误差可在±0.2%以内。滴定分析方法操作简便、快速、易于掌握,应用广泛,可用于测定大量的无机物和有机物。因此,滴定分析法在工农业生产和科学研究中都具有很大的实用价值。

3.1.4 滴定分析的要求

滴定分析虽能应用多种类型的反应,但并非所有化学反应都能用于滴定分析,滴定分析中所有的反应必须具备以下条件:

(1)反应要按一定的化学计量关系进行,否则滴定分析将失去定量测定的依据。

(2)滴定反应的完全程度要高,这样在化学计量点附近溶液的性质有较明显的变化,使指示剂变色敏锐,终点误差小。如欲控制终点误差在±0.1%以内,反应的完全程度要达 99.9%以上。

化学反应的完全程度高低,由反应的平衡常数大小、反应物浓度、温度及副反应发生程度决定。因此,在进行不同类型的滴定分析时,首先应根据反应平衡常数、反应物浓度、温度以及有无副反应干扰来判断终点误差的大小能否符合要求。

(3)滴定反应速率要快,否则滴定终点将无法判断。对于一些反应速率慢的反应,可利用加热、加催化剂等方法使之满足滴定分析的要求。

(4)必须有适当的确定终点的方法。在滴定分析中,偶尔有这种情况,即标准溶液的颜色与反应产物的颜色明显不同,此时可用稍过量的标准溶液的颜色指示滴定终点,如高锰酸钾滴定亚铁离子的实验就是此种情况。而大多数必须选用能在化学计量点附近一定范围内产生明显颜色变化的指示剂,或使用仪器分析方法确定滴定终点。

3.1.5 滴定分析的方式

由于滴定剂与被测物质的反应不一定完全满足以上四点条件，故为使滴定分析顺利进行，应根据反应的特点选用不同的滴定方式。

1. 直接滴定法

若滴定剂与被测物质间的反应完全满足以上四点条件，一般可采用直接滴定法，即用标准溶液直接滴定被测物质溶液进行测定。直接滴定法是最重要、最常用、最基本的滴定方式。例如，用 HCl 标准溶液滴定 NaOH、用 $K_2Cr_2O_7$ 标准溶液滴定 Fe^{2+} 等。

2. 返滴定法

被测物质与标准溶液反应速率很慢(如 Al^{3+} 与 EDTA 反应时较慢)，被测物质是固体试样(如 HCl 标准溶液滴定 $CaCO_3$ 时，反应不能立即完成)，以上情况都不用直接滴定法，可先准确地加入过量的标准溶液，使反应速率加快并且充分，待反应完成后，再用另一标准溶液滴定剩余的第一种标准溶液，根据两种标准的浓度和消耗的体积，求出被测物质的含量。这种滴定方式称为返滴定法。

对于上述 Al^{3+} 的滴定，可加入一定量过量的 EDTA 标准溶液，并加热促其完全反应，冷却后，再用 Cu^{2+} 或 Zu^{2+} 标准溶液滴定剩余的 EDTA 标准溶液，此反应很迅速，即可完成相关计算。对于固体 $CaCO_3$ 的滴定，可先加入过量的 HCl 标准溶液，待其充分反应后，剩余的 HCl 再用 NaOH 标准溶液返滴定。

若被测物易挥发，如氨水，也可以采用返滴定法进行测定，即先加入过量的 HCl 标准溶液，待其反应完全后，再用 NaOH 标准溶液滴定剩余的 HCl。对某些无合适的指示剂指示终点的测定，有时也可以用返滴定法进行测定。例如，在酸性溶液中用 $AgNO_3$ 标准溶液滴定 Cl^- 时，缺乏指示剂，此时可加入过量的 $AgNO_3$ 标准溶液使 Cl^- 沉淀完全，再以铁铵矾 $[NH_4Fe(SO_4)_2 \cdot 12H_2O]$ 为指示剂，用 NH_4SCN 标准溶液返滴定剩余的 Ag^+，出现淡红色即为终点。

3. 置换滴定法

当滴定反应不能按一定化学反应式进行而伴随有副反应时，可先用适当的试剂与被测物质反应，定量地置换出能被滴定的物质，再用标准溶液滴定此物质，根据消耗标准溶液的体积，以及标准溶液与产物、产物与被测物质之间的化学计量关系可计算被测物质的含量。这种滴定方式称为置换滴定法。

例如，用 $Na_2S_2O_3$ 不能直接滴定 $K_2Cr_2O_7$ 及其他强氧化剂，因为在酸性溶液中，这些强氧化剂不仅将 $S_2O_3^{2-}$ 氧化成 $S_4O_6^{2-}$，还会有一部分 $S_2O_3^{2-}$ 被氧化成 SO_4^{2-}，即有副反应发生，使反应无一定的计量关系。

$$Na_2S_2O_3 + K_2Cr_2O_7 + H^+ \longrightarrow S_4O_6^{2-} + SO_4^{2-}(无定量关系)$$

但是，如果在酸性 $K_2Cr_2O_7$ 溶液中加入过量的 KI，使 $K_2Cr_2O_7$ 被还原并产生一定的 I_2，发生的反应如下：

$$K_2Cr_2O_7 + 6KI + 14H^+ = I_2 + 2Cr^{3+} + 7H_2O + 8K^+$$

生成的 I_2 再用 $Na_2S_2O_3$ 标准溶液滴定，反应按下式定量进行：

$$I_2 + 2S_2O_3^{2-} = 2I^- + S_4O_6^{2-}$$

按上述反应可计算待测氧化剂 $K_2Cr_2O_7$ 的含量。

此法也常用于以 $K_2Cr_2O_7$ 为基准物质标定 $Na_2S_2O_3$ 溶液的浓度。

4. 间接滴定法

当被测物质不能与标准溶液直接反应时，通常用另一种可以与标准溶液发生定量反应的试剂与被测物质作用，再用标准溶液滴定与被测物质定量作用的试剂，这种滴定方式称为间接滴定法。例如，Ca^{2+} 不能直接用酸或碱滴定，也不能直接用氧化剂或还原剂滴定，可先用 $C_2O_4^{2-}$ 使 Ca^{2+} 沉淀为 CaC_2O_4，过滤洗净，然后利用稀硫酸溶解，得到与 Ca^{2+} 等物质量的 $H_2C_2O_4$，最后用 $KMnO_4$ 标准溶液滴定 $H_2C_2O_4$，从而间接测定 Ca^{2+} 的含量。其反应式如下：

$$Ca^{2+} + C_2O_4^{2-} = CaC_2O_4(s)$$
$$CaC_2O_4(s) + 2H^+ = Ca^{2+} + H_2C_2O_4(aq)$$
$$2MnO_4^- + 5H_2C_2O_4 + 6H^+ = 2Mn^{2+} + 10CO_2 + 8H_2O$$

返滴定法、置换滴定法和间接滴定法的应用大大扩展了滴定分析法的应用范围。各种方法的分类并无严格界限，除直接滴定法和返滴定法在原理和步骤方面较为明确外，置换滴定法和间接滴定法都是想方设法找出滴定剂与被测物质之间的化学计量关系而实现的测定，都应该称之为间接滴定法。

3.2 滴定分析中的标准溶液

3.2.1 标准溶液浓度的表示方法

标准溶液是已知准确浓度的溶液，其浓度的表示方法通常有以下两种方法。

1. 物质的量浓度

物质的量浓度是指单位体积溶液中所含溶质 B 的物质的量，用符号 c 表示

$$c(B) = \frac{n(B)}{V(B)} \tag{3-1}$$

因为

$$n(B) = \frac{m(B)}{M(B)}$$

所以

$$c(B) = \frac{n(B)}{V(B)} = \frac{m(B)}{M(B)V(B)}$$

物质的量的 SI 单位是 mol，体积的单位是 m^3，物质的量浓度的单位是 $mol \cdot m^{-3}$。在滴定分析中常用的单位是 $mol \cdot L^{-1}$，即表示每升溶液中所含溶质 B 的物质的量。

2. 滴定度

滴定度笼统地说是质量除以体积。它通常将标准溶液的反应强度说成是 1mL 标准溶液相当于被滴定物质的质量。如果以 T 表示滴定度，以 $m(A)$ 表示被滴定物质的质量，以 $V(B)$ 表示标准溶液体积，A 是被滴定物质的分子式，B 是标准溶液中标准物质的分子式，则有

$$T(A/B) = \frac{m(A)}{V(B)} \tag{3-2}$$

单位是 $g \cdot mL^{-1}$ 或 $mg \cdot mL^{-1}$。

例如，1.00mL H_2SO_4 标准溶液恰好能与 0.06230g NaOH 完全反应，则此 H_2SO_4 标准溶液对 NaOH 的滴定度为

$$T(NaOH/H_2SO_4) = \frac{0.06230g}{1.00mL} = 0.06230 g \cdot mL^{-1}$$

又如，$T(Fe/KMnO_4) = 0.06230 g \cdot mL^{-1}$ 表示 1mL $KMnO_4$ 相当于 0.06230g Fe。$T(Cl^-/AgNO_3) = 1.773 mg \cdot mL^{-1}$ 即表示 1mL $AgNO_3$ 标准溶液相当于 1.773mg Cl^-，或者可以说 1mL $AgNO_3$ 标准溶液可定量地滴定 1.773mg Cl^-。

因此，只要知道滴定 Cl^- 时所消耗 $AgNO_3$ 标准溶液的体积，就可以通过它和滴定度的乘积，进而求出被测 Cl^- 的含量。

例如，若 $V(AgNO_3) = 10.00mL$，则 Cl^- 的量为

$$m(Cl^-) = T(Cl^-/AgNO_3) \times V(AgNO_3) = 1.773 mg \cdot mL^{-1} \times 10.00mL = 17.773mg$$

滴定度的表示方法适用于测定大批试样中同一组分的含量。其优点是：只有将滴定中所耗用的标准溶液的体积乘以滴定度，就可以直接算出被滴定物质的质量。

3. 滴定度与物质的量浓度之间的换算

【例 3-1】 求 $c(HCl) = 0.1015 \text{mol} \cdot L^{-1}$ 的 HCl 溶液对 NH_3 的滴定度。$[M(NH_3) = 17.03 \text{g} \cdot \text{mol}^{-1}]$

解
$$HCl + NH_3 \Longleftrightarrow NH_4Cl$$

$$\frac{1}{c(HCl)V(HCl)} = \frac{1}{\dfrac{m(NH_3)}{M(NH_3)}}$$

整理

$$c(HCl) \cdot V(HCl) = \frac{m(NH_3)}{M(NH_3)}$$

得

$$\frac{m(NH_3)}{V(HCl)} = c(HCl) \cdot M(NH_3)$$

即

$$T(NH_3/HCl) = \frac{m(NH_3)}{V(HCl)} = c(HCl) \cdot M(NH_3)$$

$$= 0.1015 \text{mol} \cdot L^{-1} \times 17.03 \text{g} \cdot \text{mol}^{-1} = 1.7285 \text{g} \cdot L^{-1}$$

3.2.2 标准溶液的配制和标定

1. 配制

标准溶液的配制方法有两种，即直接配制法和间接配制法。

1) 直接配制法

直接准确称取一定的基准物质，用少量的水溶解后，完全转移至容量瓶中，用水稀释至刻度。根据称取物质的质量和配制后溶液的体积即可算出该标准溶液的准确浓度。这种标准溶液的配制方法称为直接法，溶液浓度可以依下式计算：

$$c(B) = \frac{m(B)}{M(B) \cdot V}$$

什么是基准物质呢？能够用以直接配制成标准溶液的纯物质称为基准物质。基准物质必须满足以下条件：

(1) 试剂纯度高，应该达 99.9%以上，杂质含量不超过 0.1%，杂质的含量应少到不致影响分析的准确度。

(2) 组成恒定，试剂的化学组成与化学式完全相符，若含结晶水，如硼砂（$Na_2B_4O_7 \cdot 10H_2O$），其结晶水含量也应与化学式完全一致。

(3) 性质稳定，在配制和储存时不会发生变化。例如，在烘干时不易分解，称量时不吸湿，不吸收空气中的二氧化碳，也不易变质等。

(4)最好具有较大的摩尔质量,因为摩尔质量越大,称取的质量就越多,称量误差就相应地减少。

凡是基准物质都可以直接配制成标准溶液。在分析化学中,常用的基准物质有纯金属或纯化合物等,它们的含量一般在99.9%甚至可达99.99%以上。有些高纯试剂和光谱试剂的纯度虽然很高,但并不表明它的主成分含量在99.9%以上,而只能说明其中某些杂质的含量很低。有时由于其中含有不定组成的水分和气体杂质,以及试剂本身的组成或不固定等原因,组成分的含量可能达不到99.9%,因此,选择基准物质时要慎重。

完全具备上述条件的化学试剂为数不多,即使已具备条件的基准物质,一般在使用前也要进行一些处理,其中最常用的处理手段是在一定温度下烘去水分。现在一些最常用的基准物质及其干燥条件和应用范围列于表3-1。

表3-1 滴定分析中常用的基准物质

基准物质名称	化学式	干燥后的组成	干燥条件	标定对象
碳酸氢钠	$NaHCO_3$	Na_2CO_3	270~300℃	酸
无水碳酸钠	Na_2CO_3	Na_2CO_3	180~200℃	酸
十水碳酸钠	$Na_2CO_3 \cdot 10H_2O$	Na_2CO_3	270~300℃	酸
碳酸氢钾	$KHCO_3$	K_2CO_3	270~300℃	酸
草酸钠	$Na_2C_2O_4$	Na_2CO_3	270~300℃	酸
二水合草酸	$H_2C_2O_4 \cdot 2H_2O$	$H_2C_2O_4 \cdot 2H_2O$	室温空气干燥	碱或高锰酸钾
硼砂	$Na_2B_4O_7 \cdot H_2O$	$Na_2B_4O_7 \cdot H_2O$	放在含NaCl和蔗糖饱和溶液的干燥器中	酸
邻苯二甲酸氢钾	$KHC_8H_4O_4$	$KHC_8H_4O_4$	110~120℃	碱
重铬酸钾	$K_2Cr_2O_7$	$K_2Cr_2O_7$	140~150℃	还原剂
溴酸钾	$KBrO_3$	$KBrO_3$	130℃	还原剂
碘酸钾	KIO_3	KIO_3	130℃	还原剂
铜	Cu	Cu	室温干燥器中保存	还原剂
三氧化二砷	As_2O_3	As_2O_3	室温干燥器中保存	氧化剂
碳酸钙	$CaCO_3$	$CaCO_3$	105~110℃	EDTA
氧化锌	ZnO	ZnO	800℃	EDTA

续表

基准物质名称	化学式	干燥后的组成	干燥条件	标定对象
锌	Zn	Zn	室温干燥器中保存	EDTA
氯化钠	NaCl	NaCl	500～600℃	$AgNO_3$
氯化钾	KCl	KCl	500～600℃	$AgNO_3$
硝酸银	$AgNO_3$	$AgNO_3$	220～250℃	氯化物
草酸钠	$Na_2C_2O_4$	Na_2CO_3	130℃	氧化剂

【例 3-2】 欲配制 250.00mL，浓度为 0.01700mol·L^{-1} 的 $K_2Cr_2O_7$ 标准溶液，应称取 $K_2Cr_2O_7$ 多少克？[$M(K_2Cr_2O_7) = 294.18$ g·mol^{-1}]

解 $K_2Cr_2O_7$ 为基准物质，用直接法配制，设应称取基准物质 $K_2Cr_2O_7$ x。根据题意，得

$$\frac{x}{M(K_2Cr_2O_7)} = 0.01700 \text{mol·L}^{-1} \times 250.00 \text{mL}$$

$$= 0.01700 \text{mol·L}^{-1} \times 250.00 \times 10^{-3} \text{L} = 4.25 \times 10^{-3} \text{mol}$$

$x = 4.25 \times 10^{-3} \text{mol} \times M(K_2Cr_2O_7) = 4.25 \times 10^{-3} \text{mol} \times 294.18 \text{g·mol}^{-1} = 1.2503 \text{g}$

配制方法是在分析天平上准确称取基准物质 $K_2Cr_2O_7$ 1.2503g，置于小烧杯中，用少量蒸馏水溶解后定量转移至 250mL 容量瓶中，加水稀释至刻度，摇匀即可。

2) 间接配制法

不符合上述条件的非基准物质只能用间接配制的方法，即先配制成近似的所需要浓度的溶液，再用基准物质或另一种物质的标准溶液来确定它的准确浓度。

2. 标定

有很多物质不能直接用来配制标准溶液，可将其先配制成一种可近似于所需浓度的溶液，然后用基准物质(或者是已经用基准物质标定过的标准溶液)来标定它的准确浓度。例如，配制 0.1mol·L^{-1} HCl 标准溶液，先用浓 HCl 稀释配制成浓度约为 0.1mol·L^{-1} 的稀溶液，然后称取一定量的基准物质如硼砂进行标定，或者用已知准确浓度的 NaOH 标准溶液进行标定，这样便可求得 HCl 标准溶液的准确浓度。

在实际工作中，有时选用与被分析试样组成相似的标准试样来标定标准溶液，以消除共存元素的影响。

利用基准物质来确定标准溶液浓度的操作过程称为标定。

准确称取一定质量的基准物质,溶解后用待标定的标准溶液滴定,然后根据基准物质的质量及所消耗待标定标准溶液的体积,即可算出标准溶液的准确浓度。

用另一种物质的标准溶液确定标准溶液浓度的过程称为浓度的比较。

准确吸取一定体积的待标定的标准溶液,用已知准确浓度的标准溶液滴定;或者准确吸取一定体积的已知准确浓度的标准溶液,用待标定的标准溶液滴定。根据两种溶液所消耗的体积及已知标准溶液的浓度,就可以计算出待标定溶液的准确浓度。

标定比浓度的比较准确度更高。为了与直接标定法有所不同,比较法标定的标准溶液称为二级标准。对准确度要求较高的分析工作,标准溶液只能用一级标准即直接法标定的标准溶液。

标定时,不论采用哪种方法,为提高标定的准确度,一般要求注意以下几点:

(1)标定时要求平行做三四次,至少平行3次,相对误差小于0.2%。

(2)为使称量误差小于0.1%,称取基准物质的质量不应少于0.2g。

(3)为使滴定管读数误差小于0.1%,滴定时使用的标准溶液的体积不应少于20mL。

(4)配制和标定溶液时所使用的量器(如滴定管、移液管和容量瓶),必要时需要校正。读取的溶液体积还应考虑温度的影响。一般以20℃为标准温度,若室温偏离较大时,应加以温度校正。

标定好的标准溶液应妥善保存。若保存得当,有些标准溶液可以长期保持浓度不变或极少变化。

溶液保存在瓶中,由于蒸发,在瓶内壁上常有水滴凝聚,在每次使用前应将溶液摇匀。对于一些不够稳定的溶液,应根据它们的性质妥善保存。例如,见光易分解的 $AgNO_3$、$KMnO_4$ 等标准溶液应保存于棕色瓶中,并放置于暗处;能吸收空气中 CO_2 并能腐蚀玻璃的强碱溶液,最好盛放在塑料瓶中,并在瓶中装苏打石灰(Na_2CO_3+CaO)管以吸收空气中的二氧化碳和水。对不稳定的溶液还要定期标定或重新配制。

【例 3-3】 欲配制500mL浓度为 $0.1mol·L^{-1}$ 的NaOH标准溶液,应称取NaOH多少克?如何配制?怎样标定其准确浓度? [$M(NaOH)=40g·mol^{-1}$]

解 NaOH吸收空气中的 H_2O 和 CO_2,不是基准物质,所以只能间接法配制,然后进行标定。

设应称取NaOH x g,根据题意,配制前后物质的量相等,列式如下:

$$\frac{x\,\text{g}}{M(\text{NaOH})} = \frac{x\,\text{g}}{40\text{g}\cdot\text{mol}^{-1}} = 0.1\text{mol}\cdot\text{L}^{-1} \times 500\text{mL}$$

$$\frac{x\,\text{g}}{40\text{g}\cdot\text{mol}^{-1}} = 0.1\text{mol}\cdot\text{L}^{-1} \times 500 \times 10^{-3}\text{L}$$

$$x = 2.0$$

配制方法是用台秤或百分之一天平称取 NaOH 2.0g，置于小烧杯中，用少量蒸馏水溶解后定量转移至500mL 试剂瓶中，加水稀释至约500mL 刻度，摇匀即可得浓度约为 $0.1\text{mol}\cdot\text{L}^{-1}$ 的 NaOH 标准溶液，然后用基准试剂标定确定其准确浓度。具体做法有多种，举其中常见方法。

用邻苯二甲酸氢钾（$C_8H_5KO_4$，也可写作 $KHC_8H_4O_4$ 或 KHP）作为基准试剂，用分析天平准确称取三份一定质量的 $C_8H_5KO_4$ 分别于三个锥形瓶中，锥形瓶要标记号码，蒸馏水溶解后用 NaOH 溶液滴定，根据称取 $C_8H_5KO_4$ 的质量和滴定耗用 NaOH 的体积，即可计算 NaOH 的准确浓度。具体称取 $C_8H_5KO_4$ 多少呢？

首先，化学反应方程式如下：

$$\text{KHP} + \text{NaOH} = \text{KNaP} + \text{H}_2\text{O}$$

按滴定 NaOH 的体积 20～30mL 计算：

$$c(\text{NaOH})V(\text{NaOH}) = \frac{m(\text{KHP})}{M(\text{KHP})}$$

$$m(\text{KHP}) = c(\text{NaOH})V(\text{NaOH})M(\text{KHP})$$

$$m(\text{KHP}) = 0.1\text{mol}\cdot\text{L}^{-1} \times 20\text{mL} \times 204.22\text{g}\cdot\text{mol}^{-1} = 0.4084\text{g}$$

$$m(\text{KHP}) = 0.1\text{mol}\cdot\text{L}^{-1} \times 30\text{mL} \times 204.22\text{g}\cdot\text{mol}^{-1} = 0.6127\text{g}$$

采取差减法，控制称量范围在 0.4084～0.6127g，即可保证 NaOH 滴定体积在 20～30mL。但也要考虑分析天平的称量误差问题，称取的质量不能太少。

设其中一份 $C_8H_5KO_4$ 的质量为 0.5235g，滴定时用去 NaOH 25.00mL，计算 NaOH 的准确浓度。

$$c(\text{NaOH})V(\text{NaOH}) = \frac{m(\text{KHP})}{M(\text{KHP})}$$

$$c(\text{NaOH}) = \frac{m(\text{KHP})}{M(\text{KHP})} \times \frac{1}{V(\text{NaOH})}$$

$$= \frac{0.5235\text{g}}{204.22\text{g}\cdot\text{mol}^{-1}} \times \frac{1}{25.00 \times 10^{-3}\text{L}} = 0.1025\text{mol}\cdot\text{L}^{-1}$$

本 章 小 结

滴定分析法是定量化学分析中最重要的方法。

若被测物质可与某种试剂以一定的化学计量关系相互作用,则可将一定量的被测物溶液置于锥形瓶中,然后通过滴定管逐滴加入已知准确浓度的试剂溶液,直到所加试剂与被测物按化学计量关系恰好定量作用。根据所加试剂溶液的浓度和体积,以及两者相互作用时的化学计量关系,即可求出被测物含量。

1. 滴定分析的基础知识

1) 术语

分析化学中将已知准确浓度的溶液称为标准溶液。

将标准溶液加到被测溶液中的过程称为滴定。

当标准溶液与被测溶液按照一定的化学计量关系完全反应时称达到化学计量点。

滴定到指示剂变色时停止滴定,此时称为滴定终点。

滴定终点和化学计量点往往不同,由此所引起的误差称为终点误差,也称滴定误差。

2) 特点

滴定分析是化学分析方法中最经典的分析方法之一,适用于含量在 1%以上各组分的测定。

3) 分类

根据标准溶液与被测物质反应类型的不同,滴定分析法可分为四类:酸碱滴定法、沉淀滴定法、配位滴定法、氧化还原滴定法。

4) 要求

滴定分析中所有的反应必须具备以下条件:

反应的化学计量关系明确;滴定反应的完全程度高;滴定反应速率快;必须有适当的确定终点的方法。

5) 方式

直接滴定法、返滴定法、置换滴定法、间接滴定法。

2. 标准溶液的表示方法

(1) 物质的量浓度 $c(B) = \dfrac{n(B)}{V(B)}$

(2) 滴定度 $T(A/B) = \dfrac{m(A)}{V(B)}$

3. 标准溶液的配制和标定

1) 配制

标准溶液的配制方法有两种，即直接配制法和间接配制法。直接配制法是直接准确称取一定的基准物质，用少量的水溶解后，完全转移至容量瓶中，用水稀释至刻度，根据称取物质的质量和配制后溶液的体积即可算出该标准溶液的准确浓度。不符合上述条件的非基准物质只能用间接配制的方法，即先配制成近似的所需要浓度的溶液，再用基准物质或另一种物质的标准溶液来确定它的准确浓度。

2) 标定

利用基准物质来确定标准溶液浓度的操作过程称为标定。用另一种物质的标准溶液确定浓度的过程称为浓度的比较。

标定比浓度的比较准确度更高。为了与直接标定法有所不同，用比较法标定的标准溶液称为二级标准。对准确度要求较高的分析工作，标准溶液只能用一级标准即直接法标定的标准溶液。

4. 滴定分析中的计算

有关滴定分析中的计算，重点是滴定过程明确，化学计量关系准确，关键是相关化学方程式书写正确。另外，在计算过程中，相关数据的有效数字位数及计算要严格遵守相关规则，这样才会有准确的计算结果。

思考及练习题

1. 说明下列名词的意义。
(1) 滴定剂   (2) 标准溶液
(3) 滴定终点 (4) 基准物质
(5) 标定   (6) 浓度的比较

2. 基准物质应具备哪些条件？下列物质可否作基准物质？
(1) $Na_2CO_3 \cdot 10H_2O$ (2) 99.95% NaCl   (3) NaOH
(4) HCl   (5) $Na_2B_4O_7 \cdot 10H_2O$

3. 滴定方式有几种？标定标准溶液时应注意什么？

4. 什么是滴定度？滴定度有什么意义？举例说明。

5. 标定标准溶液的方法有哪几种？各有何优点？标定标准溶液时一般应注意什么？

6. 下列物质中哪些可以用直接法配制标准溶液？哪些只能用间接法配制？
H_2SO_4、KOH、$KBrO_3$、$KMnO_4$、$K_2Cr_2O_7$、$Na_2S_2O_3 \cdot 5H_2O$

7. 下列几种基准物质哪些可以用来标定 HCl 溶液？

无水碳酸钠 Na_2CO_3，硼砂 $Na_2B_4O_7 \cdot 10H_2O$，邻苯二甲酸氢钾 $C_8H_5KO_4$，乙二酸 $H_2C_2O_4$，碳酸钙 $CaCO_3$。

8. 计算下列溶液的物质的量浓度。

(1) 3.3980g $AgNO_3$ 配成 100.00mL 的 $AgNO_3$ 溶液

(2) 4.9040g H_2SO_4 配成 500.00mL 的 H_2SO_4 溶液

(3) 0.9004g $H_2C_2O_4$ 配成 100.00mL 的 $H_2C_2O_4$ 溶液

(4) 4.742g $KMnO_4$ 配成 750.00mL 的 $KMnO_4$ 溶液

9. 已知 $\rho = 1.19 g \cdot mL^{-1}$ 的浓 HCl 含 HCl 36%，1L 浓 HCl 含有多少克 HCl？其物质的量浓度 $c(HCl)$ 为多少？

10. 配制下列硫酸溶液，应取浓硫酸（$\rho = 1.84 g \cdot mL^{-1}$，$w = 96\%$）多少毫升？

(1) $w = 25\%$ 的硫酸溶液（$\rho = 1.18 g \cdot mL^{-1}$）500.00mL

(2) $c(H_2SO_4) = 6.00 mol \cdot L^{-1}$ 的溶液 500.00mL

(3) $c(H_2SO_4) = 12.00 mol \cdot L^{-1}$ 的溶液 500.00mL

11. 欲使滴定时消耗 $c(HCl) = 0.2 mol \cdot L^{-1}$ 的 HCl 溶液的体积控制在 20～30mL，应称取分析纯的 $NaCO_3$ 试剂约多少克？

12. 计算下列溶液的滴定度，以 $g \cdot mL^{-1}$ 表示。

(1) $c(HCl) = 0.2015 mol \cdot L^{-1}$ 的 HCl 溶液，用来测定 $Ca(OH)_2$、NaOH。

(2) $c(NaOH) = 0.1734 mol \cdot L^{-1}$ 的 NaOH 溶液，用来测定 $HClO_4$、CH_3COOH。

13. 滴定 0.1506g 乙二酸样品，用去 $0.1011 mol \cdot L^{-1}$ NaOH 溶液 22.60mL，求乙二酸样品中 $H_2C_2O_4 \cdot 2H_2O$ 的质量分数 $w(H_2C_2O_4 \cdot 2H_2O)$。

14. 称取 Na_2CO_3 试样 0.2600g，溶于水后，用 $\rho(HCl) = 0.007640 g \cdot mL^{-1}$ 的盐酸标准溶液滴定，用去 22.50mL，求 Na_2CO_3 的质量分数 $w(Na_2CO_3)$。

15. 为了分析食醋中乙酸的含量，现取食醋试样 10.00mL，用 $0.3024 mol \cdot L^{-1}$ NaOH 标准溶液滴定，用去 20.17mL，食醋试样的密度 $\rho = 1.055 g \cdot mL^{-1}$。试计算该试样中乙酸的质量分数 $w(CH_3COOH)$。

16. 分析碳酸氢铵肥料，称取试样 0.9876g 溶于水配成 100.00mL 溶液，吸取试液 25.00mL，用 $0.1000 mol \cdot L^{-1}$ HCl 溶液滴定，用去 25.00mL，求该碳酸氢铵肥料中 N、NH_3、NH_4HCO_3 的质量分数。[已知 $M(NH_4HCO_3) = 79.09 g \cdot mol^{-1}$]

17. 用基准物质 Na_2CO_3 标定 HCl 溶液时，下列情况对 HCl 的浓度产生何种影响（偏高、偏低或无影响）？

(1) 滴定速度太快，附着在滴定管壁上的 HCl 来不及流下来就读取滴定体积。

(2) 称取 Na_2CO_3 时，实际质量为 0.1834g，记录时记为 0.1824g。

(3) 将 HCl 标准溶液倒入滴定管之前，没有用 HCl 标准溶液洗涤滴定管。

(4) 在锥形瓶中用蒸馏水溶解时，多加了 5mL 蒸馏水。

(5) 滴定开始之前，忘记调节零点，HCl 溶液的液面高于零点。

(6) 滴定管活塞漏液。

(7) 称取 Na_2CO_3 时，撒在天平盘上。

(8) 配制 HCl 时没有摇匀。

18. 称取大理石试样 0.2303g，溶于酸中，调节酸度后加入过量 $(NH_4)_2C_2O_4$ 溶液，使 Ca^{2+} 沉淀为 CaC_2O_4，过滤，洗净，将沉淀溶于稀 H_2SO_4 中，溶解后的溶液用 $1.0060 mol \cdot L^{-1}$ $KMnO_4$ 标准溶液滴定，消耗 22.30mL。计算大理石中 $Ca CO_3$ 的含量。

19. 不纯 Sb_2S_3 0.2513g，将其中在氧气流中灼烧，产生的 SO_2 通入 $FeCl_3$ 溶液中，使 Fe^{3+} 还原至 Fe^{2+}，然后用 $0.02000 mol \cdot L^{-1}$ $KMnO_4$ 标准溶液滴定 Fe^{2+}，消耗 $KMnO_4$ 溶液 31.80mL。计算试样中 Sb_2S_3 的含量，若按 Sb 的质量分数计算，结果为多少？

20. 0.2500g 不纯 $Ca CO_3$ 试样中不含干扰测定的组分，加入 25.00mL $0.2600 mol \cdot L^{-1}$ HCl 溶液，煮沸除去 CO_2，用 $0.2450 mol \cdot L^{-1}$ NaOH 溶液返滴过量酸，消耗 6.50mL。计算试样中 $Ca CO_3$ 的质量分数。

第 4 章 酸碱滴定法

酸碱滴定法是利用酸碱反应进行的滴定分析方法。应用酸碱滴定法，可以准确测定很多酸、碱的量，若某些非酸碱物质经过化学处理产生酸碱，其含量也可能利用酸碱滴定法实现测定。

4.1 酸碱质子理论

4.1.1 酸碱定义和共轭酸碱对

酸碱质子理论是丹麦化学家布朗斯台德(Brönsted)和英国化学家劳里(Lowry)于 1923 年各自独立提出的一种酸碱理论。酸碱质子理论指出，凡是能给出质子的物质是酸，接受质子的物质是碱。酸给出质子后就变成其共轭碱，碱得到质子后就变成其共轭酸。其关系式如下：

$$酸(HB) \Longleftrightarrow 质子(H^+) + 碱(B^-)$$

$$酸 \qquad\qquad 共轭碱$$

$$共轭酸 \qquad\qquad 碱$$

HB 和 B^- 是共轭酸碱对。

因此，酸碱质子理论的酸碱可以是阳离子、阴离子，也可以是中性分子，酸总是比其共轭碱多一个质子。酸和碱的共轭关系是相互依存的。

$$HCl \Longleftrightarrow H^+ + Cl^-$$

$$HAc \Longleftrightarrow H^+ + Ac^-$$

$$NH_4^+ \Longleftrightarrow H^+ + NH_3$$

$$H_2CO_3 \Longleftrightarrow H^+ + HCO_3^-$$

$$HCO_3^- \Longleftrightarrow H^+ + CO_3^{2-}$$

以上式中，HCl 和 Cl^- 是共轭酸碱对，HCl 是 Cl^- 的共轭酸，Cl^- 是 HCl 的共轭碱。

HAc、NH_4^+、H_2CO_3、HCO_3^- 都能给出质子是酸，与之对应的 Ac^-、NH_3、HCO_3^-、CO_3^{2-} 等都接受质子是碱。在 $H_2CO_3 \Longleftrightarrow H^+ + HCO_3^-$ 中，H_2CO_3 是酸，HCO_3^- 是其共轭碱，而在 $HCO_3^- \Longleftrightarrow H^+ + CO_3^{2-}$ 中 HCO_3^- 是酸，CO_3^{2-} 是其共轭碱。

因此讨论是酸还是碱，要在具体的环境中进行讨论。

共轭酸碱对的质子得失过程称为酸碱半反应。

4.1.2 酸碱反应

酸碱反应是靠两对共轭酸碱对相互作用来实现的，其实质是酸碱之间质子的转移。酸碱半反应是不能单独存在的，得质子的半反应和失质子的半反应构成完整的一个酸碱反应。酸给出质子，溶液中必须有碱来接受这个质子，如乙酸在水溶液中的离解：

$$HAc \rightleftharpoons H^+ + Ac^-$$

习惯上如上式书写离解反应，其实这是一个完整的化学反应的简化写法，与HAc失去质子的半反应：

$$HAc \rightleftharpoons H^+ + Ac^-$$

是有区别的。

乙酸在水溶液中的离解是有 H_2O 分子参与的：

$$HAc + H_2O \rightleftharpoons H_3O^+ + Ac^-$$

HAc 给出质子变为 Ac^-，半反应如下：

$$HAc \rightleftharpoons H^+ + Ac^-$$

此半反应中 HAc 是酸，Ac^- 是其共轭碱。

溶液中的 H_2O 接受 HAc 给出的质子变成 H_3O^+，半反应如下：

$$H_2O + H^+ \rightleftharpoons H_3O^+$$

此半反应中 H_2O 是碱，H_3O^+ 是其共轭酸。

两个半反应构成一个完整的酸碱反应：

$$HAc(酸1) + H_2O(碱2) \rightleftharpoons H_3O^+(酸2) + Ac^-(碱1)$$

同理 NH_3 在水中离解实质是 NH_3 和 H_2O 分子之间的质子转移反应：

$$NH_3(碱1) + H_2O(酸2) \rightleftharpoons NH_4^+(酸1) + OH^-(碱2)$$

就是 NH_3 分子从 H_2O 分子中获得质子变成 NH_4^+，H_2O 分子失去质子变成 OH^-。

各自半反应如下：

$$NH_3 + H^+ \rightleftharpoons NH_4^+$$

$$H_2O \rightleftharpoons H^+ + OH^-$$

NH_3 分子是碱，NH_4^+ 是其共轭酸，H_2O 分子是酸，OH^- 是其共轭碱。得质子半反应和失质子半反应必须是同时存在的，有得就有失，有失就有得。

溶剂 H_2O 分子既能给出质子称为酸，也能接受质子称为碱，因此 H_2O 之间也可以发生质子转移反应：

$$H_2O(酸1) + H_2O(碱2) \rightleftharpoons H_3O^+(酸2) + OH^-(碱1)$$

其中一部分 H_2O 分子失去质子后变成碱，起到酸的作用，失去的质子给了另外一部分 H_2O 分子，这部分 H_2O 分子获得得质子，体现碱的性质。

这是仅在溶剂 H_2O 分子之间发生的质子转移反应，称为溶剂 H_2O 分子的自递反应。反应的平衡常数称为溶剂 H_2O 分子的质子自递平衡常数 $K_w^\ominus$，水的质子自递平衡常数也称为水的活度积。在25℃时

$$K_w^\ominus = 1.0 \times 10^{-14}, \quad pK_w^\ominus = 14.0$$

4.1.3 酸碱的强弱、共轭酸碱的 $K_a^\ominus$ 和 $K_b^\ominus$ 对应关系

酸碱的强弱不仅与酸碱本身的性质有关，还与溶剂的性质有关，在不同的溶剂中，其酸碱性也会发生变化。在水溶液中，酸碱的强度取决于给予水分子还是碱从水分子夺取质子的能力。给出质子的能力越强，其酸性越强，反之越弱；接受质子的能力越强，其碱性越强，反之越弱。强度的大小通常用酸碱在水中的离解常数 $K_a^\ominus$ 或 $K_b^\ominus$ 的大小来衡量。例如

$$HAc + H_2O \rightleftharpoons H_3O^+ + Ac^-$$

$$K_a^\ominus = \frac{[c(H_3O^+)/c^\ominus][c(Ac^-)/c^\ominus]}{[c(HAc)/c^\ominus]}$$

通常为了书写方便，水合质子 H_3O^+ 简写为 H^+，所以相应的化学反应式及平衡常数表达式可简写为

$$HAc \rightleftharpoons H^+ + Ac^-$$

$$K_a^\ominus = \frac{[c(H^+)/c^\ominus][c(Ac^-)/c^\ominus]}{[c(HAc)/c^\ominus]}$$

值得注意的是 HAc 离解半反应与简化的化学反应式形式完全相同,但意义是不同的。

$K_a^\ominus$ 越大，酸的强度就越大；同样，$K_b^\ominus$ 越大，碱的强度就越大。一些常见的酸碱离解常数见附录1。

某种酸的酸性越强，即 $K_a^\ominus$ 越大，则共轭碱的碱性就越弱，即 $K_b^\ominus$ 越小。同样碱性越强，即 $K_b^\ominus$ 越大，则共轭酸的酸性就越弱，即 $K_a^\ominus$ 越小。HCl在水溶液中全部离解，质子全部转移给水分子，$K_a^\ominus$ 很大，但其共轭碱 Cl^- 几乎无能力从 H_2O 中夺取质子，$K_b^\ominus$ 很小，小到难以测出，所以HCl是很强的酸，Cl^- 是很弱的碱。因此，在共轭酸碱对中，$K_a^\ominus$ 越大，$K_b^\ominus$ 越小；反之，$K_a^\ominus$ 越小，$K_b^\ominus$ 越大。$K_a^\ominus$、$K_b^\ominus$、$K_w^\ominus$ 之间有一定的关系。以 HAc-Ac^- 体系为例讨论它们相互间的关系。

乙酸离解及其平衡常数：

$$HAc \rightleftharpoons H^+ + Ac^-$$

$$K_a^{\ominus} = \frac{[c(H^+)/c^{\ominus}][c(Ac^-)/c^{\ominus}]}{[c(HAc)/c^{\ominus}]}$$

乙酸根水解及其平衡常数：

$$Ac^- + H_2O \rightleftharpoons HAc + OH^-$$

$$K_b^{\ominus} = \frac{[c(HAc)/c^{\ominus}][c(OH^-)/c^{\ominus}]}{[c(Ac^-)/c^{\ominus}]}$$

那么

$$K_a^{\ominus} K_b^{\ominus} = \frac{[c(H^+)/c^{\ominus}][c(Ac^-)/c^{\ominus}]}{[c(HAc)/c^{\ominus}]} \times \frac{[c(HAc)/c^{\ominus}][c(OH^-)/c^{\ominus}]}{[c(Ac^-)/c^{\ominus}]}$$

$$K_a^{\ominus} K_b^{\ominus} = [c(H^+)/c^{\ominus}][c(OH^-)/c^{\ominus}] = K_w^{\ominus}$$

因此，在水溶液中，共轭酸碱的离解常数的乘积等于水的质子自递平衡常数。利用此关系，可进行共轭酸碱对 $K_a^{\ominus}$ 与 $K_b^{\ominus}$ 之间的换算。知其酸的 $K_a^{\ominus}$，则可求其共轭碱的 $K_b^{\ominus}$。

多元酸碱在水溶液中是分级离解的，有多个共轭酸碱对，以同样方法可以推导多元酸碱中共轭酸碱对 $K_a^{\ominus}$ 与 $K_b^{\ominus}$ 之间的关系。

例如，$H_2C_2O_4$ 的离解及其平衡常数：

$$H_2C_2O_4 \rightleftharpoons H^+ + HC_2O_4^-$$

$$K_{a1}^{\ominus}(H_2C_2O_4) = \frac{[c(H^+)/c^{\ominus}][c(HC_2O_4^-)/c^{\ominus}]}{c(H_2C_2O_4)/c^{\ominus}}$$

$$HC_2O_4^- \rightleftharpoons H^+ + C_2O_4^{2-}$$

$$K_{a2}^{\ominus}(H_2C_2O_4) = \frac{[c(H^+)/c^{\ominus}][c(C_2O_4^{2-})/c^{\ominus}]}{c(HC_2O_4^-)/c^{\ominus}}$$

$C_2O_4^{2-}$ 的水解及其平衡常数：

$$C_2O_4^{2-} + H_2O \rightleftharpoons HC_2O_4^- + OH^-$$

$$K_{b1}^{\ominus}(C_2O_4^{2-}) = \frac{[c(OH^-)/c^{\ominus}][c(HC_2O_4^-)/c^{\ominus}]}{c(C_2O_4^{2-})/c^{\ominus}}$$

$$HC_2O_4^- + H_2O \rightleftharpoons H_2C_2O_4 + OH^-$$

$$K_{b2}^{\ominus}(C_2O_4^{2-}) = \frac{[c(OH^-)/c^{\ominus}][c(H_2C_2O_4)/c^{\ominus}]}{c(HC_2O_4^-)/c^{\ominus}}$$

由以上关系可得

$$K_{a1}^{\ominus}(H_2C_2O_4)K_{b2}^{\ominus}(C_2O_4^{2-}) = K_w^{\ominus}$$

$$K_{a2}^{\ominus}(H_2C_2O_4)K_{b1}^{\ominus}(C_2O_4^{2-}) = K_w^{\ominus}$$

又如，H_3PO_4 的离解及其平衡常数：

$$H_3PO_4 \rightleftharpoons H^+ + H_2PO_4^-$$

$$K_{a1}^{\ominus}(H_3PO_4) = \frac{[c(H^+)/c^{\ominus}][c(H_2PO_4^-)/c^{\ominus}]}{c(H_3PO_4)/c^{\ominus}}$$

$$H_2PO_4^- \rightleftharpoons H^+ + HPO_4^{2-}$$

$$K_{a2}^{\ominus}(H_3PO_4) = \frac{[c(H^+)/c^{\ominus}][c(HPO_4^{2-})/c^{\ominus}]}{c(H_2PO_4^-)/c^{\ominus}}$$

$$HPO_4^{2-} \rightleftharpoons H^+ + PO_4^{3-}$$

$$K_{a3}^{\ominus}(H_3PO_4) = \frac{[c(H^+)/c^{\ominus}][c(PO_4^{3-})/c^{\ominus}]}{c(HPO_4^{2-})/c^{\ominus}}$$

PO_4^{3-} 的水解及其平衡常数：

$$PO_4^{3-} + H_2O \rightleftharpoons HPO_4^{2-} + OH^-$$

$$K_{b1}^{\ominus}(PO_4^{3-}) = \frac{[c(OH^-)/c^{\ominus}][c(HPO_4^{2-})/c^{\ominus}]}{c(PO_4^{3-})/c^{\ominus}}$$

$$HPO_4^{2-} + H_2O \rightleftharpoons H_2PO_4^- + OH^-$$

$$K_{b2}^{\ominus}(PO_4^{3-}) = \frac{[c(OH^-)/c^{\ominus}][c(H_2PO_4^-)/c^{\ominus}]}{c(HPO_4^{2-})/c^{\ominus}}$$

$$H_2PO_4^- + H_2O \rightleftharpoons H_3PO_4 + OH^-$$

$$K_{b3}^{\ominus}(PO_4^{3-}) = \frac{[c(OH^-)/c^{\ominus}][c(H_3PO_4)/c^{\ominus}]}{c(H_2PO_4^-)/c^{\ominus}}$$

由以上关系可得

$$K_{a1}^{\ominus}(H_3PO_4)K_{b3}^{\ominus}(PO_4^{3-}) = K_w^{\ominus}$$

$$K_{a2}^{\ominus}(H_3PO_4)K_{b2}^{\ominus}(PO_4^{3-}) = K_w^{\ominus}$$

$$K_{a3}^{\ominus}(H_3PO_4)K_{b1}^{\ominus}(PO_4^{3-}) = K_w^{\ominus}$$

4.2 酸碱溶液中氢离子浓度的计算

溶液中酸碱平衡是酸碱滴定法的理论基础。正确判断溶液中酸度与酸碱各存在型体的关系，计算酸碱水溶液的酸度，是掌握酸碱滴定法理论必需的基本知识。

4.2.1 酸度对水溶液中弱酸(碱)型体分布的影响

酸碱平衡体系中，通常同时存在多种酸碱组分，这些组分的浓度随溶液中 H^+ 浓度的变化而变化。

例如，一元弱酸 HB 水溶液中，由于发生离解反应

$$HB \Longleftrightarrow H^+ + B^-$$

HB 部分转化为其共轭碱 B^-，这样在一元弱酸 HB 水溶液中以 HB 和 B^- 一对共轭酸碱两种型体存在。一定条件下离解反应达到平衡状态后，各型体的平衡浓度 c^{eq} 与弱酸的初始浓度 c_0（或称原始总浓度，有资料也称分析浓度）的关系为

$$c_0(HB) = c^{eq}(HB) + c^{eq}(B^-)$$

各型体的平衡浓度 c^{eq} 也可用 c 简化表示，即

$$c_0(HB) = c(HB) + c(B^-)$$

根据化学平衡移动原理，若提高弱酸(碱)水溶液的酸度，必使离解平衡向生成共轭酸的方向移动，若降低弱酸(碱)水溶液的酸度，则离解平衡向生成共轭碱的方向移动。因此，可利用调节溶液酸度的方式控制酸碱水溶液中有关存在型体的浓度，这对有效控制很多化学反应进行的条件具有重要指导意义。

1. 摩尔分数

常用摩尔分数表示溶液中弱酸(碱)某一型体浓度与弱酸(碱)初始浓度之比。摩尔分数用符号 x 表示。

一元弱酸以 HAc 为例，在 HAc 水溶液中存在两种型体：HAc、Ac^-。二者各自的摩尔分数分别为

$$x(HAc) = \frac{c(HAc)}{c_0(HAc)} = \frac{c(HAc)}{c(HAc) + c(Ac^-)} = \frac{1}{1 + \dfrac{c(Ac^-)}{c(HAc)}}$$

$$x(Ac^-) = \frac{c(Ac^-)}{c_0(HAc)} = \frac{c(Ac^-)}{c(HAc) + c(Ac^-)} = \frac{1}{1 + \dfrac{c(HAc)}{c(Ac^-)}}$$

$$x(HAc) + x(Ac^-) = 1$$

根据离解平衡原理：

$$K_a^{\ominus}(HAc) = \frac{[c(H^+)/c^{\ominus}][c(Ac^-)/c^{\ominus}]}{[c(HAc)/c^{\ominus}]}$$

得

$$\frac{K_a^\ominus(\text{HAc})}{c(\text{H}^+)/c^\ominus} = \frac{c(\text{Ac}^-)/c^\ominus}{c(\text{HAc})/c^\ominus}$$

$$\frac{c(\text{H}^+)/c^\ominus}{K_a^\ominus(\text{HAc})} = \frac{c(\text{HAc})/c^\ominus}{c(\text{Ac}^-)/c^\ominus}$$

将 $\dfrac{K_a^\ominus(\text{HAc})}{c(\text{H}^+)/c^\ominus} = \dfrac{c(\text{Ac}^-)/c^\ominus}{c(\text{HAc})/c^\ominus}$ 代入

$$x(\text{HAc}) = \frac{c(\text{HAc})}{c_0(\text{HAc})} = \frac{c(\text{HAc})}{c(\text{HAc}) + c(\text{Ac}^-)} = \frac{1}{1 + \dfrac{c(\text{Ac}^-)}{c(\text{HAc})}}$$

得

$$x(\text{HAc}) = \frac{1}{1 + \dfrac{c(\text{Ac}^-)}{c(\text{HAc})}} = \frac{1}{1 + \dfrac{K_a^\ominus(\text{HAc})}{c(\text{H}^+)/c^\ominus}} = \frac{c(\text{H}^+)/c^\ominus}{c(\text{H}^+)/c^\ominus + K_a^\ominus(\text{HAc})}$$

将 $\dfrac{c(\text{H}^+)/c^\ominus}{K_a^\ominus(\text{HAc})} = \dfrac{c(\text{HAc})/c^\ominus}{c(\text{Ac}^-)/c^\ominus}$ 代入

$$x(\text{Ac}^-) = \frac{c(\text{Ac}^-)}{c_0(\text{HAc})} = \frac{c(\text{Ac}^-)}{c(\text{HAc}) + c(\text{Ac}^-)} = \frac{1}{1 + \dfrac{c(\text{HAc})}{c(\text{Ac}^-)}}$$

得

$$x(\text{Ac}^-) = \frac{1}{1 + \dfrac{c(\text{HAc})}{c(\text{Ac}^-)}} = \frac{1}{1 + \dfrac{c(\text{H}^+)/c^\ominus}{K_a^\ominus(\text{HAc})}} = \frac{K_a^\ominus(\text{HAc})}{c(\text{H}^+)/c^\ominus + K_a^\ominus(\text{HAc})}$$

由上述结果可得出这样的结论：在一定的 pH 条件下，一元弱酸(碱)水溶液中共轭酸碱两种存在型体的摩尔分数是可知的，根据摩尔分数和弱酸(碱)的初始浓度，就可方便地计算出一定 pH 条件下各型体的平衡浓度。

另外也可看出，某酸碱组分的摩尔分数取决于该酸碱物质的性质和溶液中 H^+ 浓度，即 $K_a^\ominus$ 和 $c(\text{H}^+)$ 与初始浓度 c_0 无关。

摩尔分数的大小能定量地说明溶液中各种酸碱型体的分布情况，知道了摩尔分数，便可求得溶液中酸碱组分的平衡浓度，但必须知道原始浓度。

【例 4-1】 计算 pH = 5.00 时，$c_0(\text{HAc}) = 0.10 \text{mol} \cdot \text{L}^{-1}$ 的乙酸水溶液中 HAc 和 Ac^- 的平衡浓度，已知 $K_a^\ominus(\text{HAc}) = 1.8 \times 10^{-5}$。

解

$$x(\text{HAc}) = \frac{c(\text{HAc})}{c_0(\text{HAc})} = \frac{c(\text{H}^+)/c^\ominus}{c(\text{H}^+)/c^\ominus + K_a^\ominus(\text{HAc})} = \frac{1.0 \times 10^{-5}}{1.0 \times 10^{-5} + 1.8 \times 10^{-5}} = 0.36$$

$$x(\text{Ac}^-) = \frac{c(\text{Ac}^-)}{c_0(\text{HAc})} = \frac{K_a^{\ominus}(\text{HAc})}{c(\text{H}^+)/c^{\ominus} + K_a^{\ominus}(\text{HAc})} = \frac{1.8 \times 10^{-5}}{1.0 \times 10^{-5} + 1.8 \times 10^{-5}} = 0.64$$

所以

$$x(\text{HAc}) = \frac{c(\text{HAc})}{c_0(\text{HAc})} = 0.36$$

$$c(\text{HAc}) = 0.36 \times c_0(\text{HAc}) = 0.36 \times 0.10 \text{mol} \cdot \text{L}^{-1} = 0.036 \text{mol} \cdot \text{L}^{-1}$$

$$x(\text{Ac}^-) = \frac{c(\text{Ac}^-)}{c_0(\text{HAc})} = 0.64$$

$$c(\text{Ac}^-) = 0.64 \times c_0(\text{HAc}) = 0.64 \times 0.10 \text{mol} \cdot \text{L}^{-1} = 0.064 \text{mol} \cdot \text{L}^{-1}$$

同理，可推导计算出多元弱酸(碱)水溶液中各种型体的摩尔分数计算公式。

二元酸以 $H_2C_2O_4$ 水溶液为例，在 $H_2C_2O_4$ 水溶液中存在三种型体：$H_2C_2O_4$、$HC_2O_4^-$、$C_2O_4^{2-}$。$H_2C_2O_4$ 的初始浓度为 $c_0(H_2C_2O_4)$。

$H_2C_2O_4$ 有两级离解：

$$H_2C_2O_4 \rightleftharpoons HC_2O_4^- + H^+$$

$$K_{a1}^{\ominus}(H_2C_2O_4) = \frac{[c(H^+)/c^{\ominus}][c(HC_2O_4^-)/c^{\ominus}]}{c(H_2C_2O_4)/c^{\ominus}}$$

$$HC_2O_4^- \rightleftharpoons C_2O_4^{2-} + H^+$$

$$K_{a2}^{\ominus}(H_2C_2O_4) = \frac{[c(H^+)/c^{\ominus}][c(C_2O_4^{2-})/c^{\ominus}]}{c(HC_2O_4^-)/c^{\ominus}}$$

$$K_{a1}^{\ominus}(H_2C_2O_4) K_{a2}^{\ominus}(H_2C_2O_4) = \frac{[c(H^+)/c^{\ominus}]^2[c(C_2O_4^{2-})/c^{\ominus}]}{c(H_2C_2O_4)/c^{\ominus}}$$

并且有

$$c_0(H_2C_2O_4) = c(H_2C_2O_4) + c(HC_2O_4^-) + c(C_2O_4^{2-})$$

根据摩尔分数的定义：

$$x(H_2C_2O_4) = \frac{c(H_2C_2O_4)}{c_0(H_2C_2O_4)}$$

$$x(HC_2O_4^-) = \frac{c(HC_2O_4^-)}{c_0(H_2C_2O_4)}$$

$$x(C_2O_4^{2-}) = \frac{c(C_2O_4^{2-})}{c_0(H_2C_2O_4)}$$

$$x(H_2C_2O_4) + x(HC_2O_4^-) + x(C_2O_4^{2-}) = 1$$

对摩尔分数继续分析处理得

$$x(\mathrm{H_2C_2O_4}) = \frac{c(\mathrm{H_2C_2O_4})}{c_0(\mathrm{H_2C_2O_4})} = \frac{c(\mathrm{H_2C_2O_4})}{c(\mathrm{H_2C_2O_4}) + c(\mathrm{HC_2O_4^-}) + c(\mathrm{C_2O_4^{2-}})}$$

$$= \frac{1}{1 + \dfrac{c(\mathrm{HC_2O_4^-})}{c(\mathrm{H_2C_2O_4})} + \dfrac{c(\mathrm{C_2O_4^{2-}})}{c(\mathrm{H_2C_2O_4})}}$$

$$x(\mathrm{HC_2O_4^-}) = \frac{c(\mathrm{HC_2O_4^-})}{c_0(\mathrm{H_2C_2O_4})} = \frac{c(\mathrm{HC_2O_4^-})}{c(\mathrm{H_2C_2O_4}) + c(\mathrm{HC_2O_4^-}) + c(\mathrm{C_2O_4^{2-}})}$$

$$= \frac{1}{\dfrac{c(\mathrm{H_2C_2O_4})}{c(\mathrm{HC_2O_4^-})} + 1 + \dfrac{c(\mathrm{C_2O_4^{2-}})}{c(\mathrm{HC_2O_4^-})}}$$

$$x(\mathrm{C_2O_4^{2-}}) = \frac{c(\mathrm{C_2O_4^{2-}})}{c_0(\mathrm{H_2C_2O_4})} = \frac{c(\mathrm{C_2O_4^{2-}})}{c(\mathrm{H_2C_2O_4}) + c(\mathrm{HC_2O_4^-}) + c(\mathrm{C_2O_4^{2-}})}$$

$$= \frac{1}{\dfrac{c(\mathrm{H_2C_2O_4})}{c(\mathrm{C_2O_4^{2-}})} + 1 + \dfrac{c(\mathrm{HC_2O_4^-})}{c(\mathrm{C_2O_4^{2-}})}}$$

而且可得

$$\frac{K_{a1}^{\ominus}(\mathrm{H_2C_2O_4})}{c(\mathrm{H^+})/c^{\ominus}} = \frac{c(\mathrm{HC_2O_4^-})/c^{\ominus}}{c(\mathrm{H_2C_2O_4})/c^{\ominus}}$$

$$\frac{K_{a2}^{\ominus}(\mathrm{H_2C_2O_4})}{c(\mathrm{H^+})/c^{\ominus}} = \frac{c(\mathrm{C_2O_4^{2-}})/c^{\ominus}}{c(\mathrm{HC_2O_4^-})/c^{\ominus}}$$

$$\frac{K_{a1}^{\ominus}(\mathrm{H_2C_2O_4}) K_{a2}^{\ominus}(\mathrm{H_2C_2O_4})}{[c(\mathrm{H^+})/c^{\ominus}]^2} = \frac{c(\mathrm{C_2O_4^{2-}})/c^{\ominus}}{c(\mathrm{H_2C_2O_4})/c^{\ominus}}$$

将上面三式代入 $x(\mathrm{H_2C_2O_4})$、$x(\mathrm{HC_2O_4^-})$、$x(\mathrm{C_2O_4^{2-}})$ 得

$$x(\mathrm{H_2C_2O_4}) = \frac{1}{1 + \dfrac{K_{a1}^{\ominus}(\mathrm{H_2C_2O_4})}{c(\mathrm{H^+})/c^{\ominus}} + \dfrac{K_{a1}^{\ominus}(\mathrm{H_2C_2O_4}) K_{a2}^{\ominus}(\mathrm{H_2C_2O_4})}{[c(\mathrm{H^+})/c^{\ominus}]^2}}$$

$$= \frac{[c(\mathrm{H^+})/c^{\ominus}]^2}{[c(\mathrm{H^+})/c^{\ominus}]^2 + K_{a1}^{\ominus}(\mathrm{H_2C_2O_4}) c(\mathrm{H^+})/c^{\ominus} + K_{a1}^{\ominus}(\mathrm{H_2C_2O_4}) K_{a2}^{\ominus}(\mathrm{H_2C_2O_4})}$$

$$x(\mathrm{HC_2O_4^-}) = \frac{1}{1 + \dfrac{c(\mathrm{H^+})/c^{\ominus}}{K_{a1}^{\ominus}(\mathrm{H_2C_2O_4})} + \dfrac{K_{a2}^{\ominus}(\mathrm{H_2C_2O_4})}{c(\mathrm{H^+})/c^{\ominus}}}$$

$$= \frac{K_{a1}^{\ominus}(\mathrm{H_2C_2O_4}) c(\mathrm{H^+})/c^{\ominus}}{[c(\mathrm{H^+})/c^{\ominus}]^2 + K_{a1}^{\ominus}(\mathrm{H_2C_2O_4}) c(\mathrm{H^+})/c^{\ominus} + K_{a1}^{\ominus}(\mathrm{H_2C_2O_4}) K_{a2}^{\ominus}(\mathrm{H_2C_2O_4})}$$

$$x(\mathrm{C_2O_4^{2-}}) = \cfrac{1}{1 + \cfrac{c(\mathrm{H^+})/c^\ominus}{K_{a1}^\ominus(\mathrm{H_2C_2O_4})} + \cfrac{[c(\mathrm{H^+})/c^\ominus]^2}{K_{a1}^\ominus(\mathrm{H_2C_2O_4})K_{a2}^\ominus(\mathrm{H_2C_2O_4})}}$$

$$= \frac{K_{a1}^\ominus(\mathrm{H_2C_2O_4})K_{a2}^\ominus(\mathrm{H_2C_2O_4})}{[c(\mathrm{H^+})/c^\ominus]^2 + K_{a1}^\ominus(\mathrm{H_2C_2O_4})c(\mathrm{H^+})/c^\ominus + K_{a1}^\ominus(\mathrm{H_2C_2O_4})K_{a2}^\ominus(\mathrm{H_2C_2O_4})}$$

同样可以看出，一定 pH 条件下，摩尔分数与浓度无关，只和酸度与溶液的性质有关。

三元酸以 $\mathrm{H_3PO_4}$ 溶液为例，在 $\mathrm{H_3PO_4}$ 溶液中存在四种型体：$\mathrm{H_3PO_4}$、$\mathrm{H_2PO_4^-}$、$\mathrm{HPO_4^{2-}}$、$\mathrm{PO_4^{3-}}$。$\mathrm{H_3PO_4}$ 的初始浓度为 $c_0(\mathrm{H_3PO_4})$。

$\mathrm{H_3PO_4}$ 有三级离解，并且有

$$c_0(\mathrm{H_3PO_4}) = c(\mathrm{H_3PO_4}) + c(\mathrm{H_2PO_4^-}) + c(\mathrm{HPO_4^{2-}}) + c(\mathrm{PO_4^{3-}})$$

四种型体各自的摩尔分数为

$$x(\mathrm{H_3PO_4}) = \frac{[c(\mathrm{H^+})/c^\ominus]^3}{\left[\frac{c(\mathrm{H^+})}{c^\ominus}\right]^3 + \left[\frac{c(\mathrm{H^+})}{c^\ominus}\right]^2 K_{a1}^\ominus(\mathrm{H_3PO_4}) + \left[\frac{c(\mathrm{H^+})}{c^\ominus}\right] K_{a1}^\ominus(\mathrm{H_3PO_4})K_{a2}^\ominus(\mathrm{H_3PO_4}) + K_{a1}^\ominus(\mathrm{H_3PO_4})K_{a2}^\ominus(\mathrm{H_3PO_4})K_{a3}^\ominus(\mathrm{H_3PO_4})}$$

$$x(\mathrm{H_2PO_4^-}) = \frac{K_{a1}^\ominus(\mathrm{H_3PO_4})[c(\mathrm{H^+})/c^\ominus]^2}{\left[\frac{c(\mathrm{H^+})}{c^\ominus}\right]^3 + \left[\frac{c(\mathrm{H^+})}{c^\ominus}\right]^2 K_{a1}^\ominus(\mathrm{H_3PO_4}) + \left[\frac{c(\mathrm{H^+})}{c^\ominus}\right] K_{a1}^\ominus(\mathrm{H_3PO_4})K_{a2}^\ominus(\mathrm{H_3PO_4}) + K_{a1}^\ominus(\mathrm{H_3PO_4})K_{a2}^\ominus(\mathrm{H_3PO_4})K_{a3}^\ominus(\mathrm{H_3PO_4})}$$

$$x(\mathrm{HPO_4^{2-}}) = \frac{[c(\mathrm{H^+})/c^\ominus]K_{a1}^\ominus(\mathrm{H_3PO_4})K_{a2}^\ominus(\mathrm{H_3PO_4})}{\left[\frac{c(\mathrm{H^+})}{c^\ominus}\right]^3 + \left[\frac{c(\mathrm{H^+})}{c^\ominus}\right]^2 K_{a1}^\ominus(\mathrm{H_3PO_4}) + \left[\frac{c(\mathrm{H^+})}{c^\ominus}\right] K_{a1}^\ominus(\mathrm{H_3PO_4})K_{a2}^\ominus(\mathrm{H_3PO_4}) + K_{a1}^\ominus(\mathrm{H_3PO_4})K_{a2}^\ominus(\mathrm{H_3PO_4})K_{a3}^\ominus(\mathrm{H_3PO_4})}$$

$$x(\mathrm{PO_4^{3-}}) = \frac{K_{a1}^\ominus(\mathrm{H_3PO_4})K_{a2}^\ominus(\mathrm{H_3PO_4})K_{a3}^\ominus(\mathrm{H_3PO_4})}{\left[\frac{c(\mathrm{H^+})}{c^\ominus}\right]^3 + \left[\frac{c(\mathrm{H^+})}{c^\ominus}\right]^2 K_{a1}^\ominus(\mathrm{H_3PO_4}) + \left[\frac{c(\mathrm{H^+})}{c^\ominus}\right] K_{a1}^\ominus(\mathrm{H_3PO_4})K_{a2}^\ominus(\mathrm{H_3PO_4}) + K_{a1}^\ominus(\mathrm{H_3PO_4})K_{a2}^\ominus(\mathrm{H_3PO_4})K_{a3}^\ominus(\mathrm{H_3PO_4})}$$

$$x(\mathrm{H_3PO_4}) + x(\mathrm{H_2PO_4^-}) + x(\mathrm{HPO_4^{2-}}) + x(\mathrm{PO_4^{3-}}) = 1$$

2. 型体分布图

根据摩尔分数可绘制 x-pH 曲线，即酸碱型体分布图。

1）一元酸

以乙酸为例进行酸碱型体分布图分析（图 4-1）。横坐标是 pH，纵坐标是摩尔分数 x，乙酸溶液中有两种主要型体：HAc、$\mathrm{Ac^-}$。

解析：

(1) $$x(\mathrm{HAc}) = \frac{c(\mathrm{H^+})/c^\ominus}{c(\mathrm{H^+})/c^\ominus + K_a^\ominus(\mathrm{HAc})} = \frac{1}{1 + \dfrac{K_a^\ominus(\mathrm{HAc})}{c(\mathrm{H^+})/c^\ominus}}$$

$x(\mathrm{HAc})$ 随 pH 的增大而减小。

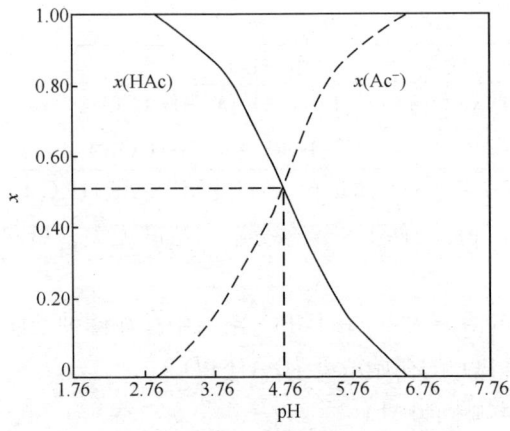

图 4-1　HAc 的型体分布图

$$x(\mathrm{Ac}^-) = \frac{K_\mathrm{a}^\ominus(\mathrm{HAc})}{c(\mathrm{H}^+)/c^\ominus + K_\mathrm{a}^\ominus(\mathrm{HAc})} = \frac{1}{1 + \dfrac{c(\mathrm{H}^+)/c^\ominus}{K_\mathrm{a}^\ominus(\mathrm{HAc})}}$$

$x(\mathrm{Ac}^-)$ 随 pH 的增大而增大。

(2) $x(\mathrm{HAc}) + x(\mathrm{Ac}^-) = 1$。

(3) 当 $x(\mathrm{HAc}) = x(\mathrm{Ac}^-) = 0.5$ 时，pH = $\mathrm{p}K_\mathrm{a}^\ominus(\mathrm{HAc}) = 4.76$。

(4) 当 pH < $\mathrm{p}K_\mathrm{a}^\ominus(\mathrm{HAc}) = 4.76$ 时，溶液中以 HAc 为主；当 pH > $\mathrm{p}K_\mathrm{a}^\ominus(\mathrm{HAc}) = 4.76$ 时，溶液中以 Ac^- 为主。

2) 二元酸

以乙二酸为例进行酸碱型体分布图分析 (图 4-2)。横坐标是 pH，纵坐标是摩尔分数 x，乙二酸溶液中有三种主要型体：$\mathrm{H_2C_2O_4}$、$\mathrm{HC_2O_4^-}$、$\mathrm{C_2O_4^{2-}}$。

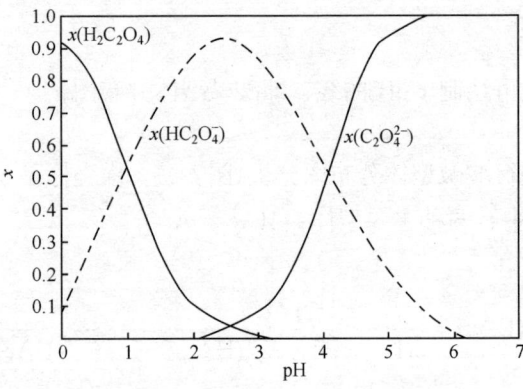

图 4-2　$\mathrm{H_2C_2O_4}$ 的型体分布图

解析：(1) 当 $x(H_2C_2O_4) = x(HC_2O_4^-)$ 时，pH = p$K_{a1}^\ominus$($H_2C_2O_4$)；

当 $x(HC_2O_4^-) = x(C_2O_4^{2-})$ 时，pH = p$K_{a2}^\ominus$($H_2C_2O_4$)；

当 $x(H_2C_2O_4) = x(C_2O_4^{2-})$ 时，pH = $\dfrac{pK_{a1}^\ominus(H_2C_2O_4) + pK_{a2}^\ominus(H_2C_2O_4)}{2}$。

(2) 当 pH < p$K_{a1}^\ominus$($H_2C_2O_4$) 时，溶液中以 $H_2C_2O_4$ 为主；

当 pH > p$K_{a2}^\ominus$($H_2C_2O_4$) 时，溶液中以 $C_2O_4^{2-}$ 为主；

当 p$K_{a1}^\ominus$($H_2C_2O_4$) < pH < p$K_{a2}^\ominus$($H_2C_2O_4$) 时，溶液中以 $HC_2O_4^-$ 为主。

3) 三元酸

以磷酸为例进行酸碱型体分布图分析(图 4-3)。横坐标是 pH，纵坐标是摩尔分数 x，磷酸溶液中有四种主要型体：H_3PO_4、$H_2PO_4^-$、HPO_4^{2-}、PO_4^{3-}。

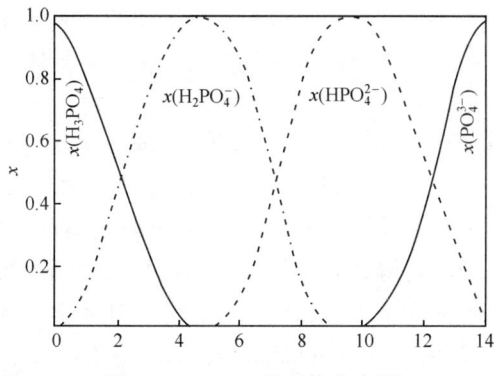

图 4-3 H_3PO_4 的型体分布图

解析：(1) 当 $x(H_3PO_4) = x(H_2PO_4^-)$ 时，pH = p$K_{a1}^\ominus$(H_3PO_4) = 2.12；

当 $x(H_2PO_4^-) = x(HPO_4^{2-})$ 时，pH = p$K_{a2}^\ominus$(H_3PO_4) = 7.20；

当 $x(HPO_4^{2-}) = x(PO_4^{3-})$ 时，pH = p$K_{a3}^\ominus$(H_3PO_4) = 12.36。

三个 p$K_a^\ominus$(H_3PO_4) 相差较大，共存现象不明显。

(2) 当 $x(H_3PO_4) = x(HPO_4^{2-})$ 时，pH = $\dfrac{pK_{a1}^\ominus(H_3PO_4) + pK_{a2}^\ominus(H_3PO_4)}{2}$ = 4.66

$x(H_3PO_4) = x(HPO_4^{2-}) = 0.003$，$x(H_2PO_4^-) = 0.994$；

当 $x(H_2PO_4^-) = x(PO_4^{3-})$ 时，pH = $\dfrac{pK_{a2}^\ominus(H_3PO_4) + pK_{a3}^\ominus(H_3PO_4)}{2}$ = 9.78

$x(H_2PO_4^-) = x(PO_4^{3-}) = 0.003$，$x(HPO_4^{2-}) = 0.994$。

图 4-2 和图 4-3 有一明显区别，即 H_3PO_4 体系中 $H_2PO_4^-$ 和 HPO_4^{2-} 最大值都可近于达到 100%，而 $H_2C_2O_4$ 体系中 $HC_2O_4^-$ 的最大值明显低于 100%，此时 $H_2C_2O_4$ 和 $C_2O_4^{2-}$ 的存在均不容忽略。造成这种区别的原因是，H_3PO_4 的相邻两

级 $pK_a^{\ominus}$ 相差较大，而 $H_2C_2O_4$ 的 $pK_a^{\ominus}$ 相差较小。因此，向 H_3PO_4 溶液中滴加 NaOH 溶液，可使之近 100% 地定量转化为 $H_2PO_4^-$，然后近 100% 地定量转化为 HPO_4^{2-}。而向 $H_2C_2O_4$ 溶液中滴加 NaOH 溶液，则在其远未完全转化为 $HC_2O_4^-$ 时，已有大量 $C_2O_4^{2-}$ 生成，即 $H_2C_2O_4$ 不能完全定量转化为 $HC_2O_4^-$。反应 $H_2C_2O_4 + OH^- \rightleftharpoons HC_2O_4^- + H_2O$ 进行的完全程度较低。

4.2.2 质子条件式

pH 即酸度是溶液最基本、最重要的一种性质。许多化学反应与介质酸度密切相关。在研究酸碱滴定原理时，更需要了解滴定过程中溶液 pH 的变化情况。因此，准确计算溶液的酸度是十分重要的。

酸(碱)水溶液中，不仅发生酸(碱)与水分子间的质子转移，溶剂水分子间也发生质子自递反应，所以酸(碱)水溶液是复杂的多重平衡体系，各物种平衡浓度间的数量关系复杂。

质子条件式(又称质子等恒式)简单、清晰、准确地反映了酸(碱)水溶液中质子转移，反映各种产物平衡浓度间的数理关系，是处理酸碱平衡的基础。

根据酸碱质子理论，酸碱反应的实质是质子转移，有些物质失去质子，有些物质得到质子。得质子产物得到质子的物质的量与失质子产物失去质子的物质的量相等，这种数量关系称为质子平衡或质子条件。其数学表达式称为质子条件式或质子等恒式，以符号 PBE (proton balance equation) 表示。

书写质子条件的简单方法是根据酸碱平衡中得失质子的关系直接写出。首先找出平衡体系中参与质子得失的起始形式，作为计算得失质子数的基础，称为零水准或参考水准，然后根据它们得失质子的总数相等的原则，写出质子条件。

【例 4-2】 写出 HAc 溶液的质子条件式。

解 HAc 溶液中，参与质子得失的起始形式是 HAc 和 H_2O，以它们为零水准。其离解平衡为

$$HAc + H_2O \rightleftharpoons H_3O^+ + Ac^-$$
$$H_2O + H_2O \rightleftharpoons H_3O^+ + OH^-$$

一个 H_2O 从一个 HAc 处获得一个质子，变成一个 H_3O^+，而一个 HAc 失去一个质子，变成一个 Ac^-；一个 H_2O 从另一个 H_2O 处获得一个质子，变成一个 H_3O^+，失去一个质子的 H_2O 变成一个 OH^-。

$$c(H_3O^+)(从HAc获得) + c(H_3O^+)(从H_2O获得)$$
$$= c(Ac^-)(HAc失去质子) + c(OH^-)(H_2O失去质子)$$

等号左边为得质子产物的浓度，等号右边为失质子产物的浓度。从上式可以

看出，H_3O^+ 来源于两个部分，综合整理得

$$c(H_3O^+) = c(Ac^-) + c(OH^-)$$

【**例 4-3**】 写出 Na_2HPO_4 溶液的质子条件式。

解 (1)找出参考质子转移的基准物质 HPO_4^{2-} 和 H_2O。

(2)写出质子转移反应。HPO_4^{2-} 既可得又可失，同 H_2O 一样。

$$HPO_4^{2-} + H_2O \Longleftrightarrow H_2PO_4^- + OH^-$$

$$HPO_4^{2-} + 2H_2O \Longleftrightarrow H_3PO_4 + 2OH^-$$

$$H_2O + H_2O \Longleftrightarrow H_3O^+ + OH^-$$

$$HPO_4^{2-} + H_2O \Longleftrightarrow PO_4^{3-} + H_3O^+$$

$$H_2O + H_2O \Longleftrightarrow H_3O^+ + OH^-$$

一个 HPO_4^{2-} 从一个 H_2O 处获得一个质子，变成一个 $H_2PO_4^-$，而一个 H_2O 失去一个质子，变成一个 OH^-；一个 HPO_4^{2-} 从两个 H_2O 处获得两个质子，变成一个 H_3PO_4，而一个 H_2O 失去一个质子，变成一个 OH^-；HPO_4^{2-} 最多能得两个质子，最终变成 H_3PO_4。

一个 H_2O 从另一个 H_2O 处获得一个质子，变成一个 H_3O^+，失去一个质子的 H_2O 变成一个 OH^-。

一个 HPO_4^{2-} 可以失去一个质子，变成一个 PO_4^{3-}，而失去的质子可以给 H_2O 使之变成 H_3O^+，也可以给另外的 HPO_4^{2-}，使之变成一个 $H_2PO_4^-$，如果是两个 HPO_4^{2-} 贡献两个质子，则是可以变成 H_3PO_4。所以，HPO_4^{2-} 同 H_2O 一样，既可以给出质子，也可以接受质子，属于两性物质。

$c(H_3O^+)$(从 HPO_4^{2-} 获得) + $c(H_3O^+)$(从 H_2O 获得) + $c(H_2PO_4^-)$(从 HPO_4^{2-} 获得) + $c(H_2PO_4^-)$(从 H_2O 获得) + $2c(H_3PO_4)$(从 H_2O 获得) + $2c(H_3PO_4)$(从 HPO_4^{2-} 获得)
= $c(PO_4^{3-})$(HPO_4^{2-} 失去质子) + $c(OH^-)$(H_2O 失去质子)

等号左边为得质子产物的浓度，等号右边为失去质子产物的浓度，整理得

$$c(H_3O^+) + c(H_2PO_4^-) + 2c(H_3PO_4) = c(PO_4^{3-}) + c(OH^-)$$

4.2.3 各种类型水溶液酸度计算

1. 一元强酸(碱)水溶液酸度的计算

一元强酸以浓度为 c_0 的 HCl 为例，计算溶液中 H^+ 浓度。在 HCl 溶液中存在以下质子转移反应：

$$HCl + H_2O \Longleftrightarrow H_3O^+ + Cl^-$$

$$H_2O + H_2O \rightleftharpoons H_3O^+ + OH^-$$

于是有质子条件式

$$c(H^+) = c(OH^-) + c(Cl^-)$$

处理得

$$c(H^+) = \frac{K_w^\ominus}{c(H^+)/c^\ominus}c^\ominus + c_0$$

$$c(H^+) = \frac{c_0 + \sqrt{(c_0/c^\ominus)^2 + 4K_w^\ominus} \times c^\ominus}{2}$$

当 $c_0 \geqslant 10^{-6} \text{mol} \cdot \text{L}^{-1}$ 时，水的离解受到抑制，可忽略水的离解，$c(H^+) \approx c_0$，此时计算出的 H^+ 浓度与用精确公式计算出的 H^+ 浓度相比较，其误差小于 5%。

2. 一元弱酸(碱)水溶液酸度的计算

一元弱酸以浓度为 c_0 的 HAc 为例，计算溶液中 H^+ 浓度。在 HAc 溶液中存在以下质子转移反应：

$$HAc + H_2O \rightleftharpoons H_3O^+ + Ac^-$$
$$H_2O + H_2O \rightleftharpoons H_3O^+ + OH^-$$

质子条件式

$$c(H^+) = c(OH^-) + c(Ac^-)$$

根据摩尔分数的定义，有

$$c(Ac^-) = c_0(HAc) \times x(Ac^-)$$

所以

$$c(Ac^-) = c_0(HAc) \times \frac{K_a^\ominus}{K_a^\ominus + c(H^+)/c^\ominus}$$

将此式代入 $c(H^+) = c(OH^-) + c(Ac^-)$，得

$$c(H^+) = \frac{K_w^\ominus}{c(H^+)/c^\ominus}c^\ominus + \frac{[c_0(HAc)/c^\ominus] \cdot K_a^\ominus \cdot c^\ominus}{K_a^\ominus + c(H^+)/c^\ominus}$$

$$\left[\frac{c(H^+)}{c^\ominus}\right] \cdot \left[\frac{c(H^+)}{c^\ominus}\right] \cdot \left[K_a^\ominus + \frac{c(H^+)}{c^\ominus}\right] = K_w^\ominus \cdot \left[K_a^\ominus + \frac{c(H^+)}{c^\ominus}\right] + K_a^\ominus \cdot \left[\frac{c_0(HAc)}{c^\ominus}\right] \cdot \left[\frac{c(H^+)}{c^\ominus}\right]$$

$$\left[\frac{c(H^+)}{c^\ominus}\right]^3 + K_a^\ominus \left[\frac{c(H^+)}{c^\ominus}\right]^2 - \left[\frac{K_a^\ominus c_0(HAc)}{c^\ominus} + K_w^\ominus\right] \cdot \left[\frac{c(H^+)}{c^\ominus}\right] - K_a^\ominus \cdot K_w^\ominus = 0$$

这是计算一元弱酸酸度的精确公式，是一元三次方程，数学处理十分麻烦，

在实际工作中也没有必要。通常根据计算 H^+ 浓度时的允许误差，视弱酸的 $K_a^\ominus$ 和 c_0 的大小，采用近似方法进行计算，近似方法如下：

(1) 当 $K_a^\ominus c_0(\mathrm{HAc})/c^\ominus \geqslant 20 K_w^\ominus$ 时，$K_w^\ominus$ 可忽略，此时计算结果的相对误差不超过 5%。为什么是这样的限定条件呢？一元弱酸的质子条件式：

$$c(\mathrm{H^+}) = c(\mathrm{OH^-}) + c(\mathrm{Ac^-})$$

$$c(\mathrm{H^+}) = \frac{[c(\mathrm{HAc})/c^\ominus] \cdot K_a^\ominus}{c(\mathrm{H^+})/c^\ominus} \times c^\ominus + \frac{K_w^\ominus}{c(\mathrm{H^+})/c^\ominus} \times c^\ominus$$

$$c(\mathrm{H^+})/c^\ominus = \sqrt{[c(\mathrm{HAc})/c^\ominus] \cdot K_a^\ominus + K_w^\ominus}$$

当 $[c(\mathrm{HAc})/c^\ominus] \cdot K_a^\ominus \geqslant 20 K_w^\ominus$ 时，$c(\mathrm{H^+})/c^\ominus \approx \sqrt{[c(\mathrm{HAc})/c^\ominus] \cdot K_a^\ominus}$，所以忽略是有理论依据的。

另外，考虑到弱酸的离解度一般不是很大，为简便起见，我们就以 $[c_0(\mathrm{HAc})/c^\ominus] \cdot K_a^\ominus \approx [c(\mathrm{HAc})/c^\ominus] \cdot K_a^\ominus \geqslant 20 K_w^\ominus$ 为依据来进行判断。这样当 $[c_0(\mathrm{HAc})/c^\ominus] \cdot K_a^\ominus \geqslant 20 K_w^\ominus$ 时，$20 K_w^\ominus$ 可忽略，其实就是水的离解忽略掉了。

根据离解平衡原理

$$\mathrm{HAc} \rightleftharpoons \mathrm{H^+} + \mathrm{Ac^-}$$

$$c(\mathrm{H^+}) \approx c(\mathrm{Ac^-})$$

$$c_0(\mathrm{HAc}) = c(\mathrm{HAc}) + c(\mathrm{Ac^-}) \approx c(\mathrm{HAc}) + c(\mathrm{H^+})$$

将上述结论代入离解平衡方程

$$K_a^\ominus = \frac{[c(\mathrm{H^+})/c^\ominus][c(\mathrm{Ac^-})/c^\ominus]}{c(\mathrm{HAc})/c^\ominus}$$

得

$$K_a^\ominus = \frac{[c(\mathrm{H^+})/c^\ominus]^2}{c_0(\mathrm{HAc})/c^\ominus - c(\mathrm{H^+})/c^\ominus}$$

$$[c(\mathrm{H^+})/c^\ominus]^2 = K_a^\ominus c_0(\mathrm{HAc})/c^\ominus - K_a^\ominus c(\mathrm{H^+})/c^\ominus$$

$$[c(\mathrm{H^+})/c^\ominus]^2 + K_a^\ominus c(\mathrm{H^+})/c^\ominus - K_a^\ominus c_0(\mathrm{HAc})/c^\ominus = 0$$

$$c(\mathrm{H^+})/c^\ominus = \frac{-K_a^\ominus + \sqrt{K_a^{\ominus 2} + 4 K_a^\ominus c_0(\mathrm{HAc})/c^\ominus}}{2}$$

$$c(\mathrm{H^+}) = \frac{-K_a^\ominus + \sqrt{K_a^{\ominus 2} + 4 K_a^\ominus c_0(\mathrm{HAc})/c^\ominus}}{2} c^\ominus$$

这是计算一元弱酸溶液酸度的近似公式。

(2) 当 $K_a^\ominus c_0(\mathrm{HAc})/c^\ominus \geqslant 20 K_w^\ominus$ 时，$K_w^\ominus$ 可忽略，如果再有 $K_a^\ominus$ 和 $c_0(\mathrm{HAc})$ 都不

是很小，并且 $c_0(\text{HAc})/c^\ominus \gg K_a^\ominus$，具体限定条件是 $\dfrac{c_0(\text{HAc})/c^\ominus}{K_a^\ominus} \geqslant 500$，此时不仅水的离解可以忽略，一元酸 HAc 自身的离解度也很小。$\text{HAc} \rightleftharpoons \text{H}^+ + \text{Ac}^-$，$c(\text{H}^+) \approx c(\text{Ac}^-)$，并且二者离解出来的量很小，则

$$c_0(\text{HAc}) = c(\text{HAc}) + c(\text{Ac}^-) \approx c(\text{HAc}) + c(\text{H}^+) = c(\text{HAc})$$

将上述结论代入离解平衡方程

$$K_a^\ominus = \frac{[c(\text{H}^+)/c^\ominus][c(\text{Ac}^-)/c^\ominus]}{c(\text{HAc})/c^\ominus}$$

得

$$K_a^\ominus = \frac{[c(\text{H}^+)/c^\ominus]^2}{c_0(\text{HAc})/c^\ominus}$$

$$c(\text{H}^+)/c^\ominus = \sqrt{K_a^\ominus c_0(\text{HAc})/c^\ominus}$$

这是计算一元弱酸溶液酸度的最简公式。

(3) 当 $K_a^\ominus(\text{HB})$ 或 $c_0(\text{HB})$ 很小，即弱酸极弱或浓度很稀时，水的离解不能忽略，甚至它可能就是溶液中 H^+ 的主要来源。在这种情况下，有时也可能采用近似计算方法。具体限定条件是 $K_a^\ominus(\text{HB}) c_0(\text{HB})/c^\ominus < 20 K_w^\ominus$，说明水离解出的 H^+ 不能忽略，但因为是极弱的酸，故其离解度很小，因此只要当 $\dfrac{c_0(\text{HB})/c^\ominus}{K_a^\ominus(\text{HB})} \geqslant 500$ 时，则弱酸的平衡浓度近似等于弱酸的原始浓度。此种情况下，乙酸不一定能满足此条件，所以用 HB 代表一元弱酸

$$\text{HB} \rightleftharpoons \text{H}^+ + \text{B}^-$$
$$\text{H}_2\text{O} \rightleftharpoons \text{H}^+ + \text{OH}^-$$

$c(\text{H}^+) = c(\text{OH}^-) + c(\text{B}^-)$ 溶液中的 H^+ 来源于两部分，一部是水离解的，另一部分是弱酸离解的，水的离解是不能忽略的。$c_0(\text{HB}) \approx c(\text{HB})$ 是弱酸自身离解度很小的原因。

将上述结论代入离解平衡方程

$$K_a^\ominus(\text{HB}) = \frac{[c(\text{H}^+)/c^\ominus][c(\text{B}^-)/c^\ominus]}{c(\text{HB})/c^\ominus}$$

得

$$K_a^\ominus(\text{HB}) = \frac{[c(\text{H}^+)/c^\ominus][c(\text{H}^+)/c^\ominus - c(\text{OH}^-)/c^\ominus]}{c_0(\text{HB})/c^\ominus}$$

$$K_a^\ominus(\text{HB}) c_0(\text{HB})/c^\ominus = c(\text{H}^+)/c^\ominus \left[c(\text{H}^+)/c^\ominus - \frac{K_w^\ominus}{c(\text{H}^+)/c^\ominus} \right]$$

$$c(\text{H}^+)/c^\ominus = \sqrt{K_a^\ominus(\text{HB})c_0(\text{HB})/c^\ominus + K_w^\ominus}$$

这是考虑了水的离解，计算一元弱酸溶液酸度的近似公式。

至此，可以这样总结，一元弱酸水溶液酸度的计算公式见表 4-1。

表 4-1 一元弱酸水溶液酸度计算公式

条件		计算公式
$\dfrac{c_0(\text{HB})/c^\ominus}{K_a^\ominus(\text{HB})} \geqslant 500$	$K_a^\ominus(\text{HB})c_0(\text{HB})/c^\ominus \geqslant 20K_w^\ominus$	$c(\text{H}^+)/c^\ominus = \sqrt{K_a^\ominus(\text{HB})c_0(\text{HB})/c^\ominus}$
$\dfrac{c_0(\text{HB})/c^\ominus}{K_a^\ominus(\text{HB})} < 500$	$K_a^\ominus(\text{HB})c_0(\text{HB})/c^\ominus \geqslant 20K_w^\ominus$	$c(\text{H}^+) = \dfrac{-K_a^\ominus(\text{HB}) + \sqrt{[K_a^\ominus(\text{HB})]^2 + 4K_a^\ominus(\text{HB})c_0(\text{HB})/c^\ominus}}{2}c^\ominus$
$\dfrac{c_0(\text{HB})/c^\ominus}{K_a^\ominus(\text{HB})} \geqslant 500$	$K_a^\ominus(\text{HB})c_0(\text{HB})/c^\ominus < 20K_w^\ominus$	$c(\text{H}^+)/c^\ominus = \sqrt{K_a^\ominus(\text{HB})c_0(\text{HB})/c^\ominus + K_w^\ominus}$
$\dfrac{c_0(\text{HB})/c^\ominus}{K_a^\ominus(\text{HB})} < 500$	$K_a^\ominus(\text{HB})c_0(\text{HB})/c^\ominus < 20K_w^\ominus$	$[c(\text{H}^+)/c^\ominus]^3 + K_a^\ominus[c(\text{H}^+)/c^\ominus]^2 - [K_a^\ominus c_0(\text{HAc})/c^\ominus + K_w^\ominus] \cdot [c(\text{H}^+)/c^\ominus] - K_a^\ominus \cdot K_w^\ominus = 0$

按照一元弱酸的处理方法可得一元弱碱水溶液酸度的近似计算式及最简式：

当 $K_b^\ominus c_0/c^\ominus \geqslant 20K_w^\ominus$，$\dfrac{c_0/c^\ominus}{K_b^\ominus} < 500$ 时

$$c(\text{OH}^-) = \dfrac{-K_b^\ominus + \sqrt{(K_b^\ominus)^2 + 4K_b^\ominus c_0/c^\ominus}}{2}c^\ominus$$

当 $K_b^\ominus c_0/c^\ominus \geqslant 20K_w^\ominus$，$\dfrac{c_0/c^\ominus}{K_b^\ominus} \geqslant 500$ 时

$$c(\text{OH}^-)/c^\ominus = \sqrt{K_b^\ominus c_0/c^\ominus}$$

当 $K_b^\ominus c_0/c^\ominus < 20K_w^\ominus$，$\dfrac{c_0/c^\ominus}{K_b^\ominus} \geqslant 500$ 时

$$c(\text{OH}^-)/c^\ominus = \sqrt{K_b^\ominus c_0/c^\ominus + K_w^\ominus}$$

计算一元弱碱水溶液酸度的精确公式是

$$[c(\text{OH}^-)/c^\ominus]^3 + K_b^\ominus[c(\text{OH}^-)/c^\ominus]^2 - (K_b^\ominus c_0/c^\ominus + K_w^\ominus) \cdot c(\text{OH}^-)/c^\ominus - K_b^\ominus \cdot K_w^\ominus = 0$$

【例 4-4】 计算 $0.1\,\text{mol}\cdot\text{L}^{-1}$ HAc 水溶液的 pH，已知 $K_a^\ominus(\text{HAc}) = 1.8\times10^{-5}$。

解 因为

$$\dfrac{c_0(\text{HAc})/c^\ominus}{K_a^\ominus(\text{HAc})} = \dfrac{0.1}{1.8\times10^{-5}} \geqslant 500$$

$$[c_0(\text{HAc})/c^\ominus]K_a^\ominus(\text{HAc}) = 0.1 \times 1.8 \times 10^{-5} \geqslant 20K_w^\ominus = 20 \times 0.1 \times 10^{-14}$$

所以

$$c(\text{H}^+)/c^\ominus \approx \sqrt{[c(\text{HAc})/c^\ominus] \cdot K_a^\ominus(\text{HAc})} = \sqrt{1.8 \times 10^{-5} \times 0.1} = 1.3 \times 10^{-3}$$

$$\text{pH} = 2.87$$

【例 4-5】 计算 $1.0 \times 10^{-2}\,\text{mol} \cdot \text{L}^{-1}$ NH_4Cl 水溶液的 pH，已知 $K_b^\ominus(\text{NH}_3) = 1.8 \times 10^{-5}$。如果是浓度为 $1.0 \times 10^{-5}\,\text{mol} \cdot \text{L}^{-1}$ NH_4Cl，结果如何？

解 由 $K_a^\ominus(\text{NH}_4^+)K_b^\ominus(\text{NH}_3) = K_w^\ominus$，计算得

$$K_a^\ominus(\text{NH}_4^+) = \frac{K_w^\ominus}{K_b^\ominus(\text{NH}_3)} = \frac{1.0 \times 10^{-14}}{1.8 \times 10^{-5}} = 5.6 \times 10^{-10}$$

因为

$$\frac{c_0(\text{NH}_4^+)/c^\ominus}{K_a^\ominus(\text{NH}_4^+)} = \frac{1.0 \times 10^{-2}}{5.6 \times 10^{-10}} = 1.8 \times 10^7 \geqslant 500$$

$$[c_0(\text{NH}_4^+)/c^\ominus]K_a^\ominus(\text{NH}_4^+) = 5.6 \times 10^{-10} \times 1.0 \times 10^{-2} \geqslant 20K_w^\ominus = 20 \times 0.1 \times 10^{-14}$$

所以

$$c(\text{H}^+)/c^\ominus \approx \sqrt{[c_0(\text{NH}_4^+)/c^\ominus] \cdot K_a^\ominus(\text{NH}_4^+)} = \sqrt{1.0 \times 10^{-2} \times 5.6 \times 10^{-10}} = 2.4 \times 10^{-6}$$

$$\text{pH} = 5.62$$

同样

$$\frac{c_0(\text{NH}_4^+)/c^\ominus}{K_a^\ominus(\text{NH}_4^+)} = \frac{1.0 \times 10^{-5}}{5.6 \times 10^{-10}} = 1.8 \times 10^4 \geqslant 500$$

$$[c_0(\text{NH}_4^+)/c^\ominus]K_a^\ominus(\text{NH}_4^+) = 5.6 \times 10^{-10} \times 1.0 \times 10^{-5} < 20K_w^\ominus$$

所以

$$c(\text{H}^+)/c^\ominus \approx \sqrt{[c_0(\text{NH}_4^+)/c^\ominus] \cdot K_a^\ominus(\text{NH}_4^+) + K_w^\ominus}$$

$$= \sqrt{5.6 \times 10^{-10} \times 1.0 \times 10^{-5} + 1.0 \times 10^{-14}} = 1.2 \times 10^{-7}$$

$$\text{pH} = 6.90$$

3. 多元弱酸(碱)水溶液酸度的计算

多元弱酸(碱)水溶液以浓度为 $c_0(\text{H}_2\text{A})$ 的二元弱酸 H_2A 为例，写出二元酸的质子平衡方程。

基准物质为 H_2A 和 H_2O，质子转移反应有

$$\text{H}_2\text{A} + \text{H}_2\text{O} \rightleftharpoons \text{H}_3\text{O}^+ + \text{HA}^-$$

$$\text{HA}^- + \text{H}_2\text{O} \rightleftharpoons \text{H}_3\text{O}^+ + \text{A}^{2-}$$

$$H_2O + H_2O \rightleftharpoons H_3O^+ + OH^-$$

质子平衡方程：

$$c(H^+) = c(HA^-) + 2c(A^{2-}) + c(OH^-)$$

二元酸水溶液中有三种主要型体：H_2A、HA^-、A^{2-}。对应的摩尔分数为

$$x(H_2B) = \frac{[c(H^+)/c^\ominus]^2}{[c(H^+)/c^\ominus]^2 + K_{a1}^\ominus c(H^+)/c^\ominus + K_{a1}^\ominus K_{a2}^\ominus}$$

$$x(HB^-) = \frac{K_{a1}^\ominus c(H^+)/c^\ominus}{[c(H^+)/c^\ominus]^2 + K_{a1}^\ominus c(H^+)/c^\ominus + K_{a1}^\ominus K_{a2}^\ominus}$$

$$x(B^{2-}) = \frac{K_{a1}^\ominus K_{a2}^\ominus}{[c(H^+)/c^\ominus]^2 + K_{a1}^\ominus c(H^+)/c^\ominus + K_{a1}^\ominus K_{a2}^\ominus}$$

根据摩尔分数的定义，型体的平衡浓度等于初始浓度与型体摩尔分数的乘积，所以

$$c(H^+) = \frac{c_0(H_2A)K_{a1}^\ominus c(H^+)/c^\ominus}{[c(H^+)/c^\ominus]^2 + K_{a1}^\ominus c(H^+)/c^\ominus + K_{a1}^\ominus K_{a2}^\ominus} + \frac{2c_0(H_2A)K_{a1}^\ominus K_{a2}^\ominus}{[c(H^+)/c^\ominus]^2 + K_{a1}^\ominus c(H^+)/c^\ominus + K_{a1}^\ominus K_{a2}^\ominus} + \frac{K_w^\ominus c^\ominus}{c(H^+)/c^\ominus}$$

整理得

$$c(H^+) = \frac{c_0(H_2A)K_{a1}^\ominus c(H^+)/c^\ominus + 2c_0(H_2A)K_{a1}^\ominus K_{a2}^\ominus}{[c(H^+)/c^\ominus]^2 + K_{a1}^\ominus c(H^+)/c^\ominus + K_{a1}^\ominus K_{a2}^\ominus} + \frac{K_w^\ominus c^\ominus}{c(H^+)/c^\ominus}$$

$$[c(H^+)/c^\ominus]^4 + K_{a1}^\ominus[c(H^+)/c^\ominus]^3 + [K_{a1}^\ominus K_{a2}^\ominus - K_{a1}^\ominus c_0(H_2A)/c^\ominus - K_w^\ominus][c(H^+)/c^\ominus]^2 - [K_{a1}^\ominus K_w^\ominus + 2K_{a1}^\ominus K_{a2}^\ominus c_0(H_2A)/c^\ominus][c(H^+)/c^\ominus] - K_{a1}^\ominus K_{a2}^\ominus K_w^\ominus = 0$$

这是计算二元酸水溶液酸度的精确公式。在实际应用中这是不必要的，因此对二元酸酸度的求解也可同一元酸一样做近似处理从而解得。

二元弱酸在溶液中有两级离解，平衡常数为 $K_{a1}^\ominus$、$K_{a2}^\ominus$，并且很多时候 $K_{a1}^\ominus \gg K_{a2}^\ominus$，所以一般以第一级离解为主，溶液的酸度主要取决于第一级离解出的 H^+ 浓度。因此，多元酸酸度的计算可按一元弱酸的计算方法处理。同样，对于多元碱，如 CO_3^{2-}、Na_2CO_3、PO_4^{3-}、Na_3PO_4 在溶液中也是分级离解，而且 $K_{b1}^\ominus \gg K_{b2}^\ominus \gg K_{b3}^\ominus$，溶液的酸度取决于第一级离解出的 OH^- 浓度，按一元弱碱的计算方法处理。

(1) 当 $K_{a1}^\ominus(H_2A)c_0(H_2A)/c^\ominus \geqslant 20K_w^\ominus$ 时，水的离解可以忽略；又若 $\dfrac{2K_{a1}^\ominus(H_2A)}{\sqrt{K_{a1}^\ominus(H_2A)c_0(H_2A)/c^\ominus}} < 0.05$，即第二级酸的离解也可忽略，则此二元酸可按一

元酸处理。此时只是忽略了水的离解和二元酸的二级离解

$$H_2A \rightleftharpoons H^+ + HA^-$$

$$c(H^+) \approx c(HA^-)$$

$$c(H_2A) + c(HA^-) = c_0(H_2A)$$

将上述两式代入平衡常数表达式,得

$$\frac{[c(H^+)/c^\ominus] \cdot [c(HA^-)/c^\ominus]}{c(H_2A)/c^\ominus} = K_{a1}^\ominus(H_2A)$$

得

$$\frac{[c(H^+)/c^\ominus]^2}{c_0(H_2A)/c^\ominus - c(H^+)/c^\ominus} = K_{a1}^\ominus(H_2A)$$

整理

$$[c(H^+)/c^\ominus]^2 + K_{a1}^\ominus(H_2A)c(H^+)/c^\ominus - K_{a1}^\ominus(H_2A)c_0(H_2A)/c^\ominus = 0$$

解得

$$c(H^+)/c^\ominus = \frac{-K_{a1}^\ominus(H_2A) + \sqrt{[K_{a1}^\ominus(H_2A)]^2 + 4K_{a1}^\ominus(H_2A)c_0(H_2A)/c^\ominus}}{2}$$

这是二元弱酸忽略水的离解,忽略二级离解,只考虑一级离解情况下求解酸度的计算公式。此公式和一元弱酸只忽略水的离解情况下求解酸度是一样的。

如果是二元弱碱,此种条件下,酸度计算公式是

$$c(OH^-)/c^\ominus = \frac{-K_{b1}^\ominus + \sqrt{K_{b1}^\ominus + 4K_{b1}^\ominus c_0/c^\ominus}}{2}$$

(2) 当 $K_{a1}^\ominus(H_2A)c_0(H_2A)/c^\ominus \geqslant 20K_w^\ominus$ 时,水的离解可以忽略;又若 $\frac{2K_{a1}^\ominus(H_2A)}{\sqrt{K_{a1}^\ominus(H_2A)c_0(H_2A)/c^\ominus}} < 0.05$,即第二级酸的离解也可忽略;如果再有 $\frac{c_0(H_2A)/c^\ominus}{K_{a1}^\ominus(H_2A)} \geqslant 500$,则说明此二元酸不只是二级离解度很小,一级离解度也很小。
在三种限定条件下,二元酸的平衡浓度可视为等于其初始浓度

$$H_2A \rightleftharpoons H^+ + HA^-$$

$$c(H^+) \approx c(HA^-)$$

$$c(H_2A) \approx c_0(H_2A)$$

将上述两式代入平衡常数表达式:

$$\frac{[c(H^+)/c^\ominus] \cdot [c(HA^-)/c^\ominus]}{c(H_2A)/c^\ominus} = K_{a1}^\ominus(H_2A)$$

得

$$\frac{[c(\mathrm{H}^+)/c^\ominus]^2}{c_0(\mathrm{H}_2\mathrm{A})/c^\ominus} = K_{\mathrm{a}1}^\ominus(\mathrm{H}_2\mathrm{A})$$

$$c(\mathrm{H}^+)/c^\ominus = \sqrt{K_{\mathrm{a}1}^\ominus(\mathrm{H}_2\mathrm{A})c_0(\mathrm{H}_2\mathrm{A})/c^\ominus}$$

这是二元弱酸酸度计算的最简式，但是使用之前要判断是否满足限定条件。

如果是二元弱碱，此种条件下，酸度计算公式是

$$c(\mathrm{OH}^-)/c^\ominus = \sqrt{K_{\mathrm{b}1}^\ominus c_0/c^\ominus}$$

以上两种情况对二元弱酸碱水溶液求解酸度来说是常见的，或是忽略了二级离解，或是忽略了水的离解，或是忽略一级离解。二元弱酸碱水溶液酸度的计算不外乎是综合利用质子条件式、离解平衡常数、摩尔分数等而求得。

【例 4-6】 常温条件，二氧化碳饱和水溶液的浓度为 $c(\mathrm{H}_2\mathrm{CO}_3) = 0.04\,\mathrm{mol\cdot L^{-1}}$，计算溶液的 pH。$K_{\mathrm{a}1}^\ominus(\mathrm{H}_2\mathrm{CO}_3) = 4.2\times 10^{-7}$，$K_{\mathrm{a}2}^\ominus(\mathrm{H}_2\mathrm{CO}_3) = 5.6\times 10^{-11}$。

解 因为

$$K_{\mathrm{a}1}^\ominus(\mathrm{H}_2\mathrm{CO}_3)c_0(\mathrm{H}_2\mathrm{CO}_3)/c^\ominus = 4.2\times 10^{-7}\times 0.04 \geqslant 20K_{\mathrm{w}}^\ominus$$

$$\frac{2K_{\mathrm{a}2}^\ominus(\mathrm{H}_2\mathrm{CO}_3)}{\sqrt{c_0(\mathrm{H}_2\mathrm{CO}_3)/c^\ominus K_{\mathrm{a}1}^\ominus(\mathrm{H}_2\mathrm{CO}_3)}} = \frac{2\times 5.6\times 10^{-11}}{\sqrt{0.04\times 4.2\times 10^{-7}}} < 0.05$$

$$\frac{c_0(\mathrm{H}_2\mathrm{CO}_3)/c^\ominus}{K_{\mathrm{a}1}^\ominus(\mathrm{H}_2\mathrm{CO}_3)} = \frac{0.04}{4.2\times 10^{-7}} \geqslant 500$$

所以

$$c(\mathrm{H}^+) = \sqrt{K_{\mathrm{a}1}^\ominus(\mathrm{H}_2\mathrm{CO}_3)c_0(\mathrm{H}_2\mathrm{CO}_3)/c^\ominus} = \sqrt{4.2\times 10^{-7}\times 0.04} = 1.3\times 10^{-4}$$

$$\mathrm{pH} = 3.89$$

【例 4-7】 计算 $c_0(\mathrm{H}_3\mathrm{PO}_4) = 0.10\,\mathrm{mol\cdot L^{-1}}$ 水溶液的 pH。
$K_{\mathrm{a}1}^\ominus(\mathrm{H}_3\mathrm{PO}_4) = 7.6\times 10^{-3}$，$K_{\mathrm{a}2}^\ominus(\mathrm{H}_3\mathrm{PO}_4) = 6.3\times 10^{-8}$，$K_{\mathrm{a}3}^\ominus(\mathrm{H}_3\mathrm{PO}_4) = 4.4\times 10^{-13}$。

解 因为

$$K_{\mathrm{a}1}^\ominus(\mathrm{H}_3\mathrm{PO}_4)c_0(\mathrm{H}_3\mathrm{PO}_4)/c^\ominus = 7.6\times 10^{-3}\times 0.1 \geqslant 20K_{\mathrm{w}}^\ominus$$

所以水的离解可以忽略

$$\frac{2K_{\mathrm{a}2}^\ominus(\mathrm{H}_3\mathrm{PO}_4)}{\sqrt{K_{\mathrm{a}1}^\ominus(\mathrm{H}_3\mathrm{PO}_4)c_0(\mathrm{H}_3\mathrm{PO}_4)/c^\ominus}} = \frac{2\times 6.3\times 10^{-8}}{\sqrt{7.6\times 10^{-3}\times 0.10}} < 0.05$$

二级离解可以忽略，那么三级就不用考虑了

$$\frac{c_0(\mathrm{H}_3\mathrm{PO}_4)/c^\ominus}{K_{\mathrm{a}1}^\ominus(\mathrm{H}_3\mathrm{PO}_4)} = \frac{0.10}{7.6\times 10^{-3}} < 500$$

一级离解不能忽略，所以

$$c(\mathrm{H}^+)/c^\ominus = \frac{-K_{a1}^\ominus(\mathrm{H_3PO_4}) + \sqrt{[K_{a1}^\ominus(\mathrm{H_3PO_4})]^2 + 4K_{a1}^\ominus(\mathrm{H_3PO_4})c_0(\mathrm{H_3PO_4})/c^\ominus}}{2}$$

$$c(\mathrm{H}^+)/c^\ominus = \frac{-7.6\times10^{-3} + \sqrt{(7.6\times10^{-3})^2 + 4\times7.6\times10^{-3}\times0.10}}{2} = 2.4\times10^{-2}$$

$$\mathrm{pH} = 1.62$$

4. 两性物质水溶液酸度的计算

既能给出质子又能接受质子的物质为两性物质，除水外，$\mathrm{NaHCO_3}$、$\mathrm{NaH_2PO_4}$、$\mathrm{Na_2HPO_4}$、$\mathrm{NH_4Ac}$ 等都是两性物质。

以 $c_0(\mathrm{NaHCO_3})$ 为例讨论两性物质的酸度的计算方法。

$\mathrm{HCO_3^-}$ 有离解也有水解：

$$\mathrm{HCO_3^-} \rightleftharpoons \mathrm{H^+} + \mathrm{CO_3^{2-}}$$

$$\mathrm{HCO_3^-} + \mathrm{H_2O} \rightleftharpoons \mathrm{OH^-} + \mathrm{H_2CO_3}$$

溶液中还有水的自递反应

$$\mathrm{H_2O} + \mathrm{H_2O} \rightleftharpoons \mathrm{OH^-} + \mathrm{H_3O^+}$$

所以 $\mathrm{HCO_3^-}$ 水溶液的质子条件式为

$$c(\mathrm{CO_3^{2-}}) + c(\mathrm{OH^-}) = c(\mathrm{H_2CO_3}) + c(\mathrm{H^+})$$

两性物质 $\mathrm{HCO_3^-}$ 水溶液中有三种主要型体：$\mathrm{H_2CO_3}$、$\mathrm{HCO_3^-}$、$\mathrm{CO_3^{2-}}$，并且每种型体的摩尔分数分别为

$$x(\mathrm{H_2CO_3}) = \frac{c(\mathrm{H_2CO_3})}{c_0(\mathrm{HCO_3^-})} = \frac{c(\mathrm{H_2CO_3})}{c(\mathrm{H_2CO_3}) + c(\mathrm{HCO_3^-}) + c(\mathrm{CO_3^{2-}})}$$

$$x(\mathrm{H_2CO_3}) = \frac{[c(\mathrm{H^+})/c^\ominus]^2}{[c(\mathrm{H^+})/c^\ominus]^2 + K_{a1}^\ominus(\mathrm{H_2CO_3})c(\mathrm{H^+})/c^\ominus + K_{a1}^\ominus(\mathrm{H_2CO_3})K_{a2}^\ominus(\mathrm{H_2CO_3})}$$

$$x(\mathrm{HCO_3^-}) = \frac{c(\mathrm{HCO_3^-})}{c_0(\mathrm{HCO_3^-})} = \frac{c(\mathrm{HCO_3^-})}{c(\mathrm{H_2CO_3}) + c(\mathrm{HCO_3^-}) + c(\mathrm{CO_3^{2-}})}$$

$$x(\mathrm{HCO_3^-}) = \frac{K_{a1}^\ominus(\mathrm{H_2CO_3})c(\mathrm{H^+})/c^\ominus}{[c(\mathrm{H^+})/c^\ominus]^2 + K_{a1}^\ominus(\mathrm{H_2CO_3})c(\mathrm{H^+})/c^\ominus + K_{a1}^\ominus(\mathrm{H_2CO_3})K_{a2}^\ominus(\mathrm{H_2CO_3})}$$

$$x(\mathrm{CO_3^{2-}}) = \frac{c(\mathrm{CO_3^{2-}})}{c_0(\mathrm{HCO_3^-})} = \frac{c(\mathrm{CO_3^{2-}})}{c(\mathrm{H_2CO_3}) + c(\mathrm{HCO_3^-}) + c(\mathrm{CO_3^{2-}})}$$

$$x(\mathrm{CO_3^{2-}}) = \frac{K_{a1}^\ominus(\mathrm{H_2CO_3})K_{a2}^\ominus(\mathrm{H_2CO_3})}{[c(\mathrm{H^+})/c^\ominus]^2 + K_{a1}^\ominus(\mathrm{H_2CO_3})c(\mathrm{H^+})/c^\ominus + K_{a1}^\ominus(\mathrm{H_2CO_3})K_{a2}^\ominus(\mathrm{H_2CO_3})}$$

根据摩尔分数的定义，每种型体的平衡浓度分别为

$$c(\mathrm{CO_3^{2-}}) = c_0(\mathrm{HCO_3^-}) \times \frac{K_{a1}^{\ominus}(\mathrm{H_2CO_3})K_{a2}^{\ominus}(\mathrm{H_2CO_3})}{[c(\mathrm{H^+})/c^{\ominus}]^2 + K_{a1}^{\ominus}(\mathrm{H_2CO_3})c(\mathrm{H^+})/c^{\ominus} + K_{a1}^{\ominus}(\mathrm{H_2CO_3})K_{a2}^{\ominus}(\mathrm{H_2CO_3})}$$

$$c(\mathrm{H_2CO_3}) = c_0(\mathrm{HCO_3^-}) \times \frac{K_{a1}^{\ominus}(\mathrm{H_2CO_3})K_{a2}^{\ominus}(\mathrm{H_2CO_3})}{[c(\mathrm{H^+})/c^{\ominus}]^2 + K_{a1}^{\ominus}(\mathrm{H_2CO_3})c(\mathrm{H^+})/c^{\ominus} + K_{a1}^{\ominus}(\mathrm{H_2CO_3})K_{a2}^{\ominus}(\mathrm{H_2CO_3})}$$

将以上两式代入质子条件式，得

$$c_0(\mathrm{HCO_3^-})\frac{K_{a1}^{\ominus}(\mathrm{H_2CO_3})K_{a2}^{\ominus}(\mathrm{H_2CO_3})}{[c(\mathrm{H^+})/c^{\ominus}]^2 + K_{a1}^{\ominus}(\mathrm{H_2CO_3})c(\mathrm{H^+})/c^{\ominus} + K_{a1}^{\ominus}(\mathrm{H_2CO_3})K_{a2}^{\ominus}(\mathrm{H_2CO_3})} +$$

$$\frac{K_w^{\ominus}}{c(\mathrm{H^+})/c^{\ominus}} \cdot c^{\ominus} = c(\mathrm{H^+}) +$$

$$c_0(\mathrm{HCO_3^-})\frac{[c(\mathrm{H^+})/c^{\ominus}]^2}{[c(\mathrm{H^+})/c^{\ominus}]^2 + K_{a1}^{\ominus}(\mathrm{H_2CO_3})c(\mathrm{H^+})/c^{\ominus} + K_{a1}^{\ominus}(\mathrm{H_2CO_3})K_{a2}^{\ominus}(\mathrm{H_2CO_3})}$$

整理得

$$[c(\mathrm{H^+})/c^{\ominus}]^4 + [K_{a1}^{\ominus}(\mathrm{H_2CO_3}) + c_0(\mathrm{HCO_3^-})/c^{\ominus}] \cdot [c(\mathrm{H^+})/c^{\ominus}]^3 +$$
$$[K_{a1}^{\ominus}(\mathrm{H_2CO_3})K_{a2}^{\ominus}(\mathrm{H_2CO_3}) - K_w^{\ominus}] \cdot [c(\mathrm{H^+})/c^{\ominus}]^2 -$$
$$[c_0(\mathrm{HCO_3^-})/c^{\ominus} \cdot K_{a1}^{\ominus}(\mathrm{H_2CO_3})K_{a2}^{\ominus}(\mathrm{H_2CO_3}) + K_w^{\ominus}K_{a1}^{\ominus}(\mathrm{H_2CO_3})] \cdot [c(\mathrm{H^+})/c^{\ominus}] -$$
$$K_{a1}^{\ominus}(\mathrm{H_2CO_3})K_{a2}^{\ominus}(\mathrm{H_2CO_3})K_w^{\ominus} = 0$$

这就是精确计算两性物质 $\mathrm{NaHCO_3}$ 水溶液酸度的精确公式，是一元四次方程，较难求解，此公式也不实用，但作为理论还是有一定意义的。

一般情况下，两性物质如 $\mathrm{HCO_3^-}$ 给出质子与接受质子的能力都比较弱，水溶液中 $\mathrm{HCO_3^-}$ 的平衡浓度与初始浓度近似相等，即 $c(\mathrm{HCO_3^-}) \approx c_0(\mathrm{HCO_3^-})$，据此可得近似计算方法。

$\mathrm{HCO_3^-}$ 水溶液的质子条件式：

$$c(\mathrm{CO_3^{2-}}) + c(\mathrm{OH^-}) = c(\mathrm{H_2CO_3}) + c(\mathrm{H^+})$$

$\mathrm{HCO_3^-}$ 水溶液中的离解平衡方程：

$$K_{a2}^{\ominus}(\mathrm{H_2CO_3}) = \frac{[c(\mathrm{H^+})/c^{\ominus}] \cdot [c(\mathrm{CO_3^{2-}})/c^{\ominus}]}{c(\mathrm{HCO_3^-})/c^{\ominus}}$$

$$K_{b2}^{\ominus}(\mathrm{CO_3^{2-}}) = \frac{[c(\mathrm{OH^-})/c^{\ominus}] \cdot [c(\mathrm{H_2CO_3})/c^{\ominus}]}{c(\mathrm{HCO_3^-})/c^{\ominus}} = \frac{K_w^{\ominus}}{K_{a1}^{\ominus}(\mathrm{H_2CO_3})}$$

将以上两结论代入质子条件式中，将 $c(\mathrm{CO_3^{2-}})$ 和 $c(\mathrm{H_2CO_3})$ 都转换成与

$c(\mathrm{HCO}_3^-)$ 相关的形式：

$$\frac{K_{a2}^{\ominus}(\mathrm{H_2CO_3})c(\mathrm{HCO_3^-})/c^{\ominus}}{c(\mathrm{H}^+)/c^{\ominus}} + \frac{K_w^{\ominus}}{c(\mathrm{H}^+)/c^{\ominus}} = \frac{K_w^{\ominus}c(\mathrm{HCO_3^-})/c^{\ominus}}{K_{a1}^{\ominus}(\mathrm{H_2CO_3})\cdot c(\mathrm{OH}^-)/c^{\ominus}} \times \frac{c(\mathrm{H}^+)/c^{\ominus}}{c(\mathrm{H}^+)/c^{\ominus}} + c(\mathrm{H}^+)/c^{\ominus}$$

整理得

$$\frac{K_{a2}^{\ominus}(\mathrm{H_2CO_3})c(\mathrm{HCO_3^-})/c^{\ominus}}{c(\mathrm{H}^+)/c^{\ominus}} + \frac{K_w^{\ominus}}{c(\mathrm{H}^+)/c^{\ominus}} = \frac{[c(\mathrm{HCO_3^-})/c^{\ominus}]\cdot[c(\mathrm{H}^+)/c^{\ominus}]}{K_{a1}^{\ominus}(\mathrm{H_2CO_3})} + c(\mathrm{H}^+)/c^{\ominus}$$

$$[c(\mathrm{H}^+)/c^{\ominus}]^2 = K_{a2}^{\ominus}(\mathrm{H_2CO_3})c(\mathrm{HCO_3^-})/c^{\ominus} + K_w^{\ominus} - \frac{[c(\mathrm{HCO_3^-})/c^{\ominus}]\cdot[c(\mathrm{H}^+)/c^{\ominus}]^2}{K_{a1}^{\ominus}(\mathrm{H_2CO_3})}$$

$$[c(\mathrm{H}^+)/c^{\ominus}]^2 = \frac{K_{a1}^{\ominus}(\mathrm{H_2CO_3})K_{a2}^{\ominus}(\mathrm{H_2CO_3})c(\mathrm{HCO_3^-})/c^{\ominus} + K_{a1}^{\ominus}(\mathrm{H_2CO_3})\cdot K_w^{\ominus}}{K_{a1}^{\ominus}(\mathrm{H_2CO_3}) + c(\mathrm{HCO_3^-})/c^{\ominus}}$$

$$c(\mathrm{H}^+)/c^{\ominus} = \sqrt{\frac{K_{a1}^{\ominus}(\mathrm{H_2CO_3})K_{a2}^{\ominus}(\mathrm{H_2CO_3})c(\mathrm{HCO_3^-})/c^{\ominus} + K_{a1}^{\ominus}(\mathrm{H_2CO_3})\cdot K_w^{\ominus}}{K_{a1}^{\ominus}(\mathrm{H_2CO_3}) + c(\mathrm{HCO_3^-})/c^{\ominus}}}$$

$$c(\mathrm{H}^+)/c^{\ominus} = \sqrt{\frac{K_{a1}^{\ominus}(\mathrm{H_2CO_3})\cdot[K_{a2}^{\ominus}(\mathrm{H_2CO_3})c(\mathrm{HCO_3^-})/c^{\ominus} + K_w^{\ominus}]}{K_{a1}^{\ominus}(\mathrm{H_2CO_3}) + c(\mathrm{HCO_3^-})/c^{\ominus}}}$$

将 $c(\mathrm{HCO_3^-}) \approx c_0(\mathrm{HCO_3^-})$ 代入上式得

$$c(\mathrm{H}^+)/c^{\ominus} = \sqrt{\frac{K_{a1}^{\ominus}(\mathrm{H_2CO_3})\cdot[K_{a2}^{\ominus}(\mathrm{H_2CO_3})c_0(\mathrm{HCO_3^-})/c^{\ominus} + K_w^{\ominus}]}{K_{a1}^{\ominus}(\mathrm{H_2CO_3}) + c_0(\mathrm{HCO_3^-})/c^{\ominus}}}$$

当 $K_{a2}^{\ominus}(\mathrm{H_2CO_3})c_0(\mathrm{HCO_3^-})/c^{\ominus} \geqslant 20K_w^{\ominus}$ 时，上式可简化成

$$c(\mathrm{H}^+)/c^{\ominus} = \sqrt{\frac{K_{a1}^{\ominus}(\mathrm{H_2CO_3})\cdot K_{a2}^{\ominus}(\mathrm{H_2CO_3})c_0(\mathrm{HCO_3^-})/c^{\ominus}}{K_{a1}^{\ominus}(\mathrm{H_2CO_3}) + c_0(\mathrm{HCO_3^-})/c^{\ominus}}}$$

当 $c_0(\mathrm{HCO_3^-})/c^{\ominus} \geqslant 20K_{a1}^{\ominus}(\mathrm{H_2CO_3})$ 时，上式可简化成

$$c(\mathrm{H}^+)/c^{\ominus} = \sqrt{\frac{K_{a1}^{\ominus}(\mathrm{H_2CO_3})\cdot K_{a2}^{\ominus}(\mathrm{H_2CO_3})c_0(\mathrm{HCO_3^-})/c^{\ominus}}{c_0(\mathrm{HCO_3^-})/c^{\ominus}}}$$

$$c(\mathrm{H}^+)/c^{\ominus} = \sqrt{K_{a1}^{\ominus}(\mathrm{H_2CO_3})\cdot K_{a2}^{\ominus}(\mathrm{H_2CO_3})}$$

这是两性物质 $\mathrm{HCO_3^-}$ 水溶液酸度的最简计算公式，在满足一定条件下成立的，明确条件如下：

(1) 水的离解可以忽略，即满足

$$K_{a2}^{\ominus}(\mathrm{H_2CO_3})c_0(\mathrm{HCO_3^-})/c^{\ominus} \geqslant 20K_w^{\ominus}$$

(2) 两性物质的浓度不是很稀，即

$$c_0(\mathrm{HCO_3^-})/c^{\ominus} \geqslant 20K_{a1}^{\ominus}(\mathrm{H_2CO_3})$$

满足以上两个条件,即可应用最简式。

【例 4-8】 计算 $c_0(^+NH_3CH_2COO^-) = 0.10\,\mathrm{mol\cdot L^{-1}}$ 氨基乙酸水溶液的 pH。$K_{a1}^{\ominus}(^+NH_3CH_2COO^-) = 4.5\times10^{-3}$,$K_{a2}^{\ominus}(^+NH_3CH_2COO^-) = 2.5\times10^{-10}$。

解 氨基乙酸在水溶液中存在以下平衡:

$$NH_2CH_2COOH \rightleftharpoons {}^+NH_3CH_2COO^- \text{(偶极离子形式)}$$

$^+NH_3CH_2COO^-$ 偶极离子既可以得质子,也可以失去质子,为两性物质。

$$^+NH_3CH_2COO^- + H_2O \rightleftharpoons H_2CH_2COO^- + H_3O^+ \quad \text{失质子反应}$$

$$^+NH_3CH_2COO^- + H_2O \rightleftharpoons {}^+NH_3CH_2COOH + OH^- \quad \text{得质子反应}$$

$^+NH_3CH_2COOH$ 为二元酸,有两级离解

$$^+NH_3CH_2COOH \rightleftharpoons {}^+NH_3CH_2COO^- + H^+ \quad K_{a1}^{\ominus}(^+NH_3CH_2COO^-) = 4.5\times10^{-3}$$

$$^+NH_3CH_2COO^- \rightleftharpoons NH_2CH_2COO^- + H^+ \quad K_{a2}^{\ominus}(^+NH_3CH_2COO^-) = 2.5\times10^{-10}$$

限定条件为

$$K_{a1}^{\ominus}(^+NH_3CH_2COO^-)c_0(^+NH_3CH_2COO^-)/c^{\ominus} = 4.5\times10^{-3}\times0.10 \geqslant 20K_w^{\ominus}$$

水的离解可以忽略

$$c_0(^+NH_3CH_2COO^-)/c^{\ominus} = 0.10 \geqslant 20K_{a1}^{\ominus}(^+NH_3CH_2COO^-) = 20\times4.5\times10^{-3}$$

两性物质的浓度不是很稀,即

$$c(H^+)/c^{\ominus} = \sqrt{K_{a1}^{\ominus}(^+NH_3CH_2COO^-)\cdot K_{a2}^{\ominus}(^+NH_3CH_2COO^-)}$$

$$= \sqrt{4.5\times10^{-3}\times2.5\times10^{-10}} = 1.0\times10^{-6}$$

$$\mathrm{pH} = 6.00$$

4.3 酸碱指示剂

酸碱滴定过程中,滴定反应一般不发生任何外观的变化,常需借助指示剂的颜色改变来判断滴定的终点。酸碱滴定中加入的指示剂称为酸碱指示剂。在一定的 pH 范围内,酸碱指示剂发生颜色的变化。

4.3.1 酸碱指示剂的变色原理

酸碱指示剂本身为弱的有机酸或弱的有机碱,其共轭酸碱对具有不同的结构,而且颜色不同。当溶液的 pH 改变时,共轭酸碱相互发生转变,从而引起溶液的颜色发生改变。

以 HIn 表示弱酸型指示剂,则其离解平衡为

$$HIn \rightleftharpoons H^+ + In^-$$

指示剂分子HIn与阴离子In^-两者颜色不同，HIn与In^-的颜色分别为指示剂的酸式色和碱式色。当溶液pH改变时，指示剂得到质子由碱式转变为酸式，或者失去质子由酸式转变为碱式，由于结构的改变，颜色发生变化。

例如，甲基橙在水溶液中有如下离解平衡：

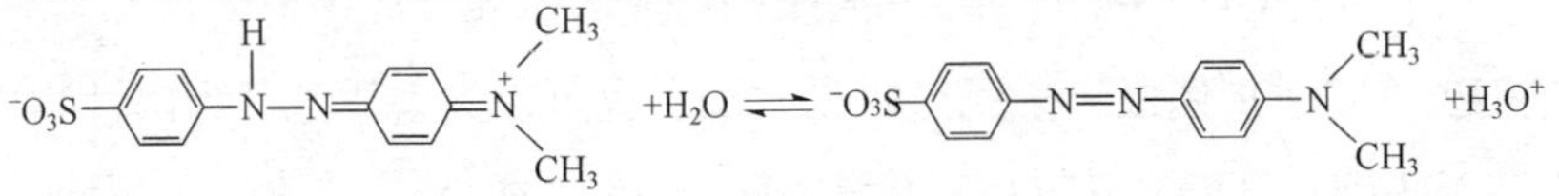

由上述平衡关系可以看出，增大溶液的酸度，则平衡向左移动，甲基橙主要以酸式型存在，溶液呈红色；降低溶液的酸度，甲基橙主要以碱式型存在，溶液呈黄色。像甲基橙这类酸式型和碱式型均有颜色的指示剂称为双色指示剂。

酚酞是一种很弱的有机二元酸，在溶液中有如下离解平衡：

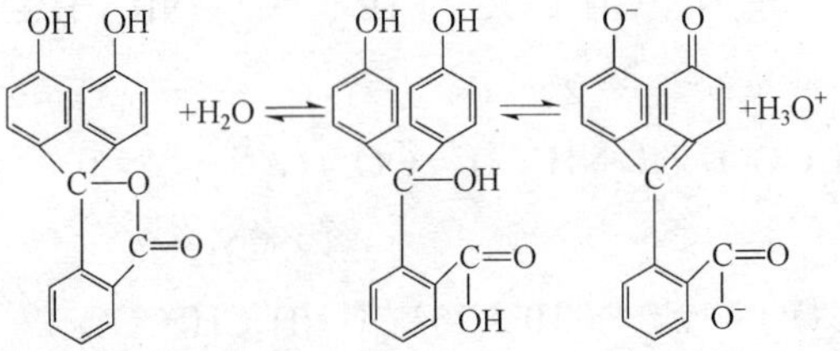

在酸性溶液中，酚酞主要以无色分子或无色离子型体存在，在碱性溶液中，转化为醌式结构后溶液呈红色。但在浓碱溶液中，酚酞转变为无色的羧酸盐，溶液又变为无色。像酚酞这种只有酸式型或碱式型具有颜色的指示剂称为单色指示剂。

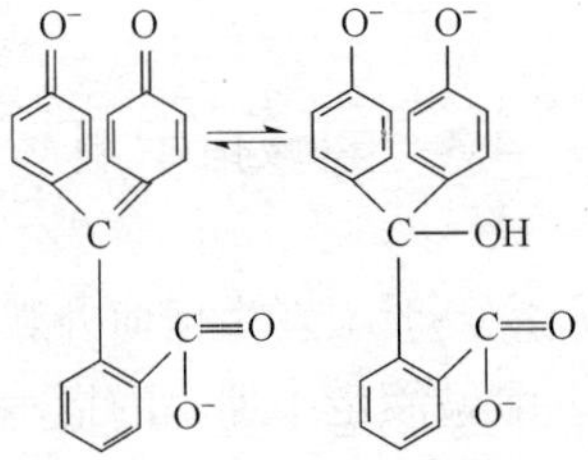

4.3.2　酸碱指示剂的变色范围

酸碱指示剂颜色的改变取决于溶液pH的变化，但并不是溶液的pH只要有变化，肉眼都能观察出指示剂颜色的改变，能用肉眼观察出的指示剂的颜色变化是在一定pH范围内发生的。

以HIn表示指示剂的酸式型体，并称其颜色为酸色，以In^-表示指示剂的碱

式型体，其颜色称为碱色。指示剂在水溶液中的离解平衡为

$$HIn \rightleftharpoons H^+ + In^-$$

对应的平衡常数表达式为

$$K^{\ominus}(HIn) = \frac{[c(H^+)/c^{\ominus}] \cdot [c(In^-)/c^{\ominus}]}{c(HIn)/c^{\ominus}}$$

$$\frac{K^{\ominus}(HIn)}{c(H^+)/c^{\ominus}} = \frac{c(In^-)/c^{\ominus}}{c(HIn)/c^{\ominus}}$$

对两边求对数

$$\lg \frac{K^{\ominus}(HIn)}{c(H^+)/c^{\ominus}} = \lg \frac{c(In^-)/c^{\ominus}}{c(HIn)/c^{\ominus}}$$

$$\lg K^{\ominus}(HIn) - \lg[c(H^+)/c^{\ominus}] = \lg \frac{c(In^-)/c^{\ominus}}{c(HIn)/c^{\ominus}}$$

$$-\lg[c(H^+)/c^{\ominus}] = -\lg K^{\ominus}(HIn) + \lg \frac{c(In^-)/c^{\ominus}}{c(HIn)/c^{\ominus}}$$

$$pH = pK^{\ominus}(HIn) + \lg \frac{c(In^-)/c^{\ominus}}{c(HIn)/c^{\ominus}}$$

$$pH = pK^{\ominus}(HIn) - \lg \frac{c(HIn)/c^{\ominus}}{c(In^-)/c^{\ominus}}$$

式中，$K^{\ominus}(HIn)$ 为指示剂的离解常数，在一定温度下是常数。

指示剂所呈的颜色由 $\frac{c(In^-)}{c(HIn)}$ 决定，而 $\frac{c(In^-)}{c(HIn)}$ 的变化取决于溶液中 H^+ 的浓度。当 $c(H^+)$ 发生改变时，$\frac{c(In^-)}{c(HIn)}$ 也发生改变，溶液的颜色也逐渐改变。

肉眼辨别颜色的能力有限，当 $\frac{c(In^-)}{c(HIn)} < \frac{1}{10}$ 时，仅能看到指示剂酸式色；当 $\frac{c(In^-)}{c(HIn)} > 10$ 时，仅能看到指示剂碱式色；而当 $\frac{1}{10} < \frac{c(In^-)}{c(HIn)} < 10$ 时，看到酸式色和碱式色的混合色。

当 $\frac{c(In^-)}{c(HIn)} < \frac{1}{10}$ 时，$pH < pK^{\ominus}(HIn) - 1$，仅能看到指示剂酸式色；

当 $\frac{c(In^-)}{c(HIn)} > 10$ 时，$pH > pK^{\ominus}(HIn) + 1$，仅能看到指示剂碱式色；

当 $\frac{1}{10} < \frac{c(In^-)}{c(HIn)} < 10$ 时，$pK^{\ominus}(HIn) - 1 < pH < pK^{\ominus}(HIn) + 1$，看到酸式色和碱

式色的混合色。

因此，pH = p$K^{\ominus}$(HIn)±1 是指示剂的变色范围。不同的指示剂，其 p$K^{\ominus}$(HIn) 不同，其变色范围也有所不同。

当 $\dfrac{c(\text{In}^-)}{c(\text{HIn})}=1$ 时，pH = p$K^{\ominus}$(HIn) 是指示剂的理论变色点。指示剂的理论变色范围理论上是 2 个 pH 单位，但实测的各种指示剂实际变色范围并不都是 2 个 pH 单位，大多数指示剂的变色范围为 1.6~1.8 个 pH 单位。这是人眼对各种颜色敏感程度不同以及指示的两种颜色互相掩盖所致。例如，甲基橙的 p$K^{\ominus}$(HIn) = 3.4，理论变色范围为 2.4~4.4，而实测的变色范围是 3.1~4.4，这是由于人眼对红色较黄色更为敏感。常用酸碱指示剂列于表 4-2。

表 4-2 常用酸碱指示剂

指示剂	p$K^{\ominus}$(HIn)	变色范围	颜色改变	浓度	滴/10mL
酚蓝	1.65	1.2~2.8	红-黄	0.1%的20%乙醇溶液	1~2
甲基黄	3.25	2.9~4.0	红-黄	0.1%的20%乙醇溶液	1
甲基橙	3.4	3.1~4.4	红-黄	0.05%的水溶液	1
溴酚蓝	4.1	3.0~4.6	黄-紫	0.1%的20%乙醇溶液或其钠盐水溶液	1
溴甲酚绿	4.9	4.0~5.6	黄-蓝	0.1%的20%乙醇溶液或其钠盐水溶液	1~3
甲基红	5.0	4.4~6.2	红-黄	0.1%的60%乙醇溶液或其钠盐水溶液	1
溴百里酚蓝	7.3	6.2~7.6	黄-蓝	0.1%的20%乙醇溶液或其钠盐水溶液	1
中性红	7.4	6.8~8.0	红-黄橙	0.1%的60%乙醇溶液	1
苯酚红	8.0	6.8~8.4	黄-红	0.1%的60%乙醇溶液或其钠盐水溶液	1
酚酞	9.1	8.0~10.0	无-红	0.5%的90%乙醇溶液	1~3
百里酚蓝	8.9	8.0~9.6	黄-蓝	0.1%的20%乙醇溶液	1~4
百里酚酞	10.0	9.4~10.6	无-蓝	0.1%的乙醇溶液	1~2

4.3.3 影响酸碱指示剂变色范围的因素

影响酸碱指示剂变色范围的因素有两个方面：一是对指示剂离解常数 $K^{\ominus}(\text{HIn})$ 的影响；二是对变色范围宽度的影响。主要原因讨论如下：

(1) 温度。指示剂的 $K^{\ominus}(\text{HIn})$ 在一定温度下是常数。当温度改变时，$K^{\ominus}(\text{HIn})$ 也改变，则指示剂的变色点和变色范围也随之变动。

(2) 溶剂。在不同的溶剂中，$pK^{\ominus}(\text{HIn})$ 各不相同。例如，甲基橙在水溶液中 $pK^{\ominus}(\text{HIn}) = 3.4$，而在甲醇溶液中 $pK^{\ominus}(\text{HIn}) = 3.8$，所以溶剂也影响指示剂的变色范围。

(3) 指示剂的用量。指示剂用量过多或浓度过高会使终点颜色变化不明显，同时它本身也会多消耗标准酸溶液或标准碱溶液而带来误差。一般在不影响指示剂变色灵敏度的条件下，用量少一点为佳。若指示剂浓度过大，对于双色指示剂，会使终点颜色不易判断；对于单色指示剂，会改变它的变色范围。例如，在 50~100mL 溶液中加 2~3 滴 0.1%酚酞，于 pH=9 时变色(呈微红色)，而在相同条件下，若加 10~15 滴，则在 pH=8 时变色(呈微红色)。

解释如下：酚酞为单色指示剂，它的酸式呈无色，碱式呈红色。设人眼观察红色形式酚酞的最低浓度为 a，它应该是固定不动的，到达此浓度人眼便能观察到。假设指示剂的总浓度为 $c_0(\text{HIn})$，则

$$\text{HIn} \rightleftharpoons \text{H}^+ + \text{In}^-$$

$$K^{\ominus}(\text{HIn}) = \frac{[c(\text{H}^+)/c^{\ominus}] \cdot [c(\text{In}^-)/c^{\ominus}]}{c(\text{HIn})/c^{\ominus}}$$

$$\frac{K^{\ominus}(\text{HIn})}{c(\text{H}^+)/c^{\ominus}} = \frac{c(\text{In}^-)/c^{\ominus}}{c(\text{HIn})/c^{\ominus}} = \frac{a/c^{\ominus}}{c_0(\text{HIn})/c^{\ominus} - a/c^{\ominus}}$$

如果 $c_0(\text{HIn})$ 增大，因为 $K^{\ominus}(\text{HIn})$ 和 a 都是定值，所以 $c(\text{H}^+)$ 就会相应地增大，就是说，指示剂会在较低的 pH 时变色。

根据如上公式，可以求出在指定 pH 变色时的指示剂用量。

(4) 滴定的顺序。在实际分析工作中，滴定顺序也会影响人眼对滴定终点颜色观察的敏锐性。指示剂由无色变红色，或由黄色变橙色，比由红色变无色或橙色变黄色易于辨别。因此，指示剂的选择上也要考虑这一点。

4.3.4 混合指示剂

指示剂的变色范围越窄越好，这样到达化学计量点时，pH 稍有变化，指示剂可立即由一种颜色变到另一种颜色，滴定误差较小。有的酸碱滴定，pH 突跃范围较窄，单一指示剂判断终点误差较大，需要用混合指示剂，混合指示剂是利

用颜色之间的互补作用,使之具有变色范围窄、变色敏锐的特点。

混合指示剂的配制方法如下:

(1)将一种不随pH变化而改变颜色的惰性染料与一种酸碱指示剂按一定浓度比混合。

例如,甲基橙与靛蓝(惰性染料)组成的混合指示剂,靛蓝(青蓝色)不随pH变化而变色,只作为甲基橙变色的背景。如表4-3,pH>4.4时,甲基橙的黄色与靛蓝的青蓝色混合,使溶液呈绿色;pH≤3.1时,甲基橙的红色与靛蓝的青蓝色混合,使溶液呈紫色;pH=4.1时,甲基橙的橙色与靛蓝的青蓝色互补,使溶液变为近乎无色(浅灰色)。

表 4-3 甲基橙与靛蓝混合指示剂在不同 pH 范围内的颜色变化

溶液的酸度	甲基橙	靛蓝	甲基橙+靛蓝
pH > 4.4	黄色	青蓝色	绿色
pH = 4.1	橙色	青蓝色	无色(浅灰色)
pH ≤ 3.1	红色	青蓝色	紫色

由于中间色近乎无色,甲基橙和靛蓝混合指示剂由紫色变绿色或由绿色变紫色,变色十分敏锐,易于辨认。此类混合指示剂变色范围并未改变,只是因为指示剂中间色与染料颜色互补,使变色敏锐,易于观察。

(2)将两种指示剂按一定浓度比例混合。由于两种指示剂颜色的混合,变色范围变窄,变色敏锐。例如,甲酚红(pH=7.2~8.8,pH<7.2时是黄色,pH>8.8时是紫色)与百里酚蓝(pH=8.0~9.6,pH<8.0时是黄色,pH>9.6时是蓝色)按1:3混合,所得混合指示剂变色范围变窄,为pH=8.2~8.4,pH<8.2时是粉红色,pH>8.4时是紫色,具体见表4-4。

表 4-4 甲酚红与百里酚蓝两种指示剂及其混合指示剂在不同 pH 范围的颜色变化

溶液的酸度	甲酚红	百里酚蓝	甲酚红+百里酚蓝
pH > 9.6		蓝色	
pH > 8.8	紫色		
pH < 8.0		黄色	
pH < 7.2	黄色		
pH > 8.4			紫色
pH < 8.2			粉红色

再如，溴甲酚绿和甲基红两种指示剂按一定比例配成混合指示剂(表 4-5)。

表 4-5　溴甲酚绿和甲基红两种指示剂及其混合指示剂在不同 pH 范围的颜色变化

溶液的酸度	溴甲酚绿	甲基红	溴甲酚绿+甲基红
pH > 6.2	蓝色	黄色	绿色
pH = 5.1	绿色	橙色	灰色
pH < 4.0	黄色	红色	酒红色

常用的混合指示剂见表 4-6。

表 4-6　几种常用的混合指示剂

指示剂溶液的组成	变色时 pH	酸式色	碱式色	备注
1 份 0.1%甲基黄乙醇溶液 1 份 0.1%亚甲基蓝乙醇溶液	3.25	蓝紫	绿	pH = 3.2 蓝紫色，pH = 3.4 绿色
1 份 0.1%甲基橙水溶液 1 份 0.25%靛蓝二磺酸钠水溶液	4.1	紫	黄绿	pH = 4.1 灰色
3 份 0.1%溴甲酚绿乙醇溶液 1 份 0.2%甲基红乙醇溶液	5.1	酒红	绿	颜色变化极显著
1 份 0.1%溴甲酚绿钠盐水溶液 1 份 0.1%氯酚红钠盐水溶液	6.1	黄绿	蓝紫	pH = 5.4 蓝绿色 pH = 5.8 蓝色 pH = 6.0 蓝微带紫 pH = 6.2 蓝紫色
1 份 0.1%中性红乙醇溶液 1 份 0.1%亚甲基蓝乙醇溶液	7.0	蓝紫	绿	pH = 7.0 蓝紫色
1 份 0.1%甲酚红钠盐水溶液 3 份 0.1%百里酚蓝钠盐水溶液	8.3	黄	紫	pH = 8.2 玫瑰红色，pH = 8.4 清晰的紫色
1 份 0.1%百里酚蓝 50%乙醇溶液 3 份 0.1%酚酞 50%乙醇溶液	9.0	黄	紫	从黄到绿再到紫
1 份 0.1%酚酞乙醇溶液 1 份 0.1%百里酚酞乙醇溶液	9.9	无	紫	pH = 9.6 玫瑰红色，pH = 10 清晰的紫色
2 份 0.1%百里酚酞乙醇溶液 1 份茜素黄 R 乙醇溶液	10.2	黄	紫	

4.4　酸碱滴定法原理

酸碱滴定的终点通常利用指示剂的颜色变化来确定。为选择合适的指示剂指示终点,控制终点误差在合理范围之内,如±0.1%或±0.2%等,就必须了解在滴定过程中,尤其在滴定至化学计量点附近引起±0.1%或±0.2%的误差这段范围溶液pH 的变化情况。为此,以滴定过程中滴定剂的用量或中和百分数为横坐标,溶液 pH 为纵坐标,画出一条描述随滴定剂的加入而引起的溶液 pH 变化情况的曲线,这种曲线称为酸碱滴定曲线。

滴定曲线的作用:确定滴定终点时消耗的滴定剂体积;判断滴定突跃大小;确定滴定终点与化学计量点之差;选择指示剂的依据。

4.4.1 强酸强碱的滴定

强酸、强碱在水溶液中完全离解,酸以 H^+ 形式存在,碱以 OH^- 形式存在,这类滴定的基本反应为

$$H^+ + OH^- \rightleftharpoons H_2O$$

常温下,反应平衡常数 $K^{\ominus} = \dfrac{1}{K_w^{\ominus}} = 10^{14}$。

以 $0.1000\text{mol}\cdot\text{L}^{-1}$ 氢氧化钠标准溶液滴定 20.00mL $0.1000\text{mol}\cdot\text{L}^{-1}$ 盐酸标准溶液为例,研究滴定过程中溶液 pH 的变化规律。

(1)滴定开始前,溶液的 pH 取决于 HCl 的初始浓度。

$$c(H^+) = c(HCl) = 0.1000\text{mol}\cdot\text{L}^{-1}$$

$$pH = 1.00$$

(2)滴定至化学计量点前,溶液的酸度取决于剩余 HCl 的浓度,即

$$c(H^+) = \dfrac{0.1000\text{mol}\cdot\text{L}^{-1} \times 20.00 \times 10^{-3}\text{L} - c(\text{NaOH})V(\text{NaOH}) \times 10^{-3}}{[20.00 + V(\text{NaOH})] \times 10^{-3}\text{L}}$$

加入滴定剂体积为 18.00mL 时,有

$$c(H^+) = \dfrac{0.1000\text{mol}\cdot\text{L}^{-1} \times 20.00 \times 10^{-3}\text{L} - 0.1000\text{mol}\cdot\text{L}^{-1} \times 18.00 \times 10^{-3}\text{L}}{(20.00 + 18.00) \times 10^{-3}\text{L}}$$

$$c(H^+) = 5.26 \times 10^{-3}\text{mol}\cdot\text{L}^{-1}$$

$$pH = 2.28$$

加入滴定剂体积为 19.98mL 时,有

$$c(H^+) = \dfrac{0.1000\text{mol}\cdot\text{L}^{-1} \times 20.00 \times 10^{-3}\text{L} - 0.1000\text{mol}\cdot\text{L}^{-1} \times 19.98 \times 10^{-3}\text{L}}{(20.00 + 19.98) \times 10^{-3}\text{L}}$$

$$c(H^+) = 5.00 \times 10^{-5}\text{mol}\cdot\text{L}^{-1}$$

$$pH = 4.30$$

以同样方法计算出滴入 19.98mL 等体积的氢氧化钠标准溶液时溶液的 pH,

结果列于表 4-7。

此种情况下,滴定至化学计量点前,被滴溶液的 pH 与滴定剂的体积有关,滴定剂的体积越多,越接近化学计量点,pH 越高。如果滴定剂和被滴定溶液的浓度都同时有所变化,pH 也会相应变化,浓度增大,pH 减小;浓度减小,pH 增大。

加入滴定剂体积为 19.98mL 时,离化学计量点差约半滴,在滴定分析中,半滴是可以控制的,一滴是 0.04mL,半滴是 0.02mL。此时若停止滴定,将造成 –0.1% 误差(–0.1%误差怎么计算出来的?)。

$$\frac{19.98-20.00}{20.00} \times 100\% = 0.1\%$$

(3)化学计量点,加入滴定剂体积为 20.00mL,反应完全。

$$c(H^+) = 1.00 \times 10^{-7} \text{mol} \cdot L^{-1}$$

$$pH = 7.00$$

(4)滴定至化学计量点后,溶液的酸度取决于过量 NaOH 的浓度,即

$$c(OH^-) = \frac{c(\text{NaOH})V(\text{NaOH}) \times 10^{-3} - 0.1000 \text{mol} \cdot L^{-1} \times 20.00 \times 10^{-3} L}{[20.00+V(\text{NaOH})] \times 10^{-3} L}$$

加入滴定剂体积为 20.02mL,过量约半滴

$$c(OH^-) = \frac{0.1000 \text{mol} \cdot L^{-1} \times 20.02 \times 10^{-3} L - 0.1000 \text{mol} \cdot L^{-1} \times 20.00 \times 10^{-3} L}{40.02 \times 10^{-3} L}$$

$$c(OH^-) = 5.00 \times 10^{-5} \text{mol} \cdot L^{-1}$$

$$pOH = 4.30$$

$$pH = 9.70$$

以同样方法计算出:滴入 20.20mL、22.00mL、40.00mL 氢氧化钠标准溶液时溶液的 pH,结果列于表 4-7,绘制滴定曲线见图 4-4。

表 4-7 0.1000mol·L^{-1} NaOH 滴定 20.00mL 0.1000mol·L^{-1} HCl 过程中溶液 pH 的变化

加入 NaOH 溶液量 /mL	剩余 HCl 溶液量 /mL	过量 NaOH 溶液量 /mL	$c(H^+)/(\text{mol} \cdot L^{-1})$	pH	备注
0.00	20.00		1.00×10^{-1}	1.00	
18.00	2.00		5.26×10^{-3}	2.28	
19.80	0.20		5.00×10^{-4}	3.30	
19.98	0.02		5.00×10^{-5}	4.30	–0.1%
20.00	0.00	0.00	1.00×10^{-7}	7.00	
20.02		0.02	2.00×10^{-10}	9.70	+0.1%

加入 NaOH 溶液量 /mL	剩余 HCl 溶液量 /mL	过量 NaOH 溶液量 /mL	$c(H^+)/(mol \cdot L^{-1})$	pH	备注
20.20		0.20	2.00×10^{-11}	10.70	
22.00		2.00	2.00×10^{-12}	11.70	
40.00		20.00	3.00×10^{-13}	12.50	

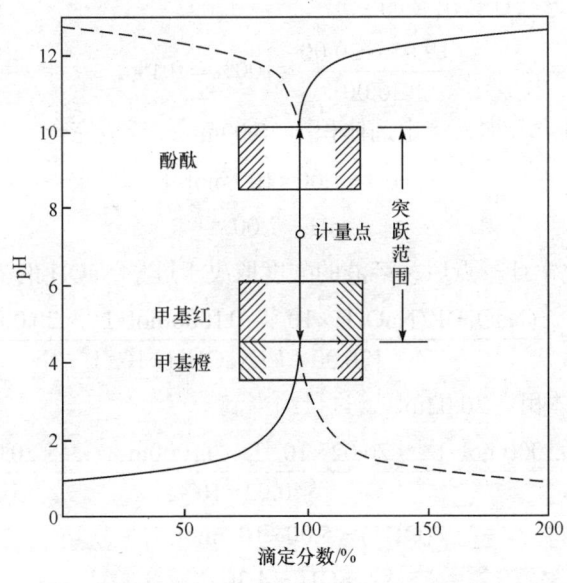

图 4-4　$0.1000\,mol \cdot L^{-1}$ 氢氧化钠滴定 20.00mL $0.1000\,mol \cdot L^{-1}$ 盐酸的滴定曲线

由滴定曲线看出，整个滴定过程中 pH 变化是不均匀的，从滴定开始至 99.9% 的 HCl 被中和，曲线坡度很小，溶液的 pH 缓慢升高，只增大 3.30 个 pH 单位。这显然是由于每加一滴滴定剂，氢离子浓度变化的倍数均很小，即强酸的缓冲能力造成的。随着溶液中酸含量的减小，pH 变化加快，加入少量 NaOH 标准溶液会引起 pH 的显著改变。

在化学计量点附近，0.1% HCl 未被中和到 NaOH 过量 0.1%，即终点误差在 −0.1%～0.1% 范围时，虽然只滴加了 0.04mL（约 1 滴）滴定剂，但溶液的 pH 却从 4.30 骤然升到 9.70，变化了 5.40 个 pH 单位，溶液由酸性变为碱性，发生了由量变到质变的转折，滴定曲线出现一段近似垂直线。酸碱滴定中化学计量点附近 pH 的突变称为酸碱滴定的 pH 突跃。滴定突跃的产生是由于化学计量点附近溶液中的 H^+ 和 OH^- 浓度都很低，因此加入少量滴定剂后，H^+ 或 OH^- 浓度变化倍数极大。

过化学计量点后，再继续滴加 NaOH 标准溶液，pH 的变化又越来越小，曲线也趋于平缓，与刚开始滴定时相似。化学计量点前后相对误差±0.1%范围内溶液 pH 的变化范围，称为酸碱滴定的 pH 突跃范围。

$0.1000 mol \cdot L^{-1}$ NaOH 滴定 $0.1000 mol \cdot L^{-1}$ HCl 溶液的 pH 突跃范围为 4.30～9.70，化学计量点时 pH = 7.00。这一滴定的 pH 突跃范围是选择指示剂的依据，即指示剂的变色范围应全部或部分地落在滴定的突跃范围之内。根据这一原则可选择甲基红，甲基红的变色范围是 4.40～6.20。若用甲基红，终点前加入半滴 NaOH 后溶液由红色突变为橙色或黄色，指示终点到达；也可选酚酞作指示剂，终点时溶液由无色变为微红。从指示剂变色由浅到深易观察的角度来看，选酚酞作指示剂更好些。甲基橙的变色范围是 3.10～4.40，几乎全在突跃范围之外，不适宜作此滴定的指示剂。

如果 $0.1000 mol \cdot L^{-1}$ HCl 标准溶液滴定 $0.1000 mol \cdot L^{-1}$ NaOH 溶液，其滴定曲线形状或方向与 NaOH 滴定 HCl 刚好相反，并且对称，滴定 pH 突跃范围是 9.70～4.30，化学计量点为 pH = 7.00，如图 4-4 虚线所示。可选择甲基红作指示剂，终点时溶液颜色由黄色变橙色或红色。若选酚酞作指示剂，终点时溶液由微红色变无色，由于肉眼对深色到浅色的变化观察不敏感，因此用酸滴定碱时尽量不用酚酞指示剂。甲基橙大部分变色范围在滴定突跃范围之外，也不适用。

如果以 $1.000 mol \cdot L^{-1}$ 氢氧化钠标准溶液滴定 $1.000 mol \cdot L^{-1}$ 盐酸，在±0.1%误差范围，pH 突跃范围为 3.30～10.70，若以甲基橙为指示剂滴定至溶液由红色变为橙色或黄色，终点仍在突跃范围内，终点误差小于-0.1%。

如果以 $0.0100 mol \cdot L^{-1}$ 氢氧化钠标准溶液滴定 $0.0100 mol \cdot L^{-1}$ 盐酸，在±0.1%误差范围，pH 突跃范围为 5.30～8.70，指示剂的选择受到限制，甲基橙不再适用，甲基红变色范围是 4.40～6.20，与滴定突跃有部分重叠，指示剂由红色变橙色或变黄色，终点误差依然可控制在小于+0.1%。

因此，可以说强酸强碱滴定突跃范围的大小与酸碱溶液的浓度有关。溶液越浓，突跃范围越大，指示剂的选择也就越方便；溶液越稀，突跃范围越小，可选的指示剂就越少，如图 4-5 所示。

滴定中滴定剂和被滴定溶液浓度越大，滴定反应进行得越完全，滴定突跃范围也越大；浓度越小，滴定反应的完全程度就越差，滴定突跃不明显，选择指示剂较困难。一般常用的溶液浓度控制在 $1～0.01 mol \cdot L^{-1}$ 范围为宜。

在滴定分析中，终点误差的大小不仅与滴定终点和化学计量点相差的大小有关，即与指示剂选择有关，还与反应完全程度有关。

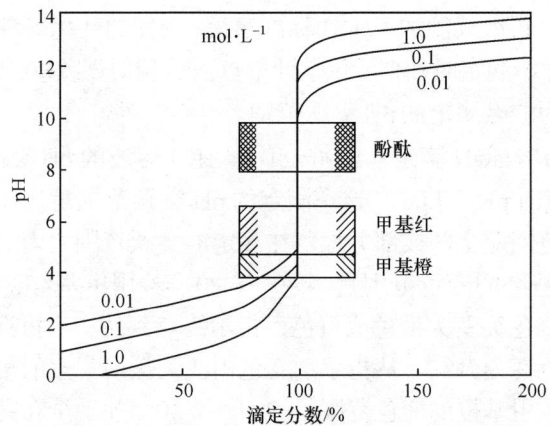

图 4-5 不同浓度 NaOH 溶液滴定不同浓度 HCl 溶液的滴定曲线

4.4.2 一元弱酸(碱)的滴定

一元弱酸的滴定是指用强碱标准溶液滴定一元弱酸；一元弱碱的滴定是指用强酸滴定一元弱碱。

1. 强碱滴定一元弱酸

以强碱滴定一元弱酸为例。强碱滴定一元弱酸的基本反应为

$$HB + OH^- \rightleftharpoons H_2O + B^-$$

现用 $0.1000 \text{mol} \cdot \text{L}^{-1}$ 氢氧化钠标准溶液滴定 20.00mL $0.1000 \text{mol} \cdot \text{L}^{-1}$ 乙酸，讨论此类滴定过程中溶液 pH 的变化情况。

(1) 滴定开始前，体系为 $c(\text{HAc}) = 0.1000 \text{mol} \cdot \text{L}^{-1}$ 的乙酸水溶液，溶液的 pH 取决于 HAc 的离解。

$$\text{HAc} \rightleftharpoons H^+ + \text{Ac}^-$$

$$\frac{c(\text{HAc})/c^\ominus}{K_a^\ominus(\text{HAc})} \geqslant 500, [c(\text{HAc})/c^\ominus] \cdot K_a^\ominus(\text{HAc})/K_w^\ominus \geqslant 25$$

$$c(H^+)/c^\ominus = \sqrt{K_a^\ominus(\text{HAc}) \cdot c(\text{HAc})/c^\ominus} = \sqrt{0.1000 \times 1.79 \times 10^{-5}} = 1.34 \times 10^{-3}$$

$$\text{pH} = 2.88$$

起点的 pH 取决于 HAc 的初始浓度和离解程度。HAc 的初始浓度越大，pH 的起点越低，反之越高；一元弱酸的离解程度越大，pH 的起点也越低，反之越高。

(2) 滴定至化学计量点前，溶液中同时存在 HAc 及其共轭碱 Ac^-，二者构成缓冲体系，设其浓度分别为 $c(\text{HAc})$、$c(\text{Ac}^-)$，溶液酸度可依下式计算：

$$\text{HAc} \rightleftharpoons \text{H}^+ + \text{Ac}^-$$
$$\text{HAc} + \text{NaOH} \rightleftharpoons \text{H}_2\text{O} + \text{NaAc}$$

乙酸是过量的，氢氧化钠是不足的。

$$c(\text{H}^+)/c^\ominus = K_a^\ominus(\text{HAc}) \frac{c(\text{HAc})/c^\ominus}{c(\text{Ac}^-)/c^\ominus}$$

$$c(\text{H}^+) = K_a^\ominus(\text{HAc}) c^\ominus \times \frac{V_0(\text{HAc}) c_0(\text{HAc}) - c(\text{NaOH}) V(\text{NaOH})}{c(\text{NaOH}) V(\text{NaOH})}$$

如果滴入19.98mL NaOH 标准溶液

$$c(\text{H}^+) = K_a^\ominus(\text{HAc}) c^\ominus \times \frac{20.00 \times 0.1000 - 19.98 \times 0.1000}{19.98 \times 0.1000}$$

$$c(\text{H}^+) = 3.59 \times 10^{-8} \text{mol} \cdot \text{L}^{-1}$$

$$\text{pH} = 7.44$$

化学计量点前-0.1%误差时，溶液的pH与 $K_a^\ominus(\text{HAc})$ 有关。$K_a^\ominus(\text{HAc})$ 越大，pH的起点也越低，反之越高。这与滴定剂和被滴溶液的浓度无关。

(3)化学计量点时，HAc与NaOH按1∶1进行反应得NaAc。Ac$^-$水解，溶液的pH由Ac$^-$水解程度决定。

$$\text{Ac}^- + \text{H}_2\text{O} \rightleftharpoons \text{HAc} + \text{OH}^-$$

$$\frac{c_0(\text{Ac}^-)/c^\ominus}{K_b^\ominus(\text{Ac}^-)} \geqslant 500, \quad \frac{[c_0(\text{Ac}^-)/c^\ominus] \cdot K_b^\ominus(\text{Ac}^-)}{K_w^\ominus} \geqslant 25$$

$$c(\text{OH}^-)/c^\ominus = \sqrt{K_b^\ominus(\text{Ac}^-) \cdot c_0(\text{Ac}^-)/c^\ominus}$$

$$c_0(\text{Ac}^-) = \frac{0.1000}{2} \text{mol} \cdot \text{L}^{-1} = 0.05000 \text{mol} \cdot \text{L}^{-1}$$

$$c(\text{OH}^-) = 5.3 \times 10^{-6} \text{mol} \cdot \text{L}^{-1}$$

$$\text{pH} = 8.73$$

化学计量点时，溶液的pH与 $c_0(\text{Ac}^-)$ 和 $K_b^\ominus(\text{Ac}^-)$ 有关。$K_a^\ominus(\text{HAc}) K_b^\ominus(\text{Ac}^-) = K_w^\ominus$。$c_0(\text{Ac}^-)$ 一定时，$K_a^\ominus(\text{HAc})$ 越大，$K_b^\ominus(\text{Ac}^-)$ 越小，$c(\text{OH}^-)$ 就越小，pH就越小，反之越大。

$K_a^\ominus(\text{HAc})$ 一定时，$c_0(\text{Ac}^-)$ 浓度越小，$c(\text{OH}^-)$ 就越小，pH就越小，反之越大。

(4)化学计量点后，溶液中含有过量的强碱NaOH与弱碱Ac$^-$，酸度主要由过量的NaOH溶液决定。

$$c(\text{OH}^-) = \frac{c(\text{NaOH})V(\text{NaOH}) - V_0(\text{HAc})c_0(\text{HAc})}{V(\text{NaOH}) + V_0(\text{HAc})}$$

例如,滴入 20.02mL NaOH 溶液时

$$c(\text{OH}^-) = 4.99 \times 10^{-5} \text{mol} \cdot \text{L}^{-1}$$

$$\text{pH} = 9.7$$

由上述方法逐一计算滴定过程中溶液的 pH,结果列于表 4-8 中,并绘制滴定曲线,见图 4-6。

表 4-8 $0.1000 \text{mol} \cdot \text{L}^{-1}$ NaOH 滴定 20.00mL $0.1000 \text{mol} \cdot \text{L}^{-1}$ HAc 过程中溶液 pH 变化

加入 NaOH 溶液量 /mL	剩余 HAc 溶液量 /mL	过量 NaOH 溶液量 /mL	溶液组成	pH
0.00	20.00		HAc	2.88
18.00	2.00		HAc + Ac$^-$	5.70
19.80	0.20		HAc + Ac$^-$	6.74
19.98	0.02		HAc + Ac$^-$	7.74
20.00	0.00	0.00	Ac$^-$	8.72
20.02		0.02	OH$^-$ + Ac$^-$	9.70
20.20		0.20	OH$^-$ + Ac$^-$	10.70
22.00		2.00	OH$^-$ + Ac$^-$	11.70
40.00		20.00	OH$^-$ + Ac$^-$	12.50

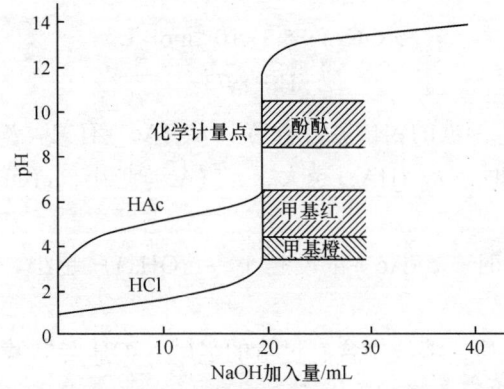

图 4-6 $0.1000 \text{mol} \cdot \text{L}^{-1}$ 氢氧化钠滴定 20.00mL $0.1000 \text{mol} \cdot \text{L}^{-1}$ 乙酸的滴定曲线

图 4-6 中同时画出了一元强碱滴定一元弱酸的滴定曲线,二者比较,可见强碱滴定一元弱酸的滴定特点如下：

(1) 在化学计量点时,由于溶液产生了大量 Ac^-,Ac^- 是一种碱,在水溶液中离解后产生相当数量的 OH^-,因而化学计量点不是 7 而是 8.72,在碱性范围内。

(2) 滴定前,由于弱酸溶液的 pH 大于同浓度的强酸,故滴定曲线起点 pH 较高。滴定开始后,由于生成 Ac^- 的同离子效应,抑制 HAc 的离解,同时 Ac^- 水解生成 OH^-,为弱碱,溶液 pH 上升较快,曲线较陡。

(3) 当近 50%被中和时,由于 $c(HAc)/c(Ac^-) \approx 1$,溶液缓冲能力较强,曲线才变得较平缓。

(4) 近化学计量点时,$c(HAc)/c(Ac^-)$ 变小,溶液失去缓冲能力,曲线变得陡直,出现 pH 突跃。

(5) 突跃后,曲线与 NaOH 滴定 HCl 曲线基本重合。

(6) 一元强碱滴定一元弱酸,平衡常数较小,pH 突跃比同浓度一元强碱滴定一元强酸的 pH 突跃小。在上例中,在±0.1%误差范围内,pH 突跃范围为 7.74～9.70,不到 2 个 pH 单位,为保证终点误差在±0.1%内,可用酚酞指示终点,而不能用甲基橙和甲基红。

(7) 用强碱滴定弱酸,突跃范围的大小不但与浓度有关,还与被测弱酸的强度,即弱酸的 $K_a^{\ominus}$ 有关。图 4-7 表示 $0.1000 \text{mol} \cdot \text{L}^{-1}$ 的不同强度的一元弱酸被 $0.1000 \text{mol} \cdot \text{L}^{-1}$ 氢氧化钠滴定时的滴定曲线。

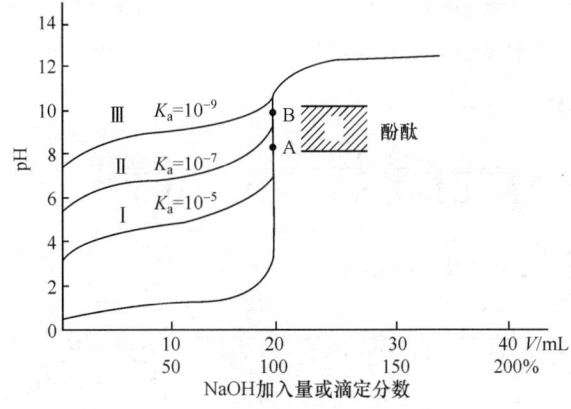

图 4-7　$0.1000 \text{mol} \cdot \text{L}^{-1}$ 氢氧化钠滴定 20.00mL $c(HB) = 0.1000 \text{mol} \cdot \text{L}^{-1}$ 不同 $K_a^{\ominus}$ 的一元弱酸的滴定曲线

由图 4-7 可以看出,弱酸的 $K_a^{\ominus}$ 越小,反应越不完全,突跃范围越小;弱酸的 $K_a^{\ominus}$ 越大,酸性越强,滴定突跃范围越大,反应越完全。当 $K_a^{\ominus} < 10^{-7}$ 时已无明

显的突跃，利用一般的酸碱指示剂无法判断滴定终点。

实践证明，借助于指示剂颜色的变化来确定滴定的终点，pH 突跃范围必须在 0.3 个 pH 单位以上。综合浓度与弱酸强度两个因素对滴定突跃大小的影响，得到弱酸能被强碱溶液直接准确滴定的判据为 $K_a^\ominus \cdot c_0 / c^\ominus \geqslant 10^{-8}$。此时，滴定才有明显的突跃，即从计量点前终点误差为 -0.2% 处到计量点、从计量点到计量点后终点误差为 $+0.2\%$ 处，pH 的变化均不小于 0.3，可使指示剂发生明显的颜色变化，保证终点误差不大于 $\pm 0.2\%$。因此，用指示剂指示终点时，通常把 $K_a^\ominus \cdot c_0 / c^\ominus \geqslant 10^{-8}$ 作为一元弱酸可被强碱滴定的条件。一般情况下，被测溶液和滴定剂浓度均为 $0.1000 \text{mol} \cdot \text{L}^{-1}$ 时，也常用 $K_a^\ominus \geqslant 10^{-7}$ 作为一元弱酸可被强碱滴定的条件。例如，$K_a^\ominus(\text{HCN}) = 4.9 \times 10^{-10}$、$K_a^\ominus(\text{NH}_4^+) = 5.6 \times 10^{-10}$ 均不能被强碱滴定，而 $K_{a2}^\ominus(\text{KHC}_8\text{H}_4\text{O}_4) = 3.9 \times 10^{-6}$、$K_a^\ominus(\text{HAc}) = 1.8 \times 10^{-5}$ 等则均可被准确滴定。滴定时，应选择变色点与化学计量点相近的指示剂。

【例 4-9】 用 $0.1000 \text{mol} \cdot \text{L}^{-1}$ 氢氧化钠标准溶液能否准确滴定 $0.1000 \text{mol} \cdot \text{L}^{-1}$ 邻苯二钾酸氢钾？应选择何种指示剂？ $K_{a1}^\ominus(\text{H}_2\text{C}_8\text{H}_4\text{O}_4) = 1.1 \times 10^{-3}$，$K_{a2}^\ominus(\text{H}_2\text{C}_8\text{H}_4\text{O}_4) = 3.9 \times 10^{-6}$。

解 $K_{a2}^\ominus(\text{H}_2\text{C}_8\text{H}_4\text{O}_4) \cdot c_0(\text{HC}_8\text{H}_4\text{O}_4^-) / c^\ominus = 0.1 \times 3.9 \times 10^{-6} = 3.9 \times 10^{-7} > 10^{-8}$

所以，$c(\text{KHC}_8\text{H}_4\text{O}_4) = 0.1000 \text{mol} \cdot \text{L}^{-1}$ 的邻苯二钾酸氢钾可被滴定。

滴定反应

$$\text{HC}_8\text{H}_4\text{O}_4^- + \text{OH}^- \rightleftharpoons \text{C}_8\text{H}_4\text{O}_4^{2-} + \text{H}_2\text{O}$$

化学计量点时，$c(\text{C}_8\text{H}_4\text{O}_4^{2-}) = 0.05 \text{mol} \cdot \text{L}^{-1}$，产物邻苯二钾酸根为二元弱碱。如果 $[c_0(\text{C}_8\text{H}_4\text{O}_4^{2-}) / c^\ominus] \cdot K_{b1}^\ominus(\text{C}_8\text{H}_4\text{O}_4^{2-}) / K_w^\ominus \geqslant 25$

$$\frac{2 K_{b2}^\ominus(\text{C}_8\text{H}_4\text{O}_4^{2-})}{\sqrt{[c_0(\text{C}_8\text{H}_4\text{O}_4^{2-}) / c^\ominus] \cdot K_{b1}^\ominus(\text{C}_8\text{H}_4\text{O}_4^{2-})}} < 0.05$$

而且 $\dfrac{c_0(\text{C}_8\text{H}_4\text{O}_4^{2-}) / c^\ominus}{K_{b1}^\ominus(\text{C}_8\text{H}_4\text{O}_4^{2-})} > 500$，所以

$$c(\text{OH}^-) / c^\ominus = \sqrt{[c(\text{C}_8\text{H}_4\text{O}_4^{2-}) / c^\ominus] \cdot K_{b1}^\ominus(\text{C}_8\text{H}_4\text{O}_4^{2-})} = \sqrt{\frac{1.0 \times 10^{-14} \times 0.05}{3.9 \times 10^{-6}}} = 1.1 \times 10^{-5}$$

$$\text{pH} \approx 9.0$$

据此指示剂应选择酚酞，因其变色范围为 $8.2 \sim 10.0$。

其实也应计算化学计量点前后 $\pm 0.1\%$ 误差时所对应的 pH。

在 -0.1% 终点误差时，$\text{HC}_8\text{H}_4\text{O}_4^-$ 和 $\text{C}_8\text{H}_4\text{O}_4^{2-}$ 构成缓冲溶液

$$HC_8H_4O_4^- \rightleftharpoons C_8H_4O_4^{2-} + H^+$$

$$pH = pK_{a2}^\ominus(H_2C_8H_4O_4) - \lg\frac{c(HC_8H_4O_4^-)}{c(C_8H_4O_4^{2-})}$$

$$pH = -\lg 3.9\times 10^{-6} - \lg\frac{20.00\times 0.1000 - 19.98\times 0.1000}{19.98\times 0.1000}$$

$$pH = 8.41$$

在+0.1%终点误差时，以过量 NaOH 计算：

$$pOH = -\lg\frac{0.02\times 0.1000}{20.02 + 20.00} = 4.30$$

$$pH = 9.70$$

因此，pH 从−0.1%误差时的 8.41 到计量点时的 9.0，再到+0.1%误差时的 9.70，选择指示剂酚酞是合适的，颜色从无色到微红即为滴定终点。

2. 强酸滴定一元弱碱

强酸滴定一元弱碱，以 $0.1000\,\text{mol}\cdot L^{-1}$ 的盐酸滴定 $0.1000\,\text{mol}\cdot L^{-1}$ 的氨水为例。这类滴定同 NaOH 滴定 HAc 溶液十分相似，只是滴定过程中溶液 pH 的变化是由大到小，滴定曲线形状恰好与 NaOH 滴定 HAc 情况相反，化学计量点时生成物 NH_4^+ 为弱酸，基本反应为

$$H^+ + NH_3 \rightleftharpoons NH_4^+$$

(1)滴定开始前，体系为 $0.1000\,\text{mol}\cdot L^{-1}$ 的氨水溶液，溶液的 pH 取决于 NH_3 自身的水解，这也是一元弱碱自身酸度的求解问题。

$$\frac{c(NH_3)/c^\ominus}{K_b^\ominus(NH_3)} \geqslant 500, [c(NH_3)/c^\ominus]\cdot K_b^\ominus(NH_3)/K_w^\ominus \geqslant 25$$

$$c(OH^-)/c^\ominus = \sqrt{K_b^\ominus(NH_3)\cdot c(NH_3)/c^\ominus} = \sqrt{0.1000\times 1.8\times 10^{-5}}$$
$$= 1.34\times 10^{-3}$$

$$pOH = 2.88, pH = 11.12$$

起点的 pH 取决于 NH_3 的初始浓度和水解程度。NH_3 的初始浓度越大，pH 的起点越高，反之越低；一元弱碱的离解程度越大，pH 的起点也越高，反之越低。

(2)滴定至化学计量点前，溶液中同时存在 NH_3 及其生成的共轭酸 NH_4^+，二者构成缓冲体系，设其浓度分别为 $c(NH_3)$、$c(NH_4^+)$，溶液酸度可依下式计算：

$$NH_4^+ \rightleftharpoons H^+ + NH_3$$

或者

$$NH_3 + H_2O \rightleftharpoons OH^- + NH_4^+$$

相应算法如下:

$$c(H^+)/c^\ominus = K_a^\ominus(NH_4^+)\frac{c(NH_4^+)/c^\ominus}{c(NH_3)/c^\ominus}$$

$$pH = pK_a^\ominus(NH_4^+) - \lg\frac{c(NH_4^+)}{c(NH_3)}$$

$$pH = pK_a^\ominus(NH_4^+) - \lg\frac{c(HCl)V(HCl)}{V_0(NH_3)c_0(NH_3) - c(HCl)V(HCl)}$$

如果滴入19.98mL HCl 标准溶液,则

$$c(H^+) = K_a^\ominus(NH_4^+) \cdot c^\ominus \times \frac{19.98 \times 0.1000}{20.00 \times 0.1000 - 19.98 \times 0.1000}$$

$$pH = -\lg\frac{1.0 \times 10^{-14}}{1.8 \times 10^{-5}} - \lg\frac{19.98 \times 0.1000}{20.00 \times 0.1000 - 19.98 \times 0.1000} = 9.26 - 3.00 = 6.26$$

化学计量点前−0.1%误差时,溶度的pH 与 $K_b^\ominus(NH_3)$ 有关。$K_b^\ominus(NH_3)$ 越大,pH 的起点也越高,反之越低。滴定剂与被滴溶液的浓度相同,此时溶液pH 与浓度无关。

(3)化学计量点时,HCl 与 NH_3 按 1:1 进行反应得终点产物 NH_4^+。NH_4^+ 为一元弱酸,溶液的pH 由 NH_4^+ 离解程度决定。

$$NH_4^+ \rightleftharpoons NH_3 + H^+$$

$$\frac{c(NH_4^+)/c^\ominus}{K_a^\ominus(NH_4^+)} \geqslant 500, \frac{[c(NH_4^+)/c^\ominus] \cdot K_a^\ominus(NH_4^+)}{K_w^\ominus} \geqslant 25$$

$$c(H^+)/c^\ominus = \sqrt{[c(NH_4^+)/c^\ominus] \cdot K_a^\ominus(NH_4^+)}$$

$$c(NH_4^+) = \frac{0.1000}{2} \text{mol} \cdot \text{L}^{-1} = 0.05000 \text{mol} \cdot \text{L}^{-1}$$

$$c(H^+) = 5.3 \times 10^{-6} \text{mol} \cdot \text{L}^{-1}$$

$$pH = 5.30$$

化学计量点时,溶液的pH 与 $c(NH_4^+)$ 和 $K_a^\ominus(NH_4^+)$ 有关。$c(NH_4^+)$ 一定时,$K_a^\ominus(NH_4^+)$ 越大,$c(H^+)$ 就越大,pH 就越小,反之越大。$K_a^\ominus(NH_4^+)$ 一定时,$c(NH_4^+)$ 越小,$c(H^+)$ 就越小,pH 就越大,反之越小。

(4)化学计量点后,溶液中含有过量的强酸HCl 与弱酸 NH_4^+,酸度主要由过量的HCl 溶液决定:

$$c(\mathrm{H}^+) = \frac{c(\mathrm{HCl})V(\mathrm{HCl}) - c_0(\mathrm{NH}_3)V_0(\mathrm{NH}_3)}{V(\mathrm{HCl}) + V_0(\mathrm{NH}_3)}$$

例如，滴入 20.02mL HCl 溶液时

$$c(\mathrm{H}^+) = 4.99 \times 10^{-5} \, \mathrm{mol \cdot L^{-1}}$$

$$\mathrm{pH} = 4.30$$

由上述方法逐一计算滴定过程中溶液的 pH，并绘制滴定曲线，见图 4-8。

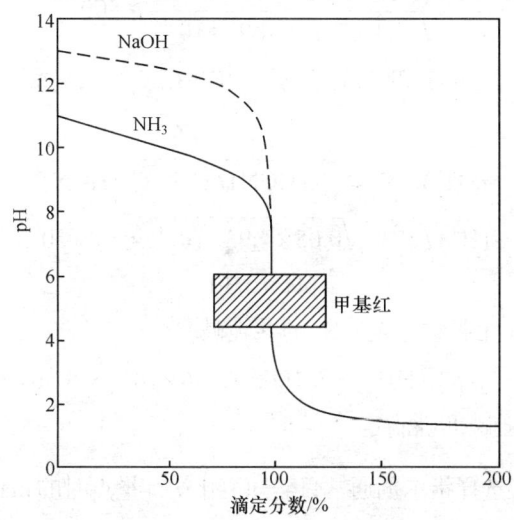

图 4-8 0.1000mol·L^{-1} 盐酸滴定 20.00mL $c(\mathrm{NH}_3) = 0.1000$ mol·L^{-1} 一元弱碱的滴定曲线

从以上两种类型的滴定可以看出：强碱滴定弱酸时，酸性区域无 pH 突跃范围；强酸滴定弱碱时，碱性区域无 pH 突跃范围。如果用弱酸滴定弱碱或弱碱滴定弱酸，便没有突跃形成，当然就不存在 pH 突跃范围。无 pH 突跃范围就无法选择合适的指示剂。因此，在酸碱滴定中标准溶液均用强酸或强碱，而不能用弱酸或弱碱。

与强碱滴定弱酸的情况相类似，弱碱被强酸直接准确滴定的判定条件是

$$K_\mathrm{b}^\ominus \cdot c_0 / c^\ominus \geqslant 10^{-8}$$

【例 4-10】 下列物质能否用酸碱滴定直接准确滴定？若能，计算化学计量点时的 pH，并选择合适的指示剂。

(1) 0.1000mol·L^{-1} NaCN； (2) 0.1000mol·L^{-1} NH$_4$Cl

解 (1) NaCN 为 HCN 的共轭碱

$$K_\mathrm{b}^\ominus(\mathrm{CN}^-) = \frac{K_\mathrm{w}^\ominus}{K_\mathrm{a}^\ominus(\mathrm{HCN})} = \frac{1.0 \times 10^{-14}}{4.93 \times 10^{-10}} = 2.0 \times 10^{-5}$$

$$K_b^\ominus(CN^-)\cdot c_0(CN^-)/c^\ominus = 0.1000\times 2.0\times 10^{-5} = 2.0\times 10^{-6} \geqslant 10^{-8}$$

因此，能被准确滴定。若用 $0.1000\text{mol}\cdot\text{L}^{-1}$ HCl 滴定，化学计量点时溶液主要成分为一元弱酸 HCN，基本反应是

$$H^+ + CN^- \Longrightarrow HCN$$

在以下两个条件的情况下

$$\frac{c(HCN)/c^\ominus}{K_a^\ominus(HCN)} = \frac{0.05}{4.93\times 10^{-10}} \geqslant 500$$

$$[c(HCN)/c^\ominus]\cdot K_a^\ominus(HCN)/K_w^\ominus \geqslant 25$$

计量点 pH 计算

$$c(H^+)/c^\ominus = \sqrt{[c(HCN)/c^\ominus]\cdot K_a^\ominus(HCN)}$$

$$c(H^+)/c^\ominus = \sqrt{0.05\times 4.93\times 10^{-10}} = 5.0\times 10^{-6}$$

$$pH = 5.30$$

(2) NH_4Cl 为一元弱酸，是 NH_3 的共轭碱

$$[c_0(NH_4^+)/c^\ominus]\cdot K_a^\ominus(NH_4^+) = 0.1000\times 5.56\times 10^{-10} = 5.56\times 10^{-11} < 10^{-8}$$

因此，不能被强碱准确滴定。

在实际工作中，选择指示剂通常只需知道化学计量点时的 pH，然后选择在化学计量点或其附近变色的指示剂。例如，用 $0.1000\text{mol}\cdot\text{L}^{-1}$ HCl 滴定 $0.1000\text{mol}\cdot\text{L}^{-1}$ NaCN，终点产物为一元弱酸 HCN，化学计量点时溶液的 pH = 5.30，所以可选甲基红为指示剂，变色范围是 4.4~6.2。

4.4.3 多元酸(碱)的滴定

1. 多元酸的分步滴定

能给出两个或两个以上质子的酸为多元酸，多元酸多为弱酸，多元弱酸在水中分步离解。例如，H_2B 分两步离解，但 H_2B 在被强碱滴定时，能否分步被中和，即 H_2B 首先被近 100% 地滴定为 HB^-，然后被滴定为 B^{2-}，与 $K_{a1}^\ominus(H_2B)$、$K_{a2}^\ominus(H_2B)$ 大小及其两者相差大小有关。

根据 $H_2C_2O_4$ 的 x-pH 型体分布图 4-2 可知，因其 $K_{a1}^\ominus(H_2C_2O_4)$、$K_{a2}^\ominus(H_2C_2O_4)$ 相差较小，在 $H_2C_2O_4$ 未被完全中和为 $HC_2O_4^-$ 时，已有相当多的 $HC_2O_4^-$ 被中和至 $C_2O_4^{2-}$，即在主反应

$$H_2C_2O_4 + OH^- \Longrightarrow HC_2O_4^- + H_2O$$

发生时，副反应

$$HC_2O_4^- + OH^- =\!=\!= C_2O_4^{2-} + H_2O$$

同时严重发生，主反应与副反应界线不清，化学定量计量关系不明确。OH^- 不仅参与主反应，同时发生副反应，因此必使主反应的完成程度大大下降。可以证明，$c(H_2B)$ 在浓度不很小时，如 $c(H_2B) \approx 0.1 mol \cdot L^{-1}$ 时，二元弱酸 H_2B 能否被准确分步滴定 HB^-，然后被准确滴定至 B^{2-}，计量关系是否明确，能否实现定量计算，可按下列原则进行大致判断：

(1) 若 $K_{a1}^{\ominus} \cdot c_0(H_2B)/c^{\ominus} \geqslant 10^{-8}$，且 $K_{a1}^{\ominus}/K_{a2}^{\ominus} \geqslant 10^5$，则可分步滴定至第一终点。若 $K_{a2}^{\ominus} \cdot c_0(H_2B)/c^{\ominus} \geqslant 10^{-8}$，还可继续被滴定至第二终点。

(2) 若 $K_{a1}^{\ominus} \cdot c_0(H_2B)/c^{\ominus} \geqslant 10^{-8}$，$K_{a1}^{\ominus}/K_{a2}^{\ominus} \geqslant 10^5$，且 $K_{a2} \cdot c_0(H_2B)/c^{\ominus} < 10^{-8}$，则只能滴定至第一终点，不能继续滴定至第二终点。

(3) 若 $K_{a1}^{\ominus} \cdot c_0(H_2B)/c^{\ominus} \geqslant 10^{-8}$，$K_{a1}^{\ominus}/K_{a2}^{\ominus} < 10^5$ 且 $K_{a2}^{\ominus} \cdot c_0(H_2B)/c^{\ominus} \geqslant 10^{-8}$，则只能滴定至第二终点，不能滴定第一终点。

二元弱酸被强碱分步滴定统计情况见表 4-9。

表 4-9 二元弱酸被强碱分步滴定情况

$K_{a1}^{\ominus} \cdot c_0(H_2B)/c^{\ominus}$	$K_{a1}^{\ominus}/K_{a2}^{\ominus}$	$K_{a2}^{\ominus} \cdot c_0(H_2B)/c^{\ominus}$	结论
$\geqslant 10^{-8}$	$\geqslant 10^5$	$\geqslant 10^{-8}$	能直接滴定至第一终点，第二终点不影响，第一滴定终点结束后还可滴定至第二滴定终点
$\geqslant 10^{-8}$	$< 10^5$	$\geqslant 10^{-8}$	只能直接滴定到第二终点
$\geqslant 10^{-8}$	$\geqslant 10^5$	$< 10^{-8}$	能直接滴定到第一终点，第二终点受影响，不能滴定至第二滴定终点

如果被滴定溶液浓度为 $0.1 mol \cdot L^{-1}$，也可用 $K_{a1}^{\ominus} \geqslant 10^{-7}$、$K_{a1}^{\ominus} < 10^{-7}$ 和 $K_{a2}^{\ominus} \geqslant 10^{-7}$、$K_{a2}^{\ominus} < 10^{-7}$ 进行相关判断。

对于三元弱酸、四元弱酸等被滴定的情况，也可依以上原则推广进行判断。

【例 4-11】 讨论 $H_2C_2O_4$ 被强碱滴定的情况。

解 如果浓度设为 $c_0(H_2C_2O_4) = 0.1000 mol \cdot L^{-1}$，则有 $K_{a1}^{\ominus}(H_2C_2O_4) > 10^{-7}$，$K_{a2}^{\ominus}(H_2C_2O_4) > 10^{-7}$，但

$$K_{a1}^{\ominus}(H_2C_2O_4)/K_{a2}^{\ominus}(H_2C_2O_4) = 1.1 \times 10^3 < 10^5$$

所以不能分步滴定，只能直接滴定至第二终点，化学反应方程式可写为

$$H_2C_2O_4 + 2OH^- =\!=\!= C_2O_4^{2-} + 2H_2O$$

终点产物 $C_2O_4^{2-}$ 为二元弱碱。

$$K_{b1}^{\ominus}(C_2O_4^{2-}) = \frac{K_w^{\ominus}}{K_{a2}^{\ominus}(H_2C_2O_4)} = \frac{1.0\times10^{-14}}{5.1\times10^{-5}} = 2.0\times10^{-10}$$

$$K_{b2}^{\ominus}(C_2O_4^{2-}) = \frac{K_w^{\ominus}}{K_{a1}^{\ominus}(H_2C_2O_4)} = \frac{1.0\times10^{-14}}{5.6\times10^{-2}} = 1.8\times10^{-13}$$

又因

$$[c_0(C_2O_4^{2-})/c^{\ominus}]\cdot K_{b2}^{\ominus}(C_2O_4^{2-})/K_w^{\ominus} \geqslant 25$$

$$\frac{2K_{b2}^{\ominus}(C_2O_4^{2-})}{\sqrt{[c_0(C_2O_4^{2-})/c^{\ominus}]K_{b1}^{\ominus}(C_2O_4^{2-})}} < 0.05$$

而且

$$[c_0(C_2O_4^{2-})/c^{\ominus}]/K_{b1}^{\ominus}(C_2O_4^{2-}) > 500$$

所以，滴定终点时溶液的酸度计算情况是

$$c(OH^-) = \sqrt{[c(C_2O_4^{2-})/c^{\ominus}]\cdot K_{b1}^{\ominus}(C_2O_4^{2-})}$$

如果设有 $H_2C_2O_4$ 10.00mL，$c_0(H_2C_2O_4) = 0.1000 \text{mol}\cdot L^{-1}$，用 $c_0(NaOH) = 0.1000 \text{mol}\cdot L^{-1}$ 强碱标准溶液滴定，计算得

$$c(OH^-) = \sqrt{\frac{10.00\times0.1000}{30.00}\times 2.0\times10^{-10}}$$

$$c(OH^-) = 2.6\times10^{-6} \text{mol}\cdot L^{-1}$$

$$pH = 8.4$$

则指示剂可用酚酞。

【例 4-12】 讨论用 $0.1000 \text{mol}\cdot L^{-1}$ 的氢氧化钠标准溶液滴定 $0.1000 \text{mol}\cdot L^{-1}$ 磷酸的情况。已知 $K_{a1}^{\ominus}(H_3PO_4) = 6.9\times10^{-3}$，$K_{a2}^{\ominus}(H_3PO_4) = 6.2\times10^{-8}$，$K_{a3}^{\ominus}(H_3PO_4) = 4.8\times10^{-13}$。

解 $c(H_3PO_4) = 0.1000 \text{mol}\cdot L^{-1}$，则有 $K_{a1}^{\ominus}(H_3PO_4) = 6.9\times10^{-3} > 10^{-7}$，而且 $K_{a1}^{\ominus}(H_3PO_4)/K_{a2}^{\ominus}(H_3PO_4) > 10^5$，所以 H_3PO_4 可分步滴定第一终点，化学反应方程式可写为

$$H_3PO_4 + OH^- \Longrightarrow H_2PO_4^- + H_2O$$

终点产物为 $H_2PO_4^-$，且 $c(H_2PO_4^-) = 0.05 \text{mol}\cdot L^{-1}$，$H_2PO_4^-$ 为两性物质

$$pH = -\lg\sqrt{K_{a1}^{\ominus}(H_3PO_4)K_{a2}^{\ominus}(H_3PO_4)} = 4.68$$

则指示剂可用甲基红。

又因 $K_{a2}^{\ominus}(H_3PO_4) = 6.2\times10^{-8} \approx 10^{-7}$，而且 $K_{a2}^{\ominus}(H_3PO_4)/K_{a3}^{\ominus}(H_3PO_4) > 10^5$，所以 H_3PO_4 可被滴定至第二终点，化学反应方程式可写为

$$H_2PO_4^- + OH^- \Longrightarrow HPO_4^{2-} + H_2O$$

综合第一步反应

$$H_3PO_4 + OH^- \Longrightarrow H_2PO_4^- + H_2O$$

得

$$H_3PO_4 + 2OH^- \Longrightarrow HPO_4^{2-} + 2H_2O$$

终点产物为两性物质 HPO_4^{2-}，且 $c(HPO_4^{2-}) = 0.033 \text{mol} \cdot \text{L}^{-1}$

$$pH = -\lg\sqrt{K_{a2}^{\ominus}(H_3PO_4)K_{a3}^{\ominus}(H_3PO_4)} = 9.76$$

则指示剂可用酚酞。

因为 $K_{a3}^{\ominus}(H_3PO_4) = 4.8 \times 10^{-13} < 10^{-7}$，所以 H_3PO_4 不能直接被滴定至第三终点。滴定曲线见图4-9。

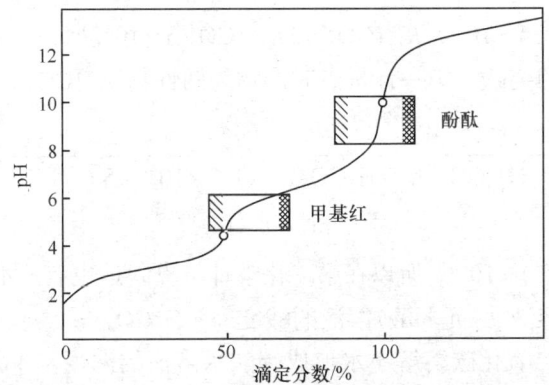

图 4-9　$0.1000 \text{mol} \cdot \text{L}^{-1}$ 氢氧化钠滴定 $0.1000 \text{mol} \cdot \text{L}^{-1}$ 磷酸的滴定曲线

2. 多元碱的分步滴定

强酸滴定多元碱的情况与强碱滴定多元酸的情况相类似，以二元碱 B^{2-} 为例，统计情况见表4-10。

表 4-10　二元弱碱被强酸分步滴定情况

$K_{b1}^{\ominus} \cdot c_0(B^{2-})/c^{\ominus}$	$K_{b1}^{\ominus}/K_{b2}^{\ominus}$	$K_{b2}^{\ominus} \cdot c_0(B^{2-})/c^{\ominus}$	结论
$\geqslant 10^{-8}$	$\geqslant 10^5$	$\geqslant 10^{-8}$	能直接滴定至第一终点，第二终点不影响，第一滴定终点结束后还可滴定至第二滴定终点
$\geqslant 10^{-8}$	$< 10^5$	$\geqslant 10^{-8}$	只能直接滴定至第二终点
$\geqslant 10^{-8}$	$\geqslant 10^5$	$< 10^{-8}$	能直接滴定到第一终点，第二终点受影响，不能滴定至第二滴定终点

同样，如果被滴定溶液浓度为 $0.1000\text{mol}\cdot\text{L}^{-1}$，也可用 $K_{b1}^{\ominus} \geqslant 10^{-7}$、$K_{b1}^{\ominus} < 10^{-7}$ 和 $K_{b2}^{\ominus} \geqslant 10^{-7}$、$K_{b2}^{\ominus} < 10^{-7}$ 进行相关判断。

【例 4-13】 讨论用 $0.1000\text{mol}\cdot\text{L}^{-1}$ 盐酸标准溶液滴定 $0.1000\text{mol}\cdot\text{L}^{-1}$ 碳酸钠的情况。

解 Na_2CO_3 为二元弱碱，有两级水解

$$CO_3^{2-} + H_2O \rightleftharpoons HCO_3^- + OH^-$$

$$HCO_3^- + H_2O \rightleftharpoons CO_3^{2-} + OH^-$$

与 HCl 反应式如下：

$$CO_3^{2-} + H^+ \rightleftharpoons HCO_3^-$$

$$HCO_3^- + H^+ \rightleftharpoons H_2CO_3$$

因为 $K_{b1}^{\ominus}(CO_3^{2-}) > 10^{-7}$，$K_{b1}^{\ominus}(CO_3^{2-})/K_{b2}^{\ominus}(CO_3^{2-}) \approx 10^4$，所以在第一化学计量点附近有一不太大的突跃，第一计量点时产物为两性物质 HCO_3^-，溶液的酸度情况如下式计算：

$$c(H^+) = \sqrt{K_{a1}^{\ominus}(H_2CO_3)K_{a2}^{\ominus}(H_2CO_3)} = \sqrt{4.2\times10^{-7}\times 5.6\times10^{-11}} = 4.8\times10^{-9}$$

$$pH = 8.31$$

因为 $K_{b2}^{\ominus}(CO_3^{2-}) \approx 10^{-7}$，所以在第二化学计量点附近也有一不太大的突跃，计量点时碳酸饱和溶液（二元弱酸）溶液的酸度为 $c(H_2CO_3) \approx 0.04\text{mol}\cdot\text{L}^{-1}$（常识：正常室温情况下，二氧化碳溶解于水形成碳酸水溶液的浓度基本是一个常数值）。

因为

$$K_{a1}^{\ominus}(H_2CO_3)\cdot c(H_2CO_3)/c^{\ominus}/K_w^{\ominus} \geqslant 25$$

$$\frac{2K_{a2}^{\ominus}(H_2CO_3)}{\sqrt{K_{a1}^{\ominus}(H_2CO_3)\cdot c(H_2CO_3)/c^{\ominus}}} < 0.05$$

并且

$$[c(H_2CO_3)/c^{\ominus}]/K_{a1}^{\ominus} > 500$$

所以

$$c(H^+) = \sqrt{c(H_2CO_3)/c^{\ominus}\cdot K_{a1}^{\ominus}(H_2CO_3)} = \sqrt{4.2\times 10^{-7}\times 0.04} = 1.3\times 10^{-4}$$

$$pH = 3.89$$

根据化学计量点时溶液的 pH，可分别选择酚酞、甲基橙作指示剂。由于 $K_{b2}^{\ominus}(CO_3^{2-}) \approx 10^{-7}$ 不够大，因此第二化学计量点时 pH 的突跃较小，用甲基橙作指示剂，终点变色不太明显。

另外，CO_2 易形成过饱和溶液，酸度增大，使终点过早出现，所以在滴定接近终点时应剧烈地摇动或加热，以除去过量的 CO_2，待冷却后再滴定。

对滴定过程作滴定曲线图，见图 4-10。

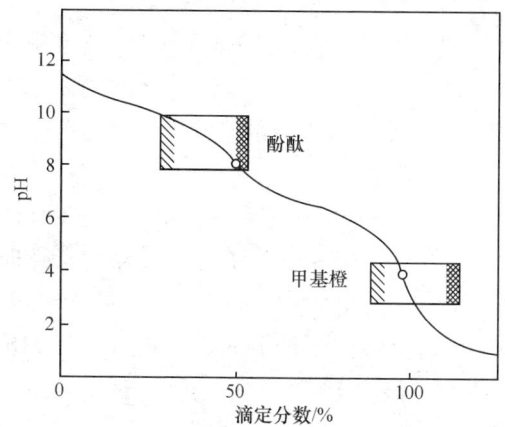

图 4-10　$0.1000 mol \cdot L^{-1}$ 盐酸滴定 $0.1000 mol \cdot L^{-1}$ 碳酸钠的滴定曲线

从滴定曲线上可以看出有 2 个滴定突跃，第一个突跃在化学计量点 pH = 8.31 的附近，可用酚酞作指示剂，但由于突跃不大，再加上酚酞是由红色变无色，终点不易观察，误差增大。第二个突跃在化学计量点 pH = 3.89 的附近，可用甲基橙作指示剂。

4.4.4　混合酸(碱)的滴定

混合酸(碱)的滴定与多元酸碱的滴定条件相似。在考虑能否分步滴定时，除要看两种酸(碱)的强度，还要看两种酸(碱)的浓度。

1. 两种弱酸(碱)混合

混合酸为两种弱酸并且酸的浓度相同时，如果 $cK_a^{\ominus}(HA) \geqslant 10^{-8}$，$cK_a^{\ominus}(HB) \geqslant 10^{-8}$，而且 $K_a^{\ominus}(HA) / K_a^{\ominus}(HB) \geqslant 10^5$，此种情况下，第一种弱酸能直接滴定，第二种弱酸不干扰。第一种弱酸滴定结束后，第二种弱酸也能准确滴定，即能分别滴定，形成 pH 突跃。

混合弱酸中各种酸浓度不同时，如果 $c_1 K_a^{\ominus}(HA) \geqslant 10^{-8}$，$c_2 K_a^{\ominus}(HB) \geqslant 10^{-8}$，而且 $c_1 K_a^{\ominus}(HA) / c_2 K_a^{\ominus}(HB) \geqslant 10^5$，此种情况下，也能分别滴定，且互不干扰。

混合碱情况同上，只是把相关 $K_a^{\ominus}$ 换成 $K_b^{\ominus}$。

2. 强酸(碱)与弱酸(碱)混合

混合酸中，其中一种为强酸，另一种酸为弱酸时，要看弱酸的强度即 $K_a^{\ominus}$ 的大小。

当 $K_a^{\ominus}(HB) < 10^{-9}$（HB 代表弱酸，以下同）时，只能准确滴定强酸，确定强酸的量。强酸被完全中和时，达第一化学计量点，有明显的 pH 突跃。第一化学计量点之后，溶液中为弱酸，不能被强碱准确滴定，因为弱酸太弱，无滴定突跃。总酸量无法确定。

当 $K_a^{\ominus}(HB) > 10^{-5}$，在强酸被完全中和时，必无明显的 pH 突跃，因为弱酸不弱，所以无法准确滴定混合酸中的强酸。在第一化学计量点即强酸被完全中和之后，溶液中为弱酸，强碱滴定弱酸有明显滴定 pH 突跃，所以可确定总酸量。

如果强碱与弱碱的混合碱被强酸滴定，只是把 $K_a^{\ominus} < 10^{-9}$ 换成 $K_b^{\ominus} < 10^{-9}$，$K_a^{\ominus} > 10^{-5}$ 换成 $K_b^{\ominus} > 10^{-5}$，结论同上。

4.4.5 酸碱滴定中 CO_2 的影响

在酸碱滴定中，空气中的 CO_2 会溶解于蒸馏水、标准溶液和被滴定的溶液中。CO_2 溶解于水形成 H_2CO_3，溶解于 NaOH 水溶液形成 Na_2CO_3，因此吸收的 CO_2 会参与酸碱反应，从而影响滴定分析的准确度。

选择不同的指示剂，CO_2 影响程度不同。选择在酸性范围内变色的指示剂如甲基橙、甲基红等，由各种途径引入的 CO_2 基本上都不参与反应，即使碱标准溶液吸收了 CO_2 形成的 Na_2CO_3 参与了酸碱反应，但是最终都转成 H_2CO_3，补偿了由于吸收 CO_2 所造成的损失，并不影响滴定分析的结果。

选择在碱性范围内变色的指示剂如酚酞等，滴定终点的 pH≈9，此时溶液中溶解 CO_2 所形成的 H_2CO_3 将被滴定到 HCO_3^-，碱标准溶液吸收了 CO_2 形成 Na_2CO_3，滴定终点时也转化为 HCO_3^-，不能完全补偿了由于吸收 CO_2 所造成的损失，CO_2 的影响因素不可忽略。

酸碱滴定中 CO_2 的影响主要有以下几个方面：

(1) NaOH 试剂中含 Na_2CO_3，不经处理就配成标准溶液，用邻苯二甲酸氢钾或乙二酸标定含 Na_2CO_3 的 NaOH 溶液时，终点均为碱性，以酚酞为指示剂，此时 Na_2CO_3 仅被中和为 HCO_3^-。

用此标准溶液直接滴定酸样品时，若以酚酞为指示剂，终点为碱性，对测定结果应无大影响；若以甲基红或甲基橙为指示剂，终点为酸性，此时 CO_3^{2-} 全部被中和为 CO_2，势必造成误差。那么这个误差是正是负？

这个问题也可以这样看待，如果将 Na_2CO_3 试剂错误地当成 NaOH 进行标准溶液的配制，会造成什么样的结果，造成的误差是正还是负？

假设称取 2.000g NaOH，其实是 Na_2CO_3，加少量水溶解后移入 250.00mL 容量瓶中配制标准溶液。

用 $0.1000mol \cdot L^{-1}$ 邻苯二甲酸氢钾标定，以酚酞为指示剂。

$$Na_2CO_3 + KHC_8H_4O_4 \rightleftharpoons NaHCO_3 + KNaC_8H_4O_4$$

一定浓度的 HCO_3^- 溶液的酸度计算情况如下

$$c(H^+) = \sqrt{K_{a1}^{\ominus}(H_2CO_3)K_{a2}^{\ominus}(H_2CO_3)} = \sqrt{4.2 \times 10^{-7} \times 5.6 \times 10^{-11}} = 4.8 \times 10^{-9}$$

pH = 8.31，用酚酞指示剂是可以的。

$$\frac{1}{V(Na_2CO_3) \times c(Na_2CO_3)} = \frac{1}{V(KHC_8H_4O_4)c(KHC_8H_4O_4)}$$

$$\frac{1}{25.00mL \times \dfrac{2.000g/106.0g \cdot mol^{-1}}{250.00mL}} = \frac{1}{V(KHC_8H_4O_4) \times 0.1000mol \cdot L^{-1}}$$

$$V(KHC_8H_4O_4) = \frac{25.00mL \times \dfrac{2.000g/106.0g \cdot mol^{-1}}{250.00mL}}{0.1000mol \cdot L^{-1}}$$

$$V(KHC_8H_4O_4) = 18.87mL$$

其实我们并不知道真实的试剂是 Na_2CO_3 而将它当成了 NaOH，所以计算此种情况下"NaOH"（其实是 Na_2CO_3）标准溶液的浓度。

$$NaOH + KHC_8H_4O_4 \rightleftharpoons H_2O + KNaC_8H_4O_4$$

化学计量点时的产物邻苯二钾酸根 $C_8H_4O_4^{2-}$ 为二元弱碱，溶液的酸度估算是

$$c(OH^-) = \sqrt{K_{b1}^{\ominus} \cdot c(C_8H_4O_4^{2-})/c^{\ominus}} = \sqrt{\frac{1.0 \times 10^{-14} \times 0.05}{3.9 \times 10^{-6}}} = 1.1 \times 10^{-5}$$

pH ≈ 9.0，用酚酞指示剂是可以的。

$$\frac{1}{V(NaOH) \times c(NaOH)} = \frac{1}{V(KHC_8H_4O_4)c(KHC_8H_4O_4)}$$

$$c(NaOH) = \frac{V(KHC_8H_4O_4)c(KHC_8H_4O_4)}{V(NaOH)}$$

$$c(NaOH) = \frac{\dfrac{25.00mL \times \dfrac{2.000g/106.0g \cdot mol^{-1}}{250.00mL}}{0.1000mol \cdot L^{-1}} \times 0.1000mol \cdot L^{-1}}{25.00mL}$$

$$c(NaOH) = \frac{2.000g/106.0g \cdot mol^{-1}}{250.00mL}$$

$$c(\text{NaOH}) = 0.07548 \text{mol} \cdot \text{L}^{-1}$$

讨论用这个标准溶液来标定酸溶液，以酚酞为指示剂，结果如何。

$$\text{Na}_2\text{CO}_3 + \text{HCl} \rightleftharpoons \text{NaHCO}_3 + \text{NaCl}$$

$$\frac{1}{V(\text{Na}_2\text{CO}_3)c(\text{Na}_2\text{CO}_3)} = \frac{1}{V(\text{HCl})c(\text{HCl})}$$

如果 $c(\text{HCl}) = 0.1000 \text{mol} \cdot \text{L}^{-1}$，$V(\text{HCl}) = 25.00 \text{mL}$，那么

$$\frac{1}{V(\text{Na}_2\text{CO}_3) \times \dfrac{2.000\text{g}}{106.0\text{g} \cdot \text{mol}^{-1}}} = \frac{1}{25.00\text{mL} \times 0.1000 \text{mol} \cdot \text{L}^{-1}}$$

$$V(\text{Na}_2\text{CO}_3) = \frac{25.00\text{mL} \times 0.1000 \text{mol} \cdot \text{L}^{-1}}{\dfrac{2.000\text{g}/106.0\text{g} \cdot \text{mol}^{-1}}{250.00\text{mL}}}$$

$$V(\text{Na}_2\text{CO}_3) = 33.12 \text{mL}$$

$V(\text{Na}_2\text{CO}_3) = 33.12 \text{mL}$ 被误认为是 NaOH 的体积，即 $V(\text{NaOH}) = 33.12 \text{mL}$，所以根据这个体积和前面的也是误求的氢氧化钠的浓度 $c(\text{NaOH})$ 来计算盐酸的浓度 $c(\text{HCl})$。

$$\text{NaOH} + \text{HCl} \rightleftharpoons \text{NaCl} + \text{H}_2\text{O}$$

$$\frac{1}{V(\text{NaOH})c(\text{NaOH})} = \frac{1}{V(\text{HCl})c(\text{HCl})}$$

$$\frac{1}{\dfrac{25.00\text{mL} \times 0.1000 \text{mol} \cdot \text{L}^{-1}}{\dfrac{2.000\text{g}/106.0\text{g} \cdot \text{mol}^{-1}}{250.00\text{mL}}} \times \dfrac{2.000\text{g}/106.0\text{g} \cdot \text{mol}^{-1}}{250.00\text{mL}}} = \frac{1}{25.00\text{mL} \times c(\text{HCl})}$$

$$\frac{1}{25.00\text{mL} \times 0.1000 \text{mol} \cdot \text{L}^{-1}} = \frac{1}{25.00\text{mL} \times c(\text{HCl})}$$

$$\frac{1}{33.12\text{mL} \times 0.07458 \text{mol} \cdot \text{L}^{-1}} = \frac{1}{25.00\text{mL} \times c(\text{HCl})}$$

$$c(\text{HCl}) = 0.1000 \text{mol} \cdot \text{L}^{-1}$$

讨论用这个标准溶液来标定酸溶液，以甲基橙为指示剂，结果如何。

$$\text{Na}_2\text{CO}_3 + 2\text{HCl} \rightleftharpoons \text{NaCl} + \text{H}_2\text{O} + \text{CO}_2$$

$$\frac{1}{V(\text{Na}_2\text{CO}_3)c(\text{Na}_2\text{CO}_3)} = \frac{2}{V(\text{HCl})c(\text{HCl})}$$

如果 $c(\text{HCl}) = 0.1000 \text{mol} \cdot \text{L}^{-1}$，$V(\text{HCl}) = 25.00 \text{mL}$，那么

$$\cfrac{1}{V(\mathrm{Na_2CO_3}) \times \cfrac{2.000\mathrm{g}/106.0\mathrm{g\cdot mol^{-1}}}{250.00\mathrm{mL}}} = \cfrac{2}{25.00\mathrm{mL} \times 0.1000\mathrm{mol\cdot L^{-1}}}$$

$$V(\mathrm{Na_2CO_3}) = \cfrac{25.00\mathrm{ml} \times 0.1000\mathrm{mol\cdot L^{-1}}}{2 \times \cfrac{2.000\mathrm{g}/106.0\mathrm{g\cdot mol^{-1}}}{250.00\mathrm{mL}}}$$

$$V(\mathrm{Na_2CO_3}) = 16.56\mathrm{mL}$$

$V(\mathrm{Na_2CO_3}) = 16.56\mathrm{mL}$ 被误认为是 NaOH 的体积，即 $V(\mathrm{NaOH}) = 16.56\mathrm{mL}$，所以根据这个体积和前面的也是误求的氢氧化钠的浓度 $c(\mathrm{NaOH})$ 来计算盐酸的浓度 $c(\mathrm{HCl})$。

$$\mathrm{NaOH + HCl = NaCl + H_2O}$$

$$\cfrac{1}{V(\mathrm{NaOH})c(\mathrm{NaOH})} = \cfrac{1}{V(\mathrm{HCl})c(\mathrm{HCl})}$$

$$\cfrac{1}{\cfrac{25.00\mathrm{mL} \times 0.1000\mathrm{mol\cdot L^{-1}}}{2 \times \cfrac{2.000\mathrm{g}/106.0\mathrm{g\cdot mol^{-1}}}{250.00\mathrm{mL}}} \times \cfrac{2.000\mathrm{g}/106.0\mathrm{g\cdot mol^{-1}}}{250.00\mathrm{mL}}} = \cfrac{1}{25.00\mathrm{mL} \times c(\mathrm{HCl})}$$

$$\cfrac{1}{\cfrac{25.00\mathrm{mL} \times 0.1000\mathrm{mol\cdot L^{-1}}}{2}} = \cfrac{1}{25.00\mathrm{mL} \times c(\mathrm{HCl})}$$

$$c(\mathrm{HCl}) = 0.0500\mathrm{mol\cdot L^{-1}}$$

此结论验证了上面的说法。

(2) 除去 CO_2 并已标定好的 NaOH 标准溶液，因保存不当，吸收了空气中的 CO_2，若用之以直接法滴定样品时，终点为碱性，以酚酞为指示剂，则所吸收的 CO_2 最终以 HCO_3^- 形式存在，必造成正误差。若终点为酸性，则所吸收的 CO_2 最终又以 CO_2 形式放出，对测定结果应无大影响。

(3) 试液吸收了 CO_2 或用含 Na_2CO_3 的 NaOH 作为标准溶液滴定酸至碱性终点时，以酚酞为指示剂，终点颜色不稳定。原因是溶液中 CO_2 可与 H_2O 结合为 H_2CO_3，$CO_2 + H_2O = H_2CO_3$。H_2CO_3 与碱反应速率较慢，因此滴定至酚酞变红后，它继续与碱作用，稍微放置后红色又褪去。实际工作中此现象常见。

为了减小对酸碱滴定的影响，可采用以下措施减小溶液中 CO_2 的量：

(1) 酸碱滴定所用的蒸馏水，应先加热煮沸除去 CO_2。

(2) 用不含 Na_2CO_3 的 NaOH 配制标准溶液。

(3) 利用 Na_2CO_3 在浓 NaOH 溶液中溶解度小，先将 NaOH 配制成浓溶液，取上层清液稀释至所需浓度，即可得不含 Na_2CO_3 的 NaOH 溶液。

(4) 在较浓的 NaOH 溶液中加入 $BaCl_2$ 以沉淀 CO_3^{2-}，然后取上层清液稀释成所需浓度的溶液。

(5) 正确保存氢氧化钠标准溶液，应保存在装有虹吸管和碱石灰管的瓶中以防止其吸收空气中的 CO_2。

(6) 配制 NaOH 时，将固体 NaOH 用煮沸的蒸馏水迅速冲洗表面，然后溶解，稀释成一定浓度的溶液。

(7) 标定和测定应尽可能用同一指示剂在相同条件下进行，以抵消 CO_2 的影响。

(8) 标准溶液久置后应重新标定。

【例 4-14】 $0.1042 mol·L^{-1}$ 的氢氧化钠标准溶液，因暴露于空气中吸收了 CO_2，为了测定 CO_2 的吸收量，则取该碱液 25.00mL，用 $0.1085 mol·L^{-1}$ 的盐酸滴定至酚酞终点，计算每升该碱液吸收了多少克 CO_2？若用之滴定乙二酸，将会产生正误差还是负误差？

解 设 25.00mL 碱标准溶液吸收 CO_2 物质的量为 $n(CO_2)$。NaOH 吸收 CO_2 得 Na_2CO_3：

$$CO_2 + 2NaOH = Na_2CO_3 + H_2O$$

吸收了 CO_2 的碱标准溶液中含 Na_2CO_3 和 NaOH，属混合碱体系。

因 $K_{b1}^{\ominus}(CO_3^{2-}) = 1.8 \times 10^{-4} > 10^{-5}$，所以 NaOH 不能被单独分步滴定，在滴定至酚酞终点时，CO_3^{2-} 与 NaOH 一起被中和，生成 HCO_3^-：

$$CO_3^{2-} + H^+ = HCO_3^-$$

$$OH^- + H^+ = H_2O$$

所以

$$0.1042 mol·L^{-1} \times 25.00mL - 2n(CO_2) + n(CO_2) = 0.1085 mol·L^{-1} \times 23.50mL$$

$$n(CO_2) = 0.05525 \times 10^{-3} mol$$

$$m(CO_2) = \frac{n(CO_2)}{25.00mL} \times 1000mL \times 44.00 g·mol^{-1}$$

$$= 0.05525 \times 10^{-3} mol \times 40 \times 44.00 g·mol^{-1}$$

$$m(CO_2) = 0.09724 g$$

若用其滴定乙二酸，终点为碱性，必造成正误差。

碱液吸入其他的 CO_2，在溶液中消耗 NaOH 变成了 Na_2CO_3，因所用指示剂为酚酞，在滴定过程中不只是 NaOH 与 HAc 反应生成 Ac^-，Na_2CO_3 也消耗 HAc 变成 HCO_3^-，并且一个 Na_2CO_3 是由一个 CO_2 消耗两个 NaOH 而得的，而 NaOH 与 HAc 是 1:1 反应，Na_2CO_3 与 HAc 也是 1:1 反应，当以标定好的吸

收了 CO_2 的碱标准溶液滴定酸时,以酚酞为指示剂,是要多消耗碱液的,因此是正误差。

4.4.6 酸碱滴定中的返滴定法

酸碱滴定常用返滴定方式进行。如直接法测定氨水浓度时,NH_3 在操作过程中不断挥发,会造成较大误差,故需要首先把一定量氨水样品溶于一定量过量的 HCl 标准溶液中,然后用 NaOH 标准溶液回滴过量的 HCl。这个过程中化学计量 pH 是否为 7.0?应为多少?突跃范围怎么样?

参考直接法盐酸滴定氨水的滴定曲线图 4-8 $0.1000\text{mol}\cdot\text{L}^{-1}$ 盐酸滴定 20.00mL $0.1000\text{mol}\cdot\text{L}^{-1}$ 氨水一元弱碱的滴定。当用 HCl 滴定 NH_3 至化学计量点时,NH_3 已经近乎全部转化为 NH_4^+,再继续滴加 HCl,溶液变为 NH_4^+ 和 HCl 的混合溶液,且随着 HCl 增多,pH 逐渐下降。

若此时向溶液中滴加 NaOH,过量 HCl 被中和,溶液 pH 逐渐上升,至 HCl 被完全中和,体系又变为 NH_4^+ 溶液,pH 为多少?

如果 HCl 过量 5.00mL,必须滴加 5.00mL NaOH 才能回到计量点状态。$c(\text{HCl}) = 0.1000\text{mol}\cdot\text{L}^{-1}$,$c(\text{NaOH}) = 0.1000\text{mol}\cdot\text{L}^{-1}$。

$$c(\text{H}^+) = \sqrt{K_a^{\ominus}(\text{NH}_4^+) \cdot [c(\text{NH}_4^+)/c^{\ominus}]} = \sqrt{5.6\times10^{-10} \times \frac{20.00\times0.1000}{20.00+25.00+5.00}}$$
$$= 4.73\times10^{-6}$$

$$\text{pH} = 5.32$$

如果 HCl 过量 20.00mL,必须滴加 20.00mL NaOH 才能回到计量点状态。

$$c(\text{H}^+) = \sqrt{K_a^{\ominus}(\text{NH}_4^+) \cdot [c(\text{NH}_4^+)/c^{\ominus}]} = \sqrt{5.6\times10^{-10} \times \frac{20.00\times0.1000}{20.00+40.00+20.00}}$$
$$= 3.74\times10^{-6}$$

$$\text{pH} = 5.42$$

在返滴定的化学计量点前,溶液中有 NH_4^+ 和 HCl,如何计算 pH?

按 HCl 过量 5.00mL 来计算,NaOH 滴入 4.98mL。判断产物的误差是+0.1%,还是-0.1%。

$$\text{pH} = -\lg\frac{25.00\times0.1 - 20.00\times0.1 - 4.98\times0.1000}{20.00+25.00+4.98}$$
$$= 4.40$$

按 HCl 过量 20.00mL 来计算,NaOH 滴入 19.98mL。

$$pH = -\lg\frac{40.00\times0.1-20.00\times0.1-19.98\times0.1000}{20.00+40.00+19.98}$$
$$=4.60$$

在化学计量点后，溶液中由 NH_3 和 NH_4^+ 组成缓冲溶液，pH 计算如下

$$pH = pK_a^\ominus(NH_4^+) - \lg\frac{c(NH_4^+)}{c(NH_3)}$$

$$pH = -\lg 5.6\times10^{-10} - \lg\frac{20.00\times0.1000-0.02\times0.1000}{0.02\times0.1000} = 6.25$$

由 4.4.2 节"2. 强酸滴定一元弱碱"可知，HCl 直接滴定 NH_3，化学计量点前后及计量点的 pH 与上述反滴定法中求得的 pH 对比见表 4-11。

表 4-11　强酸滴定一元弱碱直接滴定法和返滴定法化学计量点前后及计量点的 pH 对比

直接滴定法	−0.1%	0	+0.1%
pH	6.25	5.30	4.30
返滴定法	−0.1%	0	+0.1%
pH	4.40	5.32	6.25

弱酸(碱)无论是利用直接滴定法还是返滴定法，化学计量点 pH、计量点前后 pH 及突跃范围都是相同的，只是走向相反。

如果弱酸 $K_a^\ominus<10^{-7}$ 或弱碱 $K_b^\ominus<10^{-7}$ 时，无论利用直接滴定还是返滴定，突跃均不明显，即凡不能用直接法确定的弱酸(碱)，也不能用返滴定法滴定。

4.5　酸碱滴定法的应用

酸碱滴定法广泛用于工业、农业、医药、食品等方面。例如，水果、蔬菜、食醋中的总酸度的测定，天然水、自来水的总硬度测定，食盐中食碘量的测定，土壤、肥料中氮、磷含量的测定，以及混合碱的分析都可利用酸碱滴定法进行测定。

4.5.1　酸碱标准溶液的配制及标定

1. 酸标准溶液的配制及标定

酸碱滴定中最常用的酸标准溶液是盐酸，硫酸有时可能与试样中的共存离子形成沉淀干扰测定，硝酸具有氧化性不常用。

浓盐酸具有挥发性，所以只能采用间接配制方法配制盐酸标准溶液，标定盐

酸的基准物质有无水 Na_2CO_3、硼砂 $Na_2B_4O_7 \cdot 10H_2O$。

1）用无水 Na_2CO_3 标定盐酸

用无水 Na_2CO_3 标定盐酸标准溶液时，滴定曲线有两个突跃，以甲基橙为指示剂，在第二个化学计量点附近达到滴定终点，终点产物主要为饱和 H_2CO_3 水溶液，化学反应方程式如下：

$$Na_2CO_3 + 2HCl \Longrightarrow 2NaCl + H_2CO_3$$
$$Na_2CO_3 + 2HCl \Longrightarrow 2NaCl + H_2O + CO_2$$

滴定终点时，溶液的酸度：

$$pH = -\lg\sqrt{[c(H_2CO_3)/c^\ominus] \cdot K_{a1}^\ominus(H_2CO_3)} = 3.89$$
$$c(H_2CO_3) \approx 0.04 \text{mol} \cdot L^{-1}$$

浓度标定结果：

$$\frac{1}{\dfrac{m(Na_2CO_3)}{M(Na_2CO_3)}} = \frac{2}{c(HCl)V(HCl)}$$

$$c(HCl) = 2\frac{m(Na_2CO_3)}{M(Na_2CO_3)V(HCl)}$$

2）用硼砂 $Na_2B_4O_7 \cdot 10H_2O$ 标定盐酸

硼砂 $Na_2B_4O_7 \cdot 10H_2O$ 的优点是易制得纯品，不易吸水，摩尔质量大，称量误差小。但在空气中易风化失去部分结晶水，因此保存在相对湿度为60%的恒温器中。其标定反应为

$$Na_2B_4O_7 + 2HCl + 5H_2O \Longrightarrow 4H_3BO_3 + 2NaCl$$

浓度标定结果计算公式：

$$\frac{1}{\dfrac{m(Na_2B_4O_7 \cdot 10H_2O)}{M(Na_2B_4O_7 \cdot 10H_2O)}} = \frac{2}{c(HCl)V(HCl)} = \frac{4}{c(H_3BO_3)V(H_3BO_3)}$$

$$c(HCl) = \frac{2\dfrac{m(Na_2B_4O_7 \cdot 10H_2O)}{M(Na_2B_4O_7 \cdot 10H_2O)}}{V(HCl)}$$

H_3BO_3 是很弱的一元酸。由于硼砂的摩尔质量很大，称量误差很小，可以直接称取数份做标定用。

如果用 $c(Na_2B_4O_7 \cdot 10H_2O) = 0.05000 \text{mol} \cdot L^{-1}$ 的硼砂去标定 $c(HCl) = 0.1 \text{mol} \cdot L^{-1}$、$V(HCl) = 20\text{mL}$ 的盐酸，硼砂的用量大致为 $V(Na_2B_4O_7 \cdot 10H_2O) = 20\text{mL}$，那么终点时 $c(H_3BO_3) \approx 0.1 \text{mol} \cdot L^{-1}$，整个溶液体系的体积 $V \approx 40\text{mL}$。

$$\frac{1}{c(\text{Na}_2\text{B}_4\text{O}_7 \cdot 10\text{H}_2\text{O})V(\text{Na}_2\text{B}_4\text{O}_7 \cdot 10\text{H}_2\text{O})} = \frac{2}{c(\text{HCl})V(\text{HCl})} = \frac{4}{c(\text{H}_3\text{BO}_3)V(\text{H}_3\text{BO}_3)}$$

其水溶液的酸度为

$$\text{pH} = -\lg\sqrt{[c(\text{H}_3\text{BO}_3)/c^\ominus] \cdot K_{a1}^\ominus(\text{H}_3\text{BO}_3)} = -\lg\sqrt{0.10 \times 5.8 \times 10^{-10}} = 5.12$$

所以可用甲基红作指示剂。注意以上为估算。

2. 碱标准溶液的配制及标定

酸碱滴定中最常用的碱标准溶液是 NaOH，因为 NaOH 容易吸收空气中的水分和 CO_2，所以只能采用间接配制方法配制 NaOH 标准溶液，标定 NaOH 的基准物质有邻苯二甲酸氢钾($KHC_8H_4O_4$)、乙二酸($H_2C_2O_4 \cdot 2H_2O$)。

1)用邻苯二甲酸氢钾标定 NaOH

邻苯二甲酸氢钾易得纯品，不含结晶水，不吸湿，容易保存，摩尔质量大，是标定碱较为理想的基准物质。化学反应方程式：

$$\text{KHC}_8\text{H}_4\text{O}_4 + \text{NaOH} = \text{KNaC}_8\text{H}_4\text{O}_4 + \text{H}_2\text{O}$$

浓度标定结果计算公式：

$$\frac{1}{\dfrac{m(\text{KHC}_8\text{H}_4\text{O}_4)}{M(\text{KHC}_8\text{H}_4\text{O}_4)}} = \frac{1}{c(\text{NaOH})V(\text{NaOH})}$$

$$c(\text{NaOH}) = \frac{m(\text{KHC}_8\text{H}_4\text{O}_4)}{M(\text{KHC}_8\text{H}_4\text{O}_4)V(\text{NaOH})}$$

$C_8H_4O_4^{2-}$ 是二元碱。用 $0.1000 \text{mol} \cdot \text{L}^{-1}$ 的邻苯二钾酸氢钾标定 $0.1000 \text{mol} \cdot \text{L}^{-1}$ 的氢氧化钠标准溶液。化学计量点时，$c(C_8H_4O_4^{2-}) = 0.05 \text{mol} \cdot \text{L}^{-1}$，所以

$$c(\text{OH}^-)/c^\ominus = \sqrt{[c(C_8H_4O_4^{2-})/c^\ominus] \cdot K_{b1}^\ominus(C_8H_4O_4^{2-})} = \sqrt{\frac{1.0 \times 10^{-14} \times 0.05}{3.9 \times 10^{-6}}} = 1.1 \times 10^{-5}$$

$$\text{pH} \approx 9.0 \text{(以上为估算)}$$

据此指示剂应选择酚酞。

2)用乙二酸标定 NaOH

化学方程式：

$$\text{H}_2\text{C}_2\text{O}_4 + 2\text{NaOH} = \text{Na}_2\text{C}_2\text{O}_4 + 2\text{H}_2\text{O}$$

浓度标定结果计算公式：

$$\frac{1}{\dfrac{m(\text{H}_2\text{C}_2\text{O}_4 \cdot 2\text{H}_2\text{O})}{M(\text{H}_2\text{C}_2\text{O}_4 \cdot 2\text{H}_2\text{O})}} = \frac{2}{c(\text{NaOH})V(\text{NaOH})}$$

$$c(\text{NaOH}) = \frac{2m(\text{H}_2\text{C}_2\text{O}_4 \cdot 2\text{H}_2\text{O})}{M(\text{H}_2\text{C}_2\text{O}_4 \cdot 2\text{H}_2\text{O})V(\text{NaOH})}$$

$C_2O_4^{2-}$ 是二元碱。因 $H_2C_2O_4 \cdot 2H_2O$ 摩尔质量较小，与 NaOH 的化学反应比为 1:2。为减小称量误差，可多称几倍量的 $H_2C_2O_4 \cdot 2H_2O$，配成一定体积的溶液后，每次移取部分溶液使用。

如果用 $c(\text{H}_2\text{C}_2\text{O}_4) = 0.05000 \text{mol} \cdot \text{L}^{-1}$ 的乙二酸去标定 $c(\text{NaOH}) = 0.1 \text{mol} \cdot \text{L}^{-1}$、$V(\text{NaOH}) = 20\text{mL}$ 的氢氧化钠，乙二酸的用量大致为 $V(\text{H}_2\text{C}_2\text{O}_4) = 20\text{mL}$，那么终点时 $c(\text{C}_2\text{O}_4^{2-}) \approx 0.025 \text{mol} \cdot \text{L}^{-1}$，整个溶液体系的体积约为 40mL。

$$\frac{1}{c(\text{H}_2\text{C}_2\text{O}_4 \cdot 2\text{H}_2\text{O})V(\text{H}_2\text{C}_2\text{O}_4 \cdot 2\text{H}_2\text{O})} = \frac{2}{c(\text{NaOH})V(\text{NaOH})} = \frac{1}{c(\text{C}_2\text{O}_4^{2-})V(\text{C}_2\text{O}_4^{2-})}$$

其水溶液的酸度为

$$\text{pOH} = -\lg\sqrt{c(\text{C}_2\text{O}_4^{2-})/c^{\ominus} \cdot K_{b1}^{\ominus}(\text{C}_2\text{O}_4^{2-})} = -\lg\sqrt{0.025 \times \frac{1.0 \times 10^{-14}}{6.4 \times 10^{-5}}} = 5.70$$

$$\text{pH} = 8.30 \text{（以上为估算）}$$

据此指示剂应选择酚酞。

4.5.2 酸碱滴定法应用实例

酸碱滴定法广泛应用于实际工作中，工业产品如烧碱、纯碱、碳酸氢钠等主成分的测定，农业生产中如农作物、牛奶、肥料、土壤中含氮量的测定，水果果酸的测定等，都可采用酸碱滴定法进行。

1. 铵盐中含氮量的测定

1) 蒸馏法

工业和农业生产中有许多重要的含氮化合物，如氨基酸、蛋白质、肥料、合成药物和染料等。测定土壤和有机氮最常用的方法是先将试样经过一定的化学处理后(在无水 CuSO_4、硒或其他催化剂存在下，将试样在浓硫酸中加热硝化)，使各种含氮化合物分解并定量转变成铵盐，然后测定含氮量。

$\text{NH}_4^+ [K_a^{\ominus}(\text{NH}_4^+) = 5.6 \times 10^{-10}]$ 是很弱的酸，不能直接用碱标准溶液准确滴定，可采用蒸馏法测定。向铵盐试样中加入过量的浓碱溶液，加热使 NH_3 逸出，并导入过量的 H_3BO_3 溶液中使之完全被吸收。

$$\text{NH}_4^+ + \text{OH}^- = \text{NH}_3 + \text{H}_2\text{O}$$

$$\text{NH}_3 + \text{H}_3\text{BO}_3 = \text{NH}_4^+ + \text{H}_2\text{BO}_3^- \quad \text{中和反应}$$

H_3BO_3 是很弱的一元酸 $[K_a^{\ominus}(\text{H}_3\text{BO}_3) = 5.8 \times 10^{-10}]$，$\text{H}_2\text{BO}_3^-$ 是一元碱

[$K_b^\ominus(H_2BO_3^-) = 1.7 \times 10^{-5}$]。

用HCl标准溶液滴定H_3BO_3吸收液，标定反应为

$$H_2BO_3^- + H^+ \Longrightarrow H_3BO_3$$

终点产物为NH_4^+和H_3BO_3。两种弱酸强度基本一致，溶液的酸度情况计算如下：

$$pH = -\lg\sqrt{[c(H_3BO_3)/c^\ominus] \cdot K_a^\ominus(H_3BO_3) + [c(NH_4^+)/c^\ominus] \cdot K_a^\ominus(NH_4^+)}$$

如果两溶液浓度各自为$0.05 mol \cdot L^{-1}$

$$pH = -\lg\sqrt{0.05 \times 5.8 \times 10^{-10} + 0.05 \times 5.6 \times 10^{-10}} = 5.12$$

以上为估算，可选用甲基红作指示剂。

含氮量的定量计算如下

$$w(N) = \frac{c(HCl)V(HCl)M(N)}{m} \times 100\%$$

用硼酸H_3BO_3吸收的特点是只需要HCl一种标准溶液，过量的H_3BO_3不干扰测定，且其浓度和体积都不需要准确已知，只要用量足够即可，但用硼酸吸收时温度不得超过40℃，否则氮易丢失。

如果是测定蛋白质的含量，由于蛋白质含氮量比较恒定，理想状态下蛋白质中氮含量为16%，因此测定值乘以100/16即为蛋白质含量。这种方法是丹麦化学家凯耶达尔于1883年发明的，所以称为凯氏定氮法。

除硼酸外，还可用定量的过量的盐酸或硫酸吸收NH_3，然后以甲基红为指示剂，再用NaOH标准溶液返滴定过量的酸。

蒸馏法虽然比较准确，但是比较麻烦和费时，所以对于测定含量较高的样品时，常采用甲醛法测定。

【例 4-15】 称取0.2500g食品样，采用凯氏定氮法测蛋白质的含量，以$0.1000 mol \cdot L^{-1}$ HCl标准溶液测定吸收氨的硼酸溶液至终点，消耗HCl 21.20mL，计算食品中蛋白质的含量(氮的质量与蛋白质质量的换算因数为6.25)。

解
$$w(N) = \frac{c(HCl)V(HCl)M(N)}{m}$$

$$w(蛋白质) = \frac{c(HCl)V(HCl)M(N)}{m} \times 6.25$$

$$w(蛋白质) = \frac{0.1000 mol \cdot L^{-1} \times 21.20mL \times 14.0 g \cdot mol^{-1}}{0.2500 g} \times 6.25 = 74.25\%$$

【例 4-16】 称取2.5000g食品样，采用凯氏定氮法测蛋白质的含量。以25.00mL

0.2014mol·L^{-1} HCl 标准溶液吸收氨,剩余的 HCl 用 0.1288mol·L^{-1} NaOH 标准溶液返滴定,消耗 $V(\text{NaOH})=10.12\text{mL}$。计算食品中蛋白质的含量(氮的质量与蛋白质质量的换算因数为 6.25)。

解
$$w(\text{N}) = \frac{[c(\text{HCl})V(\text{HCl}) - c(\text{NaOH})V(\text{NaOH})]M(\text{N})}{m}$$

$$w(\text{蛋白质}) = \frac{[c(\text{HCl})V(\text{HCl}) - c(\text{NaOH})V(\text{NaOH})]M(\text{N})}{m} \times 6.25$$

$$= \frac{(0.2014\text{mol·L}^{-1} \times 25.00\text{mL} - 0.1288\text{mol·L}^{-1} \times 10.12\text{mL}) \times 14.0\text{g·mol}^{-1}}{2.5000\text{g}} \times 6.25$$

$$= 13.06\%$$

2) 甲醛法

甲醛法测 NH_4^+ 盐中氮的含量,操作简单。在试样中加入过量的甲醛,与 NH_4^+ 作用生成一定量的酸和六亚甲基四胺。生成的酸可用标准碱滴定,化学计量点溶液中存在六亚甲基四胺,这种极弱的有机碱使溶液呈碱性,$K_b^\ominus[(CH_2)_6N_4] = 1.4 \times 10^{-9}$,可选酚酞作指示剂。

$$4NH_4^+ + 6HCHO \Longrightarrow (CH_2)_6N_4 + 4H^+ + 6H_2O$$
$$H^+ + OH^- \Longrightarrow H_2O$$

一定浓度的 $(CH_2)_6N_4$ 的酸度计算情况如下:

$$c[(CH_2)_6N_4] = 0.025\text{mol·L}^{-1}$$

$$\text{pOH} = -\lg\sqrt{(c[(CH_2)_6N_4]/c^\ominus)\cdot K_b^\ominus[(CH_2)_6N_4]} = -\lg\sqrt{0.025 \times 1.4 \times 10^{-9}} = 5.23$$

$$\text{pH} = 8.77$$

可选择酚酞作指示剂。

含氮量计算公式:

$$w(\text{N}) = \frac{c(\text{NaOH})V(\text{NaOH})M(\text{N})}{m}$$

如果试样中含有游离的酸碱,则需先加以中和,采用甲基红作指示剂,不能用酚酞,否则会有部分 NH_4^+ 被中和,如果甲醛中含有少量甲酸,使用前也要中和,中和甲酸用酚酞作指示剂。

2. 混合碱的测定

1) 烧碱中 NaOH 和 Na_2CO_3 的测量(双指示剂法)

准确称取一定质量试样,溶解后先以酚酞为指示剂,用 HCl 标准溶液滴定至粉红色消失,记录所用 HCl 标准溶液体积 $V_1(\text{HCl})$;这时 NaOH 全部被中和,而 Na_2CO_3 只被中和为 $NaHCO_3$,加入甲基橙指示剂后继续滴定,当甲基橙变色时,又用去 HCl 标准溶液 $V_2(\text{HCl})$。

$V_2(\text{HCl})$ 是滴定 NaHCO_3 所消耗的标准溶液体积，而 Na_2CO_3 被中和为 NaHCO_3 和 NaHCO_3 被中和为 H_2CO_3 所消耗 HCl 标准溶液体积相等，故

$$w(\text{NaOH}) = \frac{c(\text{HCl})[V_1(\text{HCl}) - V_2(\text{HCl})]M(\text{NaOH})}{m} \times 100\%$$

$$w(\text{Na}_2\text{CO}_3) = \frac{c(\text{HCl})V_2(\text{HCl})M(\text{Na}_2\text{CO}_3)}{m} \times 100\%$$

$$V_1(\text{HCl}) > V_2(\text{HCl})$$

2) 纯碱中 Na_2CO_3 和 NaHCO_3 的测量（双指示剂法）

准确称取一定质量试样，溶解后先以酚酞为指示剂，用体积为 $V_1(\text{HCl})$ 的 HCl 标准溶液滴定至第一终点（粉红色消失）时，Na_2CO_3 只被中和为 NaHCO_3，再加入甲基橙指示剂，用去体积为 $V_2(\text{HCl})$ 的 HCl 标准溶液滴定至第二终点（甲基橙由黄色变橙色），此时 HCO_3^- 都被中和为 H_2CO_3。

$V_2(\text{HCl})$ 是滴定 NaHCO_3 所消耗的标准溶液体积，而 Na_2CO_3 被中为 NaHCO_3 和 NaHCO_3 被中和为 H_2CO_3 所消耗 HCl 标准溶液体积相等，故

$$w(\text{NaHCO}_3) = \frac{c(\text{HCl})[V_2(\text{HCl}) - V_1(\text{HCl})]M(\text{NaHCO}_3)}{m}$$

$$w(\text{Na}_2\text{CO}_3) = \frac{c(\text{HCl})V_1(\text{HCl})M(\text{Na}_2\text{CO}_3)}{m}$$

$$V_2(\text{HCl}) > V_1(\text{HCl})$$

【例 4-17】 称取混合碱试样 0.6422g，以酚酞为指示剂，用 $0.1994 \text{mol} \cdot \text{L}^{-1}$ HCl 溶液滴定至终点，用去酸溶液 32.12mL；再加甲基橙指示剂，滴定至终点，又用去酸溶液 22.28mL。求试样中各组分的含量。

解 因 $V_1 > V_2$，故此混合碱的组成为 NaOH 和 Na_2CO_3。

$$w(\text{NaOH}) = \frac{c(\text{HCl}) \times (V_1 - V_2) \times M(\text{NaOH})}{m} \times 100\%$$

$$= \frac{0.1994 \times (32.12 - 22.28) \times 40.00 \times 10^{-3}}{0.6422} \times 100\% = 12.22\%$$

$$w(\text{Na}_2\text{CO}_3) = \frac{c(\text{HCl}) \times V_2 \times M(\text{Na}_2\text{CO}_3)}{m} \times 100\%$$

$$= \frac{0.1994 \times 22.28 \times 106.0 \times 10^{-3}}{0.6422} \times 100\% = 73.33\%$$

双指示剂法不仅可用于混合碱的定量分析，还可用于未知碱试样的定性分析。具体情况见例 4-18。

【例 4-18】 有一碱溶液可能是 NaOH、NaHCO$_3$、Na$_2$CO$_3$ 或以上几种物质的混合物，用 HCl 标准溶液滴定，以酚酞为指示剂滴定到终点时消耗 HCl V_1；继续以甲基橙为指示剂滴定到终点时消耗 HCl V_2，由以下 V_1 和 V_2 的关系判断该碱溶液的组成。

(1) $V_1 > 0$，$V_2 = 0$；(2) $V_1 = 0$，$V_2 > 0$；(3) $V_1 = V_2$；(4) $V_1 > V_2 > 0$；(5) $V_2 > V_1 > 0$。

解 混合碱成分可能是 NaOH、NaHCO$_3$、Na$_2$CO$_3$ 或以上几种物质的混合物，第一次加入的是酚酞指示剂，其变色时情况分析如下：

如果混合碱液中有 NaOH，则反应是

$$\text{NaOH} + \text{HCl} = \text{H}_2\text{O} + \text{NaCl}$$

如果混合碱液中有 Na$_2$CO$_3$，则反应是

$$\text{Na}_2\text{CO}_3 + \text{HCl} = \text{NaHCO}_3 + \text{NaCl}$$

如果混合碱液中有 NaHCO$_3$，在酚酞指示剂变色时 NaHCO$_3$ 不反应。因为酚酞的变色范围为 8.2～10.0，NaHCO$_3$ 水溶液的酸度为

$$\text{pH} = -\lg\sqrt{K_{a1}^{\ominus}(\text{H}_2\text{CO}_3) K_{a2}^{\ominus}(\text{H}_2\text{CO}_3)} = -\lg\sqrt{4.2 \times 10^{-7} \times 5.6 \times 10^{-11}} = 8.31$$

所以在第一滴定终点时溶液成分可能为 NaCl、NaHCO$_3$。

第一滴定终点后，再加入甲基橙指示剂，NaCl 不再与 HCl 反应。NaHCO$_3$ 与 HCl 继续反应：

$$\text{NaHCO}_3 + \text{HCl} = \text{NaCl} + \text{H}_2\text{O} + \text{CO}_2$$

混合碱中不会存在 NaOH 与 NaHCO$_3$ 共存的情况，只能是 Na$_2$CO$_3$ 与 NaOH 或 Na$_2$CO$_3$ 与 NaHCO$_3$ 共存，或 NaOH、NaHCO$_3$、Na$_2$CO$_3$ 单独存在。

强酸滴定混合碱的滴定过程见图 4-11。

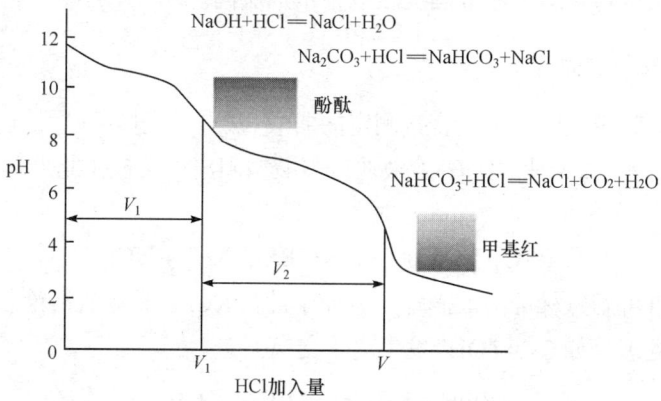

图 4-11　强酸滴定混合碱的滴定曲线

(1) $V_1 > 0$，$V_2 = 0$，只能是 NaOH（表 4-12）；
(2) $V_1 = 0$，$V_2 > 0$，只能是 NaHCO$_3$；
(3) $V_1 = V_2$，只能是 Na$_2$CO$_3$；
(4) $V_1 > V_2 > 0$，只能是 NaOH 与 Na$_2$CO$_3$ 共存；
(5) $V_2 > V_1 > 0$，只能是 Na$_2$CO$_3$ 与 NaHCO$_3$ 共存。

表 4-12 双指示剂法碱消耗酸过程分析

碱的成分	酚酞变色	甲基橙变色	比较
NaOH	消耗 HCl V_1，主要产物是 NaCl	不消耗 HCl，$V_2 = 0$，无反应	$V_1 > 0$，$V_2 = 0$
Na$_2$CO$_3$	消耗 HCl V_1，主要产物是 NaHCO$_3$	消耗 HCl V_2，主要产物是 CO$_2$ + H$_2$O	$V_1 = V_2$
NaHCO$_3$	不消耗 HCl $V_1 = 0$，无反应	消耗 HCl V_2，主要产物是 CO$_2$ + H$_2$O	$V_1 = 0$，$V_2 > 0$

对于混合碱试样，除了双指示剂法外，氯化钡法也可用于其试样的分析。

对于 NaOH 和 Na$_2$CO$_3$ 的混合试样可先取一份试样溶液，以甲基橙作指示剂，用 HCl 标准溶液滴定至橙色，测得碱的总量。另取等体积试液，加入 BaCl$_2$ 试液，待 BaCO$_3$ 沉淀析出，以酚酞作指示剂，用 HCl 标准溶液滴定至终点，根据两次消耗的体积即可计算各组分含量。

对于 Na$_2$CO$_3$ 和 NaHCO$_3$ 的混合试样，首先加入过量的 NaOH 标准溶液，将试液中的 NaHCO$_3$ 完全转变成 Na$_2$CO$_3$，然后用 BaCl$_2$ 溶液沉淀，再以酚酞为指示剂，用 HCl 标准溶液滴定剩余的 NaOH。另取等体积试液，以甲基橙为指示剂用 HCl 标准溶液测定碱的总量，根据两次消耗 HCl 的体积即可计算各组分含量。

氯化钡法尽管繁琐，但准确度较双指示剂法高。

3. 极弱酸(碱)的滴定

某些不能利用酸碱滴定法直接测定的弱酸(碱)，经过处理后，也可以利用酸碱滴定法进行测定。如使 NH$_4$Cl 溶液通过强酸型阳离子交换树脂处理，NH$_4^+$ 与 H$^+$ 发生离子交换：

$$RSO_3H + NH_4Cl \Longrightarrow RSO_3NH_4 + HCl$$

置换出的 HCl 可用碱标准溶液滴定。又如中性盐 KCl，可令其溶液通过碱型阴离子交换树脂处理，如 Cl$^-$ 与 OH$^-$ 发生离子交换：

$$ROH + KCl \Longrightarrow RCl + KOH$$

置换出的 KOH 可用酸标准溶液滴定。

也可利用化学反应，使极弱的酸碱转化为较强的酸碱，从而可利用酸碱滴定法准确滴定。例如，硼酸可与多元醇反应，生成较强的配合物，可被碱标准溶液滴定。又如氨基酸可与甲醛反应，生成的较强的酸可被强碱滴定。

$$\text{R—CH—COOH} + \text{HCH} \overset{O}{\underset{\|}{=\!=\!=}} \text{R—CH—COOH}$$
$$\underset{\text{NH}_2}{|} \qquad\qquad\qquad \underset{\text{N}=\text{CH}_2}{|}$$

$$\text{R—CH—COOH} + \text{NaOH} =\!=\!= \text{R—CH—COONa} + \text{H}_2\text{O}$$
$$\underset{\text{N}=\text{CH}_2}{|} \qquad\qquad\qquad \underset{\text{N}=\text{CH}_2}{|}$$

如果是含羧基和磺酸基类的有机物，对于 4 个碳以下的羧酸和磺酸均能溶于水，且磺酸是一种强酸，羧酸的 $K_a^{\ominus}$ 都在 $10^{-4} \sim 10^{-6}$，因此可以利用标准碱溶液进行滴定，如乙酸[$pK_a^{\ominus}(\text{CH}_3\text{COOH}) = 4.74$]。有一些羧酸难溶于水或微溶于水，但可以溶解于过量的标准碱溶液中，然后利用酸标准溶液返滴定剩余的碱。

如果是含羟基和羰基的有机物，如醛、酮、醇和酯等。测定醛、酮时，可将醛或酮与过量的盐酸羟胺反应，然后用碱标准溶液滴定反应生成的 HCl。为避免滴定剂与过量的 $\text{NH}_2\text{OH} \cdot \text{HCl}$ 反应，应选择变色范围在酸性范围内的指示剂，如溴酚蓝指示滴定终点。

测定酯时采用皂化反应，即在含酯的试样中加过量的 NaOH 标准溶液，加热回流，使酯皂化，其反应如下

$$\text{RCOOCH}_2\text{CH}_3 + \text{NaOH} =\!=\!= \text{RCOONa} + \text{CH}_3\text{CH}_2\text{OH}$$

剩余的碱用酸标准溶液返滴定，即可测得酯的含量。

本 章 小 结

酸碱滴定法是利用酸碱反应进行的滴定分析方法。酸碱滴定法作为四大滴定分析方法之一，很有代表性，掌握好酸碱滴定分析的相关知识对后续其他三个滴定分析方法的学习有指导、借鉴作用。

在酸碱滴定中，质子是一个非常重要的概念，因为酸碱反应的实质就是质子的转移。掌握质子转移的规律，对计算溶液的酸度及其他相关离子的浓度至关重要。

1. 酸碱质子理论

凡是能给出质子的物质是酸，接受质子的物质是碱。酸给出质子后就变成其

共轭碱，碱得到质子后就变成其共轭酸。酸及其轭碱，或碱及其共轭酸是共轭关系，称为共轭酸碱对，相互依存。酸给出质子，溶液中必须有碱来接受这个质子。共轭酸碱对的质子得失过程称为酸碱半反应。

2. 酸碱反应

酸碱反应是靠两对共轭酸碱对相互作用来实现的，其实质是酸碱之间质子的转移。得质子的半反应和失质子的半反应构成完整的一个酸碱反应，酸碱半反应是不能单独存在的。

3. 酸碱溶液中氢离子浓度的计算

正确判断溶液中酸度与酸碱各存在型体的关系，计算酸碱水溶液的酸度，是本章的重点内容。要掌握各种类型水溶液酸度的计算，发现并掌握规律。

在水溶液酸度计算这部分内容中，有一个重要的基本概念就是"摩尔分数"。要深刻理解摩尔分数的定义，并结合利用平衡常数来解决各类型水溶液中各种型体浓度的计算问题，包括氢离子浓度，即酸度的计算，并从中发现规律。

1) 摩尔分数

摩尔分数表示溶液中弱酸(碱)某一型体浓度与弱酸(碱)初始浓度之比。摩尔分数用符号 x 表示。

在不同的pH条件下，弱酸(碱)水溶液中共轭酸碱存在型体的摩尔分数是可知的。在确定的pH条件下，一元弱酸(碱)两种主要型体的摩尔分数公式要牢记，二元弱酸(碱)三种主要型体、三元弱酸(碱)四种主要型体的摩尔分数公式要明确。在公式的推导过程中，注意发现规律，掌握所学内容。

"摩尔分数"定义的应用。知道弱酸(碱)溶液的初始浓度，知道溶液的pH即知道了溶液中各型体的"摩尔分数"。将相应型体的摩尔分数与弱酸(碱)溶液的初始浓度相乘，就可方便地计算出一定pH条件下相应型体的平衡浓度。

摩尔分数与浓度无关，只与酸度与溶液的性质有关。例如，浓度不同的乙酸溶液，只要酸度即pH相同，相同型体的摩尔分数就是一样的。当然初始浓度不同的乙酸溶液，pH会有所差别，如果想让其酸度即pH完全一致，需要人为调节酸度。

要熟练掌握各种典型弱酸碱体系各种型体摩尔分数的公式。

2) 质子条件式

质子条件式(又称质子等恒式)清晰、准确地反映了酸(碱)水溶液中质子转移反应各种产物平衡浓度间的数理关系，是处理酸碱平衡的基础，是计算酸(碱)水溶液酸度的基础。

酸碱反应的实质是质子转移，有些物质失去质子，有些物质得到质子。得质子的产物得到质子的物质的量与失去质子后产物失去质子的物质的量相等，这种数量关系称为质子平衡或质子条件。

3) 一元弱酸水溶液酸度的计算公式应用如下：

$\dfrac{c_0(HB)/c^{\ominus}}{K_a^{\ominus}(HB)} \geqslant 500$	$K_a^{\ominus}(HB)c_0(HB)/c^{\ominus} \geqslant 20K_w^{\ominus}$	$c(H^+)/c^{\ominus} = \sqrt{K_a^{\ominus}(HB)c_0(HB)/c^{\ominus}}$
$\dfrac{c_0(HB)/c^{\ominus}}{K_a^{\ominus}(HB)} < 500$	$K_a^{\ominus}(HB)c_0(HB)/c^{\ominus} \geqslant 20K_w^{\ominus}$	$c(H^+) = \dfrac{-K_a^{\ominus}(HB) + \sqrt{[K_a^{\ominus}(HB)]^2 + 4K_a^{\ominus}(HB)c_0(HB)/c^{\ominus}}}{2} c^{\ominus}$
$\dfrac{c_0(HB)/c^{\ominus}}{K_a^{\ominus}(HB)} \geqslant 500$	$K_a^{\ominus}(HB)c_0(HB)/c^{\ominus} < 20K_w^{\ominus}$	$c(H^+)/c^{\ominus} = \sqrt{K_a^{\ominus}(HB)c_0(HB)/c^{\ominus} + K_w^{\ominus}}$
$\dfrac{c_0(HB)/c^{\ominus}}{K_a^{\ominus}(HB)} < 500$	$K_a^{\ominus}(HB)c_0(HB)/c^{\ominus} < 20K_w^{\ominus}$	$[c(H^+)/c^{\ominus}]^3 + K_a^{\ominus}[c(H^+)/c^{\ominus}]^2 - [K_a^{\ominus}c_0(HAc)/c^{\ominus} + K_w^{\ominus}] \cdot c(H^+)/c^{\ominus} - K_a^{\ominus} \cdot K_w^{\ominus} = 0$

4) 一元弱碱水溶液酸度的近似计算式及最简式

当 $K_b^{\ominus}c_0/c^{\ominus} \geqslant 20K_w^{\ominus}$，$\dfrac{c_0/c^{\ominus}}{K_b^{\ominus}} < 500$ 时

$$c(OH^-) = \dfrac{-K_b^{\ominus} + \sqrt{(K_b^{\ominus})^2 + 4K_b^{\ominus}c_0/c^{\ominus}}}{2} c^{\ominus}$$

当 $K_b^{\ominus}c_0/c^{\ominus} \geqslant 20K_w^{\ominus}$，$\dfrac{c_0/c^{\ominus}}{K_b^{\ominus}} \geqslant 500$ 时

$$c(OH^-)/c^{\ominus} = \sqrt{K_b^{\ominus}c_0/c^{\ominus}}$$

当 $K_b^{\ominus}c_0/c^{\ominus} < 20K_w^{\ominus}$，$\dfrac{c_0/c^{\ominus}}{K_b^{\ominus}} \geqslant 500$ 时

$$c(OH^-)/c^{\ominus} = \sqrt{K_a^{\ominus}c_0/c^{\ominus} + K_w^{\ominus}}$$

计算一元弱碱水溶液酸度的精确公式是

$$[c(OH^-)/c^{\ominus}]^3 + K_b^{\ominus}[c(OH^-)/c^{\ominus}]^2 - (K_b^{\ominus}c_0/c^{\ominus} + K_w^{\ominus}) \cdot [c(OH^-)/c^{\ominus}] - K_b^{\ominus} \cdot K_w^{\ominus} = 0$$

一元弱酸和一元弱碱水溶液酸度的计算公式是基本一样的。不论是在忽略水的离解情况下，还是忽略一元弱酸碱离解即弱酸碱离解程度非常弱的情况下，要明确忽略近似情况下溶液中离子浓度的变化情况，浓度变大、变小，还是近似不变，要用公式明确表示出来，方便计算。要学会该忽略的地方必须忽略，否则会给计算带来麻烦。

5) 多元弱酸(碱)水溶液酸度的计算

多元弱酸(碱)水溶液酸度的计算，无非是利用弱酸(碱)的离解平衡方程，二元弱酸(碱)有两级离解平衡方程，三元弱酸(碱)有三级离解平衡方程；在多元弱酸(碱)水溶液质子等恒式依然存在，质子平衡方程是计算溶液酸度的基础；多元弱酸(碱)在水溶液中发生离解、水解等多种形式的变化，但无论什么变化，多元弱酸(碱)初始浓度这个数值一定等于水溶液相关型体浓度数值的加和。基于以上三点考虑，可以列出相关方程，解得相关型体的浓度，包括氢离子的浓度。

另外，水溶液是电中性的，基于此点可以列出正负电荷平衡的相关方程。

因此，从多角度考虑问题，解决问题的方式就有很多，可以开拓思维，集思广益。

多元弱酸碱水溶液以浓度为 $c_0(H_2A)$ 的二元弱酸 H_2A 为例，写出二元酸的质子平衡方程。基准物质为 H_2A 和 H_2O，质子转移反应有

$$H_2A + H_2O \rightleftharpoons H_3O^+ + HA^-$$

$$HA^- + H_2O \rightleftharpoons H_3O^+ + A^{2-}$$

$$H_2O + H_2O \rightleftharpoons H_3O^+ + OH^-$$

质子平衡方程

$$c(H^+) = c(HA^-) + 2c(A^{2-}) + c(OH^-)$$

二元酸水溶液中有三种主要型体：H_2A、HA^-、A^{2-}，对应的摩尔分数为

$$x(H_2A) = \frac{[c(H^+)/c^\ominus]^2}{[c(H^+)/c^\ominus]^2 + K_{a1}^\ominus c(H^+)/c^\ominus + K_{a1}^\ominus K_{a2}^\ominus}$$

$$x(HA^-) = \frac{K_{a1}^\ominus c(H^+)/c^\ominus}{[c(H^+)/c^\ominus]^2 + K_{a1}^\ominus c(H^+)/c^\ominus + K_{a1}^\ominus K_{a2}^\ominus}$$

$$x(A^{2-}) = \frac{K_{a1}^\ominus K_{a2}^\ominus}{[c(H^+)/c^\ominus]^2 + K_{a1}^\ominus c(H^+)/c^\ominus + K_{a1}^\ominus K_{a2}^\ominus}$$

根据摩尔分数的定义，型体的平衡浓度等于初始浓度与型体摩尔分数的乘积。所以

$$c(H^+) = \frac{c_0(H_2A) K_{a1}^\ominus c(H^+)/c^\ominus}{[c(H^+)/c^\ominus]^2 + K_{a1}^\ominus c(H^+)/c^\ominus + K_{a1}^\ominus K_{a2}^\ominus}$$

$$+ \frac{2 c_0(H_2A) K_{a1}^\ominus K_{a2}^\ominus}{[c(H^+)/c^\ominus]^2 + K_{a1}^\ominus c(H^+)/c^\ominus + K_{a1}^\ominus K_{a2}^\ominus} + \frac{K_w^\ominus c^\ominus}{c(H^+)/c^\ominus}$$

整理得

$$c(\mathrm{H}^+) = \frac{c_0(\mathrm{H_2A})K_{a1}^\ominus c(\mathrm{H}^+)/c^\ominus + 2c_0(\mathrm{H_2A})K_{a1}^\ominus K_{a2}^\ominus}{[c(\mathrm{H}^+)/c^\ominus]^2 + K_{a1}^\ominus c(\mathrm{H}^+)/c^\ominus + K_{a1}^\ominus K_{a2}^\ominus} + \frac{K_w^\ominus c^\ominus}{c(\mathrm{H}^+)/c^\ominus}$$

$$[c(\mathrm{H}^+)/c^\ominus]^4 + K_{a1}^\ominus[c(\mathrm{H}^+)/c^\ominus]^3 + (K_{a1}^\ominus K_{a2}^\ominus - K_{a1}^\ominus c_0(\mathrm{H_2A})/c^\ominus - K_w^\ominus)[c(\mathrm{H}^+)/c^\ominus]^2 -$$
$$[K_{a1}^\ominus K_w^\ominus + 2K_{a1}^\ominus K_{a2}^\ominus c_0(\mathrm{H_2A})/c^\ominus][c(\mathrm{H}^+)/c^\ominus] - K_{a1}^\ominus K_{a2}^\ominus K_w^\ominus = 0$$

这是计算二元酸水溶液酸度的精确公式。精确公式不实用，在实际工作中，针对具体问题，是可以做很多忽略处理。

二元弱酸在溶液中有两级离解，平衡常数有 $K_{a1}^\ominus$、$K_{a2}^\ominus$，并且很多时候 $K_{a1}^\ominus \gg K_{a2}^\ominus$，所以一般以第一级离解为主，溶液的酸度主要取决于第一级离解出的 H^+ 浓度。因此在二元弱酸溶液酸度的计算中，二级离解一般可以忽略，只计算一级离解出来的氢离子。对于三元弱酸，二级离解弱，可忽略，三级离解更弱，也可忽略，可以只计算一级离解出来的氢离子来计算溶液的酸度。即将 $\mathrm{H_2A}$ 看成 $\mathrm{H\text{-}HA}$，将 $\mathrm{H_3A}$ 看成 $\mathrm{H\text{-}H_2A}$，$\mathrm{H\text{-}HA}$ 中的 HA 和 $\mathrm{H\text{-}H_2A}$ 中的 $\mathrm{H_2A}$ 做一个整体不离解。多元酸酸度的计算可按一元弱酸的计算方法处理。

同样，对于多元弱碱，如 $\mathrm{CO_3^{2-}}$、$\mathrm{Na_2CO_3}$、$\mathrm{PO_4^{3-}}$、$\mathrm{Na_3PO_4}$ 在溶液中也是分级离解，而且 $K_{b1}^\ominus \gg K_{b2}^\ominus \gg K_{b3}^\ominus$，溶液的酸度取决于第一级离解出的 OH^- 浓度，按一元弱碱的计算方法处理。

具体限定条件：

(1) 当 $K_{a2}^\ominus(\mathrm{H_2A})c_0(\mathrm{H_2A})/c^\ominus \geq 20K_w^\ominus$ 时，水的离解可以忽略，又若 $\dfrac{2K_{a1}^\ominus(\mathrm{H_2A})}{\sqrt{K_{a1}^\ominus(\mathrm{H_2A})c_0(\mathrm{H_2A})/c^\ominus}} < 0.05$ 即第二级酸的离解也可忽略，则此二元酸可按一元酸处理。

$$\mathrm{H_2A} \rightleftharpoons \mathrm{H}^+ + \mathrm{HA}^-$$

$$c(\mathrm{H}^+) \approx c(\mathrm{HA}^-)$$

$$c(\mathrm{H_2A}) + c(\mathrm{HA}^-) = c_0(\mathrm{H_2A})$$

平衡常数表达式：

$$\frac{[c(\mathrm{H}^+)/c^\ominus] \cdot [c(\mathrm{HA}^-)/c^\ominus]}{c(\mathrm{H_2A})/c^\ominus} = K_{a1}^\ominus(\mathrm{H_2A})$$

解得

$$c(\mathrm{H}^+)/c^\ominus = \frac{-K_{a1}^\ominus(\mathrm{H_2A}) + \sqrt{[K_{a1}^\ominus(\mathrm{H_2A})]^2 + 4K_{a1}^\ominus(\mathrm{H_2A})c_0(\mathrm{H_2A})/c^\ominus}}{2}$$

如果是二元弱碱，此种条件下，酸度计算公式是：

$$c(OH^-)/c^{\ominus} = \frac{-K_{b1}^{\ominus} + \sqrt{K_{b1}^{\ominus 2} + 4K_{b1}^{\ominus}c_0/c^{\ominus}}}{2}$$

(2) 当 $K_{a1}^{\ominus}(H_2A)c_0(H_2A)/c^{\ominus} \geqslant 20K_w^{\ominus}$ 时，水的离解可以忽略，又若 $\dfrac{2K_{a1}^{\ominus}(H_2A)}{\sqrt{K_{a1}^{\ominus}(H_2A)c_0(H_2A)/c^{\ominus}}} < 0.05$ 即第二级酸的离解也可忽略，如果再有 $\dfrac{c_0(H_2A)/c^{\ominus}}{K_{a1}^{\ominus}(H_2A)} \geqslant 500$，则说明二元酸不只是二级离解度很小，一级离解也很小。在三种限定条件下，二元酸的平衡浓度可视为等于其初始浓度。

$$H_2A \rightleftharpoons H^+ + HA^-$$

$$c(H^+) \approx c(HA^-)$$

$$c(H_2A) \approx c_0(H_2A)$$

平衡常数表达式：

$$\frac{[c(H^+)/c^{\ominus}] \cdot [c(HA^-)/c^{\ominus}]}{c(H_2A)/c^{\ominus}} = K_{a1}^{\ominus}(H_2A)$$

得

$$c(H^+)/c^{\ominus} = \sqrt{K_{a1}^{\ominus}(H_2A)c_0(H_2A)/c^{\ominus}}$$

这是二元弱酸酸度计算的最简式，但是使用之前要判断限定条件能否满足。

如果是二元弱碱，此种条件下，酸度计算公式是

$$c(OH^-)/c^{\ominus} = \sqrt{K_{b1}^{\ominus}c_0/c^{\ominus}}$$

6) 两性物质水溶液酸度的计算

两性物质水溶液酸度的计算稍有难度，但是如果掌握了酸度的计算过程，便会举一反三。虽然是难点，但是有一定意义。

有关两性物质的酸度的计算方法有精确法和近似法。

精确法是以质子平衡方程为基础，利用摩尔分数、平衡常数等相关公式进行组合、推导而得。

常用的是近似法，近似法同样以质子平衡方程为基础，在推导过程中将两性物质水溶液的平衡浓度和初始浓度看成近似相等，即两性物质给出质子和接受质子的能力都比较弱。例如，在 $NaHCO_3$ 水溶液中，$c(HCO_3^-) \approx c_0(HCO_3^-)$，有此条件，公式推导较为容易。

4. 酸碱指示剂

酸碱指示剂本身为弱的有机酸或弱的有机碱，其共轭酸碱对具有不同的结构，

而且颜色不同。当溶液的pH改变时，共轭酸碱相互发生转变，从而引起溶液的颜色发生改变。

以HIn表示弱酸型指示剂，则其离解平衡为

$$HIn \rightleftharpoons H^+ + In^-$$

指示剂分子HIn与阴离子In⁻两者颜色不同，HIn与In⁻的颜色分别为指示剂的酸式色和碱式色。当溶液pH改变时，指示剂得到质子由碱式转变为酸式，或者失去质子由酸式转变为碱式，由于结构的改变，颜色发生变化。

当 $\dfrac{c(In^-)}{c(HIn)} < \dfrac{1}{10}$ 时，pH $<$ p$K^{\ominus}$(HIn)-1，仅能看到指示剂酸式色；

当 $\dfrac{c(In^-)}{c(HIn)} > 10$ 时，pH $>$ p$K^{\ominus}$(HIn)$+1$，仅能看到指示剂碱式色；

当 $\dfrac{1}{10} < \dfrac{c(In^-)}{c(HIn)} < 10$ 时，p$K^{\ominus}$(HIn)$-1 <$ pH $<$ p$K^{\ominus}$(HIn)$+1$，看到酸式色和碱式色的混合色。

pH $=$ p$K^{\ominus}$(HIn)± 1 是指示剂的变色范围。不同的指示剂，其p$K^{\ominus}$(HIn)不同，所以其变色范围也有所不同。

当 $\dfrac{c(In^-)}{c(HIn)} = 1$ 时，pH $=$ p$K^{\ominus}$(HIn) 是指示剂的理论变色点。

不论是酸碱指示剂，还是后面要学习的其他类型的指示剂：金属指示剂、氧化还原类型指示剂，当然也包括沉淀滴定分析中的指示剂，不外乎要掌握指示剂的变色原理、指示剂的变色点、指示剂的变色范围。酸碱指示剂本身是弱碱或弱碱，参与酸碱反应进程，当然指示剂的量越小越好，但人眼观察颜色变化的能力是有限的，有颜色的物质需要满足一定量才能被人眼观察到。同样，金属指示剂也是参与配位反应的，氧化还原类型指示剂是参与氧化还原反应的，都是需要消耗一定量主反应中的反应物的。

掌握好酸碱指示剂的相关理论知识，对后续指示剂内容的学习有引领、借鉴作用。

5. 酸碱滴定曲线

以滴定过程中滴定剂的用量或滴定分数为横坐标，以溶液pH为纵坐标，画出一条描述随滴定剂的加入而引起的溶液pH变化情况的曲线，这种曲线称为酸碱滴定曲线。

滴定曲线的作用：确定滴定终点时消耗的滴定剂体积；判断滴定突跃大小；确定滴定终点与化学计量点之差；选择指示剂的依据。

1) 强酸强碱的滴定

在化学计量点附近，由 0.1% HCl 未被中和到 NaOH 过量 0.1%，即终点误差在 $-0.1\% \sim +0.1\%$ 范围时，虽然只滴加了 0.04mL（约 1 滴）滴定剂，但溶液的 pH 变化了很大一段 pH 单位，溶液由酸性变为碱性，发生了由量变到质变的转折，滴定曲线出现一段近似垂直线。酸碱滴定中化学计量点附近 pH 的突变称为酸碱滴定的 pH 突跃。

滴定的 pH 突跃范围是选择指示剂的依据，即指示剂的变色范围应全部或部分地落在滴定的突跃范围之内。

强酸强碱滴定突跃范围的大小与酸碱溶液的浓度有关。溶液越浓，突跃范围越大，指示剂的选择也就越方便；溶液越稀，突跃范围越小，可选的指示剂就越少。同样是氢氧化钠滴定盐酸，指示剂的选择也要看滴定剂和被滴定物质的浓度，不是一成不变的。

2) 一元弱酸(碱)的滴定

以强碱滴定一元弱酸为例。强碱滴定一元弱酸的基本反应为

$$HB + OH^- \rightleftharpoons H_2O + B^-$$

滴定开始前，体系为 $0.1000 \text{mol} \cdot \text{L}^{-1}$ 的一元弱酸溶液，溶液的 pH 取决于 HB 的初始浓度和离解程度。HB 的初始浓度越大，pH 的起点越低，反之，HB 的初始浓度越小，pH 的起点越高；一元弱酸的离解程度越大，pH 的起点也越低，反之越高。

滴定剂用量从滴定半滴开始至差半滴到化学计量点，溶液中同时存在 HB 及其共轭碱 B^-，二者构成缓冲体系，设其浓度分别为 $c(HB)$、$c(B^-)$，溶液酸度可依下式计算：

$$pH = pK_a^\ominus(HB) - \lg \frac{c(HB)/c^\ominus}{c(B^-)/c^\ominus}$$

此段范围内，溶度的 pH 与 $pK_a^\ominus(HB)$ 有关。$K_a^\ominus(HB)$ 越大，pH 的起点也越低，反之越高。这与滴定剂和被滴溶液的浓度无关。

化学计量点时，HB 与 NaOH 按 1∶1 进行反应得 NaB。B^- 水解，溶液的 pH 由 B^- 水解程度决定，即按一元弱碱酸度的求法进行计算。

化学计量点时，溶度的 pH 与 $c_0(B^-)$ 和 $K_b^\ominus(B^-)$ 有关。$c_0(B^-)$ 一定时，$K_a^\ominus(HB)$ 越大，$K_b^\ominus(B^-)$ 越小，$c(OH^-)$ 就越小，pH 就越小，反之，$K_a^\ominus(HB)$ 越小，$K_b^\ominus(B^-)$ 越大，$c(OH^-)$ 就越大，pH 就越大。

$K_a^\ominus(HB)$ 一定时，$c_0(B^-)$ 浓度越小，$c(OH^-)$ 就越小，pH 就越小，反之，$c_0(B^-)$ 浓度越大，$c(OH^-)$ 就越大，pH 就越大。

化学计量点后，溶液中含有过量的强碱 NaOH 与弱碱 B^-，酸度主要由过量的 NaOH 溶液的决定：

$$c(OH^-) = \frac{c(NaOH)V(NaOH) - V_0(HB)c_0(HB)}{V(NaOH) + V_0(HB)}$$

弱酸的 $K_a^\ominus$ 越小，反应越不完全，突跃范围越小；弱酸的 $K_a^\ominus$ 越大，酸性越强，滴定突跃范围越大，反应越完全。当 $K_a^\ominus < 10^{-7}$ 时已无明显的突跃，利用一般的酸碱指示剂无法判断滴定终点。

认真研究酸碱滴定曲线，了解滴定过程中溶液酸度的变化规律，掌握每一关键点 pH 的计算方法，是很有意义的。在后续沉淀滴定分析、配位滴定分析、氧化还原滴定分析中，滴定曲线都是重点研究内容。

3) 多元酸碱的滴定

多元酸以二元酸为例，二元酸的分步滴定可按下列原则进行大致判断：

$K_{a1}^\ominus \cdot c_0(H_2B)/c^\ominus$	$K_{a1}^\ominus / K_{a2}^\ominus$	$K_{a2}^\ominus \cdot c_0(H_2B)/c^\ominus$	结论
$\geqslant 10^{-8}$	$\geqslant 10^5$	$\geqslant 10^{-8}$	能直接滴定至第一终点，第二终点不影响，第一滴定终点结束后还可滴定至第二滴定终点
$\geqslant 10^{-8}$	$< 10^5$	$\geqslant 10^{-8}$	只能直接滴定到第二终点
$\geqslant 10^{-8}$	$\geqslant 10^5$	$< 10^{-8}$	能直接滴定到第一终点，第二终点受影响，不能滴定至第二滴定终点

同理，二元碱的分步滴定也可按下列原则进行大致判断：

$K_{b1}^\ominus \cdot c_0(B^{2-})/c^\ominus$	$K_{b1}^\ominus / K_{b2}^\ominus$	$K_{b2}^\ominus \cdot c_0(B^{2-})/c^\ominus$	结论
$\geqslant 10^{-8}$	$\geqslant 10^5$	$\geqslant 10^{-8}$	能直接滴定至第一终点，第二终点不影响，第一滴定终点结束后还可滴定至第二滴定终点
$\geqslant 10^{-8}$	$< 10^5$	$\geqslant 10^{-8}$	只能直接滴定到第二终点
$\geqslant 10^{-8}$	$\geqslant 10^5$	$< 10^{-8}$	能直接滴定到第一终点，第二终点受影响，不能滴定至第二滴定终点

4) 混合酸(碱)的滴定

混合酸(碱)的滴定与多元酸碱的滴定条件相似。在考虑能否分步滴定时，不仅要看两种酸(碱)的强度，还要看两种酸(碱)的浓度。

(1) 混合酸为两种弱酸并且酸的浓度相同时，如果 $cK_a^{\ominus}(HA) \geqslant 10^{-8}$，$cK_a^{\ominus}(HB) \geqslant 10^{-8}$，而且 $K_a^{\ominus}(HA)/K_a^{\ominus}(HB) \geqslant 10^5$，此种情况下，第一种弱酸能直接滴定，第二种弱酸不干扰。第一种弱酸滴定结束后，第二种弱酸也能准确滴定，即能分别滴定，形成 pH 突跃。

(2) 混合弱酸中各种酸浓度不同时，如果 $c_1K_a^{\ominus}(HA) \geqslant 10^{-8}$，$c_2K_a^{\ominus}(HB) \geqslant 10^{-8}$，而且 $c_1K_a^{\ominus}(HA)/c_2K_a^{\ominus}(HB) \geqslant 10^5$，此种情况下，也能分别滴定，且互不干扰。

混合碱情况同上，只是把相关 $K_a^{\ominus}$ 换成 $K_b^{\ominus}$。

(3) 强酸(碱)与弱酸(碱)混合：混合酸中，其中一种为强酸，另一种酸为弱酸时，要看弱酸的强度即 $K_a^{\ominus}$ 的大小。

当 $K_a^{\ominus}(HB) < 10^{-9}$（HB 代表弱酸，以下同）时，只能准确滴定强酸，确定强酸的量。强酸被完全中和时，达第一化学计量点，有明显的 pH 突跃。第一化学计量点之后，是弱酸，不能被强碱准确滴定，因为弱酸太弱，无滴定突跃。总酸量无法确定。

当 $K_a^{\ominus}(HB) > 10^{-5}$，在强酸被完全中和时，必无明显的 pH 突跃，因为弱酸不弱，所以无法准确滴定混合酸中的强酸。在第一化学计量点之后，强酸与弱酸都被滴定完全，此时有明显的 pH 突跃，所以可确定总酸量。

如果强碱与弱碱的混合碱被强酸滴定，只是把 $K_a^{\ominus} < 10^{-9}$ 换成 $K_b^{\ominus} < 10^{-9}$，$K_a^{\ominus} > 10^{-5}$ 换成 $K_b^{\ominus} > 10^{-5}$，结论同上。

6. 酸碱滴定法的应用

酸碱滴定法广泛用于工业、农业、地质、医药、食品等方面。例如，水果、蔬菜、食醋中的总酸度测定，天然水、自来水的总硬度测定，食盐中食碘量的测定，土壤、肥料中氮、磷含量的测定，以及混合碱的分析，都可利用酸碱滴定法进行测定。

思考及练习题

1. 举例说明酸碱质子理论的概念。
2. $HAc\text{-}Ac^-$、$NH_3\text{-}NH_4^+$、$HCN\text{-}CN^-$、$HF\text{-}F^-$、$HCO_3^-\text{-}CO_3^{2-}$、$H_3PO_4\text{-}H_2PO_4^-$ 各种共轭酸和共轭碱中，哪个是最强的酸？哪个是最强的碱？按照强弱顺序排列。
3. 写出 $Na_2C_2O_4$、Na_2HPO_4、H_3AsO_4 水溶液的质子等衡式。
4. 酸碱指示剂的变色原理是什么？$pH = pK^{\ominus}(HIn) \pm 1$ 的物理意义是什么？
5. 举例说明选择酸碱指示剂的原则。
6. 什么是酸碱滴定的 pH 突跃范围？影响突跃范围大小的因素是什么？
7. 什么是多元酸碱的滴定？其条件是什么？以多元碱 PO_4^{3-}、Na_3PO_4 为例进行讨论，并绘制滴定曲线图。

8. 以下各种酸，哪些能用 NaOH 溶液直接滴定？哪些不能？如果能直接滴定，形成几个 pH 突跃？选择何种指示剂？

(1) HCOOH，$K_a^\ominus(HCOOH) = 1.77 \times 10^{-4}$；

(2) H_3BO_3，$K_{a1}^\ominus(H_3BO_3) = 7.3 \times 10^{-10}$，$K_{a2}^\ominus(H_3BO_3) = 1.8 \times 10^{-13}$，$K_{a3}^\ominus(H_3BO_3) = 1.6 \times 10^{-14}$；

(3) $H_2C_4O_6$，$K_{a1}^\ominus(H_2C_4O_6) = 6.4 \times 10^{-5}$，$K_{a2}^\ominus(H_2C_4O_6) = 2.7 \times 10^{-6}$；

(4) $H_3C_6H_5O_7$，$K_{a1}^\ominus(H_3C_6H_5O_7) = 8.7 \times 10^{-4}$，$K_{a2}^\ominus(H_3C_6H_5O_7) = 1.8 \times 10^{-5}$，$K_{a3}^\ominus(H_3C_6H_5O_7) = 4.0 \times 10^{-6}$。

9. 有四种未知物，它们可能是 NaOH、Na_2CO_3、$NaHCO_3$ 及它们的混合物，如何把它们区分开来，并分别测量它们的含量？

10. NaOH 标准溶液吸收了空气中的 CO_2，用它来标定 HCl 溶液的浓度（用 HCl 滴定 NaOH），分别用甲基橙和酚酞作指示剂，讨论 CO_2 对测定结果的影响有何不同。

11. 已知 H_3PO_4 的 $K_{a1}^\ominus(H_3PO_4) = 7.5 \times 10^{-3}$、$K_{a2}^\ominus(H_3PO_4) = 6.3 \times 10^{-8}$、$K_{a3}^\ominus(H_3PO_4) = 4.4 \times 10^{-13}$，求其共轭碱的 $K_{b1}^\ominus(PO_4^{3-})$、$K_{b2}^\ominus(PO_4^{3-})$、$K_{b3}^\ominus(PO_4^{3-})$ 各为多少？

12. 在 20.00mL 0.2000mol·L^{-1} NaOH 溶液中加入下列溶液，求所得混合溶液的 pH。

(1) 加入 30.00mL 0.2000mol·L^{-1} HAc 溶液；

(2) 加入 20.00mL 0.2000mol·L^{-1} HAc 溶液。

13. 计算下列溶液的 pH。

(1) 0.1mol·L^{-1} NH_4Cl 溶液，$K_a^\ominus(NH_4^+) = 5.6 \times 10^{-10}$；

(2) 0.5mol·L^{-1} NaH_2PO_4 溶液，$K_{a1}^\ominus(H_3PO_4) = 7.6 \times 10^{-3}$、$K_{a2}^\ominus(H_3PO_4) = 6.3 \times 10^{-8}$、$K_{a3}^\ominus(H_3PO_4) = 4.4 \times 10^{-13}$；

(3) 0.05mol·L^{-1} NaH_2PO_4 溶液；

(4) 0.1mol·L^{-1} H_3BO_3 溶液，$K_a^\ominus(H_3BO_3) = 5.8 \times 10^{-10}$；

(5) 1.0×10^{-4}mol·L^{-1} H_3BO_3 溶液。

14. 用 0.1000mol·L^{-1} NaOH 溶液滴定 20.00mL 0.1000mol·L^{-1} 甲酸溶液，计算滴定过程各阶段的 pH 变化，并绘制滴定曲线图。

15. 称取 $CaCO_3$ 0.5000g，溶于 50.00mL HCl 溶液中，多余的 HCl 溶液用 NaOH 溶液回滴，消耗 6.20mL，1.00mL NaOH 溶液相当于 1.01mL HCl 溶液，求 HCl 和 NaOH 溶液的浓度。

16. 取混合酸（$H_2SO_4 + H_3PO_4$）试液 25.00mL 稀释至 250.00mL，吸取 25.00mL，用甲基橙作指示剂，以 0.2000mol·L^{-1} NaOH 溶液滴定至终点时，需要 18.00mL，然后加酚酞指示剂，继续滴加 NaOH 溶液至酚酞变色，又消耗 NaOH 溶液 10.30mL，求试液中各酸的含量（以 g·mL^{-1} 表示）。

17. 将 0.3000g 氧化镁（MgO）加入 48.00mL HCl 溶液 [滴定度 $T(CaCO_3/HCl) = 0.01500$g·mL^{-1}]，过量 HCl 溶液用 0.2000mol·L^{-1} NaOH 溶液回滴，用了 4.80mL。计算试样中 MgO 的含量。

18. 某试样可能含有 Na_3PO_4、Na_2HPO_4、NaH_2PO_4，或这些物质的混合物及惰性杂质，称取该试样 2.000g，溶解后用甲基橙作指示剂，以 0.5000mol·L^{-1} HCl 滴定至终点消耗

32.00mL。同样质量的试样以酚酞作指示剂，用 0.5000mol·L⁻¹ HCl 滴定至变色耗去 12.00mL，求试样中各组分的含量。

19. 称取混合碱试样 0.6839g，以酚酞作指示剂，用 0.2000mol·L⁻¹ HCl 滴定至变色，耗去 23.00mL，再加甲基橙指示剂，继续滴定至变色，又消耗 HCl 溶液 26.80mL。求混合碱的成分以及各成分的含量。

20. 某试样质量为 0.3720g，仅含 $NaOH$、Na_2CO_3，需 40.00mL 0.1500mol·L⁻¹ HCl 溶液滴定至酚酞变色，那么还需要再加入多少毫升 0.1500mol·L⁻¹ HCl 溶液才能达至甲基橙指示剂变色？计算出 $NaOH$、Na_2CO_3 的含量。

21. 称取 2.5420g 纯 $KHC_2O_4·H_2C_2O_4·2H_2O$，用 NaOH 溶液滴定，用去 30.00mL，求 NaOH 溶液浓度。

22. 有浓磷酸试样，称取 2.000g 溶于水，用 1.000mol·L⁻¹ NaOH 溶液滴定至甲基橙指示剂变色时，耗去 NaOH 溶液 20.00mL，计算试样中 H_3PO_4 的含量。若以 P_2O_5 表示，又为多少？

23. 含有 SO_3 的发烟硫酸试样 1.400g，溶于水，用 0.8050mol·L⁻¹ NaOH 标准溶液滴定，消耗 36.10mL。求试样中 SO_3、H_2SO_4 的含量。

24. 将 2.000g 粗铵盐加入过量 KOH 溶液，加热蒸出的氨气吸收在 50.00mL 0.5000mol·L⁻¹ HCl 标准溶液中，过量的 HCl 溶液用 0.5000mol·L⁻¹ NaOH 回滴，用去 1.56mL。计算试样中 NH_3 的含量。

25. 若用 40.00mL NaOH 溶液，滴定某一种纯有机酸（H_2A）0.5192g，此有机酸的摩尔质量是多少？已知 1.00mL NaOH 溶液相当于 1.10mL HCl 溶液，又相当于 0.1001g $CaCO_3$。

26. 水的离子积常数 $K_w^\ominus = 1.0 \times 10^{-14}$，乙醇的 $K_a^\ominus = 1.00 \times 10^{-19.1}$。求：

(1) 纯溶剂的 pH。

(2) 0.0100mol·L⁻¹ 强酸的水溶液和乙醇溶液的 pH。

(3) 0.00100mol·L⁻¹ 强酸的水溶液和乙醇溶液的 pH。

27. 称取一元弱酸 HA 试样 1.0000g，溶于 100.0mL 水中，用 0.2500mol·L⁻¹ NaOH 溶液滴定，已知中和 HA 至 50%时，溶液的 pH = 5.00；当中和至化学计量点时，pH = 9.00。计算试样中 HA 的含量。[$M(HA) = 82.00g·mol^{-1}$]

第5章 沉淀滴定法

沉淀滴定法是利用沉淀反应为基础的滴定分析方法。能生成沉淀的反应虽然很多，但是并不是所有的沉淀反应都能用于滴定分析，用于沉淀的反应必须具有以下四个条件：

(1) 沉淀的溶解度必须很小，小于 $10^{-6}\,\text{g}\cdot\text{mL}^{-1}$，且不能生成过饱和溶液。
(2) 沉淀反应必须迅速、定量地进行，没有副反应发生。
(3) 有适当的方法指示反应的滴定终点，且与化学计量点之差不能超过允许范围。
(4) 沉淀的吸附现象不妨碍正确地确定滴定终点。

目前应用较广泛的沉淀反应是生成难溶性银盐的反应

$$\text{Ag}^+ + \text{X}^- \rightleftharpoons \text{AgX}\downarrow$$

式中，X^- 代表 Cl^-、Br^-、I^-、CN^-、SCN^- 等。

以这类反应为基础的沉淀滴定法称为银量法。该法主要用于测定 Cl^-、Br^-、I^-、CN^-、SCN^- 及 Ag^+ 等，也可用于经处理而能定量地产生以上离子的有机化合物（间接滴定法）。

5.1 银量法的滴定曲线

银量法中，随着滴定的进行，溶液中 X^- 或 Ag^+ 的浓度不断发生变化，即 pX 或 pAg 不断发生变化，在化学计量点前后 pX 或 pAg 会出现突跃。

以滴定剂体积或滴定分数为横坐标，以 pX 或 pAg 为纵坐标作图，所得曲线即为沉淀滴定的滴定曲线。

以 $0.1000\,\text{mol}\cdot\text{L}^{-1}$ 的硝酸银溶液滴定 $0.1000\,\text{mol}\cdot\text{L}^{-1}$ 的氯化钠为例，研究滴定过程进而作出滴定曲线。

滴定前，溶液为 $0.1000\,\text{mol}\cdot\text{L}^{-1}$ 的氯化钠溶液，Ag^+ 浓度为 0，所以有

$$\text{pAg} = -\lg c(\text{Ag}^+) = +\infty$$

$$\text{pCl} = -\lg c(\text{Cl}^-)/c^{\ominus} = 1$$

滴定至化学计量点前，可根据溶液中剩余的 $c(\text{Cl}^-)$ 和 AgCl 沉淀的溶度积

$K_{sp}^{\ominus}(\text{AgCl})$ 计算 pAg 或 pCl。

例如，加入 $0.1000 \text{mol} \cdot \text{L}^{-1}$ $AgNO_3$ 滴定剂体积为 19.98mL 时

$$c(\text{Cl}^-) = 0.1000 \text{mol} \cdot \text{L}^{-1} \times \frac{20.00\text{mL} - 19.98\text{mL}}{20.00\text{mL} + 19.98\text{mL}}$$

$$c(\text{Cl}^-) = 5.0 \times 10^{-5} \text{mol} \cdot \text{L}^{-1}$$

$$\text{pCl} = 4.30$$

$$K_{sp}^{\ominus}(\text{AgCl}) = [c(\text{Ag}^+)/c^{\ominus}] \cdot [c(\text{Cl}^-)/c^{\ominus}]$$

$$c(\text{Ag}^+)/c^{\ominus} = \frac{K_{sp}^{\ominus}(\text{AgCl})}{c(\text{Cl}^-)/c^{\ominus}} = \frac{1.77 \times 10^{-10}}{5.00 \times 10^{-5}} = 3.50 \times 10^{-6}$$

$$\text{pAg} = 5.45$$

化学计量点时，加入 $0.1000 \text{mol} \cdot \text{L}^{-1}$ $AgNO_3$ 滴定剂体积为 20.00mL，反应完全

$$\text{AgCl} \rightleftharpoons \text{Ag}^+ + \text{Cl}^-$$

沉积和溶解的速度相等。

溶液中 $c(\text{Ag}^+) = c(\text{Cl}^-)$，则

$$K_{sp}^{\ominus}(\text{AgCl}) = [c(\text{Ag}^+)/c^{\ominus}] \cdot [c(\text{Cl}^-)/c^{\ominus}]$$

$$c(\text{Ag}^+)/c^{\ominus} = \sqrt{K_{sp}^{\ominus}(\text{AgCl})}$$

$$c(\text{Ag}^+) = \sqrt{1.77 \times 10^{-10}} = 1.3 \times 10^{-5}$$

$$\text{pAg} = \text{pCl} = 4.48$$

滴定至化学计量点后，可根据溶液中过量的 Ag^+ 浓度和 AgCl 沉淀的溶度积 $K_{sp}^{\ominus}(\text{AgCl})$ 计算 pAg 或 pCl。

加入 $0.1000 \text{mol} \cdot \text{L}^{-1}$ $AgNO_3$ 滴定剂体积为 20.02mL，过量约半滴，此时

$$c(\text{Ag}^+) = 0.1000 \text{mol} \cdot \text{L}^{-1} \times \frac{20.02\text{mL} - 20.00\text{mL}}{20.00\text{mL} + 20.02\text{mL}}$$

$$c(\text{Ag}^+) = 5.00 \times 10^{-5} \text{mol} \cdot \text{L}^{-1}$$

$$\text{pAg} = 4.30$$

$$K_{sp}^{\ominus}(\text{AgCl}) = [c(\text{Ag}^+)/c^{\ominus}] \cdot [c(\text{Cl}^-)/c^{\ominus}]$$

$$c(\text{Cl}^-)/c^{\ominus} = \frac{K_{sp}^{\ominus}(\text{AgCl})}{c(\text{Ag}^+)/c^{\ominus}} = \frac{1.77 \times 10^{-10}}{5.00 \times 10^{-5}} = 3.50 \times 10^{-6}$$

$$\text{pCl} = 5.45$$

按照上述计算方法，可以计算出滴定过程中任一时刻的 pAg 或 pCl。通过计算可知，该滴定体系在 ±0.1%误差范围内的突跃范围为 pAg = 5.45 ~ 4.30，化学计量点 pAg = 4.88。将计算结果列于表 5-1。

表 5-1　0.1000mol·L^{-1} 硝酸银滴定 20mL 0.1000mol·L^{-1} 氯化钠溶液时 pAg 和 pCl 的变化

NaCl 被滴定分数/%	加入 AgNO$_3$ 溶液量/mL	pAg	pCl
0	0	∞	1.00
90.0	18.00	7.47	2.28
99.0	19.80	6.45	3.30
99.9	19.98	5.45	4.30
100.0	20.00	4.88	4.88
100.1	20.02	4.30	5.45
101.0	20.20	3.30	6.45
110.0	22.00	2.28	7.47
200.0	40.00	1.47	8.28

按同样的计算方法，也可计算得到以 0.1000mol·L^{-1} 硝酸银溶液分别滴定等浓度的 NaBr 和 NaI 溶液时滴定突跃范围及化学计量点 pAg。

滴定时 NaBr 突跃范围为 pAg = 7.97～4.30，化学计量点 pAg = 6.14；滴定时 NaI 突跃范围为 pAg = 11.77～4.30，化学计量点 pAg = 8.04。将结果统计列于表 5-2，滴定曲线如图 5-1 所示。

表 5-2　0.1000mol·L^{-1} 硝酸银滴定 20mL 0.1000mol·L^{-1} NaBI、20mL 0.1000mol·L^{-1} NaBr、20mL 0.1000mol·L^{-1} NaI 时化学计量点前后 ±0.1% 及化学计量点的 pAg 和 pX

加入 AgNO$_3$ 溶液量/mL	滴定分数/%	NaCl		NaBr		NaI	
		pAg	pCl	pAg	pBr	pAg	pI
19.98	99.9	5.45	4.30	7.97	4.30	11.77	4.30
20.00	100	4.88	4.88	6.14	6.14	8.04	8.04
20.02	100.1	4.30	5.45	4.30	7.97	4.30	11.77

注：$K_{sp}^{\ominus}(AgCl) = 1.77 \times 10^{-10}$，$K_{sp}^{\ominus}(AgBr) = 5.25 \times 10^{-13}$，$K_{sp}^{\ominus}(AgI) = 8.32 \times 10^{-17}$。

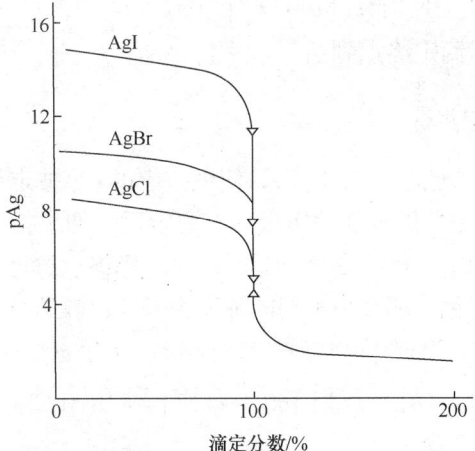

图 5-1　0.1000mol·L^{-1} 硝酸银滴定 20mL 0.1000mol·L^{-1} NaCl、20mL 0.1000mol·L^{-1} NaBr、20mL 0.1000mol·L^{-1} NaI 时的滴定曲线

5.2 银量法的分类

根据确定化学计量点时所用的指示剂不同，银量法可分为三种：以铬酸钾为指示剂的莫尔法、以铁铵矾为指示剂的福尔哈德法和以吸附指示剂指示化学计量点的法扬斯法。本节主要讨论几种银量法确定化学计量点的原理、滴定条件和适用范围。

5.2.1 莫尔法

以 K_2CrO_4 为指示剂，用 $AgNO_3$ 标准溶液滴定 Cl^-、Br^-、CN^- 的沉淀滴定法称为莫尔(Mohr)法。以测定 Cl^- 为例，指示剂指示终点原理如下：

滴定反应

$$Ag^+ + Cl^- =\!=\!= AgCl\downarrow (白色) \quad K_{sp}^{\ominus}(AgCl) = 1.8 \times 10^{-10}$$

指示反应

$$2Ag^+ + CrO_4^{2-} =\!=\!= Ag_2CrO_4\downarrow (砖红色) \quad K_{sp}^{\ominus}(Ag_2CrO_4) = 2.0 \times 10^{-12}$$

由于 AgCl 的溶解度小于 Ag_2CrO_4 的溶解度，当 Ag^+ 进入浓度较大的 Cl^- 中性或弱碱性溶液中时，根据分步沉淀的原理，AgCl 将首先生成沉淀，而 $[c(Ag^+)/c^{\ominus}]^2 \cdot [c(CrO_4^{2-})/c^{\ominus}] < K_{sp}^{\ominus}(Ag_2CrO_4)$，$Ag_2CrO_4$ 不能形成沉淀，随着滴定的进行，Cl^- 浓度不断降低，Ag^+ 浓度不断增大，在接近化学计量点时，溶液中 Cl^- 浓度已经很小，这时加入很少量的 Ag^+ 溶液，就可引起 Cl^- 浓度发生很大的变化，形成一个突跃。此时 $[c(Ag^+)/c^{\ominus}]^2 \cdot [c(CrO_4^{2-})/c^{\ominus}] > K_{sp}^{\ominus}(Ag_2CrO_4)$，于是出现红色沉淀，指示滴定终点到达。

1. 指示剂用量的选择

用 $AgNO_3$ 标准溶液滴定 Cl^- 时，为使试液中的 Cl^- 被定量滴定后，立即析出 Ag_2CrO_4 沉淀，K_2CrO_4 指示剂的用量一定要合适，如果指示剂浓度过高，则终点过早出现，导致滴定不足，是负误差；反之，则终点过迟，导致正误差。如果正好在化学计量点变色，那么指示剂的浓度为多少比较适合呢？

在化学计量点时，Ag^+ 与 Cl^- 的量恰好相等，在 AgCl 的饱和溶液中：

$$[c(Ag^+)/c^{\ominus}] \cdot [c(Cl^-)/c^{\ominus}] = K_{sp}^{\ominus}(AgCl)$$

因为 $c(Ag^+) = c(Cl^-)$，所以

$$[c(Ag^+)/c^{\ominus}]^2 = K_{sp}^{\ominus}(AgCl)$$

$$c(\mathrm{Ag}^+)/c^\ominus = \sqrt{K_{\mathrm{sp}}^\ominus(\mathrm{AgCl})}$$

此时要求 $[c(\mathrm{Ag}^+)/c^\ominus]^2 \cdot [c(\mathrm{CrO}_4^{2-})/c^\ominus] \geqslant K_{\mathrm{sp}}^\ominus(\mathrm{Ag}_2\mathrm{CrO}_4)$，$\mathrm{Ag}_2\mathrm{CrO}_4$ 才可生成。

将 $c(\mathrm{Ag}^+)/c^\ominus = \sqrt{K_{\mathrm{sp}}^\ominus(\mathrm{AgCl})}$，代入 $[c(\mathrm{Ag}^+)/c^\ominus]^2 \cdot [c(\mathrm{CrO}_4^{2-})/c^\ominus] \geqslant K_{\mathrm{sp}}^\ominus(\mathrm{Ag}_2\mathrm{CrO}_4)$，得

$$c(\mathrm{CrO}_4^{2-})/c^\ominus \geqslant \frac{K_{\mathrm{sp}}^\ominus(\mathrm{Ag}_2\mathrm{CrO}_4)}{K_{\mathrm{sp}}^\ominus(\mathrm{AgCl})} = \frac{2.0 \times 10^{-12}}{1.8 \times 10^{-10}} = 1.18 \times 10^{-2}$$

$$c(\mathrm{CrO}_4^{2-}) \geqslant 1.18 \times 10^{-2}\,\mathrm{mol}\cdot\mathrm{L}^{-1}$$

计算可知，被测溶液中 $c(\mathrm{CrO}_4^{2-})$ 控制在 $1.18 \times 10^{-2}\,\mathrm{mol}\cdot\mathrm{L}^{-1}$ 时，恰好在化学计量点出现砖红色的 $\mathrm{Ag}_2\mathrm{CrO}_4$ 沉淀。

误差为 -0.1% 时，将 $c(\mathrm{Ag}^+) = 3.50 \times 10^{-6}\,\mathrm{mol}\cdot\mathrm{L}^{-1}$ 代入

$$[c(\mathrm{Ag}^+)/c^\ominus]^2 \cdot [c(\mathrm{CrO}_4^{2-})/c^\ominus] = K_{\mathrm{sp}}^\ominus(\mathrm{Ag}_2\mathrm{CrO}_4)$$

得 $c(\mathrm{CrO}_4^{2-}) = 1.63 \times 10^{-1}\,\mathrm{mol}\cdot\mathrm{L}^{-1}$。

误差为 $+0.1\%$ 时，将 $c(\mathrm{Ag}^+) = 5.00 \times 10^{-5}\,\mathrm{mol}\cdot\mathrm{L}^{-1}$ 代入

$$[c(\mathrm{Ag}^+)/c^\ominus]^2 \cdot [c(\mathrm{CrO}_4^{2-})/c^\ominus] = K_{\mathrm{sp}}^\ominus(\mathrm{Ag}_2\mathrm{CrO}_4)$$

得 $c(\mathrm{CrO}_4^{2-}) = 8.0 \times 10^{-4}\,\mathrm{mol}\cdot\mathrm{L}^{-1}$。

因此从理论上来讲，只要 $c(\mathrm{CrO}_4^{2-})$ 在 $1.63 \times 10^{-1}\,\mathrm{mol}\cdot\mathrm{L}^{-1} \sim 8.0 \times 10^{-4}\,\mathrm{mol}\cdot\mathrm{L}^{-1}$ 范围之内，就可使终点误差控制在 $\pm 0.1\%$ 范围内。

理论计算表明，终点时溶液中 CrO_4^{2-} 的浓度应该为 $1.18 \times 10^{-2}\,\mathrm{mol}\cdot\mathrm{L}^{-1}$ 最为理想，然而在实际操作中，这样大的浓度 $\mathrm{K}_2\mathrm{CrO}_4$ 黄色较深，妨碍终点时对砖红色沉淀的观察，所以实际用量比理论用量要少，一般 CrO_4^{2-} 的浓度为 $5.0 \times 10^{-3}\,\mathrm{mol}\cdot\mathrm{L}^{-1}$，并且终点误差小于 0.1%。

$\mathrm{K}_2\mathrm{CrO}_4$ 浓度降低后，要使 $\mathrm{Ag}_2\mathrm{CrO}_4$ 沉淀析出，必须多加一些 AgNO_3 溶液，这样，滴定剂用量就多了，是否能满足准确度的要求呢？

【例 5-1】 $0.1000\,\mathrm{mol}\cdot\mathrm{L}^{-1}$ 硝酸银溶液滴定 $0.1000\,\mathrm{mol}\cdot\mathrm{L}^{-1}$ 氯化钠溶液，指示剂重铬酸钾的浓度 $5.0 \times 10^{-3}\,\mathrm{mol}\cdot\mathrm{L}^{-1}$，当开始析出 $\mathrm{Ag}_2\mathrm{CrO}_4$ 沉淀时，溶液中银离子的浓度为多少？

解 $$[c(\mathrm{Ag}^+)/c^\ominus]^2 \cdot [c(\mathrm{CrO}_4^{2-})/c^\ominus] = K_{\mathrm{sp}}^\ominus(\mathrm{Ag}_2\mathrm{CrO}_4)$$

$$c(\mathrm{Ag}^+)/c^\ominus = \sqrt{\frac{K_{\mathrm{sp}}^\ominus(\mathrm{Ag}_2\mathrm{CrO}_4)}{c(\mathrm{CrO}_4^{2-})/c^\ominus}} = \sqrt{\frac{2.0 \times 10^{-12}}{5.0 \times 10^{-3}}} = 2.0 \times 10^{-5}$$

此时溶液中的氯离子浓度为 $c(\mathrm{Cl}^-)$，有

$$[c(\mathrm{Ag}^+)/c^\ominus]\cdot[c(\mathrm{Cl}^-)/c^\ominus]=K_{\mathrm{sp}}^\ominus(\mathrm{AgCl})$$

$$c(\mathrm{Cl}^-)/c^\ominus=\frac{K_{\mathrm{sp}}^\ominus(\mathrm{AgCl})}{c(\mathrm{Ag}^+)/c^\ominus}=\frac{1.8\times10^{-10}}{2.0\times10^{-5}}=9.0\times10^{-6}$$

此时溶液中的 Ag^+ 来自两个方面，一方面是真正过量的部分，另一方面是来自 AgCl 的沉淀溶解平衡，即 AgCl 溶解而产生的，其浓度等于 Cl^- 的浓度，这一部分不能算作过量的部分，所以 Ag^+ 真正过量的浓度为

$$c(\mathrm{Ag}^+)/c^\ominus-c(\mathrm{Cl}^-)/c^\ominus=2.0\times10^{-5}-9.0\times10^{-6}=1.1\times10^{-5}$$

此外，要生成一定量的 $\mathrm{Ag}_2\mathrm{CrO}_4$ 沉淀，才能观察到终点，这也必须消耗一定量的 Ag^+。实验证明，要生成最低限量的 $\mathrm{Ag}_2\mathrm{CrO}_4$，以便判断终点，必须消耗 Ag^+ 的浓度为 $2.0\times10^{-5}\,\mathrm{mol\cdot L^{-1}}$。因此总共消耗 Ag^+ 的浓度为 $2.0\times10^{-5}+1.1\times10^{-5}=3.1\times10^{-5}(\mathrm{mol\cdot L^{-1}})$。测定过程中加入 Ag^+ 的物质的量为 $0.1000\times V(\mathrm{AgNO}_3)\times 10^{-3}\,\mathrm{mol}$，化学计量点时，溶液体积为 $2V(\mathrm{AgNO}_3)=2V(\mathrm{Cl}^-)$，故过量的 Ag^+ 的量为 $3.1\times10^{-5}\,\mathrm{mol\cdot L^{-1}}\times2V\times10^{-3}\,\mathrm{L}$，而 Ag^+ 的理论用量为 $0.1000\,\mathrm{mol\cdot L^{-1}}\times V\times10^{-3}\,\mathrm{L}$。因此终点时误差为

$$E_\mathrm{r}=\frac{3.1\times10^{-5}\,\mathrm{mol\cdot L^{-1}}\times2V\times10^{-3}}{0.1000\,\mathrm{mol\cdot L^{-1}}\times V\times10^{-3}\,\mathrm{L}}\times100\%=0.06\%$$

由此可见，用 $0.1000\,\mathrm{mol\cdot L^{-1}}\,\mathrm{AgNO}_3$ 溶液滴定 $0.1000\,\mathrm{mol\cdot L^{-1}}\,\mathrm{NaCl}$ 溶液，指示剂的浓度为 $5.0\times10^{-3}\,\mathrm{mol\cdot L^{-1}}$ 时，终点误差为 0.06%，为正误差，基本不影响分析结果的准确度。

加入 $\mathrm{K}_2\mathrm{CrO}_4$ 为指示剂后，会不会担心 $\mathrm{Ag}_2\mathrm{CrO}_4$ 先于 AgCl 沉淀出来呢？不会，因为最初 Cl^- 是大量的，滴入 Ag^+ 后先与 Cl^- 达到溶度积常数，在出现砖红色 $\mathrm{Ag}_2\mathrm{CrO}_4$ 沉淀的同时，Cl^- 已沉淀完全。

2. 溶液的酸度

应用莫尔法进行沉淀滴定，应控制溶液酸度为中性或弱碱性，因为 $\mathrm{Ag}_2\mathrm{CrO}_4$ 沉淀可溶于酸，在碱性介质中，Ag^+ 可生成 $\mathrm{Ag}_2\mathrm{O}$ 沉淀。通常莫尔法中控制溶液酸度 $\mathrm{pH}=6.5\sim10.5$。若试液酸性太强，可用 NaHCO_3、$\mathrm{Na}_2\mathrm{B}_4\mathrm{O}_7\cdot10\mathrm{H}_2\mathrm{O}$ 中和；若试液碱性太强，可用稀 HNO_3 中和；当试液中有铵盐 NH_4^+ 存在时，为防止因 $[\mathrm{Ag}(\mathrm{NH}_3)_2]^+$ 生成而影响测定，应控制溶液酸度为 $\mathrm{pH}=6.5\sim7.2$。

3. 干扰离子的消除

凡能与 CrO_4^{2-} 生成沉淀的阳离子如 Ba^{2+}、Pb^{2+}、Hg^{2+} 等以及能与 Ag^+ 生成沉

淀的阴离子如 CO_3^{2-}、PO_4^{3-}、AsO_4^{3-}、$C_2O_4^{2-}$、S^{2-} 等干扰测定。另外，在中性或弱碱条件下易发生水解的高价金属离子如 Fe^{3+}、Al^{3+}、Bi^{3+}、Sn^{4+} 等也不宜存在，都应预先分离出去。

4. 吸附现象的影响

为了避免由于先生成的 AgCl 和 AgBr 沉淀对溶液中 Cl^- 和 Br^- 的吸附，使滴定终点提前，滴定时必须剧烈摇动溶液，使被吸附的 Cl^- 和 Br^- 释放出来，保证测定结果的准确性。

莫尔法能测定 Cl^- 和 Br^-，不能测定 I^- 和 SCN^-，AgI 和 AgSCN 沉淀强烈吸附 I^- 和 SCN^-，使滴定终点提前，并使终点颜色变色不敏锐。

5. 滴定顺序

莫尔法只能用 $AgNO_3$ 标准溶液滴定 Cl^-，不能用 Cl^- 滴定 Ag^+。因为若用 Cl^- 滴定 Ag^+ 时，终点应该是砖红色的 Ag_2CrO_4 沉淀消失，从热力学计算，沉淀转化是可以进行的，但由于转化速度太慢而不能应用。

$$Ag_2CrO_4(s) + 2Cl^-(aq) \rightleftharpoons 2AgCl(s) + CrO_4^{2-}(aq)$$

用莫尔法测 Ag^+ 时，宜采用返滴定法。即先在 Ag^+ 试液中加入准确过量的 NaCl 标准溶液，再用 $AgNO_3$ 标准溶液回滴剩余的 NaCl。

莫尔法操作简便，准确度较高。

5.2.2 福尔哈德法

在酸性溶液中，以铁铵矾 $[NH_4Fe(SO_4)_2]\cdot 12H_2O$ 作指示剂的银量法称为福尔哈德(Volhard)法，主要测定 Ag^+ 及卤素离子。此法分为直接滴定法和返滴定法。

1. 直接滴定法测定 Ag^+

在 HNO_3 溶液中，以铁铵矾 $[NH_4Fe(SO_4)_2]\cdot 12H_2O$ 作指示剂，用 NH_4SCN 标准溶液滴定 Ag^+，溶液中首先析出 AgSCN 白色沉淀，当 Ag^+ 被定量沉淀后，过量的 SCN^- 即与溶液中的 Fe^{3+} 反应生成红色配合物 $FeSCN^{2+}$，从而指示滴定终点。

$$Ag^+ + SCN^- \rightleftharpoons AgSCN\downarrow(白色) \quad K_{sp}^{\ominus}(AgSCN) = 1.0\times10^{-12}$$

$$Fe^{3+} + SCN^- \rightleftharpoons FeSCN^{2+}(红色) \quad K_f^{\ominus}(FeSCN^{2+}) = 138$$

滴定时，为了防止 Fe^{3+} 水解，溶液用浓度 $0.1\sim 1\text{mol}\cdot L^{-1}$ HNO_3 溶液控制为强酸性。滴定终点时，Fe^{3+} 的浓度应约为 $0.015\text{mol}\cdot L^{-1}$。

反应生成的 AgSCN 沉淀对 Ag^+ 有较强的吸附作用，往往使终点提早出现，结果偏低。因此，滴定时必须剧烈摇动溶液，使被吸附的 HNO_3 及时地解析出来。

2. 返滴定法测定卤素离子

在含有卤素离子的 HNO_3 溶液中，加入一定量的过量的 $AgNO_3$ 标准溶液，然后以铁铵矾 $[NH_4Fe(SO_4)_2]\cdot 12H_2O$ 作指示剂，用 NH_4SCN 标准溶液滴定剩余的 Ag^+。

在测定 Cl^- 时，由于 AgCl 的溶解度比 AgSCN 的溶解度大，故在接近化学计量点时，SCN^- 可与 AgCl 沉淀发生如下转化反应：

$$AgCl(s) + SCN^-(aq) \rightleftharpoons AgSCN(s) + Cl^-(aq)$$

$$K^\ominus = \frac{c(Cl^-)}{c(SCN^-)} = \frac{K_{sp}^\ominus(AgCl)}{K_{sp}^\ominus(AgSCN)} = \frac{1.8\times 10^{-10}}{1.0\times 10^{-12}} = 180$$

达到终点后，摇动溶液会使 $FeSCN^{2+}$ 红色消失。如果要得到持久的红色，需要继续加入 SCN^-，但这样将引入较大的误差。由此可看出：

(1) $FeSCN^{2+}$ 比 AgSCN 稳定性差，从直接滴定法中可以看出来。

(2) AgCl 比 AgSCN 稳定性差。

为此，可采取以下措施：

(1) 试液中加入过量的 $AgNO_3$ 标准溶液后，将溶液煮沸，使 AgCl 凝聚，以减少 AgCl 沉淀对 Ag^+ 的吸附，然后滤去沉淀，并且用稀 HNO_3 充分洗涤沉淀，洗涤液并入滤液中，再用 NH_4SCN 标准溶液返滴定过量的 Ag^+。

(2) 试液中加入过量的 $AgNO_3$ 标准溶液后，再加入有机溶剂如硝基苯或 1,2-二氯乙烷 1~2mL，剧烈振荡，使 AgCl 沉淀表面覆盖一层有机溶剂，将沉淀包裹起来，从而阻止 SCN^- 对 AgCl 的沉淀转化反应。此法简单易行，但硝基苯毒性较大，使用时应注意。

返滴定法测定溴化物和碘化物时，AgBr 和 AgI 的溶解度比 AgSCN 小，故不发生沉淀转化反应，因此不必采取上述措施。

在测定碘化物时，指示剂必须在加入过量的 $AgNO_3$ 标准溶液后才能加入，否则 Fe^{3+} 将 I^- 氧化为 I_2，从而影响测定结果的准确度。

$$2Fe^{3+} + 2I^- \rightleftharpoons 2Fe^{2+} + I_2$$

3. 福尔哈德法的一些问题

(1) 福尔哈德法必须在 HNO_3 的强酸性溶液中进行，一方面可防止 Fe^{3+} 水解，以便观察终点；另一方面，溶液中的共存阳离子如 Zn^{2+}、Ba^{2+} 等离子，阴离子如

CO_3^{2-}、AsO_4^{2-}、S^{2-}、$C_2O_4^{2-}$、CrO_4^{2-} 等都不干扰测定，选择性较高。

(2)试样中若含有强氧化剂、氮的低价氧化物及铜盐、汞盐等，因能与 SCN^- 反应，干扰测定，必须预先除去。

(3)由于 AgSCN 沉淀易吸附溶液中的 Ag^+，化学计量点前溶液中的 $c(Ag^+)$ 大为降低，终点提前，因此在滴定时必须剧烈摇动，将被吸附的 Ag^+ 释放出来。

用福尔哈德法可以直接滴定测 Ag^+，返滴定可测 Cl^-、Br^-、I^-、PO_4^{3-}、AsO_4^{2-} 等。生产上常用来测定有机氯化物以及一些有机试剂，该法比莫尔法应用更广。

5.2.3 法扬斯法

法扬斯(Fajans)法是用 $AgNO_3$ 标准溶液，以吸附指示剂指示终点的银量法，是卤化物的测定方法。

吸附指示剂一般为一些有机染料，它们的阴离子在溶液中被吸附在胶状沉淀表面后，结构发生变化，引起颜色的改变，从而指示滴定终点。

例如，用 $AgNO_3$ 标准溶液滴定 Cl^- 可用荧光黄作指示剂。荧光黄是一种有机弱酸，可用 HFIn 表示，它在水溶液中离解为荧光黄阴离子 FIn^-，呈黄绿色。

$$HFIn \rightleftharpoons H^+ + FIn^-$$

在化学计量点前，溶液中 Cl^- 过量，AgCl 沉淀表面因吸附 Cl^- 而带负电荷，形成 $AgCl\cdot Cl^-$，因而荧光黄阴离子 FIn^- 不能被吸附，此时溶液呈现黄绿色。

达到化学计量点时，溶液中稍微过量的 Ag^+ 即被 AgCl 沉淀吸附而使溶液带正电荷，形成 $AgCl\cdot Ag^+$，此时该沉淀会强烈吸附荧光黄阴离子 FIn^-，该负离子被吸附后，结构发生变化，因而呈现粉红色，即整个溶液由带荧光的黄绿色转变为粉红色，从而指示到达滴定终点。

该变色过程可用下面的简式表示：

$$AgCl\text{-}Ag^+ + FIn^- \rightleftharpoons AgCl\text{-}Ag\cdot FIn$$

使用该方法也可用 NaCl 标准溶液滴定 $AgNO_3$，此时指示剂由粉红色变为黄绿色。

1. 滴定条件

(1)溶液的 pH 要适当，常用的吸附指示剂大多是有机弱酸，而起指示剂作用的是它们的阴离子，所以溶液的 pH 应有利于吸附指示剂阴离子的存在。因此，法扬斯法必须在中性、弱碱性或很弱的酸性(如 HAc)溶液中进行，否则，吸附指示剂会以不带电荷的分子态存在而不被沉淀胶粒所吸附。溶液的 pH 高低视所用吸附指示剂的离解常数而定，离解常数小的，溶液的 pH 就要偏高些，如荧光黄

的 $K_a^{\ominus} \approx 10^{-8}$，用它来指示 Cl^- 的滴定时，就需要在 pH = 7~10 的溶液中进行；若用二氯荧光黄（$K_a^{\ominus} \approx 10^{-4}$）来指示测定，溶液的 pH = 4~10 可以，一般维持在 pH = 5~8 时，终点更为明显。对于酸性稍强的一些吸附指示剂，溶液的酸性也可稍大些，如曙红（$K_a^{\ominus} \approx 10^{-2}$）在 pH = 2 时仍可使用。

(2) 由于吸附指示剂不是使溶液颜色变化，而是吸附在沉淀表面上而变色，因此应尽可能使卤化银沉淀呈胶体状态，并具有较大的表面。为此，在滴定前，应将溶液稀释并加入糊精、淀粉等亲水性高分子化合物以保护胶体。同时应避免大量中性盐存在，因为它们能使胶体凝聚。

(3) 因带有吸附指示剂的卤化银对光线极敏感，遇光易分解析出银，故滴定过程中应避免强光照射。

(4) 选用吸附指示剂时应考虑胶粒对指示剂的吸附能力要略小于对被测离子的吸附能力，否则指示剂将在化学计量点前变色。但对指示剂离子的吸附能力也不能太小，否则化学计量点后也不能立即变色。滴定卤化物时，卤化银对卤化物和几种常用的吸附指示剂的吸附能力大小次序如下：

$$I^- > 二甲基碘荧光黄 > Br^- > 曙红 > Cl^- > 荧光黄$$

因此，测定 Cl^- 时不能选用曙红，而应选用荧光黄作为指示剂。

另外，指示剂的离子与加入滴定剂的离子应带有相反的电荷，如用 Cl^- 滴定 Ag^+ 时，可用甲基紫 mv^+Cl^- 作吸附指示剂，这类指示剂称为阳离子指示剂。

2. 适用范围

法扬斯法是银量法中一种滴定方法，它可以测定 Cl^-、Br^-、I^-、SCN^- 等，但操作手续较莫尔法和福尔哈德法繁琐，且溶液的 pH 范围必须严格控制，因此，通常用得较少。吸附指示剂法不仅可以测定卤化物，还可以测生物碱盐类的和其他某些可以生成沉淀的物质，如测 SO_4^{2-} 时就可选用甲基紫作指示剂，在 pH = 1.5~3.5 的溶液中，用 Ba^{2+} 作标准溶液来滴定 SO_4^{2-}，终点颜色变化由红色变为紫色，滴定法测定生成沉淀比重量法测定要简便得多且省时，因此吸附指示剂法有它的实际意义，不可忽视。

本 章 小 结

沉淀滴定法是利用沉淀反应为基础的滴定分析方法。目前应用较广泛的沉淀反应是生成难溶性银盐的反应。

$$Ag^+ + X^- \Longrightarrow AgX\downarrow$$

式中，X^-代表Cl^-、Br^-、I^-、CN^-、SCN^-等。以这类反应为基础的沉淀滴定法称为银量法。

沉淀滴定分析这一章内容较少，但所涵盖的知识点不少，有些细节需要认真推敲、仔细研究才能获得真实的结果。有关指示剂用量的问题，在沉淀滴定分析这章内容中介绍了一小部分，在例5-1中有所体现。指示剂用量控制得好坏，对控制滴定误差有很大的影响。在酸碱滴定分析一章中也有一小部分内容介绍了单色指示剂用量对变色范围的影响问题。有关指示剂用量的问题在其他章节中并无阐述。内容虽少，但有研究价值，指示剂用量多少直接影响滴定误差。

1. 银量法的滴定曲线

银量法中，随着滴定的进行，溶液中X^-或Ag^+的浓度不断发生变化，即pX或pAg不断发生变化，在化学计量点前后pX或pAg会出现突跃。

滴定突跃的大小与沉淀的溶度积常数有关，在浓度相同的条件下，溶度积常数越小，滴定突跃越大，反之亦然。

2. 银量法的分类

根据确定化学计量点时所用的指示剂不同，银量法可分为三种：以铬酸钾为指示剂的莫尔法、以铁铵矾为指示剂的福尔哈德法和以吸附指示剂指示化学计量点的法扬斯法。

1) 莫尔法

以K_2CrO_4为指示剂，用$AgNO_3$标准溶液滴定Cl^-、Br^-、CN^-的沉淀滴定法称为莫尔法。以测定Cl^-为例，指示剂指示终点原理如下：

滴定反应 $Ag^+ + Cl^- = AgCl\downarrow$(白色)

指示反应 $2Ag^+ + CrO_4^{2-} = Ag_2CrO_4\downarrow$(砖红色)

由于AgCl的溶解度小于Ag_2CrO_4的溶解度，当Ag^+进入浓度较大的Cl^-中性或弱碱性溶液中时，根据分步沉淀的原理，AgCl将首先生成沉淀，而$[c(Ag^+)/c^\ominus]^2 \cdot [c(CrO_4^{2-})/c^\ominus] < K_{sp}^{\ominus}(Ag_2CrO_4)$，$Ag_2CrO_4$不能形成沉淀，随着滴定的进行，$Cl^-$浓度不断降低，$Ag^+$浓度不断增大，在接近化学计量点时，溶液中$Cl^-$浓度已经很小，这时加入很少量的$Ag^+$溶液，就可引起$Cl^-$浓度发生很大的变化，形成一个突跃。此时$[c(Ag^+)/c^\ominus]^2 \cdot [c(CrO_4^{2-})/c^\ominus] > K_{sp}^{\ominus}(Ag_2CrO_4)$，于是出现红色沉淀，指示滴定终点到达。

2) 福尔哈德法

在酸性溶液中，以铁铵矾$[NH_4Fe(SO_4)_2]\cdot 12H_2O$作指示剂的银量法称为福尔哈德法，主要测定 Ag^+ 及卤素离子。此法分为直接滴定法和返滴定法。

(1) 直接滴定法测定 Ag^+。在 HNO_3 溶液中，以铁铵钒 $[NH_4Fe(SO_4)_2]\cdot12H_2O$ 作指示剂，用 NH_4SCN 标准溶液滴定 Ag^+，溶液中首先析出 AgSCN 白色沉淀，当 Ag^+ 被定量沉淀后，过量的 SCN^- 即与溶液中的 Fe^{3+} 反应生成红色配合物 $FeSCN^{2+}$，从而指示滴定终点。

$$Ag^+ + SCN^- =\!=\!= AgSCN\downarrow(白色)$$

$$Fe^{3+} + SCN^- =\!=\!= FeSCN^{2+}(红色)$$

(2) 返滴定法测定卤素离子。在含有卤素离子的 HNO_3 溶液中，加入一定量的过量的 $AgNO_3$ 标准溶液，然后以铁铵钒 $[NH_4Fe(SO_4)_2]\cdot12H_2O$ 作指示剂，用 NH_4SCN 标准溶液滴定剩余的 Ag^+。

在测定 Cl^- 时，由于 AgCl 的溶解度比 AgSCN 的溶解度大，故在接近化学计量点时，化学计量点后更容易发生，SCN^- 可与 AgCl 沉淀发生如下转化反应：

$$AgCl(s) + SCN^-(aq) =\!=\!= AgSCN(s) + Cl^-(aq)$$

达到终点后，振荡溶液会使 $FeSCN^{2+}$ 红色消失。如果要得到持久的红色，需要继续加入 SCN^-，但这样将引入较大的误差，必须采取一定的措拖避免这样的情况发生。

3) 法扬斯法

法扬斯法是用 $AgNO_3$ 标准溶液，以吸附指示剂指示终点的银量法，是卤化物的测定方法。

吸附指示剂一般为一些有机染料，它们的阴离子在溶液中被吸附在胶状沉淀表面后，结构发生变化，引起颜色的改变，从而指示滴定终点。

例如，用 $AgNO_3$ 标准溶液滴定 Cl^- 可用荧光黄作指示剂。荧光黄是一种有机弱酸，可用 HFIn 表示，它在水溶液中离解为荧光黄阴离子 FIn^-，呈黄绿色。

$$HFIn = H^+ + FIn^-$$

在化学计量点前，溶液中 Cl^- 过量，AgCl 沉淀表面因吸附 Cl^- 而带负电荷，形成 $AgCl\text{-}Cl^-$，因而荧光黄阴离子 FIn^- 不能被吸附，此时溶液呈现黄绿色。

达到化学计量点时，溶液中稍微过量的 Ag^+ 即被 AgCl 沉淀吸附而使溶液带正电荷，形成 $AgCl\text{-}Ag^+$，此时该沉淀会强烈吸附荧光黄阴离子 FIn^-，该负离子被吸附后，结构发生变化，因而呈现粉红色，即整个溶液由带荧光的黄绿色转变为粉红色，从而指示到达滴定终点。

该变色过程可用下面的简式表示：

$$AgCl\text{-}Ag^+ + FIn^- =\!=\!= AgCl\text{-}Ag\cdot FIn$$

3. 其他

指示剂的变色原理需要重点掌握。莫尔法沉淀滴定时需要控制介质酸度，以及防止其他因素干扰。福尔哈德法有直接滴定法和返滴定法，要明确过程，思路清晰。福尔哈德法应用时的介质酸度以及为了防止沉淀转化所采取的措施等都是需要掌握的。在沉淀滴定分析中，沉淀吸附对滴定误差的影响是正误差还是负误差，沉淀指示剂的量用得稍多些或稍少些会产生正误差还是负误差，溶液过酸或过碱性会产生什么样的后果，造成什么样的误差等都需要正确判断。

思考及练习题

1. 为什么莫尔法只能在中性或碱性溶液中进行滴定，而福尔哈德法必须在酸性溶液中进行滴定？
2. 为什么用福尔哈德法测定氯离子误差比测定溴离子或碘离子大得多？
3. 解释吸附指示剂的作用原理。为什么必须控制溶液的pH？
4. 如果将 30.00mL $AgNO_3$ 溶液作用于基准物质 NaCl 0.1173g，过量的银离子需 3.20mL NH_4SCN 溶液滴定至终点。已知 20.00mL $AgNO_3$ 需 21.00mL NH_4SCN 溶液，试计算：
   (1) $AgNO_3$ 溶液的物质的量浓度；
   (2) NH_4SCN 溶液的物质的量浓度。
5. 称取不纯的 KCl 试样 0.1864g，溶解后用 $0.1028 mol \cdot L^{-1}$ $AgNO_3$ 溶液滴定至终点，用去 21.30mL，求试样的纯度。
6. 取水样 50.00mL，加入 25.00mL $0.01028 mol \cdot L^{-1}$ $AgNO_3$ 溶液，用 4.20mL $0.009\,560 mol \cdot L^{-1}$ NH_4SCN 滴定过量的 $AgNO_3$，求水中氯离子的含量。
7. 为了测定种子杀菌剂中的甲醛，将 5.000g 试样进行水蒸气蒸馏，蒸馏液收集在 500.00mL 容量瓶中，稀释至刻度，吸取 25.00mL 蒸馏液，加入 30.00mL $0.12 mol \cdot L^{-1}$ KCN 溶液，使其与甲醛定量反应：

$$CH_2O + KCN \Longrightarrow KOCH_2CN$$

再加入 40.00mL $0.1 mol \cdot L^{-1}$ $AgNO_3$ 溶液，除去过量的 KCN，过滤除去 AgCN，滤液及洗涤液中的过量的 Ag^+ 需用 16.10mL $0.1340 mol \cdot L^{-1}$ NH_4SCN 滴定。计算试样中甲醛的含量。

8. 取 32.00mL $0.1131 mol \cdot L^{-1}$ $AgNO_3$ 溶液加入含 0.2368g 氯化物试样的溶液中，然后用 $0.1251 mol \cdot L^{-1}$ NH_4SCN 溶液滴定过量的 $AgNO_3$，用去 NH_4SCN 0.30mL。计算试样中氯的含量。

9. 称取纯的 LiCl 和 $BaBr_2$ 混合物 0.6500g 溶于水，加入 $0.2037 mol \cdot L^{-1}$ $AgNO_3$ 溶液 48.50mL，过量的 $AgNO_3$ 以 $NH_4Fe(SO_4)_2$ 作指示剂，用 $0.1020 mol \cdot L^{-1}$ NH_4SCN 标准溶液滴定，消耗 27.00mL 到达终点。计算混合物中 LiCl 和 $BaBr_2$ 各自的百分含量。

10. 取 20.00mL $0.1 mol \cdot L^{-1}$ NaCl 溶液，用 $0.1 mol \cdot L^{-1}$ $AgNO_3$ 溶液滴定，计算在滴加过量 $AgNO_3$ 溶液 0.02mL 时溶液中的 Ag^+ 浓度。如果这时溶液中 K_2CrO_4 的浓度为 $5.0 \times 10^{-3} mol \cdot L^{-1}$，

Ag_2CrO_4 沉淀能否析出？

11. 称取 KBr 样品 0.6157g，溶解后移入 100.00mL 容量瓶中，加水稀释至刻度。吸取 25.00mL 试液于锥形瓶中，加入 25.00mL 0.1055mol·L^{-1} $AgNO_3$ 标准溶液、5.0mL 6mol·L^{-1} HNO_3 及 1mL 铁铵矾指示剂溶液，用 0.1103mol·L^{-1} NH_4SCN 标准溶液滴定至终点，用去 25.00mL。试计算 KBr 的含量。

12. 称取 0.2000g 基准 NaCl 样品溶于水中，加入 50.00mL $AgNO_3$ 标准溶液，以铁铵矾溶液为指示剂，用 NH_4SCN 标准溶液滴定至微红色，消耗标准溶液 25.00mL，已知 1.00mL NH_4SCN 标准溶液相当于 1.20mL $AgNO_3$ 标准溶液，试计算 $AgNO_3$ 和 NH_4SCN 的物质的量浓度。

13. 称取 1.0000g 含硫纯有机化合物，首先用 Na_2O_2 熔融，使其中的硫定量转化为 Na_2SO_4，然后溶解于水，用 $BaCl_2$ 溶液处理，定量转化为 $BaSO_4$。计算：
(1) 有机化合物中硫的百分含量；
(2) 若有机化合物的摩尔质量为 214.33g·mol^{-1}，求该有机化合物中硫的原子个数。

14. 称取 0.5805g 纯 NaCl 样品溶于水后用 $AgNO_3$ 处理，定量转化为 AgCl 1.4236g，计算 Na 的相对原子质量(已知 Cl 和 Ag 的相对原子质量分别为 35.45 和 107.87)。

15. 福尔哈德返滴定法测定氯离子，在 25.00mL 含有 Cl$^-$ 的水溶液中，加入 40.00mL $AgNO_3$ 标准溶液，用 NH_4SCN 标准溶液滴定多余的 Ag^+，用去 20.00mL NH_4SCN 溶液，求 Cl$^-$ 水溶液的浓度。已知 $c(AgNO_3) = 0.1000$mol·L^{-1}，$c(NH_4SCN) = 0.1000$mol·L^{-1}。

第6章　配位滴定法

配位滴定法(络合滴定法)是以生成配位化合物为基础的滴定分析方法，是一种极重要的滴定分析方法，测定对象极广，在农业样品分析中被广泛应用。配位滴定反应所涉及的平衡关系复杂，为了定量处理各种因素对配位平衡的影响，人们引入了副反应系数和条件稳定平衡常数的概念。这种简便的处理方法也广泛应用于其他复杂平衡体系的处理。

能够用于配位滴定的配合反应，必须符合滴定分析对滴定反应的要求，即反应速率快，反应产物稳定，具有确定的化学式，同时有适当的方法确定反应的终点。

在配位反应中提供配位原子的物质称为配位剂，配位剂有无机配位剂和有机配位剂两大类。

无机配位剂大多是单基配位体，它可与金属形成多级配合物，这类配合物多数不稳定，且配合物的逐级形成常数比较接近，所以各级配位反应都进行得不够完全，各种不同配位数的配合物同时存在，难以得到某一固定组成的产物。因此，除个别反应如 Ag^+ 与 CN^-、Hg^{2+} 与 Cl^- 等反应外，大多数不能用于配位滴定法。

有机配位剂分子中常含有两个以上的配位原子，是多基配位体，它与金属离子形成具有环状结构的螯合物，不仅稳定性高，而且一般只形成一种型体的配合物。这类反应化学计量关系明确，配位反应完全，稳定性好，因而能满足滴定分析对化学反应的要求，在分析化学中得到了广泛的应用，目前使用最多是氨羧配位剂。1945 年，苏黎世工业大学化学家施瓦岑巴赫(Schwarzenbach)首次发现了氨羧配位剂可满足滴定分析的要求后，各种氨羧配位剂的合成与研究使配位滴定法得到了迅速的发展，由于它能直接滴定碱土金属、铝及稀土元素等，于是利用氨羧配位剂的滴定法受到了普遍的欢迎，很快在黑色金属、有色金属、硬质合金、耐火材料、硅酸盐、炉渣、矿石、化工材料、水质、电镀液的分析中得到了推广使用。

氨羧配位剂含有氨基二乙酸，即

$$\mathrm{-N} \begin{array}{l} \mathrm{CH_2-C} \begin{array}{l} \mathrm{O} \\ \mathrm{OH} \end{array} \\ \mathrm{CH_2-C} \begin{array}{l} \mathrm{O} \\ \mathrm{OH} \end{array} \end{array}$$

基团的有机配位剂(也称螯合剂)分子中含有氨氮和羧氧两种配位能力很强的配位原子，可以与许多金属离子形成稳定的环状结构的配合物(也称螯合物)。较常用的氨羧配位剂有氨基三乙酸（NTA）、乙二胺四乙酸（EDTA）、环己烷二胺四乙酸（DCTA）、三乙四胺五乙酸（DTPA）、乙二醇二乙苯醚二胺四乙酸（EGTA）。其中 EDTA 是目前应用最广泛的一种。

用 EDTA 标准溶液可以滴定几十种金属，称为 EDTA 法。通常所谓的配位滴定法主要是指 EDTA 滴定法。

6.1 EDTA 的分析特性

6.1.1 乙二胺四乙酸的性质及其离解平衡

乙二胺四乙酸简称 EDTA，以 H_4Y 表示，为白色晶状粉末。在水中溶解度小，295K 时每 100mL 水溶解 0.02g，也难溶于酸和一般有机溶剂(如无水乙醇、丙酮和苯)，但易溶于氯水和氢氧化钠溶液中，生成相应的盐。分析上常用其二钠盐即 $Na_2H_2Y \cdot 2H_2O$，也简称 EDTA。EDTA 二钠盐是一种白色结晶粉末，无臭、无毒、无味、稳定，吸潮性小，易于精制，且易溶于水，295K 时每 100mL 水溶解 11.1g，浓度约为 $0.3 mol \cdot L^{-1}$，pH 约为 4.5。

在水溶液中，EDTA 分子中羧基上的 H^+ 会转移到氮原子上，形成双极离子。因此，当 H_4Y 溶于酸性介质中，两个失去质子的羧基可以再接受两个质子而形成 H_6Y^{2+}。这样 EDTA 就相当于一个六元酸，其各级离解常数为

$$H_6Y^{2+} \rightleftharpoons H_5Y^+ + H^+ \quad K_{a1}^{\ominus}(H_6Y^{2+}) = \frac{[c(H^+)/c^{\ominus}] \cdot [c(H_5Y^+)/c^{\ominus}]}{c(H_6Y^{2+})/c^{\ominus}} = 10^{-0.90}$$

$$H_5Y^+ \rightleftharpoons H_4Y + H^+ \quad K_{a2}^{\ominus}(H_6Y^{2+}) = \frac{[c(H^+)/c^{\ominus}] \cdot [c(H_4Y)/c^{\ominus}]}{c(H_5Y^+)/c^{\ominus}} = 10^{-1.60}$$

$$H_4Y \rightleftharpoons H_3Y^- + H^+ \quad K_{a3}^{\ominus}(H_6Y^{2+}) = \frac{[c(H^+)/c^{\ominus}] \cdot [c(H_3Y^-)/c^{\ominus}]}{c(H_4Y)/c^{\ominus}} = 10^{-2.00}$$

$$H_3Y^- \rightleftharpoons H_2Y^{2-} + H^+ \quad K_{a4}^{\ominus}(H_6Y^{2+}) = \frac{[c(H^+)/c^{\ominus}] \cdot [c(H_2Y^{2-})/c^{\ominus}]}{c(H_3Y^-)/c^{\ominus}} = 10^{-2.67}$$

$$H_2Y^{2-} \rightleftharpoons HY^{3-} + H^+ \quad K_{a5}^{\ominus}(H_6Y^{2+}) = \frac{[c(H^+)/c^{\ominus}] \cdot [c(HY^{3-})/c^{\ominus}]}{c(H_2Y^{2-})/c^{\ominus}} = 10^{-6.16}$$

$$HY^{3-} \rightleftharpoons Y^{4-} + H^+ \quad K_{a6}^{\ominus}(H_6Y^{2+}) = \frac{[c(H^+)/c^{\ominus}] \cdot [c(Y^{4-})/c^{\ominus}]}{c(HY^{3-})/c^{\ominus}} = 10^{-10.26}$$

在 EDTA 溶液中，可以 H_6Y^{2+}、H_5Y^+、H_4Y、H_3Y^-、H_2Y^{2-}、HY^{3-}、Y^{4-} 7 种型体存在。在不同的 pH 水溶液中 7 种型体的分布图如 6-1 所示。

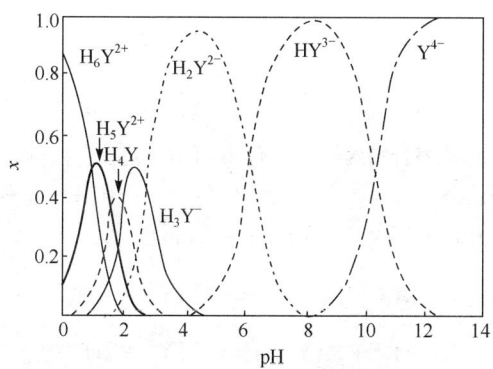

图 6-1　EDTA 各种型体的分布图

在 EDTA 各种型体与金属离子形成的配合物中，Y^{4-} 与金属离子形成的配合物最为稳定，所以 EDTA 在碱性溶液中配位能力最强。因此，溶液的酸度便成为影响 M-EDTA 配合物稳定性的一个重要因素。

在不同的 pH 时，EDTA 的主要存在型体如表 6-1 所示。

表 6-1　不同 pH 下的 EDTA 的存在型体

pH	主要存在型体	pH	主要存在型体
< 0.90	H_6Y^{2+}	2.75 ~ 6.24	H_2Y^{2-}
0.90 ~ 1.60	H_5Y^+	6.24 ~ 10.34	HY^{3-}
1.00 ~ 2.07	H_4Y	> 10.34	Y^{4-}
2.07 ~ 2.75	H_3Y^-		

6.1.2　EDTA 与金属离子形成螯合物的特点

(1) 具有广泛的配位性能。EDTA 分子中有 6 个可配位原子，其中 2 个氨基氮、4个羧基氧，属于多基配体，既可作为四基配体，也可作六基配体，可以不同的方式与金属离子形成含有多个五元环结构的螯合物，具有广泛的配位性能，属于广谱型配位剂，但选择性较差。

(2) 形成配合物的稳定性高。EDTA与大多数金属离子M形成多个五元环的螯合物，具有较高的稳定性。图6-2为金属离子M与EDTA所形成螯合物的立体结构示意图。由图可见，配离子中具有五个五元环，因而稳定性较高。

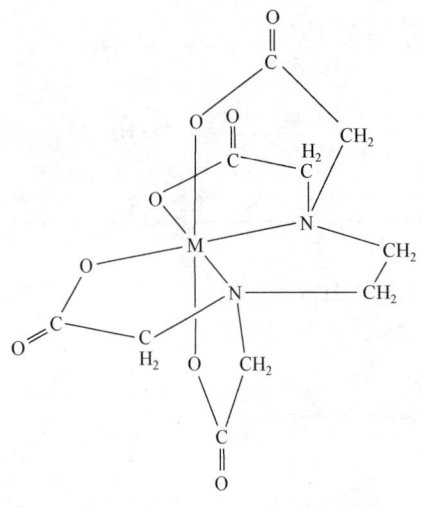

图6-2 M与EDTA形成螯合物的立体结构示意图

(3) 螯合比稳定。每个EDTA分子中含有6个配位原子，能与金属离子形成6个配位键，而且EDTA分子体积很大，与金属离子形成的配合物的螯合比一般为1∶1。例如

$$M^{2+} + H_2Y^{2-} \rightleftharpoons MY^{2-} + 2H^+$$

$$M^{3+} + H_2Y^{2-} \rightleftharpoons MY^- + 2H^+$$

$$M^{4+} + H_2Y^{2-} \rightleftharpoons MY + 2H^+$$

(4) 颜色变化。EDTA与无色金属离子形成无色螯合物，有利于用指示剂确定终点。它与有色金属离子形成颜色更深些的螯合物。例如：

配合物	CaY^{2-}	MgY^{2-}	CoY^-	NiY^{2-}	MgY^{2-}	FeY^-	CrY^-	CuY^{2-}
颜色	无色	无色	紫红色	蓝绿色	紫红色	无色	深紫色	深蓝色

(5) 可溶性。多数M-EDTA螯合物带有电荷，水溶性好，有利于滴定。

(6) 反应速率快。大多数金属离子与EDTA配位反应速率快，但也有个别离子反应较慢。例如，在酸性溶液中，Cr^{3+}与EDTA配位，加热至煮沸时才生成紫色螯合物。室温下，Fe^{3+}和Al^{3+}与EDTA配位较慢，前者需加热，后者需煮沸才能进行。

(7) 有H^+、OH^-参与配位反应。溶液的酸度或碱度较高时，H^+、OH^-也参与配位，形成酸式或碱式配合物。例如，Al^{3+}形成酸式配合物AlHY或碱式配合物$[Al(OH)Y]^{2-}$。有时还有混合配合物形成，如在氨性溶液中，Hg^{2+}与EDTA可生成$[Hg(NH_3)_2Y]^{2-}$。这些配合物都不太稳定，它们的生成都不影响金属离子与

EDTA 之间 1∶1 的定量关系。

6.2 影响 M-EDTA 配合物稳定性的因素

6.2.1 M-EDTA 配合物的稳定性

EDTA 与金属离子所形成配合物的稳定性可从配合物的稳定常数反映出来。EDTA 与金属离子的配位反应可简写成(略去电荷)

$$M + Y \rightleftharpoons MY$$

其平衡常数表达式为

$$K_f^{\ominus}(MY) = \frac{c(MY)/c^{\ominus}}{[c(M)/c^{\ominus}] \cdot [c(Y)/c^{\ominus}]}$$

平衡常数式中的 $c(MY)$、$c(M)$、$c(Y)$ 是指达平衡时 MY 型体、M 型体、Y 型体的浓度。$K_f^{\ominus}(MY)$ 是 MY 的形成常数,也称 EDTA 配合物的绝对稳定常数。绝对稳定常数的大小主要取决于金属离子本身的性质,如离子电荷、离子半径、和电子层结构等。$K_f^{\ominus}(MY)$ 越大,表示配合物越稳定。

外界条件对 EDTA 配合物的稳定性会产生较大影响。例如,溶液的酸度和其他配位剂的存在等外界条件的变化会引起副反应,明显影响配合物的稳定性。

一些金属离子与 EDTA 形成的配合物 MY 的稳定平衡常数见表 6-2。由表中数据可看出,不同的金属离子与 EDTA 形成的配合物稳定性差别较大,这就为分别滴定或选择滴定提供了方便。

表 6-2 一些金属离子与 EDTA 形成的配合物的 $\lg K_f^{\ominus}(MY)$ ($I = 0.1, 293\sim 298K$)

离子	$\lg K_f^{\ominus}$	离子	$\lg K_f^{\ominus}$	离子	$\lg K_f^{\ominus}$
Ag^+	7.32	Ce^{2+}	15.98	Fe^{2+}	14.32
Al^{3+}	16.3	Co^{2+}	16.31	Fe^{3+}	25.1
Ba^{2+}	7.86	Co^{3+}	36	Ga^{3+}	20.3
Be^{2+}	9.3	Cr^{3+}	23.4	Gd^{3+}	17.37
Bi^{3+}	27.94	Cu^{2+}	18.80	HfO^{2+}	19.1
Ca^{2+}	10.69	Er^{3+}	18.85	Hg^{2+}	21.7
Cd^{2+}	16.46	Eu^{3+}	17.35	Ho^{3+}	18.74

续表

离子	$\lg K_f^\ominus$	离子	$\lg K_f^\ominus$	离子	$\lg K_f^\ominus$
In^{3+}	25.0	Pb^{3+}	18.04	TiO^{2+}	17.3
La^{3+}	15.50	Pd^{2+}	18.5	Tl^{3+}	37.8
Li^+	2.79	Pm^{3+}	16.75	Tm^{3+}	19.07
Lu^{3+}	19.83	Pr^{3+}	16.40	U^{4+}	25.8
Mg^{2+}	8.7	Sc^{3+}	23.1	VO^{2+}	18.8
Mn^{2+}	13.87	Sm^{3+}	17.14	VO_2^+	18.1
Mo^{2+}	28	Sn^{2+}	22.11	Y^{3+}	18.09
Na^+	1.66	Sr^{2+}	8.73	Yb^{3+}	19.57
Nd^{3+}	16.6	Tb^{3+}	17.67	Zn^{2+}	16.50
Ni^{2+}	18.62	Th^{4+}	23.2	ZrP^{2+}	29.5
Py^{3+}	18.30	Ti^{3+}	21.3		

6.2.2 配位反应的副反应及副反应系数

1. 副反应

在化学反应中，通常把所应用或考察的主体反应称为主反应，而把其他相伴发生的、能影响主反应中反应物或生成物平衡浓度的各种反应统称副反应。在配位滴定中，主反应是被测离子 M 与滴定剂 EDTA(Y) 的配位反应，而系统中共存的干扰离子、为提高配位滴定的准确度和选择性，加入的缓冲溶液、掩蔽剂等物质还可能引起下列各种重要副反应。

$$
\begin{array}{ccccc}
& M & + & Y & \rightleftharpoons & MY & \text{主反应} \\
& OH\,L & & H\,N & & H\,OH & \\
& M(OH)\ ML & & HY\ NY & & MHY\ MOHY & \text{副反应} \\
& \vdots\quad \vdots & & \vdots & & & \\
& M(OH)_n\ ML_n & & H_6Y & & & \\
& \text{羟基配位}\ \text{辅助配位} & & \text{酸效应}\ \text{干扰离子} & & \text{混合配位} & \\
& \text{效应}\quad\text{效应} & & \quad\quad\ \text{效应} & & \text{效应} &
\end{array}
$$

在这些副反应中，羟基配位效应也称金属离子 M 水解效应；辅助配位效应也称金属离子 M 配位效应，就是溶液中除了 EDTA 外，还有另外一种配位剂 L 对其有配位作用；干扰离子效应称为 EDTA 的共存离子效应，就是溶液中除了 M 外，还有另外一种金属离子 N 与 EDTA 也有配位作用；混合配位效应是指产物 MY 发生的副反应，一般只有在强酸性或强碱性介质中 MY 产物才发生副反应，故通常可不予考虑；酸效应最重要，需重点解释。

当 M 发生副反应时，溶液中未参与主反应的金属离子即未与 EDTA(Y) 配位形成 MY 的金属离子不仅以 M 型体游离存在，还以 ML、ML_2、…、ML_n、MOH、$M(OH)_2$、…、$M(OH)_n$ 等型体存在，所有这些未与 EDTA(Y) 配位的型体的总和用 $c'(M)$ 表示。与 EDTA(Y) 配位的型体变成了 MY 型体存在于溶液中。

$$c'(M) = c(M) + c(MOH) + \cdots + c[M(OH)_n] + c(ML) + \cdots + c(ML_n)$$

当 Y 发生副反应时，溶液中未参与主反应的 EDTA(Y) 即未与 M 配位形成 MY 的 EDTA(Y) 不仅以 Y 型体游离存在，还以 NY、HY、H_2Y、H_3Y、H_4Y、H_5Y、H_6Y 等型体存在，这些型体的总和用 $c'(Y)$ 表示。与 M 配位的型体变成了 MY 型体存在于溶液中。

$$c'(Y) = c(NY) + c(Y) + c(HY) + \cdots + c(H_6Y)$$

同理，若 MY 发生副反应，溶液中不只有 MY，还存在 MHY、MOHY。这些配合物型体的总浓度可用 $c'(MY)$ 表示。

$$c'(MY) = c(MY) + c(MHY) + c(MOHY)$$

显然，反应物发生副反应，降低了 M 型体或 Y 型体的浓度，使主反应的完全程度降低；生成物发生副反应，会使主反应的完全程度提高。因此存在副反应发生时，$K_f^{\ominus}(MY)$ 的大小已经不能准确反映主反应的完全程度，而且由于此时反应系统内存在多个相关的复杂平衡，根据各种反应物的初始浓度，很难确定 M 型体和 Y 型体以及 MY 型体的平衡浓度，使得利用 $K_f^{\ominus}(MY)$ 对平衡的定量处理十分困难。

为此，林邦提出了利用副反应系数对绝对稳定常数进行校正的处理方法，是解决这类复杂平衡问题的有力工具。该方法的关键是首先利用副反应系数确定溶液中 M、Y、MY 各型体的平衡浓度与各自的总浓度之间定量关系。

2. 副反应系数

$$M + Y \rightleftharpoons MY$$

金属离子 M 发生的副反应有羟基配位效应和辅助配位效应，用金属离子的副反应系数 α_M 表示副反应发生的程度。

$c'(M)$ 与游离的 M 的平衡浓度 $c(M)$ 之比，称为金属离子 M 的副反应系数 α_M。

$$\alpha_M = \frac{c'(M)}{c(M)} = \frac{c(M)+c(MOH)+\cdots+c[M(OH)_n]+c(ML)+\cdots+c(ML_n)}{c(M)}$$

式中，$c'(M)$ 表示未参加主反应也就是未参与 Y 配位的金属离子 M 各种存在型体浓度之和；$c(M)$ 为金属离子的平衡浓度。

与 Y 配位的金属离子 M 以 MY 型体存在于溶液中。

α_M 表示金属离子 M 副反应进行程度的大小，显然，其值越大，表示副反应越严重。若 $\alpha_M = 1$，则 $c'(M) = c(M)$，表示 M 未发生副反应。

对金属离子 M 来说，副反应有羟基配位效应和辅助配位效应，分别用羟基配位效应系数 $\alpha_{M(OH)}$ 和辅助配位效应系数 $\alpha_{M(L)}$ 表示：

$$\alpha_{M(OH)} = \frac{c(M)+c(MOH)+\cdots+c[M(OH)_n]}{c(M)}$$

$$\alpha_{M(L)} = \frac{c(M)+c(ML)+\cdots+c(ML_n)}{c(M)}$$

所以有

$$\alpha_M = \alpha_{M(L)} + \alpha_{M(OH)} - 1$$

配位剂 EDTA 发生的副反应有酸效应和干扰离子效应(也称共存离子效应)，用 EDTA 的副反应系数 α_Y 表示副反应发生的程度。EDTA 的酸效应系数用 $\alpha_{Y(H)}$ 表示，EDTA 的干扰离子效应(共存离子效应)系数用 $\alpha_{Y(N)}$ 表示。

反应达平衡时未参与主反应也就是未与 M 配位的 EDTA 各种型体的浓度总和 $c'(Y)$：

$$c'(Y) = c(NY) + c(Y) + c(HY) + \cdots + c(H_6Y)$$

$c'(Y)$ 与游离的 Y 的平衡浓度 $c(Y)$ 之比，称为 EDTA 的副反应系数 α_Y：

$$\alpha_Y = \frac{c'(Y)}{c(Y)} = \frac{c(NY)+c(Y)+c(HY)+\cdots+c(H_6Y)}{c(Y)}$$

式中，$c'(Y)$ 表示未参加主反应也就是未参与 Y 配位的金属离子各种存在型体浓度之和。

与 Y 配位的 EDTA 以 MY 型体存在于溶液中。

α_Y 表示 EDTA 副反应进行程度的大小，显然，其值越大，表示副反应越严重。若 $\alpha_Y = 1$，则 $c'(Y) = c(Y)$，表示 EDTA 未发生副反应。

α_Y 与 $\alpha_{Y(H)}$ 和 $\alpha_{Y(N)}$ 的关系为

$$\alpha_Y = \frac{c'(Y)}{c(Y)} = \frac{c(NY)+c(Y)}{c(Y)} + \frac{c(Y)+c(HY)+\cdots+c(H_6Y)}{c(Y)} - 1$$

$$\alpha_{Y(N)} = \frac{c(NY) + c(Y)}{c(Y)}$$

$$\alpha_{Y(H)} = \frac{c(Y) + c(HY) + \cdots + c(H_6Y)}{c(Y)}$$

$$\alpha_Y = \alpha_{Y(N)} + \alpha_{Y(H)} - 1$$

$\alpha_{Y(H)}$ 是众多副反应系数中最重要的一个。EDTA 是六元酸，在一定 pH 的条件下，EDTA 的七种型体 HY、H_2Y、H_3Y、H_4Y、H_5Y、H_6Y、Y 在体系中所占比例是确定的。在以 EDTA 为配位剂(滴定剂)的配位滴定中，溶液的 pH 是确定的，所以受酸度影响的副反应是必须存在的。只有在 pH>12.26 时，才会有 $\alpha_{Y(H)}=1$；但在此 pH 条件下，被滴定的金属离子 M 已经沉淀完全。

配合物 MY 发生的副反应可用 MY 的副反应系数 α_{MY} 表示其程度。

$$\alpha_{MY} = \frac{c'(MY)}{c(MY)}$$

$$c'(MY) = c(MY) + c(MHY) + c(MOHY)$$

式中，$c(MY)$ 为配合物的平衡浓度。

$$\alpha_{MY} = \alpha_{MY(H)} + \alpha_{MY(OH)} - 1$$

α_{MY} 越大，越有利于反应正向进行。

3. 酸效应系数

酸效应系数很重要，有关酸效应系数的求解问题在此部分重点讨论。

若无共存离子 N 的干扰，$\alpha_{Y(H)}$ 即表示未与金属离子 M 配位的 EDTA 各种存在型体的总浓度 $c'(Y)$ 与 Y 型体平衡浓度 $c(Y)$ 之比。

$$\alpha_{Y(H)} = \frac{c'(Y)}{c(Y)}$$

$$\alpha_{Y(H)} = \frac{c(Y) + c(HY) + \cdots + c(H_6Y)}{c(Y)}$$

当介质为强酸性(pH<1.00)时，溶液中游离的 EDTA 主要以 H_6Y^{2+} 型体存在，即 Y^{4-} 型体浓度极低，EDTA 受酸效应的强烈影响，与金属离子 M 的配位能力大大降低。此时 $\alpha_{Y(H)}$ 数值很大，表示因酸度引起的副反应严重，使反应 M+Y ⇌ MY 的完全程度大大降低。随介质 pH 升高，$\alpha_{Y(H)}$ 数值变小，反应 M+Y ⇌ MY 的完全程度逐渐升高。在强碱性溶液中，$\alpha_{Y(H)} \approx 1$，此时酸效应对反应 M+Y ⇌ MY 的影响可忽略。

以下举例求解一定酸度条件下乙二胺四乙酸二钠盐(EDTA)的酸效应系数。

【例 6-1】 EDTA 酸效应系数表中给出了不同 pH 条件下酸效应系数 $\lg \alpha_{Y(H)}$ 的大小，这个表中的数据是如何求解的？

解 关于这个求解过程，总结出两种方法。

(1) 多元法。在一定浓度及一定酸度的乙二胺四乙酸二钠盐水溶液中，有两级解离平衡和四级水解平衡：

$$H_2Y^{2-} \rightleftharpoons HY^{3-} + H^+$$

$$K_{a5}^{\ominus}(H_6Y^{2+}) = \frac{[c(H^+)/c^{\ominus}] \cdot [c(HY^{3-})/c^{\ominus}]}{c(H_2Y^{2-})/c^{\ominus}} = 6.92 \times 10^{-7} = 10^{-6.16} \quad (1)$$

$$HY^{3-} \rightleftharpoons Y^{4-} + H^+$$

$$K_{a6}^{\ominus}(H_6Y^{2+}) = \frac{[c(H^+)/c^{\ominus}] \cdot [c(Y^{4-})/c^{\ominus}]}{c(HY^{3-})/c^{\ominus}} = 5.50 \times 10^{-11} = 10^{-10.26} \quad (2)$$

$$H_2Y^{2-} + H_2O \rightleftharpoons H_3Y^- + OH^-$$

$$K_{b3}^{\ominus}(Y^{4-}) = \frac{[c(OH^-)/c^{\ominus}] \cdot [c(H_3Y^-)/c^{\ominus}]}{c(H_2Y^{2-})/c^{\ominus}} = \frac{10^{-14}}{2.14 \times 10^{-3}} = 10^{-11.33} \quad (3)$$

$$H_3Y^- + H_2O \rightleftharpoons H_4Y + OH^-$$

$$K_{b4}^{\ominus}(Y^{4-}) = \frac{[c(OH^-)/c^{\ominus}] \cdot [c(H_4Y)/c^{\ominus}]}{c(H_3Y^-)/c^{\ominus}} = \frac{10^{-14}}{10^{-2.0}} = 10^{-12} \quad (4)$$

$$H_4Y + H_2O \rightleftharpoons H_5Y^+ + OH^-$$

$$K_{b5}^{\ominus}(Y^{4-}) = \frac{[c(OH^-)/c^{\ominus}] \cdot [c(H_5Y^+)/c^{\ominus}]}{c(H_4Y)/c^{\ominus}} = \frac{10^{-14}}{2.5 \times 10^{-2}} = 10^{-12.4} \quad (5)$$

$$H_5Y^+ + H_2O \rightleftharpoons H_6Y^{2+} + OH^-$$

$$K_{b6}^{\ominus}(Y^{4-}) = \frac{[c(OH^-)/c^{\ominus}] \cdot [c(H_6Y^{2+})/c^{\ominus}]}{c(H_5Y^+)/c^{\ominus}} = \frac{10^{-14}}{1.3 \times 10^{-1}} = 10^{-13.1} \quad (6)$$

共六个方程、八个未知数，还需两个相关方程，才能解出各种型体浓度。

在 $c_0(H_2Y^{2-})$ 水溶液中

$$c_0(H_2Y^{2-}) = c(Y^{4-}) + c(HY^{3-}) + c(H_2Y^{2-}) + c(H_3Y^-) + \\ c(H_4Y) + c(H_5Y^+) + c(H_6Y^{2+}) \quad (7)$$

$c_0(H_2Y^{2-})$ 水溶液的质子平衡方程为

$$c(H^+) + c(H_3Y^-) + 2c(H_4Y) + 3c(H_5Y^+) + 4c(H_6Y^{2+}) \\ = c(OH^-) + 2c(Y^{4-}) + c(HY^{3-}) \quad (8)$$

得(7)和(8)后共八个方程、八个未知数，理论上是可以解的。

在具体的酸度条件下，如 $c(H^+) = 1.0 \, \text{mol} \cdot \text{L}^{-1}$，$c(OH^-) = 1.0 \times 10^{-14} \, \text{mol} \cdot \text{L}^{-1}$，将 $c(H^+) = 1.0 \, \text{mol} \cdot \text{L}^{-1}$ 代入上述 (1)~(6) 中分别得

$$\frac{c(\mathrm{HY}^{3-})/c^{\ominus}}{c(\mathrm{H_2Y^{2-}})/c^{\ominus}} = 10^{-6.16} \tag{9}$$

$$\frac{c(\mathrm{Y}^{4-})/c^{\ominus}}{c(\mathrm{HY}^{3-})/c^{\ominus}} = 10^{-10.26} \tag{10}$$

$$\frac{c(\mathrm{H_3Y^-})/c^{\ominus}}{c(\mathrm{H_2Y^{2-}})/c^{\ominus}} = 10^{2.67} \tag{11}$$

$$\frac{c(\mathrm{H_4Y})/c^{\ominus}}{c(\mathrm{H_3Y})/c^{\ominus}} = 10^{2.0} \tag{12}$$

$$\frac{c(\mathrm{H_5Y^+})/c^{\ominus}}{c(\mathrm{H_4Y})/c^{\ominus}} = 10^{1.6} \tag{13}$$

$$\frac{c(\mathrm{H_6Y^{2+}})/c^{\ominus}}{c(\mathrm{H_5Y^+})/c^{\ominus}} = 10^{0.9} \tag{14}$$

对(9)~(14)继续处理得

$$c(\mathrm{HY}^{3-}) = 10^{10.26} c(\mathrm{Y}^{4-}) \tag{15}$$

$$c(\mathrm{H_2Y^{2-}}) = 10^{10.26} \times 10^{6.16} c(\mathrm{Y}^{4-}) \tag{16}$$

$$c(\mathrm{H_3Y^{2-}}) = 10^{10.26} \times 10^{6.16} \times 10^{2.67} c(\mathrm{Y}^{4-}) \tag{17}$$

$$c(\mathrm{H_4Y}) = 10^{10.26} \times 10^{6.16} \times 10^{2.67} \times 10^{2.0} c(\mathrm{Y}^{4-}) \tag{18}$$

$$c(\mathrm{H_5Y^+}) = 10^{10.26} \times 10^{6.16} \times 10^{2.67} \times 10^{2.0} \times 10^{1.6} c(\mathrm{Y}^{4-}) \tag{19}$$

$$c(\mathrm{H_6Y^{2+}}) = 10^{10.26} \times 10^{6.16} \times 10^{2.67} \times 10^{2.0} \times 10^{1.6} \times 10^{0.9} c(\mathrm{Y}^{4-}) \tag{20}$$

将(15)~(20)代入酸效应系数表达式：

$$\alpha_{\mathrm{Y(H)}} = \frac{c(\mathrm{Y}^{4-}) + c(\mathrm{HY}^{3-}) + c(\mathrm{H_2Y^{2-}}) + c(\mathrm{H_3Y^-}) + c(\mathrm{H_4Y}) + c(\mathrm{H_5Y^+}) + c(\mathrm{H_6Y^{2+}})}{c(\mathrm{Y}^{4-})}$$

得

$$\alpha_{\mathrm{Y(H)}} = 1 + 10^{10.26} + 10^{10.26} \times 10^{6.16} + 10^{10.26} \times 10^{6.16} \times 10^{2.67} + 10^{10.26} \times 10^{6.16} \times 10^{2.67} \times 10^{2.0} +$$
$$10^{10.26} \times 10^{6.16} \times 10^{2.67} \times 10^{2.0} \times 10^{1.6} + 10^{10.26} \times 10^{6.16} \times 10^{2.67} \times 10^{2.0} \times 10^{0.9}$$

结果得 $\alpha_{\mathrm{Y(H)}} = 23.64$。

采用同样的方法，可求出任意 $c(\mathrm{H^+})$ 浓度时 EDTA 的酸效应系数，并且没有利用式(7)、式(8)。

(2)摩尔分数法。酸效应系数的定义式：

$$\alpha_{\mathrm{Y(H)}} = \frac{c(\mathrm{Y}^{4-}) + c(\mathrm{HY}^{3-}) + c(\mathrm{H_2Y^{2-}}) + c(\mathrm{H_3Y^-}) + c(\mathrm{H_4Y}) + c(\mathrm{H_5Y^+}) + c(\mathrm{H_6Y^{2+}})}{c(\mathrm{Y}^{4-})}$$

其中

$$c(Y^{4-}) + c(HY^{3-}) + c(H_2Y^{2-}) + c(H_3Y^-) + c(H_4Y) +$$
$$c(H_5Y^+) + c(H_6Y^{2+}) = c_0(H_2Y^{2-})$$

即为式(7),即相关各型体浓度的加和等于乙二胺四乙酸二钠盐水溶液的初始浓度。

将酸效应系数取倒数,并将(7)代入得

$$\frac{1}{\alpha_{Y(H)}} = \frac{c(Y^{4-})}{c(Y^{4-}) + c(HY^{3-}) + c(H_2Y^{2-}) + c(H_3Y^-) + c(H_4Y) + c(H_5Y^+) + c(H_6Y^{2+})}$$

$$\frac{1}{\alpha_{Y(H)}} = \frac{c(Y^{4-})}{c_0(H_2Y^{2-})}$$

$\dfrac{c(Y^{4-})}{c_0(H_2Y^{2-})} = x(Y^{4-})$,该式是 Y^{4-} 型体的摩尔分数的定义,所以

$$x(Y^{4-}) = \frac{1}{\alpha_{Y(H)}} = \frac{K_{a1}^{\ominus} K_{a2}^{\ominus} K_{a3}^{\ominus} K_{a4}^{\ominus} K_{a5}^{\ominus} K_{a6}^{\ominus}}{K_{a1}^{\ominus} K_{a2}^{\ominus} K_{a3}^{\ominus} K_{a4}^{\ominus} K_{a5}^{\ominus} K_{a6}^{\ominus} + \cdots + [c(H^+)/c^{\ominus}]^6}$$

EDTA 的一到六级解离平衡常数是已知的,溶液的酸度也是确定的,所以可以计算出酸效应系数的倒数,进而可得到酸效应系数。以 $c(H^+) = 1.0\,\text{mol}\cdot\text{L}^{-1}$ 的 EDTA 溶液为例,具体过程见表 6-3。

表 6-3 计算 $c(H^+) = 1.0\,\text{mol}\cdot\text{L}^{-1}$ 时 EDTA 的酸效应系数 $\lg\alpha_{Y(H)}$

计算公式	计算结果
$K_{a1}^{\ominus} K_{a2}^{\ominus} K_{a3}^{\ominus} K_{a4}^{\ominus} K_{a5}^{\ominus} K_{a6}^{\ominus}$	2.65×10^{-24}
$K_{a1}^{\ominus} K_{a2}^{\ominus} K_{a3}^{\ominus} K_{a4}^{\ominus} K_{a5}^{\ominus}[c(H^+)/c^{\ominus}]$	4.18×10^{-14}
$K_{a1}^{\ominus} K_{a2}^{\ominus} K_{a3}^{\ominus} K_{a4}^{\ominus}[c(H^+)/c^{\ominus}]^2$	6.96×10^{-8}
$K_{a1}^{\ominus} K_{a2}^{\ominus} K_{a3}^{\ominus}[c(H^+)/c^{\ominus}]^3$	3.25×10^{-5}
$K_{a1}^{\ominus} K_{a2}^{\ominus}[c(H^+)/c^{\ominus}]^4$	3.25×10^{-3}
$K_{a1}^{\ominus}[c(H^+)/c^{\ominus}]^5$	1.30×10^{-1}
$[c(H^+)/c^{\ominus}]^6$	1.00
$K_{a1}^{\ominus} K_{a2}^{\ominus} K_{a3}^{\ominus} K_{a4}^{\ominus} K_{a5}^{\ominus} K_{a6}^{\ominus} + K_{a1}^{\ominus} K_{a2}^{\ominus} K_{a3}^{\ominus} K_{a4}^{\ominus} K_{a5}^{\ominus} \cdot [c(H^+)/c^{\ominus}] + \cdots + [c(H^+)/c^{\ominus}]^6$	1.13
$\alpha_{Y(H)} = \dfrac{K_{a1}^{\ominus} K_{a2}^{\ominus} K_{a3}^{\ominus} K_{a4}^{\ominus} K_{a5}^{\ominus} K_{a6}^{\ominus} + K_{a1}^{\ominus} K_{a2}^{\ominus} K_{a3}^{\ominus} K_{a4}^{\ominus} K_{a5}^{\ominus} \cdot [c(H^+)/c^{\ominus}] + \cdots + [c(H^+)/c^{\ominus}]}{K_{a1}^{\ominus} K_{a2}^{\ominus} K_{a3}^{\ominus} K_{a4}^{\ominus} K_{a5}^{\ominus} K_{a6}^{\ominus}}$	4.28×10^{23}
$\lg\alpha_{Y(H)}$	23.63

注:$K_{a1}^{\ominus} = 1.3\times10^{-1}$,$K_{a2}^{\ominus} = 2.5\times10^{-2}$,$K_{a3}^{\ominus} = 1.0\times10^{-2.0}$,$K_{a4}^{\ominus} = 2.14\times10^{-3}$,$K_{a5}^{\ominus} = 6.92\times10^{-7}$,$K_{a6}^{\ominus} = 5.5\times10^{-11}$,$c(H^+)/c^{\ominus} = 1.0$。

由表 6-3 可以看出，变换 EDTA 水溶液的酸度，即可计算出相应酸度时 EDTA 的酸效应系数 $\lg \alpha_{Y(H)}$，此计算过程可以通过设计 Excel 表格计算程序实现，简便易行。还可以通过计算机软件实现更快速便捷的计算。表 6-4 提供了不同 pH 条件下 $\lg \alpha_{Y(H)}$ 的值。

表 6-4　EDTA 的 $\lg \alpha_{Y(H)}$ 值

pH	$\lg \alpha_{Y(H)}$	pH	$\lg \alpha_{Y(H)}$	pH	$\lg \alpha_{Y(H)}$
0.0	23.95	3.0	10.79	6.0	4.78
0.1	23.37	3.1	10.55	6.1	4.62
0.2	22.78	3.2	10.32	6.2	4.46
0.3	22.20	3.3	10.09	6.3	4.31
0.4	22.63	3.4	9.87	6.4	4.17
0.5	21.06	3.5	9.65	6.5	4.03
0.6	20.49	3.6	9.44	6.6	3.90
0.7	19.93	3.7	9.23	6.7	3.77
0.8	19.38	3.8	9.02	6.8	3.65
0.9	18.85	3.9	8.81	6.9	3.53
1.0	18.32	4.0	8.61	7.0	3.41
1.1	17.80	4.1	8.40	7.1	3.30
1.2	17.29	4.2	8.20	7.2	3.19
1.3	16.80	4.3	8.00	7.3	3.08
1.4	16.32	4.4	7.80	7.4	2.97
1.5	15.86	4.5	7.60	7.5	2.86
1.6	15.41	4.6	7.40	7.6	2.76
1.7	14.98	4.7	7.20	7.7	2.66
1.8	14.56	4.8	7.00	7.8	2.55
1.9	14.17	4.9	6.80	7.9	2.45
2.0	13.79	5.0	6.61	8.0	2.35
2.1	13.42	5.1	6.41	8.1	2.25
2.2	13.08	5.2	6.22	8.2	2.15
2.3	12.75	5.3	6.03	8.3	2.05
2.4	12.43	5.4	5.84	8.4	1.95
2.5	12.13	5.5	5.65	8.5	1.85
2.6	11.84	5.6	5.47	8.6	1.75
2.7	11.56	5.7	5.29	8.7	1.65
2.8	11.30	5.8	5.11	8.8	1.55
2.9	11.04	5.9	4.94	8.9	1.46

续表

pH	lg $\alpha_{Y(H)}$	pH	lg $\alpha_{Y(H)}$	pH	lg $\alpha_{Y(H)}$
9.0	1.36	10.1	0.44	11.2	0.06
9.1	1.26	10.2	0.38	11.3	0.05
9.2	1.17	10.3	0.32	11.4	0.04
9.3	1.08	10.4	0.27	11.5	0.03
9.4	0.99	10.5	0.23	11.6	0.02
9.5	0.90	10.6	0.19	11.7	0.02
9.6	0.81	10.7	0.16	11.8	0.02
9.7	0.73	10.8	0.13	11.9	0.01
9.8	0.65	10.9	0.11	12.0	0.01
9.9	0.57	11.0	0.09	12.5	0.00
10.0	0.50	11.1	0.07	13.0	0.00

6.2.3 M-EDTA 配合物的条件稳定常数

利用 M、Y、MY 在一定条件下的副反应系数，分别将 M、Y、MY 型体的平衡浓度 $c(M)$、$c(Y)$、$c(MY)$ 校正为 $c'(M)$、$c'(Y)$、$c'(MY)$。

$$\alpha_Y = \frac{c'(Y)}{c(Y)}, \quad \alpha_M = \frac{c'(M)}{c(M)}, \quad \alpha_{MY} = \frac{c'(MY)}{c(MY)}$$

$$M + Y \rightleftharpoons MY$$

$$K_f^{\ominus}(MY) = \frac{c(MY)/c^{\ominus}}{[c(M)/c^{\ominus}]\cdot[c(Y)/c^{\ominus}]}$$

将 $\alpha_Y = \dfrac{c'(Y)}{c(Y)}$、$\alpha_M = \dfrac{c'(M)}{c(M)}$、$\alpha_{MY} = \dfrac{c'(MY)}{c(MY)}$ 代入 $K_f^{\ominus}(MY)$ 中得

$$K_f^{\ominus}(MY) = \frac{c(MY)/c^{\ominus}}{[c(M)/c^{\ominus}]\cdot[c(Y)/c^{\ominus}]} = \frac{\alpha_M \alpha_Y}{\alpha_{MY}} \cdot \frac{c'(MY)/c^{\ominus}}{[c'(M)/c^{\ominus}]\cdot[c'(Y)/c^{\ominus}]}$$

整理得

$$\frac{K_f^{\ominus}(MY) \cdot \alpha_{MY}}{\alpha_M \alpha_Y} = \frac{c'(MY)/c^{\ominus}}{[c'(M)/c^{\ominus}]\cdot[c'(Y)/c^{\ominus}]}$$

将 $\dfrac{c'(MY)/c^{\ominus}}{[c'(M)/c^{\ominus}]\cdot[c'(Y)/c^{\ominus}]}$ 定义为条件稳定常数 $K_f'(MY)$，即

$$K_f'(MY) = \frac{c'(MY)/c^{\ominus}}{[c'(M)/c^{\ominus}]\cdot[c'(Y)/c^{\ominus}]}$$

所以
$$K'_f(MY) = K_f^\ominus(MY) \cdot \frac{\alpha_{MY}}{\alpha_M \alpha_Y}$$

取对数得
$$\lg K'_f(MY) = \lg K_f^\ominus(MY) + \lg \alpha_{MY} - \lg \alpha_M - \lg \alpha_Y$$

条件稳定常数表示配位反应达到平衡时 $c'(M)$、$c'(Y)$、$c'(MY)$ 间的关系，其数值大小不仅与绝对稳定常数 $\lg K_f^\ominus(MY)$ 有关，还受副反应系数的影响。

若反应物 M、Y 副反应严重，α_M、α_Y 较大，则 $K'_f(MY)$ 远小于 $K_f^\ominus(MY)$，表示平衡时反应的完全程度差。因此，$K'_f(MY)$ 比 $K_f^\ominus(MY)$ 更切合实际地表示一定条件下配位反应的完全程度。

如果溶液中只有酸效应，那么
$$\lg K'_f(MY) = \lg K_f^\ominus(MY) - \lg \alpha_{Y(H)}$$

【例 6-2】 只有酸效应，若 Zn^{2+} 与 EDTA 发生配位反应，当溶液的 pH 分别为 5.00 和 2.00 时，求 $\lg K'_f(ZnY)$ 并判断其配合物的稳定性。

解 查表得 $\lg K_f^\ominus(ZnY) = 16.5$

查表，pH = 5.00 时，$\lg \alpha_{Y(H)} = 6.61$
$$\lg K'_f(ZnY) = \lg K_f^\ominus(ZnY) - \lg \alpha_{Y(H)} = 16.5 - 6.61 = 9.89$$

查表，pH = 2.00 时，$\lg \alpha_{Y(H)} = 13.79$
$$\lg K'_f(ZnY) = \lg K_f^\ominus(ZnY) - \lg \alpha_{Y(H)} = 16.5 - 13.79 = 2.71$$

pH 升高，酸效应系数降低，条件稳定常数增大，配合物稳定。

6.3 配位滴定法的基本原理（单一金属离子的滴定）

6.3.1 配位滴定曲线

配位滴定中，随着配位剂的加入，溶液中金属离子浓度不断减小，在化学计量点附近溶液的 $pM[-\lg c(M)/c^\ominus]$ 发生突跃，利用适当方法可以指示终点，完成滴定。

由此可见，有必要讨论滴定过程中 pM 的变化规律，尤其是化学计量点附近一定误差范围内 pM 能否产生突跃，以及影响 pM 突跃大小的因素。

现以一简单实例说明。若滴定体系中不存在其他辅助配位剂，只考虑 EDTA 酸效应，在 pH = 5.50 时，用 $c_0(H_2Y^{2-}) = 0.02000 \text{mol} \cdot L^{-1}$ 的 EDTA 滴定 20.00mL 等

浓度的 Zn^{2+}。

查表得，pH = 5.50 时，$\lg \alpha_{Y(H)}$ = 5.65，$\lg K_f^{\ominus}(ZnY)$ = 16.50，若只考虑酸效应，则

$$\lg K_f'(ZnY) = \lg K_f^{\ominus}(ZnY) - \lg \alpha_{Y(H)}$$
$$\lg K_f'(ZnY) = 16.50 - 5.65 = 10.85$$
$$K_f'(ZnY) = 10^{10.85}$$

(1) 滴定前，$c_0(Zn^{2+}) = 0.02000 \text{mol} \cdot L^{-1}$，pZn = 1.70。

(2) 滴定开始至化学计量点之前，溶液中有剩余的金属离子 Zn^{2+} 和滴定产物 ZnY。

$$Zn^{2+} + Y' \rightleftharpoons ZnY \quad K_f'(ZnY) = \frac{c(ZnY)/c^{\ominus}}{[c(Zn^{2+})/c^{\ominus}] \cdot [c'(Y)/c^{\ominus}]}$$

$c'(Y)$ 表示 EDTA 有副反应，并且题中给出只有酸效应。

条件稳定常数 $K_f'(ZnY) = 10^{10.85}$ 较大，即产物 ZnY 比较稳定，生成的配合物 ZnY 基本不再离解。此时，按剩余的金属离子浓度计算 pZn。

如滴入滴定剂（配位剂）EDTA 19.98mL 时，配位剂不足，则

$$c(Zn^{2+}) = 0.02000 \text{mol} \cdot L^{-1} \times \frac{20.00\text{mL} - 19.98\text{mL}}{20.00\text{mL} + 19.98\text{mL}} = 1.00 \times 10^{-5} \text{mol} \cdot L^{-1}$$
$$pZn = 5.00$$

从上述计算过程来看，–0.1%误差时，pZn 是根据溶液中剩余金属离子浓度 $c(Zn^{2+})$ 来求解，与金属离子的初始浓度 $c_0(Zn^{2+})$ 有关，而与 $c(Zn^{2+})$ 计算公式中与条件稳定常数 $K_f'(ZnY)$ 无关。金属离子的初始浓度 $c_0(Zn^{2+})$ 越大，pZn 越小。

(3) 滴定至化学计量点时，Zn^{2+} 与 EDTA 恰好以 1∶1 反应生成 ZnY，所以

$$c(ZnY) = 0.02000 \text{mol} \cdot L^{-1} \times \frac{20.00\text{mL}}{20.00\text{mL} + 20.00\text{mL}} = 0.01000 \text{mol} \cdot L^{-1}$$

如何求解溶液中 $c(Zn^{2+})$ 的浓度，进而求得 pZn 呢？

生成的配合物 ZnY 微弱解离 $ZnY \rightleftharpoons Zn^{2+} + Y'$，$c(Zn^{2+}) = c'(Y)$，将此代入

$$K_f'(ZnY) = \frac{c(ZnY)/c^{\ominus}}{[c(Zn^{2+})/c^{\ominus}] \cdot [c'(Y)/c^{\ominus}]}$$

得

$$K_f'(ZnY) = \frac{c(ZnY)/c^{\ominus}}{[c(Zn^{2+})/c^{\ominus}]^2}$$

所以

$$10^{10.85} = \frac{0.01000}{[c(\mathrm{Zn}^{2+})/c^{\ominus}]^2}$$

$$c(\mathrm{Zn}^{2+})/c^{\ominus} = \sqrt{\frac{0.01000}{10^{10.85}}} = 3.76 \times 10^{-7}$$

$$\mathrm{pZn} = 6.43$$

从上述计算过程来看，化学计量点时，pZn 与金属离子的初始浓度及滴定剂 EDTA 的初始浓度 $c_0(\mathrm{H_2Y^{2-}})$ 有关，也与条件稳定常数 $K_\mathrm{f}'(\mathrm{ZnY})$ 有关。$c_0(\mathrm{Zn}^{2+})$、$c_0(\mathrm{H_2Y^{2-}})$ 浓度越大，$K_\mathrm{f}'(\mathrm{ZnY})$ 越小，pZn 越小；反之，$c_0(\mathrm{Zn}^{2+})$、$c_0(\mathrm{H_2Y^{2-}})$ 浓度越小，$K_\mathrm{f}'(\mathrm{ZnY})$ 越大，pZn 越大。

(4) 化学计量点后，EDTA 过量，Zn^{2+} 充分反应，反应达平衡的体系中，$c(\mathrm{Zn}^{2+})$ 会更小，虽然小，但是数值是确定存在的。如何求解此种情况下 $c(\mathrm{Zn}^{2+})$ 的浓度，进而求得 pZn 呢？

假设滴入滴定剂(配位剂) EDTA 20.02mL 时，配位剂过量，则

$$K_\mathrm{f}'(\mathrm{ZnY}) = \frac{c(\mathrm{ZnY})/c^{\ominus}}{[c(\mathrm{Zn}^{2+})/c^{\ominus}] \cdot [c'(\mathrm{Y})/c^{\ominus}]}$$

其中

$$c(\mathrm{ZnY}) = 0.02000\,\mathrm{mol \cdot L^{-1}} \times \frac{20.00\mathrm{mL}}{20.00\mathrm{mL} + 20.02\mathrm{mL}}$$

$$c'(\mathrm{Y}) = 0.02000\,\mathrm{mol \cdot L^{-1}} \times \frac{20.02\mathrm{mL} - 20.00\mathrm{mL}}{20.00\mathrm{mL} + 20.02\mathrm{mL}}$$

将以上两式代入 $K_\mathrm{f}'(\mathrm{ZnY})$，得

$$10^{10.85} = \frac{20.00}{[c(\mathrm{Zn}^{2+})/c^{\ominus}] \times 0.02}$$

$$c(\mathrm{Zn}^{2+})/c^{\ominus} = 1.41 \times 10^{-8}$$

$$\mathrm{pZn} = 7.85$$

从上述计算过程来看，化学计量点后+0.1%时，pZn 与金属离子的初始浓度 $c_0(\mathrm{Zn}^{2+})$、滴定剂 EDTA 的初始浓度 $c_0(\mathrm{H_2Y^{2-}})$ 无关，相关浓度被抵消。

pZn 的大小与条件稳定常数 $K_\mathrm{f}'(\mathrm{ZnY})$ 相关。$K_\mathrm{f}'(\mathrm{ZnY})$ 越小，pZn 越小；反之，$K_\mathrm{f}'(\mathrm{ZnY})$ 越大，pZn 越大。

依上述方法，可算得滴定过程中各点的 pZn 值，列于表 6-5。

表 6-5　pH = 5.50 时，$c_0(H_2Y^{2-}) = 0.02000 \text{mol} \cdot L^{-1}$ EDTA 滴定 20.00mL $0.02000 \text{mol} \cdot L^{-1}$ Zn^{2+} 时溶液的 pZn

$V(\text{EDTA})$ / mL	pZn	$V(\text{EDTA})$ / mL	pZn
0.00	1.70	20.02	7.85
15.00	2.54	20.20	9.00
18.00	2.98	22.00	9.99
19.98	5.00	40.00	10.82
20.00	6.43		

利用表中所列数据，以 pZn 为纵坐标，以 $V(\text{EDTA})$ 或滴定分数为横坐标作图得滴定曲线，见图 6-3。

由此可见，在配位滴定中，在化学计量点前后 pM 变化剧烈，产生 pM 突跃。在上述讨论的例子中，在计量点前后 –0.1% ~ +0.1% 误差范围内，pZn 由 5.00 突跃至 7.85，即 $\Delta\text{pM} = 2.85$。

6.3.2　影响配位滴定突跃的因素

1. 配合物的条件稳定常数对滴定突跃的影响

配合物条件稳定常数 $K_f'(\text{MY})$ 的大小直接影响滴定突跃的大小。$K_f'(\text{MY})$ 越大，滴定突跃也越大，当然是在 $c_0(\text{M})$ 一定的前提下，因为这样才有可比性。具体见图 6-4。

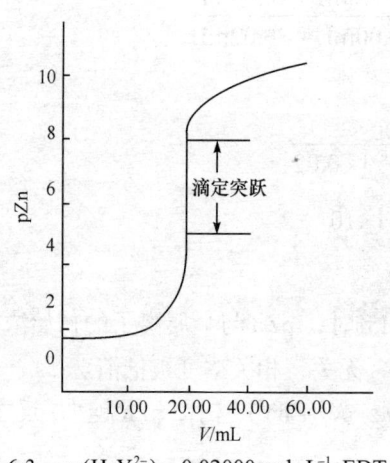 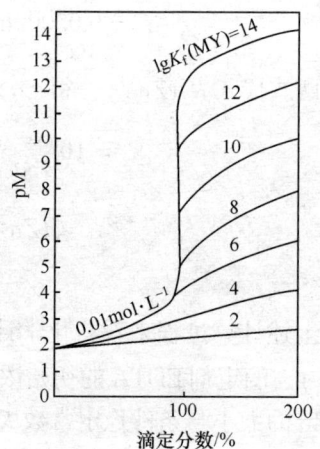

图 6-3　$c_0(H_2Y^{2-}) = 0.02000 \text{mol} \cdot L^{-1}$ EDTA 滴定 20.00mL $0.02000 \text{mol} \cdot L^{-1}$ Zn^{2+} 溶液滴定曲线

图 6-4　用 EDTA 滴定不同 $K_f'(\text{MY})$ 金属离子

配合物条件稳定常数 $K_f'(MY)$ 的大小，除了取决于配合物的绝对稳定常数 $K_f^{\ominus}(MY)$（取决于金属离子本性）外，主要取决于金属离子 M、配位剂 EDTA（Y）的副反应系数。反应物 M、EDTA（Y）的副反应系数越大，$K_f'(MY)$ 越小，滴定突跃越小。在各种副反应中，酸效应对 $K_f'(MY)$ 的影响最显著，所以选择滴定的介质酸度很重要。

酸度越大，即 pH 越小，酸效应越大，$K_f'(MY)$ 越小，滴定突跃越小；反之，酸度越小，pH 越大，酸效应越小，$K_f'(MY)$ 越大，滴定突跃越大，见图 6-5。

这里特别要指出的是 OH^- 作为羟基配位剂的影响，当 pH 增大时，酸效应系数 $\alpha_{Y(H)}$ 减小，酸效应减弱，但同时 $c(OH^-)$ 增大，羟基配位效应 $\alpha_{M(OH)}$ 增大，$K_f'(MY)$ 可能减小，因此配位滴定中并不是 pH 越高越好，选择和控制溶液的 pH 对滴定非常重要。

辅助配位剂 L 与被金属离子 M 发生配位反应，使 $\alpha_{M(L)}$ 增大，$K_f'(MY)$ 减小，导致滴定突跃减小。

2. 被滴定金属离子浓度的影响

金属离子的浓度越低，滴定曲线的起点就越高，滴定突跃就越小，反之则滴定突跃增大。因此，金属离子的浓度不宜过低（图 6-6）。

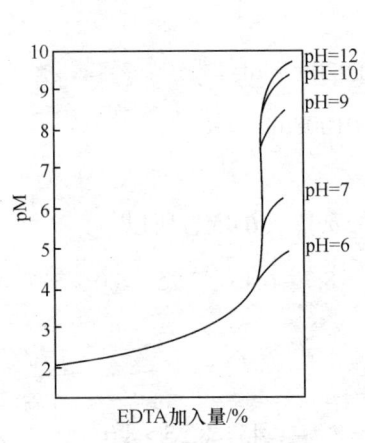

图 6-5 不同 pH 时用 $c_0(H_2Y^{2-}) = 0.01000 \text{mol} \cdot L^{-1}$ EDTA 标准溶液滴定 20.00mL $c_0(M) = 0.01000 \text{mol} \cdot L^{-1}$ 的滴定曲线

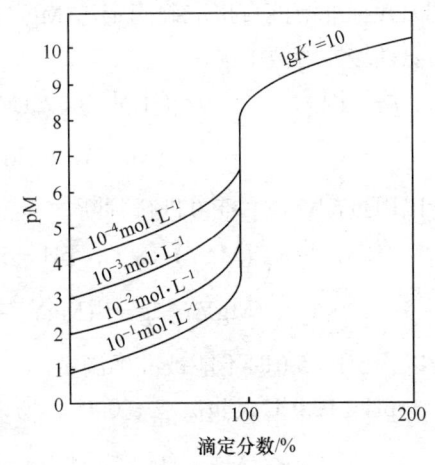

图 6-6 EDTA 滴定不同浓度金属离子 M 的滴定曲线

6.3.3 单一金属离子准确滴定的条件

在配位滴定中，通常采用指示剂来指示滴定终点，在理想的情况下，指示剂的变色点与化学计量点一致，但由于肉眼判断颜色的局限性，滴定终点与化学计量点之间仍可能有 ±0.2pM 的差距。配位滴定一般要求滴定的相对误差不超过 ±0.1%。根据终点误差理论可知，此时要求

$$\lg[c_{sp}(M)/c^{\ominus}] \cdot K'_f(MY) \geqslant 6.0$$

式中，$c_{sp}(M)$ 为计量点时金属离子的初始浓度，是物理混合浓度；$K'_f(MY)$ 为生成配合物的条件稳定常数。

一般情况下，EDTA 标准溶液的浓度 $c_0(H_2Y^{2-})$ 与被滴定金属离子的初始浓度 $c_0(M)$ 相同，即 $c_0(H_2Y^{2-}) = c_0(M)$，所以

$$c_{sp}(M) = c_0(M)/2$$

配位滴定中，$K'_f(MY)$ 一般较大，EDTA 标准溶液与被滴定金属离子浓度可配得较稀，一般为 $c_0(H_2Y^{2-}) = c_0(M) = 0.02 \text{mol} \cdot L^{-1}$，因此也常用 $\lg K'_f(MY) \geqslant 8.0$ 作为配位滴定可行性的判断依据。

【例 6-3】 只考虑酸效应，在 pH = 5.0 时，能否用 $c_0(H_2Y^{2-}) = 0.02000 \text{mol} \cdot L^{-1}$ EDTA 标准溶液直接准确滴定 $c_0(Mg^{2+}) = 0.02000 \text{mol} \cdot L^{-1}$ 的镁离子？在 pH = 10.0 的氨性缓冲溶液中呢？

解 因为
$$c_0(H_2Y^{2-}) = c_0(Mg^{2+}) = 0.02000 \text{mol} \cdot L^{-1}$$
$$c_{sp}(Mg^{2+}) = c_0(M)/2 = 0.01000 \text{mol} \cdot L^{-1}$$

所以用 $\lg K'_f(MY) \geqslant 8.0$ 进行判断。

查表，$\lg K_f^{\ominus}(MgY) = 8.7$，pH = 5.0 时，$\lg \alpha_{Y(H)} = 6.45$，所以

$$\lg K'_f(MgY) = \lg K_f^{\ominus}(MgY) - \lg \alpha_{Y(H)} = 8.7 - 6.45 = 2.25 < 8.0$$

所以在 pH = 5.0 时不能被准确滴定。

pH = 10.0 时，$\lg \alpha_{Y(H)} = 0.45$，所以

$$\lg K'_f(MY) = \lg K_f^{\ominus}(MgY) - \lg \alpha_{Y(H)} = 8.7 - 0.45 = 8.25 > 8.0$$

所以 pH = 10.0 时能被准确滴定。

【例 6-4】 只考虑酸效应，在 pH = 8.0 时，能否用 $c_0(H_2Y^{2-}) = 0.02000 \text{mol} \cdot L^{-1}$ EDTA 标准溶液直接准确滴定 $c_0(Ca^{2+}) = 0.02000 \text{mol} \cdot L^{-1}$ 的钙离子？能否准确滴定 $c_0(Mg^{2+}) = 0.02000 \text{mol} \cdot L^{-1}$ 的镁离子？若介质 pH = 10.0，结果如何？

解 用 $\lg K_f'(\mathrm{MY}) \geqslant 8.0$ 进行判断。

查表，$\lg K_f^{\ominus}(\mathrm{CaY}) = 10.69$，$\lg K_f^{\ominus}(\mathrm{MgY}) = 8.70$，pH = 8.0 时，$\lg \alpha_{\mathrm{Y(H)}} = 2.27$，所以

$$\lg K_f'(\mathrm{CaY}) = \lg K_f^{\ominus}(\mathrm{CaY}) - \lg \alpha_{\mathrm{Y(H)}} = 10.69 - 2.27 = 8.42 > 8.0$$

$$\lg K_f'(\mathrm{MgY}) = \lg K_f^{\ominus}(\mathrm{MgY}) - \lg \alpha_{\mathrm{Y(H)}} = 8.70 - 2.27 = 6.43 < 8.0$$

所以 pH = 8.0 时，Ca^{2+} 能被准确滴定，Mg^{2+} 不能被准确滴定。

pH = 10.0 时，$\lg \alpha_{\mathrm{Y(H)}} = 0.45$，所以

$$\lg K_f'(\mathrm{CaY}) = \lg K_f^{\ominus}(\mathrm{CaY}) - \lg \alpha_{\mathrm{Y(H)}} = 10.69 - 0.45 = 10.24 > 8.0$$

$$\lg K_f'(\mathrm{MgY}) = \lg K_f^{\ominus}(\mathrm{MgY}) - \lg \alpha_{\mathrm{Y(H)}} = 8.70 - 0.45 = 8.25 > 8.0$$

所以 pH = 10.0 时，Ca^{2+}、Mg^{2+} 均能被准确滴定。

控制介质的酸度，有可能实现混合离子的分步滴定。

6.3.4 单一金属离子滴定的适宜酸度范围

单一金属离子被准确滴定的条件是 $\lg[c_{\mathrm{sp}}(\mathrm{M})/c^{\ominus}] \cdot K_f'(\mathrm{MY}) \geqslant 6.0$，而 $\lg K_f'(\mathrm{MY})$ 是与滴定条件直接相关的。假设在配位滴定中除了 EDTA 的酸效应外没有其他副反应，则 $\lg K_f'(\mathrm{MY})$ 主要受溶液酸度的影响。在 $c_0(\mathrm{M})$ 一定时，随着酸度的增加，$\lg \alpha_{\mathrm{Y(H)}}$ 增大，$\lg K_f'(\mathrm{MY})$ 减小，最后可能导致 $\lg K_f'(\mathrm{MY}) < 8.0$，这时便不能准确滴定。因此，溶液的酸度应有一上限，超过它就不能保证 $\lg K_f'(\mathrm{MY}) \geqslant 8.0$。这一最高允许的酸度称为最高酸度，与之相应的溶液 pH 为最低 pH。

在配位滴定中，金属离子浓度一般为 $c_0(\mathrm{M}) = 0.02 \mathrm{mol \cdot L^{-1}}$，因此常用 $\lg K_f'(\mathrm{MY}) \geqslant 8.0$ 作为配位滴定可行性的判据，并且仅考虑酸效应

$$\lg K_f'(\mathrm{MY}) = \lg K_f^{\ominus}(\mathrm{MY}) - \lg \alpha_{\mathrm{Y(H)}} \geqslant 8.0$$

即

$$\lg \alpha_{\mathrm{Y(H)}} \leqslant \lg K_f^{\ominus}(\mathrm{MY}) - 8.0$$

【例 6-5】 计算用 $c_0(\mathrm{H_2Y^{2-}}) = 0.02000 \mathrm{mol \cdot L^{-1}}$ EDTA 标准溶液直接准确滴定 $c_0(\mathrm{Ca}^{2+}) = 0.02000 \mathrm{mol \cdot L^{-1}}$ 的钙离子时的最高酸度（最低 pH）。

解 查表 $\lg K_f^{\ominus}(\mathrm{CaY}) = 10.69$

$$\lg \alpha_{\mathrm{Y(H)}} \leqslant \lg K_f^{\ominus}(\mathrm{CaY}) - 8.0 = 10.69 - 8.0 = 2.69$$

查 EDTA 的酸效应 $\lg \alpha_{\mathrm{Y(H)}}$ 表可知 pH > 7.7。

对每种金属离子 M 来说，其与 EDTA 配位生成配合物 MY 的绝对稳定平衡常数 $\lg K_f^{\ominus}(MY)$ 有确定的值，通过 $\lg \alpha_{Y(H)} \leqslant \lg K_f^{\ominus}(MY) - 8.0$ 计算滴定每种金属离子 M 时允许的最低 pH，以 pH 为纵坐标，以 $\lg \alpha_{Y(H)}$ 或 $\lg K_f^{\ominus}(MY)$ 为横坐标，可得酸效应曲线，如图 6-7 所示。从酸效应曲线上可确定某一金属离子 M 单独滴定时所允许的最低 pH。

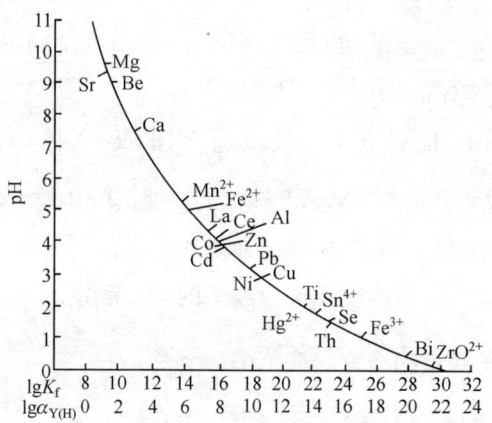

图 6-7　EDTA 的酸效应曲线
$c_0(H_2Y^{2-}) = c_0(M) = 0.02000 \text{mol} \cdot L^{-1}$

需要说明的是，此求解最低 pH 方法适用的条件是单一金属离子的滴定；滴定的相对误差不超过 ±0.1%；$c_0(H_2Y^{2-}) = c_0(M) = 0.02000 \text{mol} \cdot L^{-1}$；一般只考虑酸效应，无其他副反应。

酸效应曲线图 6-7 看起来很复杂，并且读取数据不是很方便，所以可将其变换成表格（表 6-6）。

表 6-6　EDTA 的酸效应表

金属离子	$\lg K_f^{\ominus}(MY)$	$\lg \alpha_{Y(H)} \leqslant \lg K_f^{\ominus}(MY) - 8.0$	最低 pH
Al^{3+}	16.3	8.3	4.2
Ce^{3+}	15.98	7.98	4.4
Ga^{3+}	20.3	12.3	2.5
Fe^{3+}	25.1	17.1	1.3
Cr^{3+}	23.4	15.4	1.6
Co^{3+}	36	28	
Co^{2+}	16.31	8.31	4.2
Cu^{2+}	18.80	10.8	3.0
Cd^{2+}	16.7	8.7	4.0

续表

金属离子	$\lg K_f^{\ominus}(MY)$	$\lg \alpha_{Y(H)} \leqslant \lg K_f^{\ominus}(MY) - 8.0$	最低 pH
Ca^{2+}	10.7	2.7	7.7
Fe^{2+}	14.32	6.32	5.2
Mn^{2+}	13.87	5.87	5.4
Mg^{2+}	8.7	0.7	9.8
Hg^{2+}	21.80	13.8	2.0
Ni^{2+}	18.62	10.62	3.1
Zr^{2+}	29.5	21.5	0.5
Sr^{2+}	8.73	0.73	9.7
Sc^{3+}	23.1	15.1	1.7
Pb^{2+}	18.04	10.04	3.4

在配位滴定中，是不是酸度越小越好？如果仅从 EDTA 的酸效应角度考虑，酸度越小，$K_f'(MY)$ 越大，滴定突跃也越大。但实际上，对许多金属离子 M 来说，当酸度降低到一定水平之后，金属离子 M 会水解，产生相应的氢氧化物沉淀，反而降低了滴定反应的完全程度，严重影响滴定的准确度。通常把金属离子 M 生成沉淀时的酸度称为配位滴定的最低酸度（最高 pH），它可由金属离子氢氧化物沉淀的溶度积近似求得。

【例 6-6】 计算用 $c_0(H_2Y^{2-}) = 0.02000 \text{mol} \cdot L^{-1}$ EDTA 标准溶液直接准确滴定 $c_0(Zn^{2+}) = 0.02000 \text{mol} \cdot L^{-1}$ 锌离子时的最低酸度（最高 pH）。已知 $K_{sp}^{\ominus}[Zn(OH)_2] = 1.2 \times 10^{-17}$。

解 $K_{sp}^{\ominus}[Zn(OH)_2] = [c(Zn^{2+})/c^{\ominus}] \cdot [c(OH^-)/c^{\ominus}]^2$

$$c(OH^-)/c^{\ominus} = \sqrt{\frac{K_{sp}^{\ominus}[Zn(OH)_2]}{c(Zn^{2+})/c^{\ominus}}} = \sqrt{\frac{1.2 \times 10^{-17}}{2.0 \times 10^{-2}}} = 2.5 \times 10^{-8}$$

$$pH = 7.60$$

【例 6-7】 计算用 $c_0(H_2Y^{2-}) = 0.02000 \text{mol} \cdot L^{-1}$ EDTA 标准溶液直接准确滴定 $c_0(Fe^{3+}) = 0.02000 \text{mol} \cdot L^{-1}$ 铁离子时的最低酸度和最高酸度（最高 pH 和最低 pH）。已知 $K_{sp}^{\ominus}[Fe(OH)_3] = 2.64 \times 10^{-39}$。

解 $K_{sp}^{\ominus}[Fe(OH)_3] = [c(Fe^{3+})/c^{\ominus}] \cdot [c(OH^-)/c^{\ominus}]^3$

$$c(OH^-)/c^\ominus = \sqrt[3]{\frac{K_{sp}^\ominus[Fe(OH)_3]}{c(Fe^{3+})/c^\ominus}} = \sqrt[3]{\frac{2.64 \times 10^{-39}}{0.02}} = 5.09 \times 10^{-13}$$

$$pH = 1.70$$

最高 pH = 1.70。

查表 $\lg K_f^\ominus(FeY) = 25.1$

$$\lg \alpha_{Y(H)} \leqslant \lg K_f^\ominus(FeY) - 8.0 = 25.1 - 8.0 = 17.1$$

查 EDTA 的酸效应 $\lg \alpha_{Y(H)}$ 表可知 pH > 1.3，这是最低 pH。

配位滴定应控制在最高酸度和最低酸度之间进行，将此酸度范围称为配位滴定的适宜酸度范围。

在配位滴定过程中，随着配合物的不断生成，不断有 H^+ 释放

$$M^{n+} + H_2Y^{2-} \Longrightarrow MY^{n-4} + 2H^+$$

滴定突跃减小，同时也可能改变指示剂变色的适宜酸度，导致很大的误差，甚至无法滴定。因此，在配位滴定过程，通常要加入缓冲溶液来调节 pH。

6.4 金属离子指示剂

在配位滴定中，通常利用一种能与金属离子生成有色配合物的显色剂来指示滴定终点，这种显色剂称为金属离子指示剂(简称金属指示剂)。

6.4.1 金属离子指示剂的性质和作用原理

金属离子指示剂是一些有机配位剂，能与金属离子形成有色配合物，但其配合物的颜色与指示剂本身的颜色不同：

$$M + In \Longrightarrow MIn$$

其中，M 表示金属离子；In 为金属离子指示剂的阴离子，本身颜色为 A；MIn 为金属离子与金属离子指示剂所形成的配合物，颜色为 B。颜色 A 与颜色 B 色差鲜明，容易判断。

在滴定开始时，在被滴定金属离子 M 溶液中加入金属离子指示剂 In，金属指示剂 In 是少量的，与少量金属离子 M 生成配合物 MIn，所以溶液显示为颜色 B。

随着滴定剂 EDTA 的加入，大量游离的金属离子 M 逐渐被配位，形成 MY。当游离的金属离子 M 被 EDTA 配位完全时，即要达到化学计量点时，从 MIn 中夺取金属离子 M，使指示剂 In 从 MIn 中游离出来，这样溶液的颜色从 MIn 的颜色 B 变为 In 的颜色 A，指示终点到达。

$$MIn + Y \rightleftharpoons MY + In$$

金属离子 M 与指示剂 In 所形成的配合物 MIn，比金属离子 M 与 EDTA 生成的配合物 MY 的稳定性稍差，否则配合物转化不容易发生。

许多金属离子指示剂不仅具有配位的功能，而且本身通常是多元弱酸或多元弱碱，具有酸碱指示剂的性质，能随溶液 pH 的变化而显示出不同的颜色。

例如，铬黑 T 是三元酸，在不同的 pH 条件下，溶液中各型体浓度的分布有所不同，颜色有所区分。

pH < 6.00 时，溶液中以 H_2In^- 型体为主，颜色为红色；

pH = 8~11 时，溶液中以 HIn^{2-} 型体为主，颜色为纯蓝色；

pH > 12.00 时，溶液中以 In^{3-} 型体为主，颜色为橙色。

$$H_3In \rightleftharpoons H_2In^- + H^+$$
$$H_2In^- \rightleftharpoons HIn^{2-} + H^+$$
$$HIn^{2-} \rightleftharpoons In^{3-} + H^+$$

铬黑 T 与金属离子 M 形成紫红色的配合物。在 pH < 6.00 或 pH > 12.00 时，游离指示剂的颜色和金属离子与铬黑 T 指示剂形成配合物的颜色没有显著的区别。只有在 pH = 8.00~11.00 时进行滴定，终点由金属离子与铬黑 T 的配合物的紫红色变成游离的铬黑 T 的纯蓝色，颜色变化显著。因此，使用金属指示剂时必须注意控制适宜的 pH 范围。

6.4.2 金属离子指示剂应具备的条件

金属离子 M 与指示剂 In 所形成的配合物 MIn 稳定性适当，既要有足够的稳定性，又要比金属离子 M 与 EDTA 生成的配合物 MY 的稳定性小。一般要求 $\lg K'_f(MY) > \lg K'_f(MIn) > 4$。如果 MIn 稳定性差，终点就会提前出现，且变化不敏锐；如果 MIn 稳定性差太高，就会出现终点拖后现象，甚至 EDTA 不能夺取其中的金属离子 M，得不到滴定终点。

需要说明的是，$\lg K'_f(MIn)$ 为金属指示剂与金属离子生成配合物的条件稳定常数，因为金属指示剂与 EDTA 类似，也是一种配位剂，也是多元酸或多元碱类的有机配位剂，即 $M + In \rightleftharpoons MIn$ 也有副反应，可以写成

$$M + In' \rightleftharpoons MIn$$

相应条件平衡常数表达式为

$$K'_f(MIn) = \frac{c(MIn)/c^{\ominus}}{[c(M)/c^{\ominus}] \cdot [c'(In)/c^{\ominus}]}$$

相关内容在金属离子指示剂的变色点部分详细介绍。

显色反应要灵敏，迅速，且有良好的变色可逆性。

金属离子指示剂与金属离子生成的配合物应易溶于水，如果生成胶体溶液或沉淀，变色不明显。

6.4.3 金属离子指示剂在使用中存在的问题

1. 指示剂的封闭现象

当金属离子指示剂形成的配合物 MIn 比对应 EDTA 配合物 MY 稳定，以致达到化学计量点时加入过量的 EDTA 也不能夺取指示剂配合物 MIn 中的金属离子 M，使指示剂不能重新游离出来，在化学计量点附近看不到颜色变化，这种现象称为指示剂的封闭现象。

如果发生指示剂封闭作用的是干扰离子，一般可加入适当的掩蔽剂加以消除。例如，在 pH = 10 的缓冲溶液中，以铬黑 T 为指示剂，用 EDTA 滴定 Ca^{2+}、Mg^{2+} 总量时，Al^{3+}、Fe^{3+} 对指示剂有封闭作用，可加少量的三乙醇胺掩蔽消除；Co^{2+}、Ni^{2+}、Cu^{2+} 等对指示剂有封闭作用，可加 KCN 掩蔽消除。

如果发生指示剂封闭作用的是待测离子，可采用其他滴定方式。例如，测定 Al^{3+} 时，为消除 Al^{3+} 对二甲酚橙的封闭作用，可先加过量的 EDTA 标准溶液，于 pH = 3.5 时煮沸，使之与 Al^{3+} 配位完全，再调节 pH = 5.0～6.0 后加入二甲酚橙指示剂，用 Zn^{2+}、Pb^{2+} 等标准溶液返滴定剩余的 EDTA。

2. 指示剂的僵化现象

有些指示剂或指示剂与金属离子形成的配合物在水中的溶解度小，以致在化学计量点时与指示剂的置换反应缓慢，使终点延长或终点颜色变化不明显，这种现象称为指示剂的僵化现象。

这种现象可通过加入适当的有机溶剂增加溶解性能，还可以通过加热促进溶解，通过减慢滴定速度等多种方式避免僵化现象出现。

例如，以磺基水杨酸为指示剂，用 EDTA 标准溶液滴定 Fe^{3+} 时，可将溶液适当加热增加溶解性，再进行滴定，可使指示剂变色敏锐。

3. 指示剂的变质现象

金属离子指示剂多具有双键，易被日光、氧化剂等分解变质，其水溶液不稳定，日久失效，这种现象称为指示剂的变质现象。

解决办法：现用现配，与中性盐等配成固体混合指示剂，在配制溶液时加入盐酸羟胺等还原剂。

6.4.4 常用金属离子指示剂简介

1. 铬黑 T

铬黑 T 的化学名称为 1-(1-羟基-2-萘偶氮)-6-硝基-2-萘酚-4-磺酸钠,简称 EBT。其结构式为

铬黑 T 是黑褐色粉末,带有金属光泽,使用时最适宜的 pH 范围是 8.00~11.00。

在 pH = 10.00 的缓冲溶液中,铬黑 T 可作为 EDTA 直接滴定 Zn^{2+}、Mg^{2+}、Pb^{2+}、Mn^{2+} 等的指示剂,特别适用于 Mg^{2+} 的滴定,终点十分敏锐。此 pH 条件下它指示 Ca^{2+} 的终点不理想,可采用"间接法"加以改善,即在滴定之前于试液中加入少量 MgY 配合物,$\lg K_f^{\ominus}$ 的大小顺序如下:

$\lg K_f^{\ominus}(CaY)\ 10.7 > \lg K_f^{\ominus}(MgY)\ 8.7 > \lg K_f^{\ominus}(Mg\text{-}EBT)\ 7.0 > \lg K_f^{\ominus}(Ca\text{-}EBT)\ 5.4$

当在含 Ca^{2+} 的试液中加入少量的 MgY 后,发生如下反应:

$$MgY + Ca^{2+} \Longrightarrow CaY + Mg^{2+}$$

再加入指示剂后生成 Mg-EBT(紫红色),终点时颜色的转变源于如下反应:

$$Mg\text{-}EBT(紫红色) + Y \Longrightarrow EBT(蓝色) + MgY$$

变色十分敏锐,由于滴定前加入的 MgY 最终又变回 MgY,所以它并不影响 Ca^{2+} 与 EDTA 的计量关系。

Al^{3+}、Fe^{3+}、Co^{2+}、Ni^{2+}、Cu^{2+}、Ti^{4+} 等对铬黑 T 指示剂有封闭作用。

铬黑 T 在水溶液中易发生分子聚合而变质,尤其在 pH < 6.30 时最严重。固体铬黑 T 性质稳定,因此常将铬黑 T 与干燥的纯 NaCl 按 1∶100 混合均匀,研细后密封保存。也可以用乳化剂 OP (聚乙二醇辛基苯基醚) 和铬黑 T 配成水溶液,其中 OP 为 1%,铬黑 T 为 0.001%,这样的溶液可以保存两个月。

2. 钙指示剂

钙指示剂简称钙红或 NN,也属于偶氮染料。其化学名称为 1-(2-羟基-4-磺基-1-萘偶氮)-2-羟基-3-萘甲酸。其结构式为

[钙指示剂结构式]

钙指示剂可用符号 Na_2H_2In 表示,为紫黑色粉末,在水溶液中有下列离解平衡:

$$H_2In^{2-}(红色) \rightleftharpoons HIn^{3-}(蓝色) + H^+ \quad pK_{a3}^{\ominus}(H_4In) = 7.26$$

$$HIn^{3-}(蓝色) \rightleftharpoons In^{4-}(红色) + H^+ \quad pK_{a4}^{\ominus}(H_4In) = 13.67$$

在 pH = 12.00 ~ 13.00 的缓冲溶液中,钙指示剂与 Ca^{2+} 形成红色配合物,而自身为蓝色,不仅终点颜色变化明显,而且溶液中即使有 Mg^{2+} 共存,也不会干扰测定,因为此时 Mg^{2+} 已经生成 $Mg(OH)_2$ 沉淀而析出。

钙指示剂受封闭情况下与铬黑 T 相似,可用 KCN 和三乙醇胺联合掩蔽消除。纯的固体钙指示剂性质稳定,但其水溶液和乙醇溶液都不稳定,故一般用固体钙指示剂与干燥的纯 NaCl 按 1∶100 混合均匀,研细,密封保存后使用。

3. 二甲酚橙

二甲酚橙简称 XO,属于三苯甲烷类显色剂。其化学名称为 3, 3′-双[N, N-二(羧甲基)-氨甲基]-邻甲酚磺酞。其结构式为

[二甲酚橙结构式]

二甲酚橙是极易溶于水的紫色结晶。在水溶液中有六级解离,其中 H_6In 至 H_2In^{4-} 都是黄色,HIn^{5-} 和 In^{6-} 为红色,在 pH = 5 ~ 6 时,二甲酚橙主要以 H_2In^{4-} 形式存在,其离解平衡如下

$$H_2In^{4-}(黄色) \rightleftharpoons HIn^{5-}(红色) + H^+ \quad pK_{a5}^{\ominus}(H_6In) = 6.3$$

二甲酚橙与 Zn^{2+}、Cd^{2+}、Pb^{2+}、Hg^{2+} 等生成红色配合物,自身又显亮黄色,因此只适用于在 pH < 6 的酸性溶液中使用。

Al^{3+}、Fe^{3+}、Ni^{2+}、Cu^{2+}、Ti^{4+} 等对二甲酚橙有封闭作用,其中 Fe^{3+} 和 Ti^{4+}

可用抗坏血酸还原，Al^{3+} 可用氟化物，Ni^{2+} 可用邻菲罗啉加以掩蔽。

二甲酚橙通常配成 0.5%水溶液，可保存 2～3 周。

4. PAN

PAN 化学名称为 1-(2-吡啶偶氮)-2-萘酚，其结构式为

PAN 是橙红色针状结晶，难溶于水，但溶于碱、氨溶液和有机溶剂（如乙醇）中，其中乙醇溶液很稳定，常配成 0.1%乙醇溶液使用。

PAN 在 pH = 1.90～12.20 时呈黄色，与金属 Cd^{2+}、Pb^{2+}、Hg^{2+}、Cu^{2+}、Al^{3+}、Fe^{2+}、Ni^{2+}、Mn^{2+}、Bi^{3+} 稀土及 Th^{4+} 等形成紫红色配合物，但这些配合物的溶解度都很小，易形成胶体溶液或沉淀，使滴定变色缓慢。为加快变色过程，可加入乙醇或加热。

Cu^{2+} 与 PAN 的配合物稳定性较大（$\lg K_f^{\ominus} = 16$），而且滴定终点时颜色变化显著，故用 Cu^{2+} 标准溶液返滴定某些离子，如 Al^{3+}、Co^{2+}、Ni^{2+}、ZrO^{2+} 等时，常以 PAN 作指示剂。

在实际工作中，比 PAN 更为普通使用的是 Cu-PAN 指示剂。这种指示剂是由 CuY 和 PAN 组成的一种间接指示剂。用此指示剂可滴定许多金属离子，一些与 PAN 配位不稳定或不显色的离子，都可用此指示剂进行滴定。Cu-PAN 可使用 pH 范围较宽，有利于混合离子的连续滴定，可避免因使用多种指示剂而产生的颜色干扰。

Cu-PAN 的配制方法：取 $0.05 mol \cdot L^{-1}$ 的硫酸铜溶液，加 pH = 5.00～6.00 乙二酸缓冲溶液10mL，加 0.2% PAN 乙醇溶液 3 滴，加热至 60℃，用 EDTA 滴定至由蓝紫色变为绿色，即可得到 $c(CuY) \approx 0.025 mol \cdot L^{-1}$ 溶液，使用前加入 0.1% PAN 乙醇溶液即得 Cu-PAN 指示剂。

6.4.5 金属离子指示剂的变色点和选择

指示剂的选择合适与否是滴定分析中一个重要问题，因为它直接影响滴定结果的准确度。

配位滴定在化学计量点前后发生突跃，要求指示剂能在此突跃范围内发生颜色变化，并要求指示剂的变色点尽量与化学计量点接近。突跃范围应尽量在指示

剂的变色范围之内。

金属离子指示剂与EDTA类似，也是多元酸或多元碱类的有机配位剂。金属离子指示剂与EDTA一样也受副反应的影响，有酸效应、干扰(共存)离子效应。即 M + In ⇌ MIn 有副反应，可以写为

$$M + In' \rightleftharpoons MIn'$$

相应条件平衡常数表达式为

$$K'_f(MIn) = \frac{c(MIn)/c^\ominus}{[c(M)/c^\ominus] \cdot [c'(In)/c^\ominus]}$$

处理得

$$\lg K'_f(MIn) = \lg \frac{c(MIn)}{c'(In)} + \lg \frac{1}{c(M)}$$

$$\lg K'_f(MIn) = \lg \frac{c(MIn)}{c'(In)} - \lg c(M)$$

$$pM = \lg K'_f(MIn) - \lg \frac{c(MIn)}{c'(In)}$$

在 $c(MIn) = c'(In)$ 时，即

$$pM = \lg K'_f(MIn)$$

溶液呈混合色，此点称为金属离子指示剂的变色点，此时的pM用pM(变)表示，并且只考虑指示剂In的酸效应 $\alpha_{In(H)}$：

$$pM(变) = \lg K'_f(MIn) = \lg K^\ominus_f(MIn) - \lg \alpha_{In(H)}$$

表6-7列出铬黑T、紫脲酸胺、二甲酚橙、PAN、甲基百里酚蓝等不同金属离子指示剂与不同金属离子在不同pH条件下的指示剂的变色点pM(变)数值。

表 6-7　不同 pH 条件下金属离子指示剂 $\lg\alpha_{In(H)}$ 与金属离子指示剂的变色点 pM(变)数值

(1) 铬黑T

pH	6.0	7.0	8.0	9.0	10.0	11.0	12.0	13.0
$\lg \alpha_{In(H)}$	6.0	4.6	3.6	2.6	1.6	0.7	0.1	
pCa(变)			1.8	2.8	3.8	4.7	5.3	5.4
pMg(变)	1.0	2.4	3.4	4.4	5.4	6.3		
pMn(变)	3.6	5.0	6.2	7.8	9.7	11.5		
pZn(变)	6.9	8.3	9.3	10.5	12.2	13.9		

(2) 紫脲酸胺

pH	6.0	7.0	8.0	9.0	10.0	11.0	12.0
$\lg \alpha_{\text{In(H)}}$	7.7	5.7	3.7	1.9	0.7	0.1	
$\lg \alpha_{\text{HIn(H)}}$	3.2	2.2	1.2	0.4	0.2	0.6	1.5
pCa(变)		2.6	2.8	3.4	4.0	4.6	5.0
pCu(变)	6.4	8.2	10.2	12.2	13.6	15.8	17.9
pNi(变)	4.6	5.2	6.2	7.8	9.3	10.3	11.3

(3) 二甲酚橙

pH	1.0	2.0	3.0	4.0	4.5	5.0	5.5	6.0	6.5
pBi(变)	4.0	5.4	6.8						
pCd(变)					4.0	4.5	5.0	5.5	6.3
pHg(变)					7.4	8.2	9.0		
pLa(变)					4.0	4.5	5.0	5.6	6.7
pPb(变)			4.2	4.8	6.2	7.0	8.2		
pTh(变)	3.6	4.9	6.3						
pZn(变)					4.1	4.8	5.7	6.5	7.3
pZr(变)	7.5								

(4) PAN

pH	3.0	4.0	5.0	6.0	7.0	8.0	9.0	10.0	11.0
$\lg \alpha_{\text{In(H)}}$	9.2	8.2	7.2	6.2	5.2	4.2	3.2	2.2	1.2
pCu(变)	6.8	7.8	8.8	9.8	10.8	11.8	12.8	13.8	14.8

(5) 甲基百里酚蓝(酸性溶液)

pH	4.0	4.5	5.0	5.5	6.0	6.5	7.0
$\lg \alpha_{\text{In(H)}}$	20.4	18.5	16.9	15.3	13.8	12.3	11.0
$\lg \alpha_{\text{HIn(H)}}$	11.3	9.9	8.8	7.6	6.7	5.7	4.9
$\lg \alpha_{\text{H}_2\text{In(H)}}$	3.9	3.0	2.4	1.7	1.3	0.8	0.5
pCd(变)			2.5	3.3	4.1	4.9	5.6
pHg(变)	11.4	12.0	12.7	13.4	14.0	14.7	
pLa(变)			4.4	4.9	5.4		
pPb(变)	4.3	5.2	5.9	6.4	7.0	7.5	
pZn(变)			4~5	5.5	6.0		7.0

【例 6-8】 在 pH = 5.5 时，用 $c_0(H_2Y^{2-}) = 0.02000\, mol \cdot L^{-1}$ EDTA 标准溶液直接准确滴定 $c_0(Zn^{2+}) = 0.02000\, mol \cdot L^{-1}$ 锌离子，选用二甲酚橙指示剂是否适当？已知 $K_{sp}^{\ominus}[Zn(OH)_2] = 1.2 \times 10^{-17}$。

解 此滴定反应，计量点时 pZn = 6.43，在误差 –0.1%～+0.1% 范围内，pZn = 6.43 突跃分别为 5.0～7.85。

在 pH = 5.5 时，以二甲酚橙为指示剂滴定 Zn^{2+} 时，变色点 pZn(变) = 5.7，其值与 6.43 接近，且落在突跃范围 5.0～7.85 内。

在 pH < 6 时，二甲酚橙(黄色)与二甲酚橙-金属离子配合物(红色)明显不同，故选用此指示剂适当。

测定金属离子 M 时，应选用金属离子指示剂变色点 pM(变) 落在 pM 突跃范围内，与计量点 pM(计) 相近的指示剂。

另外，需严格控制介质 pH 在一较窄范围，原因是：滴定的 pM 突跃范围、pM(计) 以及指示剂的变色点 pM(变) 均受介质酸度的影响。

另外，还要注意指示剂本身的颜色与配合物 MIn 颜色有明显区别。

6.5 混合离子滴定简介

实际的分析对象中往往有多种金属离子共存，而 EDTA (一般为乙二胺四乙酸二钠盐) 又能与很多金属离子形成稳定的配合物，所以在滴定某一金属离子时通常受到共存离子的干扰，如何在多种金属离子中进行选择滴定就成为配位滴定的一个重要问题。

$$M + Y \Longrightarrow MY \quad \text{主反应}$$
$$N + Y \Longrightarrow NY \quad \text{副反应}$$

EDTA 的水溶液还有两级解离平衡和四级水解平衡酸效应：

$$H_2Y^{2-} \Longrightarrow HY^{3-} + H^+$$
$$HY^{3-} \Longrightarrow Y^{4-} + H^+$$
$$H_2Y^{2-} + H_2O \Longrightarrow H_3Y^- + OH^-$$
$$H_3Y^- + H_2O \Longrightarrow H_4Y + OH^-$$
$$H_4Y + H_2O \Longrightarrow H_5Y^+ + OH^-$$
$$H_5Y^+ + H_2O \Longrightarrow H_6Y^{2+} + OH^-$$

即 EDTA 的酸效应是必然存在的。

那么在混合离子溶液中，对滴定剂 EDTA 来说就有干扰离子效应和酸效应，

条件平衡常数表达式为

$$\lg K_f'(\mathrm{MY}) = \lg K_f^\ominus(\mathrm{MY}) - \lg \alpha_\mathrm{Y}$$

因为

$$\alpha_\mathrm{Y} = \alpha_{\mathrm{Y(N)}} + \alpha_{\mathrm{Y(H)}} - 1$$

所以

$$\lg K_f'(\mathrm{MY}) = \lg K_f^\ominus(\mathrm{MY}) - \lg[\alpha_{\mathrm{Y(N)}} + \alpha_{\mathrm{Y(H)}} - 1]$$

此时能否保证 $\lg K_f'(\mathrm{MY}) \geqslant 8.0$，实现对混合离子中 M 的滴定，即对 M 的选择性滴定，不仅与介质酸度即 $\alpha_{\mathrm{Y(H)}}$ 有关，还与 N 的干扰程度 $\alpha_{\mathrm{Y(N)}}$ 有关。

$\alpha_{\mathrm{Y(N)}}$ 与 N 的浓度 $c(\mathrm{N})$ 及配合物的稳定常数 $K_f^\ominus(\mathrm{NY})$ 有关；$c(\mathrm{N})$ 和 $K_f^\ominus(\mathrm{NY})$ 越大，$\alpha_{\mathrm{Y(N)}}$ 就越大，N 的干扰也就越严重。

例如，在 pH = 10.0 的介质中，Ca^{2+}、Mg^{2+} 分别均能被 EDTA 准确滴定，但若在 pH = 10.0 的介质中用 EDTA 滴定相同浓度的 Ca^{2+}、Mg^{2+} 混合溶液，则由于 CaY、MgY 稳定性接近 [$\lg K_f^\ominus(\mathrm{CaY}) = 10.69$，$\lg K_f^\ominus(\mathrm{MgY}) = 9.70$]，$\mathrm{Mg}^{2+}$ 与 EDTA 发生的副反应严重影响 $K_f'(\mathrm{CaY})$，使 $\lg K_f'(\mathrm{CaY}) < 8.0$，致使滴定至第一计量点附近时无明显的 pCa 突跃，所以不能在 Mg^{2+} 干扰下选择性滴定 Ca^{2+}。第二计量点附近 pMg 突跃明显，但根据消耗 EDTA 的量只能算得 Ca^{2+}、Mg^{2+} 的总量。

那么 $K_f'(\mathrm{MY})$ 与 $K_f'(\mathrm{NY})$ 相差多少才能实现 M 的分步滴定？如何创造条件提高滴定的选择性？对这些问题只做简单介绍。

6.5.1 控制酸度进行分步滴定

假设溶液中只有两种金属离子 M、N，它们均可与 EDTA 形成配合物，且 $K_f'(\mathrm{MY}) > K_f'(\mathrm{NY})$。当用 EDTA 滴定时，若 $c(\mathrm{M}) = c(\mathrm{N})$，M 首先被滴定。若 $K_f'(\mathrm{MY})$ 与 $K_f'(\mathrm{NY})$ 相差足够大，则 M 被定量滴定后，EDTA 才与 N 作用，这样，N 的存在并不干扰 M 的准确滴定。两种金属离子配合物的条件稳定常数相差越大，被测金属离子浓度 $c(\mathrm{M})$ 越大，共存离子浓度 $c(\mathrm{N})$ 越小，则在 N 离子存在下准确滴定 M 离子的可能性就越大。

对于有干扰离子存在的配位滴定，一般允许有不超过 0.5% 的误差，而肉眼判断终点颜色变化时，滴定突跃至少应有 0.2 个 pM 单位，根据理论推导，要想在 M、N 两种离子共存时通过控制溶液的酸度来准确滴定 M 离子，必须满足

$$\frac{[c(\mathrm{M})/c^\ominus] \cdot K_f'(\mathrm{MY})}{[c(\mathrm{N})/c^\ominus] \cdot K_f'(\mathrm{NY})} \geqslant 10^5$$

适当控制介质酸度，就可实现对 M 离子的分步滴定，至于能否继续滴定 N 离子，则属于单一离子滴定问题，须满足 $\lg[c_0(N)/c^{\ominus}]\cdot K'_f(NY) \geqslant 8.0$。当然 M 也得满足单一离子滴定条件 $\lg[c_0(M)/c^{\ominus}]\cdot K'_f(MY) \geqslant 8.0$。

【例 6-9】 若一溶液中 Fe^{3+}、Al^{3+} 浓度均为 $0.02 mol\cdot L^{-1}$，能否控制酸度，用 EDTA 选择滴定 Fe^{3+}？若能，如何控制溶液的酸度？

解 查表得，$K^{\ominus}_f(FeY)=10^{25.1}$，$K^{\ominus}_f(AlY)=10^{16.3}$。

无其他副反应，只考虑酸效应，酸效应是对滴定剂的影响，在同一溶液中 EDTA 的酸效应是一定的，满足

$$K'_f(FeY)=K^{\ominus}_f(FeY)\frac{\alpha_{FeY}}{\alpha_Y\cdot\alpha_{Fe}}=K^{\ominus}_f(FeY)\frac{1}{\alpha_{Y(H)}}$$

$$K'_f(AlY)=K^{\ominus}_f(AlY)\frac{\alpha_{AlY}}{\alpha_Y\cdot\alpha_{Al}}=K^{\ominus}_f(AlY)\frac{1}{\alpha_{Y(H)}}$$

则有

$$\frac{[c(Fe^{3+})/c^{\ominus}]\cdot K'_f(FeY)}{[c(Al^{3+})/c^{\ominus}]\cdot K'_f(AlY)}=\frac{K'_f(FeY)}{K'_f(AlY)}=\frac{K^{\ominus}_f(FeY)}{K^{\ominus}_f(AlY)}=10^{8.8}>10^5$$

因此，可以通过控制溶液的酸度来选择滴定 Fe^{3+}，而 Al^{3+} 不干扰。

根据 $\lg c_{sp}(M)\cdot K'_f(MY)\geqslant 6.0$，即 $\lg c_{sp}(Fe^{3+})\cdot K'_f(FeY)\geqslant 6.0$，可计算得到滴定 Fe^{3+} 的最低 pH。

$$\lg[c_{sp}(Fe^{3+})/c^{\ominus}]\cdot K'_f(FeY)=\lg 0.01 K'_f(FeY)\geqslant 6.0$$

$$\lg K'_f(FeY)\geqslant 8.0$$

$$\lg K'_f(FeY)=\lg K^{\ominus}_f(FeY)-\lg\alpha_{Y(H)}\geqslant 8.0$$

$$\lg\alpha_{Y(H)}\leqslant 25.1-8.0=17.1$$

$$pH=1.3$$

$$\lg\alpha_{Y(H)}=16.80<17.1$$

而此时，$\lg K'_f(AlY)=16.3-16.80=-0.5$，即 Al^{3+} 此时不能被滴定，不干扰测定 Fe^{3+}。

根据 Fe^{3+} 生成沉淀 $Fe(OH)_3$ 计算最高 pH。

$$K^{\ominus}_{sp}[Fe(OH)_3]=2.64\times 10^{-39}$$

$$K^{\ominus}_{sp}[Fe(OH)_3]=[c(Fe^{3+})/c^{\ominus}]\cdot[c(OH^-)/c^{\ominus}]^3$$

$$c(OH^-)/c^{\ominus}=\sqrt[3]{\frac{K^{\ominus}_{sp}[Fe(OH)_3]}{c(Fe^{3+})/c^{\ominus}}}=\sqrt[3]{\frac{2.64\times 10^{-39}}{0.02}}=5.09\times 10^{-13}$$

$$pH = 1.70$$
$$\lg \alpha_{Y(H)} = 14.98$$

此时，$\lg K'_f(\text{AlY}) = 16.3 - 14.98 = 1.32 < 8.0$，此条件下 Al^{3+} 仍不能被滴定，不干扰测定 Fe^{3+}，更不会生成沉淀 $Al(OH)_3$。

如果溶液中存在两种以上金属离子，要判断能否用控制溶液酸度的方法进行分别滴定，应首先考虑配合物稳定常数最大和与之最接近的那两种离子，然后依次两两考虑。

在考虑滴定的适宜 pH 范围时，还应注意所选用指示剂的适宜 pH 范围。滴定 Fe^{3+} 时，用磺基水杨酸作指示剂，在 $pH = 1.3 \sim 1.7$ 时，它与 Fe^{3+} 形成红色配合物，若在此 pH 范围内用 EDTA 直接滴定 Fe^{3+}，终点颜色变化明显，Al^{3+} 不干扰。

滴定 Fe^{3+} 后，调节溶液酸度 $pH = 3$，加入过量的 EDTA，煮沸使 Al^{3+} 与 EDTA 完全配位。

再调节 $pH = 5 \sim 6$，用 PAN 作指示剂，用 Cu^{2+} 标准溶液滴定过量的 EDTA，即可测出 Al^{3+} 的含量。

6.5.2 使用掩蔽剂的选择性滴定

若待测离子配合物与干扰金属离子的配合物的稳定常数差别不够大，或小于干扰金属离子配合物的稳定平衡常数，可用掩蔽剂与干扰离子反应以消除干扰，这就是掩蔽法。掩蔽作用的实质是降低干扰离子的浓度，减小 $\alpha_{Y(N)}$，增大主反应的条件平衡常数，保证 $\lg K'_f(\text{MY}) \geqslant 8.0$，因而能准确滴定待测离子 M。应用掩蔽法时，干扰离子存在的量不能太大，否则将得不到满意的结果。

按照反应类型不同，掩蔽法可分为配位掩蔽法、沉淀掩蔽法和氧化还原掩蔽法等，其中用得最多的是配位掩蔽法。

1. 配位掩蔽法

利用配位反应对干扰离子进行掩蔽的方法称为配位掩蔽法。

为了达到良好的掩蔽效果，必须选择合适的掩蔽剂，还应注意控制溶液的酸度。表 6-8 列出一些常用的掩蔽剂和被掩蔽的金属离子。例如，在 Ca^{2+}、Al^{3+}、Mg^{2+} 混合溶液中加入三乙醇胺，并调节 $pH = 10$，即可用 EDTA 测定 Ca^{2+}、Mg^{2+} 的总量。

表 6-8 常用的配位掩蔽剂

掩蔽剂	被掩蔽的金属离子	使用条件
三乙醇胺	Al^{3+}、Fe^{3+}、Sn^{4+}、Mn^{2+}、TiO^{2+}	酸性溶液中加入三乙醇胺，然后调至 $pH = 10$

续表

掩蔽剂	被掩蔽的金属离子	使用条件
氟化物	Al^{3+}、Sn^{4+}、TiO^{2+}、ZrO^{2+}、Fe^{2+}、Zn^{2+}	溶液 pH > 4.0
氰化物	Cd^{2+}、Hg^{2+}、Cu^{2+}、Co^{2+}、Ni^{2+}	溶液 pH > 8.0
乙酰丙酮	Al^{3+}、Fe^{3+}	溶液 pH = 5.0~6.0
邻二氮菲	Zn^{2+}、Co^{2+}、Cu^{2+}、Ni^{2+}	溶液 pH = 5.0~6.0
柠檬酸	Fe^{3+}、Sn^{4+}、Th^{4+}、Ti^{4+}、Bi^{3+}、ZrO^{2+}	中性溶液

2. 沉淀掩蔽法

加入沉淀剂使干扰离子的浓度降低，不必分离沉淀直接进行滴定的方法称为沉淀掩蔽法。例如，在强碱性溶液中，pH = 12，用 EDTA 滴定 Ca^{2+}、Mg^{2+} 混合溶液中 Ca^{2+} 时，强碱与 Mg^{2+} 形成沉淀而不干扰 Ca^{2+} 的滴定，此时 OH^- 是 Mg^{2+} 的沉淀掩蔽剂。

沉淀掩蔽法不是一种理想的方法，它常存在沉淀不完全、被测离子共沉淀以及吸附指示剂影响终点观察等缺点。

在配位滴定中，采取沉淀掩蔽法的实例如表 6-9 所示。

表 6-9 常用的沉淀掩蔽剂

掩蔽剂	被掩蔽离子	被滴定离子	pH	指示剂
硫酸盐	Sr^{2+}、Ba^{2+}	Ca^{2+}、Mg^{2+}	10.0	铬黑 T
NH_4F	Sr^{2+}、Ba^{2+}、Ca^{2+}、Mg^{2+}	Cd^{2+}、Zn^{2+}、Mn^{2+}	10.0	铬黑 T
H_2SO_4	Pb^{2+}	Bi^{3+}	1.0	二甲酚橙
硫化物或铜试剂	Pb^{2+}、Cu^{2+}、Bi^{3+}、Cd^{2+}、Hg^{2+}	Ca^{2+}、Mg^{2+}	10.0	铬黑 T
KI	Cu^{2+}	Zn^{2+}	5.0~6.0	PAN
NaOH	Mg^{2+}	Ca^{2+}	12.0	钙指示剂

3. 氧化还原掩蔽法

改变干扰离子的价态而消除干扰的方法称为氧化还原掩蔽法。例如，$\lg K_f^\ominus[FeY(III)] = 25.1$，$\lg K_f^\ominus[FeY(II)] = 14.33$，说明 Fe^{3+} 与 EDTA 形成的配合物

比 Fe^{2+} 与 EDTA 形成的配合物稳定得多。在 pH = 1.00 时用 EDTA 滴定 Bi^{3+} 时，Fe^{3+} 干扰测定，可用羟胺（NH_2OH）或抗坏血酸等还原剂将 Fe^{3+} 还原为 Fe^{2+}，消除 Fe^{3+} 对 Bi^{3+} 滴定的干扰，以达到选择性滴定 Bi^{3+} 的目的。

常用的还原剂有抗坏血酸、羟胺、联胺、硫脲、$Na_2S_2O_3$ 等。

6.6 配位滴定法的应用

由于 EDTA-金属配合物一般很稳定，加之配位滴定可以采取直接滴定、返滴定、置换滴定和间接滴定等多种方式进行，因此周期表中大多数元素都能用配位滴定法测定。

水的硬度的测定、铅铋混合液中铅铋的连续测定、工业硫酸铝中铝的测定、铅锡合金中铅锡含量的测定等都可采用 EDTA 滴定法。这是一种应用非常广泛的方法。

6.6.1 滴定方式

1. 直接滴定法

直接滴定法是配位滴定中最基本的滴定方法，这种方法是将样品处理成溶液后，调到所需的酸度，加入必要的其他试剂，直接用 EDTA 滴定。一般情况下，直接滴定法引入误差较小，所以只要条件允许，应尽量采用。

例如，水的总硬度的测定就是测定水中 Ca^{2+}、Mg^{2+} 的总量。取适量体积水样 $V_水$，加 NH_4Cl-NH_3 缓冲溶液调节溶液的 pH = 10.00，以铬黑 T 为指示剂，用 EDTA 标准溶液滴定到溶液由酒红色变为纯蓝色即为终点。根据所用 EDTA 标准溶液的体积，可计算水的总硬度。

$$c(Ca^{2+}+Mg^{2+})=\frac{c(\text{EDTA})V(\text{EDTA})}{V_水}$$

水中 Al^{3+}、Fe^{3+}、Cu^{4+}、Mn^{2+}、Pb^{2+} 等离子大量存在时，对测定有干扰，应加掩蔽剂，有关离子掩蔽内容在上节有所体现，不再详述。通常水中所含的上述离子极微，不加掩蔽剂也不影响测定，植物中钙、镁含量以及土壤交换性钙等也可用此法进行测定。

2. 返滴定法

在配位滴定中，有些待测离子与 EDTA 反应缓慢，被测离子在选定滴定条件下发生水解等副反应，无适宜指示剂或被测离子对指示剂有封闭作用，不能用

EDTA直接进行滴定,上述情况下可采用返滴定法。即加入一定量过量的EDTA标准溶液到被测离子溶液中,待反应完全后,再用另一种金属离子的标准溶液返滴定剩余的EDTA,根据两种标准溶液的浓度和用量,即可求得被测离子的含量。

例如,测定Al^{3+}时,由于Al^{3+}易水解形成一系列羟基配合物,且与EDTA反应缓慢,同时Al^{3+}对二甲酚橙等指示剂有封闭作用,因此不能用EDTA直接滴定。采用返滴定法测定Al^{3+}的含量时,先在酸性条件下加入一定量过量的EDTA标准溶液,煮沸几分钟,待配位反应完全后,调节$pH=5.5$,加二甲酚橙,用Cu^{2+}或Zn^{2+}标准溶液返滴定剩余的EDTA。

3. 置换滴定法

测定Ag^+时,由于Ag^+的EDTA配合物不够稳定,因而不能使用EDTA直接滴定。若在Ag^+试液中加入过量的$[Ni(CN)_4]^{2-}$,则发生如下反应:

$$2Ag^+ + [Ni(CN)_4]^{2-} = 2[Ag(CN)_2]^- + Ni^{2+}$$

置换出来的Ni^{2+}可在$pH=10.0$的氨性溶液中用EDTA滴定,由此计算出Ag^+的含量。

4. 间接滴定法

对于不能与EDTA形成配合物的物质,可以采用间接滴定法测定。

例如,测定钠时,Na^+与EDTA不能生成稳定配合物,可用乙酸铀酰锌将Na^+沉淀为乙酸铀酰锌钠$[NaZn(UO_2)_3(Ac)_9 \cdot xH_2O]$,分离后将沉淀溶解,用EDTA滴定,由此计算出$Na^+$的含量。

5. 析出法

若测定有多种组分共存的试液中的一种组分,采用析出法不仅选择性高且操作简便。以土壤中铝含量的测定为例,土壤中共存的Fe^{3+}等金属离子对Al^{3+}的测定严重干扰。可首先采用返滴定法滴定Al^{3+}与这些离子的总量,然后,再加入与Al^{3+}形成更稳定配合物的选择性试剂NaF,在加热情况下发生如下析出反应:

$$[AlY]^- + 6F^- + 2H^+ = [AlF_6]^{3-} + H_2Y^{2-}$$

析出与Al^{3+}等物质的量EDTA,溶液冷却后再以Zn^{2+}标准溶液滴定析出的EDTA,即得Al^{3+}的含量。此法测Al^{3+}的选择性较高,Sn^{4+}等干扰测定。

析出法利用掩蔽剂提高了测定的选择性,不过它所掩蔽的不是干扰离子而是被测离子,而且是在被测离子与干扰离子均定量地与EDTA配位后再加入的,其结果是析出与被测组分等物质的量的EDTA。

6.6.2 标准溶液的配制和标定

1. 标准溶液的配制

常用EDTA标准溶液的浓度为$0.01\sim0.05\mathrm{mol\cdot L^{-1}}$，一般用乙二胺四乙酸二钠盐$Na_2H_2Y\cdot 2H_2O$配制，其摩尔质量为$372.24\mathrm{g\cdot mol^{-1}}$。

若直接配制，必须先将EDTA（G.R.或A.R.）在80℃下干燥过夜或在120℃下烘到恒量。

由于蒸馏水中含有杂质（Ca^{2+}、Mg^{2+}、Pb^{2+}、Sn^{4+}等），EDTA标准溶液的配制大多采用标定的方法，即先配制成近似浓度的溶液，然后用基准物质标定。

2. 标准溶液的标定

标定EDTA的基准物质很多，如Zn、Cu、ZnO、$CaCO_3$及$MgSO_4\cdot H_2O$等，所选基准物质最好与被测物质一致，以减小测定误差。

金属锌的纯度高又稳定，Zn^{2+}及$[ZnY]^{2-}$均无色，既能在pH=5~6时以二甲酚橙为指示剂来标定，又可在pH=10的氨性缓冲溶液中以铬黑T为指示剂来标定，终点均很敏锐，所以在实验室中多被采用。

金属锌的表面有一层氧化物，应用HCl洗涤两三次，然后用蒸馏水洗净，再用丙酮漂洗一两次，沥干后于110℃烘干5min备用。

EDTA标准溶液最好保存在聚乙烯或硬质玻璃瓶中。若在软质玻璃瓶中存放，玻璃瓶中的Ca^{2+}会被EDTA溶解，从而使EDTA的浓度不断降低。通常较长时间保存的EDTA标准溶液在使用前应重新标定。

本 章 小 结

配位滴定法（络合滴定法）是以生成配位化合物为基础的滴定分析方法，是一种极重要的滴定分析方法，测定对象广泛，在农业样品分析中被广泛应用。配位滴定反应所涉及的平衡关系复杂，为了定量处理各种因素对配位平衡的影响，人们引入了副反应系数和条件稳定平衡常数的概念。

用EDTA标准溶液可以滴定几十种金属，称为EDTA法。通常配位滴定法主要是指EDTA滴定法。

1. 乙二胺四乙酸

乙二胺四乙酸简称EDTA，以H_4Y表示。分析上常用其二钠盐$Na_2H_2Y\cdot 2H_2O$，也简称EDTA。在水溶液中，EDTA分子中羧基上的H^+会转移到氮原子上，形成双极离子。因此，当H_4Y溶于酸性介质中，两个失去质子的羧基可以再接受两个质子而形成H_6Y^{2+}。这样EDTA就相当于一个六元酸，有六级解离平衡常数。

在EDTA溶液中，可以H_6Y^{2+}、H_5Y^+、H_4Y、H_3Y^-、H_2Y^{2-}、HY^{3-}、Y^{4-} 7种型体存在。

在EDTA各种型体与金属离子形成的配合物中，Y^{4-}与金属离子形成的配合物最为稳定，EDTA在碱性溶液中配位能力最强。因此，溶液的酸度便成为影响M-EDTA配合物稳定性的一个重要因素。

2. 影响M-EDTA配合物稳定性的因素

不论是配位滴定分析，还是其他类型的滴定分析，滴定产物一定要稳定，如果生成物不稳定不适用于滴定分析，并且反应要迅速，这是滴定分析对化学反应的要求。配位滴定中配合物的稳定性对滴定分析成功与否起着至关重要的作用。配位滴定反应体系中，发生着很复杂的反应，有主反应，有副反应，并且对配位滴定来说，副反应是必然存在的，这是由配位滴定剂性质决定的。

主反应可以用稳定平衡常数表达，副反应用副反应系数表达。副反应系数是定义形式的，必须牢记。由于副反应的存在，主反应的化学平衡方程不能真实反映滴定体系中的实际情况。提出条件平衡常数，用条件平衡常数来表达滴定体系中的情况会更客观。条件平衡常数也是定义的。要掌握由稳定平衡常数和副反应系数推导出条件平衡常数。稳定平衡常数对应主反应的化学反应平衡方程，从形式上说，条件平衡常数对应条件方程，就是能更接近真实情况的化学反应平衡方程，但在滴定体系中，这样的反应实质是不存在的，它只是一种体现形式。

学习要举一反三，要前后联系，本章中有条件平衡常数，在氧化还原滴定分析一章中，对应标准电极电势，也有条件电极电势。要了解什么是"条件"，稳定平衡常数与条件平衡常数之间的关系，标准电极电势与条件电极电势之间的关系，明确学习要点。

1) M-EDTA配合物的稳定平衡常数

EDTA与金属离子所形成配合物的稳定性，可从配合物的稳定平衡常数上反映出来。配位反应：

$$M + Y \rightleftharpoons MY$$

其平衡常数表达式为

$$K_f^{\ominus}(MY) = \frac{c(MY)/c^{\ominus}}{[c(M)/c^{\ominus}] \cdot [c(Y)/c^{\ominus}]}$$

稳定平衡常数越大，所生成的配合物就越稳定。

2) 配位反应的副反应及副反应系数

在化学反应中，通常把所应用或考察的主体反应称为主反应，而把其他相伴发生的、能影响主反应中反应物或生成物平衡浓度的各种反应统称副反应。在配位滴定中，主反应是被测离子 M 与滴定剂 EDTA(Y) 的配位反应，而系统中共存的干扰离子、为提高配位滴定的准确度和选择性加入的缓冲溶液、掩蔽剂等物质，还可能引起以下几种重要副反应：

(1) 金属离子 M 的水解效应，也称羟基配位效应。

(2) 金属离子 M 的配位效应，也称辅助配位效应，即溶液中除了 EDTA 外，还有另外一种配位剂 L 对其有配位作用。

(3) 共存离子效应，也称干扰离子效应，即溶液中除了 M 外，还有另外一种金属离子 N 与 EDTA 也有配位作用。

(4) 混合配位效应是指产物 MY 发生的副反应，一般只有在强酸性或强碱性介质中，MY 产物才发生副反应，故通常可不予考虑。

(5) 酸效应，最重要。

当 M 发生副反应时，溶液中未参与主反应的金属离子即未与 EDTA(Y) 配位形成 MY 的金属离子不仅以 M 型体游离存在，还以 ML、ML_2、…、ML_n，MOH、$M(OH)_2$、…、$M(OH)_n$ 等型体存在，所有这些未与 EDTA(Y) 配位的型体的总和用 $c'(M)$ 表示。

$$c'(M) = c(M) + c(MOH) + \cdots + c[M(OH)_n] + c(ML) + \cdots + c(ML_n)$$

当 Y 发生副反应时，溶液中未参与主反应的 EDTA(Y) 即未与 M 配位形成 MY 的 EDTA(Y) 不仅以 Y 型体游离存在，还以 NY、HY、H_2Y、H_3Y、H_4Y、H_5Y、H_6Y 等型体存在，这些型体的总和用 $c'(Y)$ 表示。与 M 配位的型体变成了 MY 型体存在于溶液中。

$$c'(Y) = c(NY) + c(Y) + c(HY) + \cdots + c(H_6Y)$$

同理，若 MY 发生副反应，溶液中不仅有 MY，还存在 MHY、MOHY。这些配合物型体的总浓度可用 $c'(MY)$ 表示。

$$c'(MY) = c(MY) + c(MHY) + c(MOHY)$$

金属离子 M 发生的副反应有羟基配位效应和辅助配位效应，用金属离子的副反应系数 α_M 表示副反应发生的程度。

$$\alpha_M = \frac{c'(M)}{c(M)} = \frac{c(M) + c(MOH) + \cdots + c[M(OH)_n] + c(ML) + \cdots + c(ML_n)}{c(M)}$$

式中，$c'(M)$ 表示未参加主反应也就是未参与 Y 配位的金属离子 M 各种存在型体浓度之和；$c(M)$ 为金属离子的平衡浓度。

α_M 表示金属离子 M 副反应进行程度的大小，显然，其值越大，表示副反应越严重。若 $\alpha_M = 1$，则 $c'(M) = c(M)$，表示 M 未发生副反应。

$$\alpha_M = \alpha_{M(L)} + \alpha_{M(OH)} - 1$$

$$\alpha_{M(OH)} = \frac{c(M) + c(MOH) + \cdots + c[M(OH)_n]}{c(M)}$$

$$\alpha_{M(L)} = \frac{c(M) + c(ML) + \cdots + c(ML_n)}{c(M)}$$

配位剂 EDTA 发生的副反应有酸效应和干扰离子效应（也称共存离子效应），用 EDTA 的副反应系数 α_Y 表示副反应发生的程度。EDTA 的酸效应系数用 $\alpha_{Y(H)}$ 表示，EDTA 的干扰离子效应（共存离子效应）系数用 $\alpha_{Y(N)}$ 表示：

$$c'(Y) = c(NY) + c(Y) + c(HY) + \cdots + c(H_6Y)$$

$c'(Y)$ 与游离的 Y 的平衡浓度 $c(Y)$ 之比，称为 EDTA 的副反应系数 α_Y：

$$\alpha_Y = \frac{c'(Y)}{c(Y)} = \frac{c(NY) + c(Y) + c(HY) + \cdots + c(H_6Y)}{c(Y)}$$

α_Y 表示 EDTA 副反应进行程度的大小，显然，其值越大，表示副反应越严重。若 $\alpha_Y = 1$，则 $c'(Y) = c(Y)$，表示 EDTA 未发生副反应。

α_Y 与 $\alpha_{Y(H)}$ 和 $\alpha_{Y(N)}$ 的关系为

$$\alpha_Y = \frac{c'(Y)}{c(Y)} = \frac{c(NY) + c(Y)}{c(Y)} + \frac{c(Y) + c(HY) + \cdots + c(H_6Y)}{c(Y)} - 1$$

$$\alpha_{Y(N)} = \frac{c(NY) + c(Y)}{c(Y)}$$

$$\alpha_{Y(H)} = \frac{c(Y) + c(HY) + \cdots + c(H_6Y)}{c(Y)}$$

$$\alpha_Y = \alpha_{Y(N)} + \alpha_{Y(H)} - 1$$

$\alpha_{Y(H)}$ 是众多副反应系数中最重要的一个。EDTA 是六元酸，在一定 pH 的条件下，EDTA 七种型体：HY、H_2Y、H_3Y、H_4Y、H_5Y、H_6Y、Y 在体系中所占比例是确定的。在以 EDTA 为配位剂（滴定剂）的配位滴定中，溶液的 pH 是确定的，所以受酸度影响的副反应是必须存在的。只有在 pH > 12.26 时才会有 $\alpha_{Y(H)} = 1$，但在此 pH 条件下，被滴定的金属离子 M 早已经沉淀完全。

配合物 MY 发生的副反应可用 MY 的副反应系数 α_{MY} 表示其程度。

$$\alpha_{MY} = \frac{c'(MY)}{c(MY)}$$

$$c'(MY) = c(MY) + c(MHY) + c(MOHY)$$

$c(MY)$ 为配合物的平衡浓度。

$$\alpha_{MY} = \alpha_{MY(H)} + \alpha_{MY(OH)} - 1$$

α_{MY} 越大，越有利于反应正向进行。

酸效应是属于针对配位剂 EDTA 而产生的干扰反应，酸效应用酸效应系数 $\alpha_{Y(H)}$ 表示；针对配位剂 EDTA 产生干扰反应还有共存离子效应，共存离子效应用 $\alpha_{Y(N)}$ 表示。当然还有针对金属离子 M 的水解效应、配位效应，分别用 $\alpha_{M(OH)}$、$\alpha_{M(L)}$ 表示；针对产物 MY 发生的干扰反应可用 α_{MY} 表示。重点研究酸效应，酸效应系数的求解方法虽然在教学大纲里不做要求，但这是一个值得研究的问题，例 6-1 给出了一定 pH 条件下酸效应系数 $\alpha_{Y(H)}$ 的求解过程。

3. M-EDTA 配合物的条件稳定常数

利用 M、Y、MY 在一定条件下的副反应系数分别将 M、Y、MY 型体的平衡浓度 $c(M)$、$c(Y)$、$c(MY)$ 校正为 $c'(M)$、$c'(Y)$、$c'(MY)$。

$$\alpha_Y = \frac{c'(Y)}{c(Y)}, \quad \alpha_M = \frac{c'(M)}{c(M)}, \quad \alpha_{MY} = \frac{c'(MY)}{c(MY)}$$

$$M + Y \rightleftharpoons MY$$

$$K_f^{\ominus}(MY) = \frac{c(MY)/c^{\ominus}}{[c(M)/c^{\ominus}] \cdot [c(Y)/c^{\ominus}]}$$

将 $\alpha_Y = \frac{c'(Y)}{c(Y)}$、$\alpha_M = \frac{c'(M)}{c(M)}$、$\alpha_{MY} = \frac{c'(MY)}{c(MY)}$ 代入得

$$K_f^{\ominus}(MY) = \frac{c(MY)/c^{\ominus}}{[c(M)/c^{\ominus}] \cdot [c(Y)/c^{\ominus}]} = \frac{\alpha_M \alpha_Y}{\alpha_{MY}} \cdot \frac{c'(MY)/c^{\ominus}}{[c'(M)/c^{\ominus}] \cdot [c'(Y)/c^{\ominus}]}$$

整理得

$$\frac{K_f^{\ominus}(MY) \cdot \alpha_{MY}}{\alpha_M \alpha_Y} = \frac{c'(MY)/c^{\ominus}}{[c'(M)/c^{\ominus}] \cdot [c'(Y)/c^{\ominus}]}$$

将 $\dfrac{c'(MY)/c^{\ominus}}{[c'(M)/c^{\ominus}] \cdot [c'(Y)/c^{\ominus}]}$ 定义为条件稳定常数 $K_f'(MY)$，即

$$K_f'(MY) = \frac{c'(MY)/c^{\ominus}}{[c'(M)/c^{\ominus}] \cdot [c'(Y)/c^{\ominus}]}$$

所以

$$K_f'(MY) = K_f^{\ominus}(MY) \cdot \frac{\alpha_{MY}}{\alpha_M \alpha_Y}$$

取对数得
$$\lg K'_f(MY) = \lg K_f^{\ominus}(MY) + \lg \alpha_{MY} - \lg \alpha_M - \lg \alpha_Y$$
条件稳定常数表示配位反应达到平衡时，$c'(M)$、$c'(Y)$、$c'(MY)$ 间的关系，其数值大小不但与绝对稳定常数 $\lg K_f^{\ominus}(MY)$ 有关，还受副反应系数的影响。

从推导过程来看，条件平衡常数也是定义的。从条件平衡常数定义形式：
$$K'_f(MY) = \frac{c'(MY)/c^{\ominus}}{[c'(M)/c^{\ominus}]\cdot[c'(Y)/c^{\ominus}]}$$
来看，条件平衡常数对应方程：
$$c'(M) + c'(Y) = c'(MY)$$
思考：这个方程在滴定体系中是否真实存在？

4. 配位滴定曲线及其影响因素

滴定突跃的影响因素是每一种类型的滴定分析都需要掌握的内容，在滴定曲线上有几个关键点：滴定剂滴定至计量点前-0.1%、计量点后+0.1%、化学计量点以及起点，这几个点所对应的 pM、pH、$\varphi(Ox/Red)$ 的计算方法都要掌握，并且要了解影响计算结果的因素。

配位滴定中，随着配位剂的加入，溶液中金属离子浓度不断减小，在化学计量点附近，溶液的 pM$[-\lg c(M)/c^{\ominus}]$ 发生突跃，利用适当方法可以指示终点，完成滴定。

影响配位滴定突跃的因素：配合物的条件稳定常数 $K'_f(MY)$ 的大小直接影响滴定突跃的大小。$K'_f(MY)$ 越大，滴定突跃也越大，当然是在 $c_0(M)$ 一定的前提下，因为这样才有可比性。

配合物条件稳定常数 $K'_f(MY)$ 的大小，除了取决于配合物的稳定平衡常数 $K_f(MY)$（取决于金属离子本性）外，还取决于金属离子 M、配位剂 EDTA（Y）的副反应系数。反应物 M、EDTA（Y）的副反应系数越大，$K'_f(MY)$ 越小，滴定突跃越小。在各种副反应中，酸效应对 $K'_f(MY)$ 的影响最显著。

酸度越大，即 pH 越小，酸效应越大，$K'_f(MY)$ 越小，滴定突跃越小，反之，酸度越小，pH 越大，酸效应越小，$K'_f(MY)$ 越大，滴定突跃越大。

金属离子的浓度越低，滴定曲线的起点就越高，滴定突跃就越小，反之，则滴定突跃增大。因此，配位滴定中金属离子的浓度不宜过低。

5. 单一金属离子准确滴定的条件

在配位滴定中

$$\lg[c_{sp}(M)/c^{\ominus}]\cdot K_f'(MY) \geqslant 6.0$$

式中，$c_{sp}(M)$ 为计量点时金属离子的初始浓度，是物理混合浓度；$K_f'(MY)$ 为生成配合物的条件稳定常数。

一般情况下，EDTA 标准溶液的浓度 $c_0(H_2Y^{2-})$ 与被滴定金属离子的初始浓度 $c_0(M)$ 相同，即 $c_0(H_2Y^{2-}) = c_0(M)$，所以

$$c_{sp}(M) = c_0(M)/2$$

配位滴定中，$K_f'(MY)$ 一般较大，EDTA 标准溶液与被滴定金属离子浓度可配得较稀，一般为 $c_0(H_2Y^{2-}) = c_0(M) = 0.02 \text{mol}\cdot L^{-1}$，因此也常用 $\lg K_f'(MY) \geqslant 8.0$ 作为配位滴定可行性的判断依据。

6. 单一金属离子滴定的适宜酸度范围

单一金属离子被准确滴定的条件是 $\lg[c_{sp}(M)/c^{\ominus}]\cdot K_f'(MY) \geqslant 6.0$，而 $\lg K_f'(MY)$ 是与滴定条件直接相关的。假设在配位滴定中除了 EDTA 的酸效应外没有其他副反应，则 $\lg K_f'(MY)$ 主要受溶液酸度的影响。在 $c_0(M)$ 一定时，随着酸度的增加，$\lg \alpha_{Y(H)}$ 增大，$\lg K_f'(MY)$ 减小，最后可能导致 $\lg K_f'(MY) < 8.0$，这时便不能准确滴定。因此，溶液的酸度应有一上限，超过它就不能保证 $\lg K_f'(MY) \geqslant 8.0$。这一最高允许的酸度称为最高酸度，与之相应的溶液的 pH 为最低 pH。

在配位滴定中，金属离子浓度一般为 $c_0(M) = 0.02 \text{mol}\cdot L^{-1}$，因此常用 $\lg K_f'(MY) \geqslant 8.0$ 作为配位滴定可行性的判据，并且仅考虑酸效应的情况下

$$\lg K_f'(MY) = \lg K_f^{\ominus}(MY) - \lg \alpha_{Y(H)} \geqslant 8.0$$

即

$$\lg \alpha_{Y(H)} \leqslant \lg K_f^{\ominus}(MY) - 8.0$$

对每种金属离子 M 来说，其与 EDTA 配位生成配合物 MY 的绝对稳定平衡常数 $\lg K_f^{\ominus}(MY)$ 有确定的值，计算 $\lg \alpha_{Y(H)} \leqslant \lg K_f^{\ominus}(MY) - 8.0$，查 EDTA 酸效应系数表得滴定每种金属离子 M 时允许的最低 pH。

通常把金属离子 M 生成沉淀时的酸度称为配位滴定的最低酸度（最高 pH），它可由金属离子氢氧化物沉淀的溶度积近似求得。

7. 金属指示剂

配位滴定中的金属离子指示剂、酸碱滴定中的酸碱指示剂以及第 7 章中的氧化还原类型指示剂，可以对比进行学习。从指示剂的原理、变色点、变色范围进行研究对比。

在配位滴定中，通常利用一种能与金属离子生成有色配合物的显色剂来指示

滴定终点，这种显色剂称为金属离子指示剂。

金属离子指示剂是一些有机配位剂，能与金属离子形成有色配合物，但其配合物的颜色与指示剂本身的颜色不同：

$$M + In \rightleftharpoons MIn$$

M 表示金属离子；In 为金属离子指示剂的阴离子，本身颜色为 A；MIn 为金属离子与金属离子指示剂所形成的配合物，颜色为 B。颜色 A 与颜色 B 色差鲜明，容易判断。

在滴定开始时，在被滴定金属离子 M 溶液中加入金属离子指示剂 In，金属指示剂 In 是少量的，与少量金属离子 M 生成配合物 MIn，所以溶液显示为颜色 B。

随着滴定剂 EDTA 的加入，大量游离的金属离子 M 逐渐被配位，形成 MY。当游离的金属离子 M 被 EDTA 配位完全时，即要达到化学计量点时，EDTA 从 MIn 中夺取金属离子 M，使指示剂 In 从 MIn 中游离出来，这样溶液的颜色从 MIn 的颜色 B 变为 In 的颜色 A，指示终点到达。

配位滴定中金属指示剂的变色原理和沉淀滴定中指示剂的指示原理是不同的，配位滴定中金属指示剂是一种配位剂，生成的是有颜色配合物，而沉淀滴定中的指示剂是生成有颜色的沉淀。金属指示剂的配位能力要合适，$K'_f(MIn) < K'_f(MY)$。沉淀滴定中沉淀指示剂要待被滴定离子完全沉淀后，过量半滴滴定剂，即可与滴定剂发生的沉淀反应，生成有颜色的沉淀，指示终点到达。

思考及练习题

1. EDTA 与金属离子形成的配合物具有哪些特点？
2. 配合物稳定常数与条件稳定常数有什么不同？二者间有怎样的关系？为什么要引用条件稳定常数？
3. 影响配位平衡的主要因素是什么？
4. 什么是酸效应？酸效应曲线是怎样绘制的？它在配位滴定中有什么用途？
5. 在 EDTA 滴定过程中，影响滴定突跃范围大小的主要因素有哪些？
6. 怎样判断单一金属离子是否可以准确滴定？
7. 试举例说明金属指示剂的作用原理。
8. 什么是指示剂的"封闭"和"僵化"现象？它对配位滴定有何影响？如何消除？
9. 在配位滴定中，溶液的酸度非常重要，回答：
(1) 为什么配位滴定中要控制适当的酸度？
(2) 为什么金属指示剂使用时要有 pH 限度？
(3) 为什么同一种指示剂用于不同金属离子滴定时，适宜的 pH 条件不一定相同？
10. 以混合离子分别滴定为例，说明如何提高配位滴定的选择性。
11. 溶液中 Fe^{3+}、Zn^{2+}、Mg^{2+} 浓度均为 $0.1 mol \cdot L^{-1}$，可否通过控制酸度进行连续滴定？

如何进行滴定？

12. 求 EDTA 滴定 Fe^{3+} 和 Fe^{2+} 的最低 pH，设其原始浓度均为 $0.02\,\text{mol}\cdot\text{L}^{-1}$。

13. Mg^{2+} 和 EDTA 的浓度均为 $0.02\,\text{mol}\cdot\text{L}^{-1}$，在 pH = 6 时，配合物的条件稳定常数是多少？（不考虑水解等副反应，只考虑酸效应）说明在此 pH 条件下能否用 EDTA 标准溶液滴定 Mg^{2+}。如不能滴定，求允许滴定的最低 pH。

14. 在 pH = 12 时，用钙指示剂以 EDTA 进行石灰石中 CaO 含量测定，称取试样 0.4086g，在 250.00mL 容量瓶中定容，用移液管移取 25.00mL 试液，用去 17.50mL $0.02040\,\text{mol}\cdot\text{L}^{-1}$ EDTA 标准溶液，求该石灰石试样中的 CaO 含量。

15. 取水样 50.00mL，以铬黑 T 为指示剂，在 pH = 10 的氨性缓冲溶液中，用 $0.01000\,\text{mol}\cdot\text{L}^{-1}$ EDTA 滴定至终点，共用去 9.45mL，求水的总硬度。以德国度（10mgCaO/L 为 1℃）表示。

16. 某 EDTA 溶液，以 25.00mL Ca^{2+} 标准溶液（每毫升含 CaO 1.00mg）来标定，用去 EDTA 24.30mL。称取镁盐样品 0.8000g，经溶解后定容至 250.00mL，取 25.00mL 镁盐溶液用 EDTA 标准溶液滴定，用去 20.90mL。1.00mL EDTA 相当于多少毫克 MgO？该镁盐试样中 MgO 含量是多少？

17. 称取含磷试样 0.1000g 处理成溶液，把 P 沉淀为 $MgNH_4PO_4$，将沉淀过滤洗涤，再溶解，然后用 $0.01000\,\text{mol}\cdot\text{L}^{-1}$ EDTA 标准溶液 28.08mL 完成滴定。该试样中 P_2O_5 含量是多少？

18. 测定某试样含铝量。称取试样 0.2000g，溶解后，加入 $0.05010\,\text{mol}\cdot\text{L}^{-1}$ EDTA 标准溶液 25.00mL，控制条件，使 Al^{3+} 与 EDTA 完全配位。然后以 $0.05005\,\text{mol}\cdot\text{L}^{-1}$ 标准锌盐溶液返滴定过量的 EDTA，消耗 5.50mL。计算试样中 Al 或 Al_2O_3 的含量。

19. 称取 0.5000g 黏土样品，用碱熔后分离去 SiO_2，滤液用容量瓶配成 250.00mL，吸取 100.00mL，在 pH ≈ 2 的溶液中，用磺基水杨酸作指示剂，用 $0.02000\,\text{mol}\cdot\text{L}^{-1}$ EDTA 滴定 Fe^{3+}，用去 8.10mL，滴定 Fe^{3+} 后的溶液，控制 pH = 4.3 并煮沸后加入 31.33mL 过量的 EDTA，PAN 作指示剂，以 11.50mL $CuSO_4$ 标准溶液（每毫升含纯 $CuSO_4\cdot 5H_2O$ 0.6005g）滴定至溶液呈紫红色即为终点。计算黏土中 Fe_2O_3 和 Al_2O_3 的含量。

20. 测定锆英石中 ZrO_2 和 Fe_2O_3 含量时，称取 1.0000g 试样，以适当的溶样方法制成 200.00mL 试样溶液，移取 100.00mL 试液，调至 pH = 0.8，加入盐酸羟胺还原 Fe^{3+}，以二甲酚橙为指示剂，用 $1.0\times 10^{-3}\,\text{mol}\cdot\text{L}^{-1}$ EDTA 滴定，用去 10.00mL。加入浓硝酸，加热，使 Fe^{2+} 被氧化成 Fe^{3+}，将溶液调至 pH ≈ 1.5，以磺基水杨酸为指示剂，用上述 EDTA 溶液滴定，用去 20.00mL。计算试样中 ZrO_2 和 Fe_2O_3 的含量。

第 7 章 氧化还原滴定法

氧化还原滴定法是以氧化还原反应为基础的分析方法,是滴定分析中应用最广泛的方法之一。以 Ox 代表氧化剂,Red 代表还原剂,其基本反应为

$$Ox_1 + Red_2 \rightleftharpoons Red_1 + Ox_2$$

该反应可分解为同时进行的两步,即氧化态 Ox_1 得到电子转化为弱还原态 Red_1,Red_2 还原态失去电子转化为弱氧化态 Ox_2,其反应式为

$$Ox_1 + n_1e^- \rightleftharpoons Red_1 \text{(还原半反应)}$$
$$Red_2 - n_2e^- \rightleftharpoons Ox_2 \text{(氧化半反应)}$$

标准写法为

$$Ox_2 + n_2e^- \rightleftharpoons Red_2$$

这种式子称为半电池反应,简称半反应,Ox_1 与 Red_1、Ox_2 与 Red_2 为共轭电对,可写成 Ox_1/Red_1、Ox_2/Red_2。每组共轭电对的电极电势用能斯特方程式表示

$$\varphi(Ox_1/Red_1) = \varphi^{\ominus}(Ox_1/Red_1) + \frac{RT}{n_1F} \ln \frac{c(Ox_1)/c^{\ominus}}{c(Red_1)/c^{\ominus}}$$

$$\varphi(Ox_2/Red_2) = \varphi^{\ominus}(Ox_2/Red_2) + \frac{RT}{n_2F} \ln \frac{c(Ox_2)/c^{\ominus}}{c(Red_2)/c^{\ominus}}$$

例如,$Zn + Cu^{2+} \rightleftharpoons Zn^{2+} + Cu$ 中

$$\varphi(Cu^{2+}/Cu) = \varphi^{\ominus}(Cu^{2+}/Cu) + \frac{RT}{2F} \ln \frac{c(Cu^{2+})/c^{\ominus}}{1}$$

$$\varphi^{\ominus}(Cu^{2+}/Cu) = +0.34V$$

$$\varphi(Zn^{2+}/Zn) = \varphi^{\ominus}(Zn^{2+}/Zn) + \frac{RT}{2F} \ln \frac{c(Zn^{2+})/c^{\ominus}}{1}$$

$$\varphi^{\ominus}(Zn^{2+}/Zn) = -0.76V$$

7.1 氧化还原反应的基本知识

氧化还原反应就是电子转移的反应,酸碱反应是质子转移的反应,二者有相通之处。氧化还原反应的反应历程复杂,反应速率慢,而且容易发生副反应,这

为利用氧化还原反应进行滴定分析增加了一定的难度。

氧化还原反应有电子转移发生,元素的氧化数发生变化,物质氧化还原能力的强弱可用有关电对的电极电势进行比较。电极电势高,该电对中氧化态物质的氧化能力就强,还原态物质的还原能力就弱;电极电势低,该电对中还原态物质的还原能力就强,氧化态物质的氧化能力就弱。氧化还原反应自发进行的方向是强的氧化剂和强的还原剂生成弱的氧化剂与弱的还原剂。

氧化还原反应的电对分为可逆电对和不可逆电对两大类。可逆电对是反应中氧化态和还原态物质很快建立平衡的电对,如 Fe^{3+}/Fe^{2+}、Cr^{4+}/Cr^{3+}、I_2/I^- 等。不可逆电对使反应中不能真正建立按氧化还原反应式中所示的平衡,如 MnO_4^-/Mn^{2+}、$Cr_2O_7^{2-}/Cr^{3+}$、$CO_2/H_2C_2O_4$、$S_4O_6^{2-}/S_2O_3^{2-}$ 等。

在实际工作中,影响电对电极电势的因素是多方面的,如果把各种因素都加以考虑就要在能斯特方程式中引入相应的系数。

溶液浓度大且离子价态高,不能忽略离子强度 I 的影响,因此可引入活度系数 γ;另外,电对的氧化态或还原态可能具有多种相关型体存在形式,氧化还原反应还可能受溶液酸度的影响,如果有沉淀、配位等影响主反应发生的副反应等因素存在,还必须引入副反应系数 α。在使用能斯特公式时必须考虑以上因素,才能使理论计算结果与实际情况更为接近。

7.1.1 条件电极电势

可逆电对的半反应

$$Ox + ne^- \rightleftharpoons Red$$

对应的能斯特方程

$$\varphi(Ox/Red) = \varphi^{\ominus}(Ox/Red) + \frac{RT}{nF}\ln\frac{c(Ox)/c^{\ominus}}{c(Red)/c^{\ominus}}$$

理论计算所得电极电势的值与实测值不符,就是由于副反应的存在和离子强度的影响。

引入副反应系数 α,有

$$\alpha_{Ox} = \frac{c'(Ox)}{c(Ox)}$$

$$\alpha_{Red} = \frac{c'(Red)}{c(Red)}$$

式中,$c'(Ox)$ 表示在半反应中包括 Ox 平衡浓度即 $c(Ox)$ 在内的,并且与 Ox 相关的其他型体浓度的总和,称为总浓度(或分析浓度),$c'(Red)$ 表示在半反应中包括 Red 平衡浓度 $c(Red)$ 在内的,与 Red 相关的其他型体浓度的总和,也称为总浓度

(或分析浓度)。

引入活度系数 γ，有

$$a(\mathrm{Ox}) = \gamma(\mathrm{Ox}) \cdot c(\mathrm{Ox})$$

$$a(\mathrm{Red}) = \gamma(\mathrm{Red}) \cdot c(\mathrm{Red})$$

$a(\mathrm{Ox})$ 和 $a(\mathrm{Red})$ 分别表示氧化态 Ox 和还原态 Red 的活度。在溶液中，活度是真正有效的浓度。因此，在氧化还原半反应中，能斯特方程式中的氧化态、还原态的浓度项应换成对应的活度，即

$$\varphi(\mathrm{Ox/Red}) = \varphi^{\ominus}(\mathrm{Ox/Red}) + \frac{RT}{nF} \ln \frac{a(\mathrm{Ox})/c^{\ominus}}{a(\mathrm{Red})/c^{\ominus}}$$

将 $a(\mathrm{Ox}) = \gamma(\mathrm{Ox}) \cdot c(\mathrm{Ox})$ 与 $a(\mathrm{Red}) = \gamma(\mathrm{Red}) \cdot c(\mathrm{Red})$ 代入上式得

$$\varphi(\mathrm{Ox/Red}) = \varphi^{\ominus}(\mathrm{Ox/Red}) + \frac{RT}{nF} \ln \frac{\gamma(\mathrm{Ox}) \cdot c(\mathrm{Ox})/c^{\ominus}}{\gamma(\mathrm{Red}) \cdot c(\mathrm{Red})/c^{\ominus}}$$

而

$$\alpha_{\mathrm{Ox}} = \frac{c'(\mathrm{Ox})}{c(\mathrm{Ox})}, \quad \alpha_{\mathrm{Red}} = \frac{c'(\mathrm{Red})}{c(\mathrm{Red})}$$

将其代入 $\varphi(\mathrm{Ox/Red}) = \varphi^{\ominus}(\mathrm{Ox/Red}) + \frac{RT}{nF} \ln \frac{\gamma(\mathrm{Ox}) \cdot c(\mathrm{Ox})/c^{\ominus}}{\gamma(\mathrm{Red}) \cdot c(\mathrm{Red})/c^{\ominus}}$ 得

$$\varphi(\mathrm{Ox/Red}) = \varphi^{\ominus}(\mathrm{Ox/Red}) + \frac{RT}{nF} \ln \frac{\gamma(\mathrm{Ox}) \cdot c'(\mathrm{Ox})/c^{\ominus}}{\gamma(\mathrm{Red}) \cdot c'(\mathrm{Red})/c^{\ominus}} \cdot \frac{\alpha_{\mathrm{Red}}}{\alpha_{\mathrm{Ox}}}$$

整理得

$$\varphi(\mathrm{Ox/Red}) = \varphi^{\ominus}(\mathrm{Ox/Red}) + \frac{RT}{nF} \ln \frac{\gamma(\mathrm{Ox}) \cdot \alpha_{\mathrm{Red}}}{\gamma(\mathrm{Red}) \cdot \alpha_{\mathrm{Ox}}} \cdot \frac{c'(\mathrm{Ox})/c^{\ominus}}{c'(\mathrm{Red})/c^{\ominus}}$$

$$\varphi(\mathrm{Ox/Red}) = \varphi^{\ominus}(\mathrm{Ox/Red}) + \frac{RT}{nF} \ln \frac{\gamma(\mathrm{Ox}) \cdot \alpha_{\mathrm{Red}}}{\gamma(\mathrm{Red}) \cdot \alpha_{\mathrm{Ox}}} + \frac{RT}{nF} \ln \frac{c'(\mathrm{Ox})/c^{\ominus}}{c'(\mathrm{Red})/c^{\ominus}}$$

令 $\varphi^{\ominus'}(\mathrm{Ox/Red}) = \varphi^{\ominus}(\mathrm{Ox/Red}) + \frac{RT}{nF} \ln \frac{\gamma(\mathrm{Ox}) \cdot \alpha_{\mathrm{Red}}}{\gamma(\mathrm{Red}) \cdot \alpha_{\mathrm{Ox}}}$，则得

$$\varphi(\mathrm{Ox/Red}) = \varphi^{\ominus'}(\mathrm{Ox/Red}) + \frac{RT}{nF} \ln \frac{c'(\mathrm{Ox})/c^{\ominus}}{c'(\mathrm{Red})/c^{\ominus}}$$

$\varphi^{\ominus'}(\mathrm{Ox/Red}) = \varphi^{\ominus}(\mathrm{Ox/Red}) + \frac{RT}{nF} \ln \frac{\gamma(\mathrm{Ox}) \cdot \alpha_{\mathrm{Red}}}{\gamma(\mathrm{Red}) \cdot \alpha_{\mathrm{Ox}}}$ 称为氧化还原电对的条件电极电势。

条件电极电势 $\varphi^{\ominus'}(\mathrm{Ox/Red})$ 是在特定条件下，氧化态、还原态物质的总浓度

$c'(\text{Ox})$、$c'(\text{Red})$ 均为 $1\text{mol}\cdot\text{L}^{-1}$ 时，校正了外界因素(如离子强度、各种副反应、酸度等因素)后电对的电极电势。

因此，如果直接将氧化态型体、还原态型体的浓度代入能斯特方程式，而不考虑离子强度的影响，不考虑副反应的影响，电极电势实测值与理论值是不吻合的。

在条件不变时，电对的条件电极电势 $\varphi^{\ominus'}(\text{Ox}/\text{Red})$ 是与总浓度 $c'(\text{Ox})$、$c'(\text{Red})$ 无关的常数。与标准电极电势 $\varphi^{\ominus}(\text{Ox}/\text{Red})$ 相比，条件电极电势 $\varphi^{\ominus'}(\text{Ox}/\text{Red})$ 更科学地反映一定外界条件下，当氧化态、还原态物的总浓度 $c'(\text{Ox})$、$c'(\text{Red})$ 均为 $1\text{mol}\cdot\text{L}^{-1}$ 时，氧化态物质的氧化能力、还原态物质的还原能力的强弱，不但对判断一定条件下氧化还原反应的完全程度有意义，而且对反应方向的判断也有重要意义。

电对的条件电极电势 $\varphi^{\ominus'}(\text{Ox}/\text{Red})$ 是在各种条件影响下，电对的实际氧化还原能力。

根据氧化态型体、还原态型体的活度 $a(\text{Ox})$、$a(\text{Red})$ 与其多种存在型体的总浓度 $c'(\text{Ox})$、$c'(\text{Red})$ 的关系：

$$a(\text{Ox}) = \frac{\gamma(\text{Ox})\cdot c'(\text{Ox})}{\alpha_{\text{Ox}}}$$

$$a(\text{Red}) = \frac{\gamma(\text{Red})\cdot c'(\text{Red})}{\alpha_{\text{Red}}}$$

以电对的条件电极电势 $\varphi^{\ominus'}(\text{Ox}/\text{Red})$ 代替标准电极电势 $\varphi^{\ominus}(\text{Ox}/\text{Red})$，以总浓度 c' 代替参加氧化还原反应的氧化态、还原态的活度 a，实际利用活度系数 γ 和副反应系数 α 已将总浓度校正为参加的氧化态、还原态物质的活度 a，不仅使得计算简便，而且计算结果与实测值十分吻合。

条件电极电势 $\varphi^{\ominus'}(\text{Ox}/\text{Red})$ 可由电对的标准电极电势 $\varphi^{\ominus}(\text{Ox}/\text{Red})$、活度系数 γ 和副反应系数 α 计算。但当溶液中离子强度较大时，活度系数 γ 不易求得，副反应较为复杂时，副反应系数 α 的计算也较为困难，所以条件电极电势 $\varphi^{\ominus'}(\text{Ox}/\text{Red})$ 一般是通过实验测得的。并不是所有的电对都具有条件电极电势 $\varphi^{\ominus'}(\text{Ox}/\text{Red})$ 值，只有部分电对具有条件电极电势 $\varphi^{\ominus'}(\text{Ox}/\text{Red})$ 值。在无电对的条件电极电势 $\varphi^{\ominus'}(\text{Ox}/\text{Red})$ 数据时，可用相近条件的 $\varphi^{\ominus'}(\text{Ox}/\text{Red})$ 或标准电极电势 $\varphi^{\ominus}(\text{Ox}/\text{Red})$ 近似计算。表 7-1 列出了不同介质中的 $\text{Fe}^{3+}/\text{Fe}^{2+}$ 条件电极电势 $\varphi^{\ominus'}(\text{Fe}^{3+}/\text{Fe}^{2+})$。

表 7-1　不同介质中 Fe^{3+}/Fe^{2+} 电对的条件电极电势

介质	$HClO_4$ (1mol·L^{-1})	HCl (1mol·L^{-1})	H_2SO_4 (1mol·L^{-1})	H_2SO_4 (1mol·L^{-1})-H_3PO_4 (0.5mol·L^{-1})	H_3PO_4 (1mol·L^{-1})	HF (1mol·L^{-1})
$\varphi^{\ominus\prime}(Fe^{3+}/Fe^{2+})/V$	0.71	0.70	0.68	0.61	0.44	0.32

【例 7-1】 温度 $T=298.15K$，在 $c(HCl)=1mol·L^{-1}$ 的介质中，$c(Ce^{4+})=0.01mol·L^{-1}$，$c(Ce^{3+})=0.001mol·L^{-1}$，$\varphi^{\ominus\prime}(Ce^{4+}/Ce^{3+})=1.28V$，计算 $\varphi(Ce^{4+}/Ce^{3+})$。

解 半反应

$$Ce^{4+} + e^- \rightleftharpoons Ce^{3+}$$

能斯特方程式

$$\varphi(Ce^{4+}/Ce^{3+}) = \varphi^{\ominus\prime}(Ce^{4+}/Ce^{3+}) + \frac{RT}{nF}\ln\frac{c(Ce^{4+})/c^{\ominus}}{c(Ce^{3+})/c^{\ominus}}$$

整理得

$$\varphi(Ce^{4+}/Ce^{3+}) = \varphi^{\ominus\prime}(Ce^{4+}/Ce^{3+}) + \frac{0.0592V}{n}\lg\frac{c(Ce^{4+})/c^{\ominus}}{c(Ce^{3+})/c^{\ominus}}$$

$$= 1.28V + \frac{0.0592V}{1}\lg\frac{0.01}{0.001} = 1.34V$$

【例 7-2】 温度 $T=298.15K$，$c(HCl)=2.5mol·L^{-1}$ 的介质中，$c(Cr^{6+})=0.0500mol·L^{-1}$，$c(Cr^{3+})=0.100mol·L^{-1}$，计算 $\varphi(Cr^{6+}/Ce^{3+})$。

解 半反应

$$Cr_2O_7^{2-} + 14H^+ + 6e^- \rightleftharpoons 2Cr^{3+} + 7H_2O$$

能斯特方程式

$$\varphi(Cr^{6+}/Cr^{3+}) = \varphi^{\ominus\prime}(Cr^{6+}/Ce^{3+}) + \frac{RT}{nF}\ln\frac{c(Cr^{6+})/c^{\ominus}}{[c(Ce^{3+})/c^{\ominus}]^2}$$

$c(HCl)=2.5mol·L^{-1}$ 时，查不到 $\varphi^{\ominus\prime}(Cr^{6+}/Cr^{3+})$ 值；$c(HCl)=3.0mol·L^{-1}$ 时，$\varphi^{\ominus\prime}(Cr^{6+}/Cr^{3+})=1.08V$。代入得

$$\varphi(Cr^{6+}/Cr^{3+}) = 1.08V + \frac{0.0592V}{6}\lg\frac{0.0500}{0.100^2} = 1.09V$$

【例7-3】 温度 $T=298.15K$，在 $c(HCl)=1mol·L^{-1}$ 的介质中，$\varphi^{\ominus\prime}(Cr_2O_7^{2-}/Cr^{3+})=1.00V$。用 Fe^{2+} 将 $c(Cr_2O_7^{2-})=0.100mol·L^{-1}$ 重铬酸钾还原 50% 时，计算

$\varphi(\mathrm{Cr_2O_7^{2-}/Cr^{3+}})$。

解 半反应

$$\mathrm{Cr_2O_7^{2-}} + 14\mathrm{H^+} + 6\mathrm{e^-} \Longrightarrow 2\mathrm{Cr^{3+}} + 7\mathrm{H_2O}$$

当 50% $\mathrm{Cr_2O_7^{2-}}$ 被还原时

$$c'(\mathrm{Cr_2O_7^{2-}}) = 0.0500\,\mathrm{mol \cdot L^{-1}}, \quad c'(\mathrm{Cr^{3+}}) = 0.100\,\mathrm{mol \cdot L^{-1}}$$

能斯特方程式

$$\varphi(\mathrm{Cr_2O_7^{2-}/Cr^{3+}}) = \varphi^{\ominus\prime}(\mathrm{Cr_2O_7^{2-}/Cr^{3+}}) + \frac{RT}{nF} \ln \frac{c(\mathrm{Cr_2O_7^{2-}})/c^{\ominus}}{[c(\mathrm{Cr^{3+}})/c^{\ominus}]^2}$$

此时 $\varphi^{\ominus\prime}(\mathrm{Cr_2O_7^{2-}/Cr^{3+}}) = 1.00\,\mathrm{V}$,代入得

$$\varphi(\mathrm{Cr_2O_7^{2-}/Cr^{3+}}) = 1.00\,\mathrm{V} + \frac{0.0592\,\mathrm{V}}{6} \lg \frac{0.0500}{0.100^2} = 1.01\,\mathrm{V}$$

用条件电极电势计算时,能斯特方程式对数项中不含 $c(\mathrm{H^+})$、$c(\mathrm{OH^-})$,因为对有 $\mathrm{H^+}$、$\mathrm{OH^-}$ 参加反应的电极,$c(\mathrm{H^+})$、$c(\mathrm{OH^-})$ 已经作为介质条件包含在其中。

一定条件下,如果两组电对的条件电极电势 $\varphi^{\ominus\prime}(\mathrm{Ox/Red})$ 相差较大,则可根据条件电极电势 $\varphi^{\ominus\prime}(\mathrm{Ox/Red})$ 对氧化还原反应方向作出大致判断,因为用改变反应物浓度的方法改变反应方向很难,除非极致情况。

7.1.2 影响条件电极电势的因素

1. 离子强度的影响

离子强度 I 较大时,活度系数 γ 远小于 1。条件电极电势 $\varphi^{\ominus\prime}(\mathrm{Ox/Red})$ 与标准电极电势 $\varphi^{\ominus}(\mathrm{Ox/Red})$ 有一定的差异,但是与其他副反应相比,离子强度的影响小得多,加上活度系数 γ 不易计算,因此在讨论中往往忽略离子强度 I 的影响,认为各组分的活度等于浓度。

2. 沉淀反应对氧化还原反应的影响

若向一电极中加入一种可与氧化态或还原态物质产生沉淀的试剂,副反应的发生降低了氧化态或还原态物质的平衡浓度,必使电对的条件电极电势升高或降低,影响氧化态或还原态物质的氧化还原能力,甚至可影响氧化还原反应的方向。

【**例 7-4**】 忽略离子强度的影响,$c(\mathrm{I^-}) = 1\,\mathrm{mol \cdot L^{-1}}$,温度 $T = 298.15\,\mathrm{K}$ 时,$\varphi^{\ominus}(\mathrm{Cu^{2+}/Cu^+}) = 0.17\,\mathrm{V}$,$\varphi^{\ominus}(\mathrm{I_2/I^-}) = 0.54\,\mathrm{V}$,计算 $\varphi^{\ominus\prime}(\mathrm{Cu^{2+}/Cu^+})$ 的值。

解 电对 $\mathrm{Cu^{2+}/Cu^+}$ 所对应的半反应为

$$Cu^{2+} + e^- = Cu^+$$

仅从电对的标准电极电势来看，$\varphi^{\ominus}(I_2/I^-) > \varphi^{\ominus}(Cu^{2+}/Cu^+)$，那么在标准状态下有下面的反应发生

$$2Cu^+ + I_2 = 2Cu^{2+} + 2I^-$$

但要求是两组电对 I_2/I^-、Cu^{2+}/Cu^+ 分别处于两个半电池中，不能混合在一起，要绝对分开，两组电对由导线和盐桥相连。

如果半电池 Cu^{2+}/Cu^+ 中混入 I^-，并且 $c(I^-) = 1\,mol \cdot L^{-1}$，会发生什么样的变化呢？

$$Cu^+ + I^- = CuI\downarrow$$

产生 CuI 沉淀，严重降低 Cu^+ 的浓度 $c(Cu^+)$，导致 Cu^{2+}/Cu^+ 电对的电极电势 $\varphi(Cu^{2+}/Cu^+)$ 发生改变

$$\varphi(Cu^{2+}/Cu^+) = \varphi^{\ominus}(Cu^{2+}/Cu^+) + \frac{0.0592V}{1}\lg\frac{c(Cu^{2+})/c^{\ominus}}{c(Cu^+)/c^{\ominus}}$$

此时

$$K_{sp}^{\ominus}(CuI) = [c(Cu^+)/c^{\ominus}] \cdot [c(I^-)/c^{\ominus}]$$

$$c(Cu^+) = \frac{K_{sp}^{\ominus}(CuI)}{c(I^-)/c^{\ominus}} \cdot c^{\ominus} = \frac{1.1 \times 10^{-12}}{1} = 1.1 \times 10^{-12}\,mol \cdot L^{-1}$$

$$c(Cu^{2+}) = 1\,mol \cdot L^{-1}$$

将 $c(Cu^+) = 1.1 \times 10^{-12}\,mol \cdot L^{-1}$、$c(Cu^{2+}) = 1\,mol \cdot L^{-1}$ 代入 $\varphi(Cu^{2+}/Cu^+) = \varphi^{\ominus}(Cu^{2+}/Cu^+) + \frac{0.0592V}{1}\lg\frac{c(Cu^{2+})/c^{\ominus}}{c(Cu^+)/c^{\ominus}}$ 得

$$\begin{aligned}
\varphi(Cu^{2+}/Cu^+) &= \varphi^{\ominus}(Cu^{2+}/Cu^+) + \frac{0.0592V}{1}\lg\frac{1}{c(Cu^+)/c^{\ominus}} + \frac{0.0592V}{1}\lg c(Cu^{2+})/c^{\ominus} \\
&= \varphi^{\ominus}(Cu^{2+}/Cu^+) + \frac{0.0592V}{1}\lg\frac{1}{\frac{K_{sp}^{\ominus}(CuI)}{c(I^-)/c^{\ominus}}} + \frac{0.0592V}{1}\lg c(Cu^{2+})/c^{\ominus} \\
&= \varphi^{\ominus}(Cu^{2+}/Cu^+) + \frac{0.0592V}{1}\lg\frac{c(I^-)/c^{\ominus}}{K_{sp}^{\ominus}(CuI)} + \frac{0.0592V}{1}\lg c(Cu^{2+})/c^{\ominus} \\
&= 0.17V + \frac{0.0592V}{1}\lg\frac{1}{1.1 \times 10^{-12}} + \frac{0.0592V}{1}\lg 1 = 0.88V
\end{aligned}$$

此时电对的电极电势比原来标准状态时电极电势值

$$\varphi(\text{Cu}^{2+}/\text{Cu}^+) = \varphi^{\ominus}(\text{Cu}^{2+}/\text{Cu}^+) + \frac{0.0592\text{V}}{1}\lg\frac{1}{1} = 0.17\text{V} + \frac{0.0592\text{V}}{1}\lg\frac{1}{1} = 0.17\text{V}$$

升高了很多。

而 $\varphi(\text{I}_2/\text{I}^-) = \varphi^{\ominus}(\text{I}_2/\text{I}^-) + \frac{0.0592\text{V}}{1}\lg\frac{1}{1} = 0.54\text{V} + \frac{0.0592\text{V}}{1}\lg\frac{1}{1} = 0.54\text{V}$ 电对的电极电势没有变化。

$\varphi(\text{Cu}^{2+}/\text{Cu}^+) = 0.88\text{V} > \varphi(\text{I}_2/\text{I}^-) = 0.54\text{V}$ 时，化学反应方向为

$$2\text{Cu}^{2+} + 4\text{I}^- \Longleftrightarrow 2\text{CuI}\downarrow + \text{I}_2$$

沉淀的生成改变了氧化还原反应的方向。

根据条件电极电势的定义，$\varphi^{\ominus}(\text{Cu}^{2+}/\text{Cu}^+) + \frac{RT}{nF}\ln\frac{c(\text{I}^-)/c^{\ominus}}{K_{\text{sp}}^{\ominus}(\text{CuI})}$ 是在 $c(\text{I}^-) = $ 1mol·L^{-1} 时，Cu^{2+}/Cu$^+$ 电对的条件电极电势，即

$$\varphi^{\ominus\prime}(\text{Cu}^{2+}/\text{Cu}^+) = \varphi^{\ominus}(\text{Cu}^{2+}/\text{Cu}^+) + \frac{RT}{nF}\ln\frac{c(\text{I}^-)/c^{\ominus}}{K_{\text{sp}}^{\ominus}(\text{CuI})} = 0.88\text{V}$$

此种情况下，$\varphi^{\ominus\prime}(\text{Cu}^{2+}/\text{Cu}^+) > \varphi^{\ominus}(\text{I}_2/\text{I}^-)$，据此可以判断反应方向。

也可以这样理解：在半电池 Cu^{2+}/Cu$^+$ 中混入 I$^-$，并且 $c(\text{I}^-) = $ 1mol·L^{-1}，电池的本质发生了变化，不再是原来的半反应，新的半反应可写为

$$\text{Cu}^{2+} + \text{e}^- + \text{I}^- \Longleftrightarrow \text{CuI}$$

电对为 Cu^{2+}/CuI。

新半反应所对应的能斯特方程式为

$$\varphi(\text{Cu}^{2+}/\text{CuI}) = \varphi^{\ominus}(\text{Cu}^{2+}/\text{CuI}) + \frac{RT}{nF}\ln\frac{[c(\text{Cu}^{2+})/c^{\ominus}]\cdot[c(\text{I}^-)/c^{\ominus}]}{1}$$

此时仍为标准状态下的半电池，因为 $c(\text{I}^-) = $ 1mol·L^{-1}，$c(\text{Cu}^{2+}) = $ 1mol·L^{-1} 均为标准状态

$$\varphi(\text{Cu}^{2+}/\text{CuI}) = \varphi^{\ominus}(\text{Cu}^{2+}/\text{CuI}) + \frac{0.0592\text{V}}{1}\lg\frac{1}{1} = \varphi^{\ominus}(\text{Cu}^{2+}/\text{CuI}) = 0.88\text{V}$$

而 I$_2$/I$^-$ 电对的电极电势没有变化

$$\varphi(\text{I}_2/\text{I}^-) = \varphi^{\ominus}(\text{I}_2/\text{I}^-) = 0.54\text{V}$$

在标准状态下，可以用电对的标准电极电势判断氧化还原反应方向。

3. 配位反应对氧化还原反应的影响

如果在氧化还原反应中有配位反应的发生，影响了氧化还原反应氧化态或还

原态物质的浓度，可以对氧化还原反应的完全程度产生影响，甚至改变氧化还原反应方向。

例如，碘量法测铜，在弱酸性溶液中，Cu^{2+}可被KI还原为CuI，反应方程式如下

$$2Cu^{2+} + 4I^- = 2CuI\downarrow + I_2$$

由于CuI溶解度比较小，在有过量的KI存在时，反应定量地向右进行，产生定量的I_2，析出的I_2用$S_2O_3^{2-}$标准溶液滴定，以淀粉为指示剂，间接测得铜的含量。

$$I_2 + 2S_2O_3^{2-} = S_4O_6^{2-} + 2I^-$$

CuI沉淀表面会吸附一些I_2使滴定终点不明显，并影响准确度。因此，在接近化学计量点时，加入少量KSCN使CuI沉淀转变成CuSCN，CuSCN的溶解度比CuI小得多，能使被吸附的I_2从沉淀表面置换出来，从而被$S_2O_3^{2-}$标准溶液滴定，提高测定结果的准确度。

碘量法测铜时，Fe^{3+}的存在会干扰Cu^{2+}的测定，因此一般先加入NaF，由于F^-与氧化态物质Fe^{3+}生成很稳定的配合物$[FeF_6]^{3-}$，使$\varphi^{\ominus\prime}(Fe^{3+}/Fe^{2+})$降至小于0.54V $[\varphi^{\ominus}(I_2/I^-)=0.54V]$，于是$Fe^{3+}$便不能氧化$I^-$。

例如，用$K_2Cr_2O_7$滴定Fe^{2+}时，滴定反应方程式为

$$Cr_2O_7^{2-} + 6Fe^{2+} + 14H^+ = 2Cr^{3+} + 6Fe^{3+} + 7H_2O$$

$K_2Cr_2O_7$为标准溶液，指示剂选择二苯胺磺酸钠，在H_2SO_4-H_3PO_4混合介质中进行，其中的作用如下：

(1) H_3PO_4与Fe^{3+}也能生成稳定的配合物$[Fe(HPO_4)_2]^-$，使$\varphi^{\ominus\prime}(Fe^{3+}/Fe^{2+})$降低，$Fe^{2+}$的还原能力提高，突跃范围向低电势方向延伸，增大突跃范围，使二苯胺磺酸钠的变色点落在突跃范围内。

(2) 由于生成的$[Fe(HPO_4)_2]^-$无色，消除了Fe^{3+}在水溶液中的黄色，有利于终点观察指示剂颜色的变化。

上述两个例子说明配位作用对氧化还原反应是有影响的，可以根据需要设计反应，达成目标。

4. 介质酸度对氧化还原反应的影响

酸度对有H^+或OH^-直接参与电极反应的电对的条件电极电势$\varphi^{\ominus\prime}$有影响，对很多氧化态或还原态物质具有酸(碱)性的电对的条件电极电势$\varphi^{\ominus\prime}$也有影响。这是由于副反应的发生会影响氧化态或还原态物质的存在型体，从而改变它们的平衡浓度。例如，$H_3AsO_4/HAsO_2$电对的电极电势就同时受以上两个因素影响，既

有 H^+ 参与反应，$H_3AsO_4/HAsO_2$ 电对本身也具酸碱性。

$$H_3AsO_4 + 2H^+ + 2e^- \rightleftharpoons HAsO_2 + 2H_2O$$

$$\varphi^\ominus(H_3AsO_4/HAsO_2) = 0.56V$$

$$\varphi^\ominus(I_2/I^-) = 0.54V$$

半反应

$$H_3AsO_4 + 2H^+ + 2e^- \rightleftharpoons HAsO_2 + 2H_2O$$

$$I_2 + 2e^- \rightleftharpoons 2I^-$$

在电极反应中有 H^+ 参与，而且 H_3AsO_4 和 $HAsO_2$ 均为弱酸，只在酸酸介质中才主要以 H_3AsO_4 和 $HAsO_2$ 型体存在，在 pH > 2.0 时必须考虑 H_3AsO_4 的离解，在 pH > 9.0 时还必须考虑 $HAsO_2$ 的离解。若忽略离子强度的影响，电对 $H_3AsO_4/HAsO_2$ 的能斯特方程式为

$$\varphi(H_3AsO_4/HAsO_2) = \varphi^\ominus(H_3AsO_4/HAsO_2) + \frac{RT}{nF}\ln\frac{[c(H_3AsO_4)/c^\ominus]\cdot[c(H^+)/c^\ominus]^2}{c(HAsO_2)/c^\ominus}$$

考虑副反应系数

$$\varphi(H_3AsO_4/HAsO_2)$$

$$= \varphi^\ominus(H_3AsO_4/HAsO_2) + \frac{RT}{nF}\ln\frac{[c'(H_3AsO_4)/c^\ominus]\cdot[c(H^+)/c^\ominus]^2\cdot\alpha_{HAsO_2}}{[c'(HAsO_2)/c^\ominus]\cdot\alpha_{H_3AsO_4}}$$

$$= \varphi^\ominus(H_3AsO_4/HAsO_2) + \frac{RT}{nF}\ln\frac{[c(H^+)/c^\ominus]^2\cdot\alpha_{HAsO_2}}{\alpha_{H_3AsO_4}} + \frac{RT}{nF}\ln\frac{c'(H_3AsO_4)/c^\ominus}{c'(HAsO_2)/c^\ominus}$$

当 $c(H^+) = 1 \text{mol}\cdot L^{-1}$ 即 pH = 0 时，H_3AsO_4 和 $HAsO_2$ 基本不离解，$\alpha_{H_3AsO_4} \approx 1$，$\alpha_{HAsO_2} \approx 1$，则

$$\varphi^{\ominus'}(H_3AsO_4/HAsO_2) = \varphi^\ominus(H_3AsO_4/HAsO_2) + \frac{RT}{nF}\ln\frac{[c(H^+)/c^\ominus]^2\cdot\alpha_{HAsO_2}}{\alpha_{H_3AsO_4}}$$

$$= \varphi^\ominus(H_3AsO_4/HAsO_2)$$

$$= 0.56V > \varphi^\ominus(I_2/I^-) = 0.54V$$

在酸性溶液中，反应方向是

$$H_3AsO_4 + 2I^- + 2H^+ \rightleftharpoons HAsO_2 + I_2 + 2H_2O$$

当 $c(H^+) = 10^{-8} \text{mol}\cdot L^{-1}$ 即 pH = 8 时，H_3AsO_4 副反应严重，$HAsO_2$ 仍旧基本不离解，$\alpha_{H_3AsO_4} \gg 1$，$\alpha_{HAsO_2} \approx 1$，则

$$\varphi^{\ominus'}(H_3AsO_4/HAsO_2) = \varphi^{\ominus}(H_3AsO_4/HAsO_2) + \frac{RT}{nF}\ln\frac{[c(H^+)/c^{\ominus}]^2 \cdot \alpha_{HAsO_2}}{\alpha_{H_3AsO_4}}$$

$$= \varphi^{\ominus}(H_3AsO_4/HAsO_2) + \frac{RT}{nF}\ln\frac{(10^{-8})^2 \times 1}{\alpha_{H_3AsO_4}}$$

$$= \varphi^{\ominus}(H_3AsO_4/HAsO_2) + \frac{2.303RT}{2F}\lg\frac{(10^{-8})^2 \times 1}{\alpha_{H_3AsO_4}}$$

$$= \varphi^{\ominus}(H_3AsO_4/HAsO_2) - \frac{2.303RT}{F}\times 8 + \frac{2.303RT}{2F}\lg\frac{1}{\alpha_{H_3AsO_4}}$$

因为 $\alpha_{H_3AsO_4} \gg 1$,所以条件电极电势 $\varphi^{\ominus'}(H_3AsO_4/HAsO_2)$ 会严重降低,导致

$$\varphi^{\ominus'}(H_3AsO_4/HAsO_2) \ll \varphi^{\ominus}(H_3AsO_4/HAsO_2) \ll \varphi^{\ominus}(I_2/I^-) = 0.54V$$

在碱性溶液中,反应方向是

$$HAsO_2 + I_2 + 2H_2O \rightleftharpoons H_3AsO_4 + 2I^- + 2H^+$$

7.1.3 氧化还原反应进行的程度

滴定分析要求化学反应必须定量进行。一个反应进行的程度可用平衡常数判断。氧化还原反应的标准平衡常数(或条件平衡常数)又和参与氧化还原反应的两电对的标准电极电势(或条件电极电势)有关。利用能斯特方程式可求得氧化还原的平衡常数。

对称式氧化还原反应方程式

$$n_2Ox_1 + n_1Red_2 \rightleftharpoons n_2Red_1 + n_1Ox_2$$

对应的标准平衡常数

$$K^{\ominus} = \frac{[c(Red_1)/c^{\ominus}]^{n_2} \cdot [c(Ox_2)/c^{\ominus}]^{n_1}}{[c(Ox_1)/c^{\ominus}]^{n_2} \cdot [c(Red_2)/c^{\ominus}]^{n_1}}$$

对应的半反应

$$Ox_1 + n_1e^- \rightleftharpoons Red_1$$
$$Ox_2 + n_2e^- \rightleftharpoons Red_2$$

对应的能斯特方程式为

$$\varphi(Ox_1/Red_1) = \varphi^{\ominus}(Ox_1/Red_1) + \frac{2.303RT}{n_1F}\lg\frac{c(Ox_1)/c^{\ominus}}{c(Red_1)/c^{\ominus}}$$

$$\varphi(Ox_2/Red_2) = \varphi^{\ominus}(Ox_2/Red_2) + \frac{2.303RT}{n_2F}\lg\frac{c(Ox_2)/c^{\ominus}}{c(Red_2)/c^{\ominus}}$$

第 7 章 氧化还原滴定法

反应达平衡时

$$\varphi(\text{Ox}_1/\text{Red}_1) = \varphi(\text{Ox}_2/\text{Red}_2)$$

即

$$\varphi^{\ominus}(\text{Ox}_1/\text{Red}_1) + \frac{2.303RT}{n_1 F}\lg\frac{c(\text{Ox}_1)/c^{\ominus}}{c(\text{Red}_1)/c^{\ominus}} = \varphi^{\ominus}(\text{Ox}_2/\text{Red}_2) + \frac{2.303RT}{n_2 F}\lg\frac{c(\text{Ox}_2)/c^{\ominus}}{c(\text{Red}_2)/c^{\ominus}}$$

整理得

$$\varphi^{\ominus}(\text{Ox}_1/\text{Red}_1) - \varphi^{\ominus}(\text{Ox}_2/\text{Red}_2)$$

$$= \frac{2.303RT}{n_2 F}\lg\frac{c(\text{Ox}_2)/c^{\ominus}}{c(\text{Red}_2)/c^{\ominus}} - \frac{2.303RT}{n_1 F}\lg\frac{c(\text{Ox}_1)/c^{\ominus}}{c(\text{Red}_1)/c^{\ominus}}$$

$$= \frac{2.303RT}{n_1 n_2 F}\lg\left[\frac{c(\text{Ox}_2)/c^{\ominus}}{c(\text{Red}_2)/c^{\ominus}}\right]^{n_1} - \frac{2.303RT}{n_1 n_2 F}\lg\left[\frac{c(\text{Ox}_1)/c^{\ominus}}{c(\text{Red}_1)/c^{\ominus}}\right]^{n_2}$$

$$= \frac{2.303RT}{n_1 n_2 F}\lg\frac{[c(\text{Ox}_2)/c^{\ominus}]^{n_1} \cdot [c(\text{Red}_1)/c^{\ominus}]^{n_2}}{[c(\text{Red}_2)/c^{\ominus}]^{n_1} \cdot [c(\text{Ox}_1)/c^{\ominus}]^{n_2}}$$

因为

$$K^{\ominus} = \frac{[c(\text{Red}_1)/c^{\ominus}]^{n_2} \cdot [c(\text{Ox}_2)/c^{\ominus}]^{n_1}}{[c(\text{Ox}_1)/c^{\ominus}]^{n_2} \cdot [c(\text{Red}_2)/c^{\ominus}]^{n_1}}$$

所以

$$\varphi^{\ominus}(\text{Ox}_1/\text{Red}_1) - \varphi^{\ominus}(\text{Ox}_2/\text{Red}_2) = \frac{2.303RT}{n_1 n_2 F}\lg K^{\ominus}$$

整理得

$$\lg K^{\ominus} = \frac{[\varphi^{\ominus}(\text{Ox}_1/\text{Red}_1) - \varphi^{\ominus}(\text{Ox}_2/\text{Red}_2)] \cdot n_1 n_2 F}{2.303RT}$$

$$= \frac{[\varphi^{\ominus}(\text{Ox}_1/\text{Red}_1) - \varphi^{\ominus}(\text{Ox}_2/\text{Red}_2)] \cdot n_1 n_2}{0.0592}$$

（$T = 298.15\text{K}$）

标准平衡常数 $K^{\ominus}$ 的大小表示反应完全程度的大小，但反应的实际完全程度与反应进行的条件(如反应物是否发生副反应)等有关。与在配位平衡中引入条件平衡常数一样，氧化还原反应也可以引入条件平衡常数 K'。

条件平衡常数为

$$\lg K' = \frac{[\varphi^{\ominus'}(\text{Ox}_1/\text{Red}_1) - \varphi^{\ominus'}(\text{Ox}_2/\text{Red}_2)] \cdot n_1 n_2 F}{2.303RT}$$

可以看出条件平衡常数与条件电极电势之差 $\varphi^{\ominus'}(\text{Ox}_1/\text{Red}_1) - \varphi^{\ominus'}(\text{Ox}_2/\text{Red}_2)$ 相

关，差值越大，反应进行得越完全

$$K' = \frac{[c'(\text{Red}_1)/c^{\ominus}]^{n_2} \cdot [c'(\text{Ox}_2)/c^{\ominus}]^{n_1}}{[c'(\text{Ox}_1)/c^{\ominus}]^{n_2} \cdot [c'(\text{Red}_2)/c^{\ominus}]^{n_1}}$$

式中，c' 为相关型体的总浓度，而 c 指的是平衡浓度。

【例 7-5】 在 $T = 298.15\text{K}$ 时，用 $c(\text{Ce}^{4+}) = 1.0\,\text{mol}\cdot\text{L}^{-1}$ 铈标准溶液滴定 Fe^{2+} 溶液，不考虑副反应，求其反应的标准平衡常数。已知：$\varphi^{\ominus}(\text{Ce}^{4+}/\text{Ce}^{3+}) = 1.61\text{V}$，$\varphi^{\ominus}(\text{Fe}^{3+}/\text{Fe}^{2+}) = 0.77\text{V}$。

解 化学反应方程式

$$\text{Ce}^{4+} + \text{Fe}^{2+} == \text{Ce}^{3+} + \text{Fe}^{3+}$$

对应的半反应

$$\text{Ce}^{4+} + \text{e}^- == \text{Ce}^{3+}$$
$$\text{Fe}^{2+} - \text{e}^- == \text{Fe}^{3+}$$

标准写法
$$\text{Fe}^{3+} + \text{e}^- == \text{Fe}^{2+}$$

本质问题是求上述方程式的标准平衡常数 $K^{\ominus}$

$$\lg K^{\ominus} = \frac{[\varphi^{\ominus}(\text{Ce}^{4+}/\text{Ce}^{3+}) - \varphi^{\ominus}(\text{Fe}^{3+}/\text{Fe}^{2+})] \times n_1 n_2 F}{2.303RT}$$

$$\lg K^{\ominus} = \frac{[\varphi^{\ominus}(\text{Ce}^{4+}/\text{Ce}^{3+}) - \varphi^{\ominus}(\text{Fe}^{3+}/\text{Fe}^{2+})] \times 1}{0.0592} \quad (T = 298.15\text{K})$$

$$\lg K^{\ominus} = \frac{(1.61-0.77) \times 1}{0.0592} = 14.18$$

$$K^{\ominus} = 1.55 \times 10^{14}$$

【例 7-6】 在 $1.0\,\text{mol}\cdot\text{L}^{-1}$ H_2SO_4 介质中，用 $\text{K}_2\text{Cr}_2\text{O}_7$ 滴定 Fe^{2+} 时，滴定反应方程式为

$$\text{Cr}_2\text{O}_7^{2-} + 6\text{Fe}^{2+} + 14\text{H}^+ == 2\text{Cr}^{3+} + 6\text{Fe}^{3+} + 7\text{H}_2\text{O}$$

求此反应的条件平衡常数。已知 $T = 298.15\text{K}$ 时，$\varphi^{\ominus'}(\text{Fe}^{3+}/\text{Fe}^{2+}) = 0.68\text{V}$，$\varphi^{\ominus'}(\text{Cr}_2\text{O}_7^{2-}/\text{Cr}^{3+}) = 1.08$。

解 该方程式的半反应为

$$\text{Cr}_2\text{O}_7^{2-} + 14\text{H}^+ + 6\text{e}^- == 2\text{Cr}^{3+} + 7\text{H}_2\text{O}$$

$$\text{Fe}^{3+} + \text{e}^- == \text{Fe}^{2+}$$

$$\lg K' = \frac{[\varphi^{\ominus'}(\text{Cr}_2\text{O}_7^{2-}/\text{Cr}^{3+}) - \varphi^{\ominus'}(\text{Fe}^{3+}/\text{Fe}^{2+})] \times n_1 n_2 F}{2.303RT}$$

$$\lg K' = \frac{(1.08-0.68)\times 6}{0.0592} = 40.54$$

$$K' = 3.47\times 10^{40}$$

滴定分析中，若要求终点误差≤±0.1%，化学计量点时反应完全程度应当高于99.9%。那么$\varphi^{\ominus'}(+)-\varphi^{\ominus'}(-)$的差值最低多少可满足要求呢？现以简单的对称电对(电极反应式中，氧化态与还原态物质系数相同的电对)间的反应为例做粗略计算。两电极反应分别为

$$Ox_1 + n_1e^- \rightleftharpoons Red_1$$

$$Ox_2 + n_2e^- \rightleftharpoons Red_2$$

若$n_1 = n_2 = 1$，反应式可写为

$$Ox_1 + Red_2 \rightleftharpoons Red_1 + Ox_2$$

化学计量点时反应完全程度大于99.9%，则

$$K' = \frac{[c(Red_1)/c^{\ominus}]\cdot[c(Ox_2)/c^{\ominus}]}{[c(Ox_1)/c^{\ominus}]\cdot[c(Red_2)/c^{\ominus}]} > \frac{99.9\times 99.9}{0.1\times 0.1} = 998001$$

$$\lg K' = \frac{\varphi^{\ominus'}(+)-\varphi^{\ominus'}(-)}{0.0592} \quad (T=298.15K)$$

$$\lg 998001 = \frac{\varphi^{\ominus'}(+)-\varphi^{\ominus'}(-)}{0.0592}$$

$$\varphi^{\ominus'}(+)-\varphi^{\ominus'}(-) = 0.0592\times\lg 998001 = 0.3551V$$

对于氧化还原反应来说，当$n_1=n_2=1$时，参与氧化还原反应的两电对条件电极电势之差$\varphi^{\ominus'}(+)-\varphi^{\ominus'}(-)$只有大于或等于0.3551V，该反应才能定量完成。

用同样方法可以算出，当反应过程中转移的电子数大于1时，反应完全进行所满足的条件平衡常数K'和两电对的条件电极电势之差$\varphi^{\ominus'}(+)-\varphi^{\ominus'}(-)$分别为

$n_1=1 \quad n_2=2 \quad K'\geq 10^9 \quad\quad \varphi^{\ominus'}(+)-\varphi^{\ominus'}(-)\geq 0.27V$

$n_1=1 \quad n_2=3 \quad K'\geq 10^{12} \quad\quad \varphi^{\ominus'}(+)-\varphi^{\ominus'}(-)\geq 0.24V$

$n_1=2 \quad n_2=3 \quad K'\geq 10^{15} \quad\quad \varphi^{\ominus'}(+)-\varphi^{\ominus'}(-)\geq 0.15V$

应该了解，某些氧化还原反应虽然两电对的条件电极电势之差$\varphi^{\ominus'}(+)-\varphi^{\ominus'}(-)$已经超过上述要求，但由于其他因素的影响，氧化还原反应不能定量完全，这样的反应仍不能用于滴定分析。

7.1.4 氧化还原反应的速率及其影响因素

氧化还原电对的电极电势及氧化还原反应的平衡常数只能说明反应进行的

方向和程度，与氧化还原反应的化学反应速率无直接关系。氧化还原反应机理较复杂，有些氧化还原反应尽管完全程度很高，但反应速率很慢。滴定分析要求滴定反应速率要快，因此要创造条件提高氧化还原反应的速率才能使反应用于滴定分析。

影响氧化还原反应的化学反应速率的因素主要有以下几个方面。

1. 浓度的影响

氧化还原方程式只反映反应物与生成物间的计算关系，并不能笼统地按总反应式的计量关系来判断浓度对反应速率的影响程度。只有基元反应的反应速率与各反应物浓度的幂指数的乘积成正比，并且幂指数等于对应反应物的化学计量数的绝对值(取正值)；复杂反应的反应速率与反应物浓度之间的关系较为复杂，具体关系需要实验求解相关的反应级数及速率常数。但是，一般来说，反应物浓度增大，反应速率加快。例如，在酸性溶液中 $K_2Cr_2O_7$ 与 KI 的反应：

$$Cr_2O_7^{2-} + 6I^- + 14H^+ \rightleftharpoons 2Cr^{3+} + 3I_2 + 7H_2O$$

定量分析常用此反应标定 $Na_2S_2O_3$ 的浓度。以 $K_2Cr_2O_7$ 为基准物质，通过此反应置换出一定量的 I_2，用 $Na_2S_2O_3$ 滴定析出 I_2，从而计算出 $Na_2S_2O_3$ 的浓度。但是，该反应速率较慢，如果增加碘离子的浓度至 5 倍以上，并在 $c(H^+) = 0.4\text{mol}\cdot L^{-1}$ 酸度下，5min 反应即可进行完全。

2. 温度的影响

一般升温可加快反应速率。近似地，每当反应体系温度上升 10℃，大多数化学反应速率可增加到原来的 2～4 倍，这是范特霍夫规则。

$$\frac{k_{t+10\times 1}}{k_t} = 2\sim 4, \quad \frac{k_{t+10\times 2}}{k_{t+10\times 1}} = 2\sim 4, \quad \cdots, \quad \frac{k_{t+10\times n}}{k_{t+10\times (n-1)}} = 2\sim 4$$

升温到一定程度时，可大致判断反应速率

$$\frac{k_{t+10\times 1}}{k_t} \times \frac{k_{t+10\times 2}}{k_{t+10\times 1}} \times \cdots \times \frac{k_{t+10\times n}}{k_{t+10\times (n-1)}} = \frac{k_{t+10\times n}}{k_t} = (2\sim 4)^n$$

温度 T 与化学反应速率 k 最直接的关系式为阿伦尼乌斯方程

$$k = A\mathrm{e}^{-E_a/RT}$$

$$\ln\frac{k_2}{k_1} = \frac{E_a}{R}\left(\frac{T_2 - T_1}{T_1 T_2}\right)$$

式中，A 为指前因子，是常数；R 为摩尔气体常量；E_a 为反应的活化能。

从阿伦尼乌斯方程可以看出，温度 T 和活化能 E_a 对化学反应速率常数 k 均有影响。温度升高，化学反应速率常数增大，活化能降低。已知一个温度T_1时的化学反应速率常数k_1，以及另一个温度T_2下的化学反应速率常数k_2，可以求出化学反应的活化能E_a。

例如，在酸性溶液中$KMnO_4$与$H_2C_2O_4$反应，在室温下反应速率很慢，加热到75～80℃，反应速率加快，反应很快完成，可以达到滴定分析的要求。

升高温度加快反应速率的办法并非在所有情况下都适用，温度太高可能会发生副反应，或引起某些情况发生。例如，前面的$K_2Cr_2O_7$与KI反应，加热虽然可以提高反应速率，但会引起I_2挥发，对分析结果造成较大误差，因此应综合考虑各方面因素，确定升温加热是否合适。

3. 催化剂的影响

除了增大反应物的浓度、提高反应体系的温度可以加快化学反应速率外，另一种有效的方法是加入催化剂。

催化剂的加入改变了化学反应的历程，降低反应的活化能，从而使化学反应速率大大提高。例如，用$K_2Cr_2O_7$法测土壤有机质时，需要用Ag^+作催化剂，并在加热条件下进行。

$KMnO_4$和$H_2C_2O_4$的反应在75～80℃下进行，测定刚开始时反应缓慢，但随后反应速率大大加快，原因是反应生成的Mn^{2+}对反应有催化剂作用。这种由于生成物本身起到催化作用的反应称为自催化反应。

Mn^{2+}的催化历程比较复杂，各种资料说法不尽相同，其中一种说法如下：

第一步：$2MnO_4^- + 3Mn^{2+} + 2H_2O \Longrightarrow 5MnO_2 + 4H^+$

第二步：$2MnO_2 + C_2O_4^{2-} + 8H^+ \Longrightarrow 2Mn^{3+} + 2CO_2 + 4H_2O$

第三步：$2Mn^{3+} + C_2O_4^{2-} \Longrightarrow 2Mn^{2+} + 2CO_2$

将以上三步进行综合整理可得总反应

$$2MnO_4^- + 5C_2O_4^{2-} + 16H^+ \Longrightarrow 2Mn^{2+} + 10CO_2 + 8H_2O$$

如果溶液中事先提供一点Mn^{2+}，反应会加快。第一步反应较慢，第二步和第三步反应较快，第三步快速提供Mn^{2+}给第一步反应，并且第三步产生的Mn^{2+}多于第一步消耗的Mn^{2+}，反应过程中，Mn^{2+}浓度会逐渐加大，可加速第一步反应，最终提高整体反应的速率。

4. 诱导效应的影响

在氧化还原反中，有些反应在一般情况下进行很慢，甚至不易发生，可是在另一反应进行下，该反应加快进行，例如

$$2MnO_4^- + 10Cl^- + 16H^+ = 2Mn^{2+} + 5Cl_2 + 8H_2O$$

该反应进行得非常缓慢，但它可以被下面这个反应加速

$$MnO_4^- + 5Fe^{2+} + 8H^+ = Mn^{2+} + 5Fe^{3+} + 4H_2O$$

这种由于一种氧化还原反应的进行而诱发并加速另一个氧化还原反应进行的作用称为诱导效应。被加速、被诱导的反应称为主反应，也称受诱反应，例中指的是 $2MnO_4^- + 10Cl^- + 16H^+ = 2Mn^{2+} + 5Cl_2 + 8H_2O$ 反应；能加速、诱导其他反应的反应称为诱导反应，例中指的是 $MnO_4^- + 5Fe^{2+} + 8H^+ = Mn^{2+} + 5Fe^{3+} + 4H_2O$ 反应。$MnO_4^- + 5Fe^{2+}$ 反应诱导 $2MnO_4^- + 10Cl^-$ 反应加速进行。Fe^{2+} 称为诱导体，Cl^- 称为受诱体，MnO_4^- 称为作用体。

诱导效应与催化作用不同，催化剂参与反应后恢复其原来的状态，而在诱导效应中，主反应和诱导反应是两个完全不同的反应。

7.2 氧化还原滴定的基本原理

在氧化还原反应滴定过程中，随着滴定剂的加入，参与反应的各物质的氧化态和还原态的浓度逐渐变化，溶液中相关电对的电极电势也随之不断改变。在化学计量点附近，被测离子浓度变化率最大，引起溶液中氧化还原电对浓度变化率最大，氧化还原电对的电极电势会发生突跃。以加入滴定剂的用量或滴定分数为横坐标，以氧化还原电对的电极电势为纵坐标，作图可得氧化还原滴定曲线。

氧化还原滴定曲线可形象地说明滴定过程中溶液中电对电极电势的变化规律，尤其是化学计量点附近电极电势的变化规律。滴定曲线是指示剂选择的依据。

7.2.1 氧化还原滴定曲线

现以 $0.1000 mol \cdot L^{-1}$ $Ce(SO_4)_2$ 溶液为标准溶液，滴定 20mL $0.1000 mol \cdot L^{-1}$ Fe^{2+} 溶液为例，计算说明氧化还原滴定曲线。介质为 $1.0 mol \cdot L^{-1}$ 硫酸，$T = 298.15K$。

滴定反应

$$Ce^{4+} + Fe^{2+} = Ce^{3+} + Fe^{3+}$$

氧化半反应　　$Fe^{3+} + e^- = Fe^{2+}$　　　　$\varphi^{\ominus'}(Fe^{3+}/Fe^{2+}) = 0.68V$

还原半反应　　$Ce^{4+} + e^- = Ce^{3+}$　　　　$\varphi^{\ominus'}(Ce^{4+}/Ce^{3+}) = 1.44V$

(1) 滴定前，单纯的 $c(Fe^{2+}) = 0.1000 mol \cdot L^{-1}$，没有 Fe^{3+} 的存在，即使是有也是由空气氧化而来，并且也无从得知具体浓度，所以溶液的电极电势无法求得。

(2) 滴定开始至化学计量点之前，滴定开始后，每加入一滴 Ce^{4+} 溶液，反应

总要进行到平衡状态为止，溶液中有两组电对 Fe^{3+}/Fe^{2+} 和 Ce^{4+}/Ce^{3+}，滴定过程中化学反应达到平衡时，这两组电对的电极电势必定相等，任一电对的电极电势都可代表溶液的电极电势，所以可利用其中任何一个电对计算，即

$$\varphi = \varphi(Fe^{3+}/Fe^{2+}) = \varphi(Ce^{4+}/Ce^{3+})$$

在化学计量点前，Ce^{4+} 是滴定剂，滴定至锥形瓶中几乎全部反应，锥形瓶中 Ce^{4+} 的浓度很小，不容易直接计算，而锥形瓶中反应生成的 Fe^{3+} 和剩余的 Fe^{2+} 的浓度容易求出，故在化学计量点前用 Fe^{3+}/Fe^{2+} 电对计算溶液各平衡时刻的电势，即

$$\varphi = \varphi^{\ominus'}(Fe^{3+}/Fe^{2+}) + \frac{0.0592}{n}\lg\frac{c(Fe^{3+})/c^{\ominus}}{c(Fe^{2+})/c^{\ominus}}$$

当滴定 10.00mL Ce^{4+} 溶液，即有 50% Fe^{2+} 被滴定生成 Fe^{3+}，还有剩余 50%的 Fe^{2+} 时，则

$$\frac{c(Fe^{3+})}{c(Fe^{2+})} = \frac{10.00\text{mL} \times 0.1000\text{mol} \cdot \text{L}^{-1} \div 30.00\text{mL}}{(20.00-10.00)\text{mL} \times 0.1000\text{mol} \cdot \text{L}^{-1} \div 30.00\text{mL}} = 1$$

将上述结果代入得

$$\varphi = \varphi^{\ominus'}(Fe^{3+}/Fe^{2+}) + \frac{0.0592}{n}\lg\frac{c(Fe^{3+})/c^{\ominus}}{c(Fe^{2+})/c^{\ominus}}$$

$$= 0.68\text{V} + \frac{0.0592\text{V}}{1}\lg 1 = 0.68\text{V}$$

当滴定 19.98mL Ce^{4+} 溶液，即有 99.9%的 Fe^{2+} 被滴定，还有剩余 0.1%的 Fe^{2+} 时，则

$$\frac{c(Fe^{3+})}{c(Fe^{2+})} = \frac{19.98\text{mL} \times 0.1000\text{mol} \cdot \text{L}^{-1} \div (20.00\text{mL}+19.98\text{mL})}{(20.00-19.98)\text{mL} \times 0.1000\text{mol} \cdot \text{L}^{-1} \div (20.00\text{mL}+19.98\text{mL})} = 999$$

将上述结果代入得

$$\varphi = \varphi^{\ominus'}(Fe^{3+}/Fe^{2+}) + \frac{0.0592\text{V}}{1}\lg\frac{c(Fe^{3+})/c^{\ominus}}{c(Fe^{2+})/c^{\ominus}}$$

$$= 0.68\text{V} + \frac{0.0592\text{V}}{1}\lg 999 = 0.68\text{V} + 0.18\text{V} = 0.86\text{V}$$

(3) 滴定至化学计量点时，滴定剂 Ce^{4+} 与被滴定的 Fe^{2+} 按化学计量比 1∶1 完全反应，全部定量地转变成 Fe^{3+} 和 Ce^{3+}，但是从动态平衡的观点来看，溶液中仍有少量的 Ce^{4+} 和 Fe^{2+}，其浓度很小，不易计算。因此，用上述方法不可能求出溶液的电极电势，但是由于反应达平衡时两电对的电极电势相等，故可用两电对的能斯特方程式联立起来解决电极电势的计算问题。

溶液中两组电对 Fe^{3+}/Fe^{2+} 和 Ce^{4+}/Ce^{3+}，在任一平衡时刻，电对的电极电势都是相等的，当然包括在化学计量点时，即

$$\varphi(Fe^{3+}/Fe^{2+}) = \varphi^{\ominus'}(Fe^{3+}/Fe^{2+}) + \frac{0.0592}{1}\lg\frac{c(Fe^{3+})/c^{\ominus}}{c(Fe^{2+})/c^{\ominus}} = \varphi_{计}$$

$$\varphi(Ce^{4+}/Ce^{3+}) = \varphi^{\ominus'}(Ce^{4+}/Ce^{3+}) + \frac{0.0592}{1}\lg\frac{c(Ce^{4+})/c^{\ominus}}{c(Ce^{3+})/c^{\ominus}} = \varphi_{计}$$

将上述两式相加，得

$$\varphi^{\ominus'}(Fe^{3+}/Fe^{2+}) + \varphi^{\ominus'}(Ce^{4+}/Ce^{3+}) + \frac{0.0592}{1}\lg\frac{c(Fe^{3+})/c^{\ominus}}{c(Fe^{2+})/c^{\ominus}} \times \frac{c(Ce^{4+})/c^{\ominus}}{c(Ce^{3+})/c^{\ominus}} = 2\varphi_{计}$$

此时 $c(Fe^{3+}) = c(Ce^{3+})$，$c(Fe^{2+}) = c(Ce^{4+})$，则

$$\varphi_{计} = \frac{\varphi^{\ominus'}(Fe^{3+}/Fe^{2+}) + \varphi^{\ominus'}(Ce^{4+}/Ce^{3+})}{2} = \frac{0.68 + 1.44}{2} = 1.06 V$$

在这种反应类型中，两电对的电子转移数恰好为 1，化学计量点时电势恰好是两电对条件电极电势的算术平均值。对于电子转移数不等，但参与反应的同一物质反应前后的化学计量数相等的氧化还原反应(其实就是对称式氧化还原反应)，化学计量点时电极电势的计算公式如下推导。

对称式氧化还原反应方程式

$$n_2 Ox_1 + n_1 Red_2 \rightleftharpoons n_2 Red_1 + n_1 Ox_2$$

半反应

$$Ox_1 + n_1 e^- \rightleftharpoons Red_1$$
$$Ox_2 + n_2 e^- \rightleftharpoons Red_2$$

对应的能斯特方程式

$$\varphi(Ox_1/Red_1) = \varphi^{\ominus'}(Ox_1/Red_1) + \frac{2.303RT}{n_1 F}\lg\frac{c(Ox_1)/c^{\ominus}}{c(Red_1)/c^{\ominus}}$$

$$\varphi(Ox_2/Red_2) = \varphi^{\ominus'}(Ox_2/Red_2) + \frac{2.303RT}{n_2 F}\lg\frac{c(Ox_2)/c^{\ominus}}{c(Red_2)/c^{\ominus}}$$

因为

$$\varphi(Ox_1/Red_1) = \varphi(Ox_2/Red_2) = \varphi_{计}$$

所以

$$\varphi^{\ominus'}(Ox_1/Red_1) + \frac{2.303RT}{n_1 F}\lg\frac{c(Ox_1)/c^{\ominus}}{c(Red_1)/c^{\ominus}}$$

$$= \varphi^{\ominus'}(Ox_2/Red_2) + \frac{2.303RT}{n_2 F}\lg\frac{c(Ox_2)/c^{\ominus}}{c(Red_2)/c^{\ominus}} = \varphi_{计}$$

$$n_1\varphi^{\ominus'}(\mathrm{Ox}_1/\mathrm{Red}_1) + \frac{2.303RT}{F}\lg\frac{c(\mathrm{Ox}_1)/c^{\ominus}}{c(\mathrm{Red}_1)/c^{\ominus}} = n_1\varphi_{\text{计}}$$

$$n_2\varphi^{\ominus'}(\mathrm{Ox}_2/\mathrm{Red}_2) + \frac{2.303RT}{F}\lg\frac{c(\mathrm{Ox}_2)/c^{\ominus}}{c(\mathrm{Red}_2)/c^{\ominus}} = n_2\varphi_{\text{计}}$$

将两式相加得

$$n_1\varphi^{\ominus'}(\mathrm{Ox}_1/\mathrm{Red}_1) + n_2\varphi^{\ominus'}(\mathrm{Ox}_2/\mathrm{Red}_2) + \frac{2.303RT}{F}\lg\frac{c(\mathrm{Ox}_2)/c^{\ominus}}{c(\mathrm{Red}_2)/c^{\ominus}} +$$

$$\frac{2.303RT}{F}\lg\frac{c(\mathrm{Ox}_1)/c^{\ominus}}{c(\mathrm{Red}_1)/c^{\ominus}} = \varphi_{\text{计}}(n_1+n_2)$$

$$n_1\varphi^{\ominus'}(\mathrm{Ox}_1/\mathrm{Red}_1) + n_2\varphi^{\ominus'}(\mathrm{Ox}_2/\mathrm{Red}_2) +$$

$$\frac{2.303RT}{F}\lg\frac{c(\mathrm{Ox}_2)/c^{\ominus}}{c(\mathrm{Red}_2)/c^{\ominus}}\cdot\frac{c(\mathrm{Ox}_1)/c^{\ominus}}{c(\mathrm{Red}_1)/c^{\ominus}} = \varphi_{\text{计}}(n_1+n_2)$$

在氧化还原反应方程式 $n_2\mathrm{Ox}_1 + n_1\mathrm{Red}_2 \rightleftharpoons n_2\mathrm{Red}_1 + n_1\mathrm{Ox}_2$ 中

$$\frac{c(\mathrm{Ox}_1)}{c(\mathrm{Red}_2)} = \frac{n_2}{n_1}, \frac{c(\mathrm{Ox}_2)}{c(\mathrm{Red}_1)} = \frac{n_1}{n_2}$$

所以

$$n_1\varphi^{\ominus'}(\mathrm{Ox}_1/\mathrm{Red}_1) + n_2\varphi^{\ominus'}(\mathrm{Ox}_2/\mathrm{Red}_2) = \varphi_{\text{计}}(n_1+n_2)$$

$$\varphi_{\text{计}} = \frac{n_1\varphi^{\ominus'}(\mathrm{Ox}_1/\mathrm{Red}_1) + n_2\varphi^{\ominus'}(\mathrm{Ox}_2/\mathrm{Red}_2)}{n_1+n_2}$$

这就是对称式氧化还原反应在化学计量点时溶液中两组电对的电极电势的计算方法。

对称式氧化还原反应的化学计量点时的电极电势 $\varphi_{\text{计}}$ 与有关组分的浓度无关。非对称式氧化还原反应的化学计量点时的电极电势 $\varphi_{\text{计}}$ 与有关组分的浓度有关，这里不做介绍。

(4)滴定至化学计量点后，滴定剂 Ce^{4+} 过量，被滴定的 Fe^{2+} 几乎全部被氧化成 Fe^{3+}，Fe^{2+} 浓度不易求得，而过量多少 Ce^{4+} 和生成多少 Ce^{3+} 是可求的，所以可用 Ce^{4+}/Ce^{3+} 电对的电极电势计算溶液的电极电势。

滴入 20.02mL Ce^{4+} 溶液，即过量 0.02mL Ce^{4+}，按百分比计算过量 0.1%，即 +0.1%误差时

$$\frac{c(\mathrm{Ce}^{4+})}{c(\mathrm{Ce}^{3+})} = \frac{(20.02\mathrm{mL}\times0.1000\mathrm{mol\cdot L^{-1}} - 20.00\mathrm{mL}\times0.1000\mathrm{mol\cdot L^{-1}})\div40.02\mathrm{mL}}{20.00\mathrm{mL}\times0.1000\mathrm{mol\cdot L^{-1}}\div40.02\mathrm{mL}}$$

$$= \frac{1}{1000}$$

所以

$$\varphi = \varphi^{\ominus\prime}(\text{Ce}^{4+}/\text{Ce}^{3+}) + \frac{0.0592\text{V}}{1}\lg\frac{c(\text{Ce}^{4+})/c^{\ominus}}{c(\text{Ce}^{3+})/c^{\ominus}}$$

$$= 1.44\text{V} + \frac{0.0592\text{V}}{1}\lg\frac{1}{1000}$$

$$= 1.44\text{V} - 3\times 0.0592\text{V} = 1.26\text{V}$$

化学计量点前后，其他各点的电极电势可用同样的方法计算得到，结果列于表 7-2 中。

表 7-2 以 $0.1000\text{mol}\cdot\text{L}^{-1}$ Ce^{4+} 标准溶液滴定 20mL $0.1000\text{mol}\cdot\text{L}^{-1}$ Fe^{2+} 溶液时溶液电极电势的变化

$V(\text{Ce}^{4+})/\text{mL}$	滴定分数/%	φ/V	$V(\text{Ce}^{4+})/\text{mL}$	滴定分数/%	φ/V
1.00	5.0	0.60	19.98	99.9	0.86
2.00	10.0	0.62	20.00	100.0	1.06
4.00	20.0	0.64	20.02	100.1	1.26
8.00	40.0	0.67	20.20	101.0	1.32
10.00	50.0	0.68	22.00	110.0	1.38
12.00	60.0	0.69	30.00	150.0	1.42
18.00	90.0	0.74	40.00	200.0	1.44
19.80	99.0	0.80			

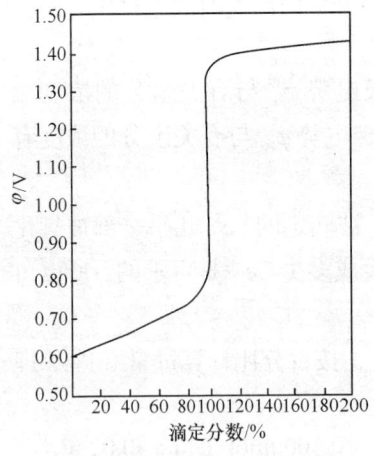

图 7-1 以 $0.1000\text{mol}\cdot\text{L}^{-1}$ Ce^{4+} 标准溶液滴定 20mL $0.1000\text{mol}\cdot\text{L}^{-1}$ Fe^{2+} 溶液时溶液电极电势的变化

根据表中所列数据，以滴定剂用量或滴定分数为横坐标，以溶液的电极电势 φ 为纵坐标作图，便得到氧化还原反应的滴定曲线，见图 7-1。

由此可见，在氧化还原滴定中，在化学计量点前后，溶液的电极电势 φ 变化剧烈，产生电势突跃。在±0.1%滴定误差时，电极电势从 0.86V 增至 1.26V，而滴入的 Ce^{4+} 溶液量仅仅从不足 0.02mL 变化到超过 0.02mL。

7.2.2 影响氧化还原反应滴定曲线的因素

化学计量点附近电极电势突跃范围与两个电对的条件电极电势差有关，这可从化学计量点前后溶液电极电势的算法看出。

滴定开始至化学计量点前，滴定误差为-0.1%时，用Fe^{3+}/Fe^{2+}电对计算溶液各平衡时刻的电极电势

$$\varphi_{前} = \varphi^{\ominus\prime}(Fe^{3+}/Fe^{2+}) + \frac{0.0592}{1}\lg\frac{c(Fe^{3+})/c^{\ominus}}{c(Fe^{2+})/c^{\ominus}}$$

$$\frac{c(Fe^{3+})}{c(Fe^{2+})} = 999$$

化学计量点后，滴定误差为+0.1%时，溶液的电极电势用另一组电对Ce^{4+}/Ce^{3+}的电极电势计算

$$\varphi_{后} = \varphi^{\ominus\prime}(Ce^{4+}/Ce^{3+}) + \frac{0.0592}{1}\lg\frac{c(Ce^{4+})/c^{\ominus}}{c(Ce^{3+})/c^{\ominus}}$$

$$\frac{c(Ce^{4+})}{c(Ce^{3+})} = \frac{1}{1000}$$

因为$\Delta\varphi = \varphi_{后} - \varphi_{前}$，所以

$$\begin{aligned}\Delta\varphi &= \varphi^{\ominus\prime}(Ce^{4+}/Ce^{3+}) + \frac{0.0592}{1}\lg\frac{c(Ce^{4+})/c^{\ominus}}{c(Ce^{3+})/c^{\ominus}} - \\ &\quad \left[\varphi^{\ominus\prime}(Fe^{3+}/Fe^{2+}) + \frac{0.0592}{1}\lg\frac{c(Fe^{3+})/c^{\ominus}}{c(Fe^{2+})/c^{\ominus}}\right] \\ &= \varphi^{\ominus\prime}(Ce^{4+}/Ce^{3+}) - \varphi^{\ominus\prime}(Fe^{3+}/Fe^{2+}) + \\ &\quad \frac{0.0592}{1}\lg\frac{c(Ce^{4+})/c^{\ominus}}{c(Ce^{3+})/c^{\ominus}} - \frac{0.0592}{1}\lg\frac{c(Fe^{3+})/c^{\ominus}}{c(Fe^{2+})/c^{\ominus}}\end{aligned}$$

上式中后两项为固定值，所以$\Delta\varphi$取决于两组电对条件电极电势的差值，差值越大，滴定突跃范围越大；差值越小，滴定突跃范围越小。滴定突跃范围越大，滴定时准确度就越高。

在通常情况下，两组电对的条件电极电势（或标准电极电势）之差大于0.2V，才有较明显的突跃，才有可能进行滴定。

化学计量点的位置与氧化还原电对得失电子数有关。当$n_1 = n_2$时，化学计量点时溶液的电极电势在氧化还原滴定曲线电极电势突跃范围中间，化学计量点前后的曲线基本是对称的。例如，上述Ce^{4+}滴定Fe^{2+}，计量点时$\varphi_{计} = \frac{0.86+1.26}{2} = 1.06V$，$\varphi_{计} = 1.06V$处于$\varphi_{前} = 0.86V$和$\varphi_{后} = 1.26V$的中间。

当$n_1 \neq n_2$时，化学计量点的电极电势不在滴定突跃范围的中间，滴定曲线在化学计量点前后是不对称的。具体情况采用能斯特公式具体分析。

7.3 氧化还原滴定中的指示剂

氧化还原滴定可用指示剂指示终点，根据指示剂变色原理的不同，氧化还原滴定中常用的指示剂可分为以下几个类型。

7.3.1 自身指示剂

在氧化还原滴定中，有些常用标准溶液或被滴定物质本身具有颜色，氧化还原产物的颜色很淡或无色，那么滴定过程中，这种试剂稍过量就容易检出。一般以有颜色者作滴定剂，这样在滴定时就不需要另加指示剂。例如，$KMnO_4$ 标准溶液具有很深的紫红色，作为氧化剂滴定还原性物质如 Fe^{2+}、$C_2O_4^{2-}$，其反应生成物 Mn^{2+}、Fe^{3+}、CO_2 颜色很浅或无色，计量点后稍过量的 $KMnO_4$ 就可使溶液显示浅红色而指示终点，浓度为 $c(MnO_4^-)=2\times10^{-6}\,mol\cdot L^{-1}$ 即可。

7.3.2 特殊指示剂

有些物质本身不具有氧化还原性，但能与滴定剂或被滴定物质生成特殊颜色的指示剂，起到指示终点的作用。这类指示剂称为特殊指示剂。例如，可溶性淀粉与 I_2 作用生成深蓝色物质，当 I_2 被还原为 I^- 时，深蓝色立即消失，反应既有效又灵敏，I_2 的浓度低至 $2\times10^{-6}\,mol\cdot L^{-1}$ 时仍可显色。碘量法中可用淀粉作指示剂。

7.3.3 氧化还原指示剂

氧化还原指示剂是一类本身可以发生氧化还原反应的物质，其氧化态 In(Ox) 和还原态 In(Red) 具有不同的颜色，在滴定过程中，随滴定剂的加入（这是源动力），溶液的电极电势不断变化，指示剂被氧化或被还原，使得在计量点附近由一种颜色变为另一种颜色。

氧化还原指示剂的半反应

$$In(Ox)+ne^- \rightleftharpoons In(Red)$$

对应的能斯特方程式

$$\varphi[In(Ox)/In(Red)]=\varphi^{\ominus\prime}[In(Ox)/In(Red)]\pm\frac{2.303RT}{nF}\lg\frac{c[In(Ox)]/c^{\ominus}}{c[In(Red)]/c^{\ominus}}$$

式中，$\varphi^{\ominus\prime}[In(Ox)/In(Red)]$ 为氧化还原指示剂的条件电极电势。

在滴定过程中，随溶液电极电势的变化，指示剂氧化态和还原态的浓度比逐渐改变，溶液的颜色也发生变化，当 $c[In(Ox)]=c[In(Red)]$ 时，溶液的电极

电势称为氧化还原指示剂的理论变色点电极电势，它等于指示剂的条件电极电势，即

$$\varphi[\text{In(Ox)}/\text{In(Red)}] = \varphi^{\ominus\prime}[\text{In(Ox)}/\text{In(Red)}]$$

溶液处于指示剂变色点时，溶液颜色是指示剂氧化态和还原态颜色的混合色。把 $\dfrac{c[\text{In(Ox)}]}{c[\text{In(Red)}]} = 10$ 和 $\dfrac{c[\text{In(Ox)}]}{c[\text{In(Red)}]} = \dfrac{1}{10}$ 代入

$$\varphi[\text{In(Ox)}/\text{In(Red)}] = \varphi^{\ominus\prime}[\text{In(Ox)}/\text{In(Red)}] \pm \dfrac{2.303RT}{nF}\lg\dfrac{c[\text{In(Ox)}]/c^{\ominus}}{c[\text{In(Red)}]/c^{\ominus}}$$

可得指示剂的变色范围

$$\varphi[\text{In(Ox)}/\text{In(Red)}] = \varphi^{\ominus\prime}[\text{In(Ox)}/\text{In(Red)}] \pm \dfrac{2.303RT}{nF}$$

$$= \varphi^{\ominus\prime}[\text{In(Ox)}/\text{In(Red)}] \pm \dfrac{0.0592}{n}$$

（$T = 298.15\text{K}$）

在滴定过程中，溶液体系中有三组电对存在，即 Ox_1/Red_1、Ox_2/Red_2、$\text{In(Ox)}/\text{In(Red)}$，对应三个半反应

$$\text{Ox}_1 + n_1\text{e}^- \Longleftrightarrow \text{Red}_1$$

$$\text{Ox}_2 + n_2\text{e}^- \Longleftrightarrow \text{Red}_2$$

$$\text{In(Ox)} + n_3\text{e}^- \Longleftrightarrow \text{In(Red)}$$

当然，每个半反应的电子转移数不一定是相同的。用 n_1、n_2、n_3 表示在三个半反应中转移的电子数是有区别的。三个半反应所对应的能斯特方程式为

$$\varphi(\text{Ox}_1/\text{Red}_1) = \varphi^{\ominus}(\text{Ox}_1/\text{Red}_1) + \dfrac{2.303RT}{n_1F}\lg\dfrac{c(\text{Ox}_1)/c^{\ominus}}{c(\text{Red}_1)/c^{\ominus}}$$

$$\varphi(\text{Ox}_2/\text{Red}_2) = \varphi^{\ominus}(\text{Ox}_2/\text{Red}_2) + \dfrac{2.303RT}{n_2F}\lg\dfrac{c(\text{Ox}_2)/c^{\ominus}}{c(\text{Red}_2)/c^{\ominus}}$$

$$\varphi[\text{In(Ox)}/\text{In(Red)}] = \varphi^{\ominus}[\text{In(Ox)}/\text{In(Red)}] + \dfrac{2.303RT}{n_3F}\lg\dfrac{c[\text{In(Ox)}]/c^{\ominus}}{c[\text{In(Red)}]/c^{\ominus}}$$

在滴定过程中，如果溶液电极电势大于指示剂的电极电势，即 $\varphi > \varphi[\text{In(Ox)}/\text{In(Red)}]$，则指示剂的还原态被氧化，$c[\text{In(Ox)}]$ 增大，溶液的颜色向指示剂的氧化态颜色方向变化。如果溶液电极电势小于指示剂的电极电势，即 $\varphi < \varphi[\text{In(Ox)}/\text{In(Red)}]$，则指示剂的氧化态被还原，$c[\text{In(Red)}]$ 增大，溶液颜色向指示剂的还原态颜色方向变化。

在滴定过程中，三组电对浓度比发生变化，溶液电极电势改变，但不论如何，

只要溶液体系达到平衡，三者就相等。

$$\varphi(Ox_1/Red_1) = \varphi(Ox_2/Red_2) = \varphi[In(Ox)/In(Red)]$$

在以 $0.1000 mol \cdot L^{-1}$ $Ce(SO_4)_2$ 标准溶液滴定 20mL $0.1000 mol \cdot L^{-1}$ Fe^{2+} 溶液时，误差±0.1%范围内的电极电势突跃为 0.86～1.26V，计量点电极电势 1.06V。若选邻二氮菲亚铁（$\varphi^{\ominus\prime}[In(Ox)/In(Red)] = 1.06V$）或邻苯胺基苯甲酸（$\varphi^{\ominus\prime}[In(Ox)/In(Red)] = 0.89V$），指示终点均很合适。若选二苯胺磺酸钠（$\varphi^{\ominus\prime}[In(Ox)/In(Red)] = 0.85V$），终点将提前，终点误差将超过-0.1%。

氧化还原指示剂的变色点电极电势应与氧化还原滴定反应化学计量点电极电势相近，或者指示剂的变色范围落在滴定反应电极电势突跃范围之内。这就是指示剂的选择原则。

常用氧化还原指示剂见表 7-3。

表 7-3 常用氧化还原指示剂

指示剂	$\varphi^{\ominus\prime}[In(Ox)/In(Red)]/V$	颜色变化	
		In(Red)	In(Ox)
亚甲基蓝	0.52	无	蓝
二苯胺磺酸钠	0.85	无	紫红
邻苯胺基苯甲酸	0.89	无	紫红
邻二氮菲亚铁	1.06	红	浅蓝

常用氧化还原指示剂的配制方法：

(1) 亚甲基蓝：0.05%水溶液。

(2) 二苯胺磺酸钠：0.8g 指示剂，2g Na_2CO_3 加水稀释至 100mL。

(3) 邻苯胺基苯甲酸：0.1g 指示剂溶于 20mL 5% Na_2CO_3 溶液中，加水稀释至 100mL。

(4) 邻二氮菲亚铁：1.485g 邻二氮菲，0.695g $FeSO_4 \cdot 7H_2O$ 加水溶解，稀释至 100mL。

7.4 重要的氧化还原反应及其应用

根据所使用氧化剂的不同将氧化还原滴定分为高锰酸钾法、重铬酸钾法、碘量法等。

7.4.1 高锰酸钾法

1. 方法介绍

高锰酸钾法是以高锰酸钾为标准溶液滴定还原性物质的一种氧化还原滴定分析法。

高锰酸钾($KMnO_4$)是一种强氧化剂,其氧化能力及还原产物与溶液的酸度有关。

在强酸性溶液中,MnO_4^-被还原为Mn^{2+},半反应

$$MnO_4^- + 8H^+ + 5e^- = Mn^{2+} + 4H_2O \quad \varphi^{\ominus}(MnO_4^-/Mn^{2+}) = 1.51V$$

在弱酸性、中性或弱碱性溶液中,MnO_4^-被还原为MnO_2,半反应

$$MnO_4^- + 2H_2O + 3e^- = MnO_2 + 4OH^- \quad \varphi^{\ominus}(MnO_4^-/MnO_2) = 0.59V$$

在强碱性溶液中,MnO_4^-被还原为MnO_4^{2-},半反应

$$MnO_4^- + e^- = MnO_4^{2-} \quad \varphi^{\ominus}(MnO_4^-/MnO_4^{2-}) = 0.56V$$

在强酸性介质中,$KMnO_4$可定量氧化很多还原性物质,故高锰酸钾法大多在$c(H^+) = 1\sim 2mol \cdot L^{-1}$的$H_2SO_4$溶液中进行。因HCl具有还原性,而$HNO_3$本身有氧化性,所以高锰酸钾法不用它们调节酸度。在强碱性溶液中,很多有机物如甘油、甲酸、甲醇、苯酚、葡萄糖等与$KMnO_4$反应比在酸性条件下速率快,所以有机质的测定常在强碱介质中进行。

高锰酸钾法的优点:

(1)$KMnO_4$可自身作指示剂。

(2)应用范围广,高锰酸钾法可直接测定Fe^{2+}、$C_2O_4^{2-}$、Sn^{2+}、As^{3+}、Sb^{3+}、NO_2^-及有机物等还原性物质;与$Na_2C_2O_4$或$FeSO_4$标准溶液配合,用返滴方式可以测定MnO_2、CrO_4^{2-}、PbO_2、ClO_3^-、BrO_3^-等氧化性物质;还可用间接法测定Ca^{2+}、Ba^{2+}、Zn^{2+}、Cd^{2+}等不具氧化还原能力的物质。

高锰酸钾法的缺点:

(1)纯度高的$KMnO_4$不易制得,只能用间接法配制标准溶液,再用其他标准溶液进行标定,并且需避光、密封保存。

(2)$KMnO_4$氧化性强,易发生副反应,故滴定的选择性差,干扰严重。

2. $KMnO_4$标准溶液的配制与标定

1)$KMnO_4$溶液的配制

市售的$KMnO_4$试剂纯度为99%~99.5%,其中常含有少量硫酸盐、氯化物、硝酸盐及二氧化锰等多种杂质,易还原析出MnO_2和$MnO(OH)_2$沉淀,$KMnO_4$还

能自行分解，反应式如下

$$4MnO_4^- + 2H_2O = 4MnO_2 + 4OH^- + 3O_2$$

Mn^{2+} 和 MnO_2 又能促进 $KMnO_4$ 的分解，上述反应见光时分解速率更快，所以 $KMnO_4$ 标准溶液只能间接配制。

称取稍多于理论量的 $KMnO_4$，溶解于一定体积的蒸馏水中。将溶液加热至沸，并保护微沸约1h，然后放置2～3天，使溶液中可能含有的还原性物质完全被氧化，将溶液中的沉淀过滤除去。将过滤后的 $KMnO_4$ 溶液储存于棕色瓶中，放在暗处，以避免 $KMnO_4$ 的光分解，使用前再进行标定。

2) $KMnO_4$ 溶液的标定

标定 $KMnO_4$ 溶液的基准物质很多，如 As_2O_3、$Na_2C_2O_4$、$H_2C_2O_4 \cdot 2H_2O$、$FeSO_4$、$FeSO_4 \cdot 6H_2O$ 及纯铁丝等。其中以 $Na_2C_2O_4$ 最常用，因它易提纯、稳定及不含结晶水，在105～110℃烘干2h置于干燥器中冷却后即可使用。

在 H_2SO_4 溶液中，用 $Na_2C_2O_4$ 标定 $KMnO_4$ 的反应为

$$2MnO_4^- + 5C_2O_4^{2-} + 16H^+ = 2Mn^{2+} + 10CO_2 + 8H_2O$$

为了使滴定反应定量且迅速进行，应注意以下条件：

(1) 酸度。该反应需在酸性介质中进行，通常用 H_2SO_4 控制溶液酸度，避免使用 HCl 或 HNO_3，因 Cl^- 具有还原性，而 HNO_3 具有氧化性，参与氧化还原反应。为了保证滴定反应能正常进行，溶液必须保持一定的酸度，酸度过高会促使 $H_2C_2O_4$ 分解，酸度过低会使 $KMnO_4$ 部分还原为 MnO_2。开始滴定时，溶液酸度为 $0.5 \sim 1 mol \cdot L^{-1}$，滴定终点时溶液酸度为 $0.2 \sim 0.5 mol \cdot L^{-1}$。

(2) 温度。在室温下反应进行缓慢，为了提高反应速率，需加热到75～85℃进行滴定，但温度也不宜过高，若温度超过90℃，$H_2C_2O_4$ 会发生分解，反应式如下

$$H_2C_2O_4 = H_2O + CO + CO_2$$

(3) 滴定速度。即使加热，MnO_4^- 与 $C_2O_4^{2-}$ 在无催化剂存在时反应速率也很慢，滴定开始时，第一滴 $KMnO_4$ 溶液滴入后，红色很难褪去，这时需待红色消失后再滴加第二滴，由于反应中产生的 Mn^{2+} 对反应具有催化作用，加入几滴 $KMnO_4$ 后，反应明显加速，这时可适当加快滴定速度，但也不宜太快，否则加入的 $KMnO_4$ 在热溶液中来不及与 $C_2O_4^{2-}$ 反应就发生分解：

$$4MnO_4^- + 12H^+ = 4Mn^{2+} + 5O_2 + 6H_2O$$

若在滴定前加入几滴 $MnSO_4$ 溶液，滴定一开始反应速率就较快。

(4) 终点判断。$KMnO_4$ 可作自身指示剂，滴定至化学计量点时，稍过量的

KMnO₄ 溶液就可使溶液呈浅粉色,若在 30s 内不褪色,即可认为已经到达滴定终点。长时间放置时,空气中的还原性物质及灰尘等可与 KMnO₄ 作用而使微红色褪去,这与滴定终点无关。

3. 应用示例

1)高锰酸钾法测定双氧水

双氧水中主要成分为 H_2O_2,其具有杀菌、消毒、漂白等作用,市售商品一般为 30%或 3%水溶液,如果浓度过高,需稀释后才能进行测定。H_2O_2 不稳定,常加入少量乙酰苯胺、尿素、丙乙酰胺等作为稳定剂。H_2O_2 为两性物质,既可作氧化剂又可作还原剂。在酸性介质中遇 KMnO₄ 时作为还原剂,可发生如下反应:

$$2MnO_4^- + 5H_2O_2 + 16H^+ == 2Mn^{2+} + 5O_2 + 8H_2O$$

根据 KMnO₄ 标准溶液的浓度 $c(KMnO_4)$ 和用量 $V(KMnO_4)$,即可计算 H_2O_2 的含量。计算公式:

$$c(KMnO_4) = \frac{2}{5} \times \frac{m(Na_2C_2O_4)}{V(KMnO_4)M(Na_2C_2O_4)}$$

$$\rho(H_2O_2) = \frac{5}{2} \times \frac{c(KMnO_4) \times V(KMnO_4) \times M(H_2O_2)}{V(H_2O_2) \times \frac{1}{10}}$$

(双氧水原液稀释 10 倍)

2)高锰酸钾法测定钙含量

有些不具氧化还原性的物质也可用高锰酸钾法间接测定,如 Ca^{2+}、Pb^{2+}、Ba^{2+} 等含量的测定。钙是构成植物细胞壁的重要元素,植物样品经灰化处理,然后制成含 Ca^{2+} 试液,在适当的酸度条件下,再将含 Ca^{2+} 试液与 $C_2O_4^{2-}$ 反应生成 CaC_2O_4 沉淀,沉淀经过滤、洗涤后,溶于热的 H_2SO_4 中,释放出与 Ca^{2+} 等量的 $C_2O_4^{2-}$,然后用 KMnO₄ 标准溶液滴定,有关反应为

$$Ca^{2+} + C_2O_4^{2-} == CaC_2O_4$$
$$CaC_2O_4 + 2H^+ == Ca^{2+} + H_2C_2O_4$$
$$2MnO_4^- + 5C_2O_4^{2-} + 16H^+ == 2Mn^{2+} + 10CO_2 + 8H_2O$$

计算公式:

$$w(Ca) = \frac{\frac{5}{2}c(KMnO_4)V(KMnO_4)M(Ca)}{m(试样)} \times 100\%$$

7.4.2 重铬酸钾法

1. 方法介绍

重铬酸钾法是以重铬酸钾($K_2Cr_2O_7$)为标准溶液滴定还原性物质的一种氧化还原滴定分析法。其半反应是

$$Cr_2O_7^{2-} + 14H^+ + 6e^- \rightleftharpoons 2Cr^{3+} + 7H_2O \qquad \varphi^{\ominus}(Cr_2O_7^{2-}/Cr^{3+}) = 1.33V$$

重铬酸钾法不但可以测定还原性物质,也可和硫酸亚铁等还原性标准溶液配合,测定氧化性物质,或用间接滴定方式测定Pb^{2+}等非氧化还原性物质。

重铬酸钾法的优点:

(1) $K_2Cr_2O_7$可以制得很纯品(含量99.99%),在140~150℃下干燥后,可以作为基准物质直接配制标准溶液。$K_2Cr_2O_7$标准溶液浓度一般为$0.02mol \cdot L^{-1}$左右。

(2) $K_2Cr_2O_7$标准溶液非常稳定,在密闭条件下可长期保存浓度不发生改变。

(3) $K_2Cr_2O_7$标准溶液在酸性介质中的氧化性弱于$KMnO_4$,对物质的氧化有选择性。如在$c(HCl) < 2mol \cdot L^{-1}$的盐酸介质中不氧化$Cl^-$,故可在HCl介质中进行滴定。

重铬酸钾法的缺点:

(1) $K_2Cr_2O_7$在稀溶液中颜色较浅,还原产物Cr^{3+}又呈绿色,滴定中需加氧化还原指示剂确定终点。常用的指示剂有二苯胺磺酸钠。

(2) $K_2Cr_2O_7$氧化能力较弱,测定范围较窄。

(3) $Cr_2O_7^{2-}$和Cr^{3+}对环境有污染,使用中应注意废弃物的处理。

2. 应用示例

1) 重铬酸钾法测定亚铁盐中铁的含量

$K_2Cr_2O_7$在强酸性介质中具有很强的氧化性,用于测定Fe,反应式为

$$Cr_2O_7^{2-} + 6Fe^{2+} + 14H^+ \rightleftharpoons 2Cr^{3+} + 6Fe^{3+} + 7H_2O$$

用$K_2Cr_2O_7$测定Fe^{2+}时,常用二苯胺磺酸钠作为指示剂。反应终点时过量少许$K_2Cr_2O_7$,使指示剂由无色变成红紫色。由于在滴定过程中生成的Cr^{3+}呈现绿色,故终点时由绿色变紫蓝色(红紫色+绿色=紫蓝色)。滴定过程中,溶液电极电势的变化趋势是由低到高。二苯胺磺酸钠变色点的电势位于滴定曲线的下方,指示剂变色时只能氧化91%左右的Fe^{2+}。因此,为了减少误差,必须在滴定过程中加入NaF或H_3PO_4,使之与Fe^{3+}形成相应配合物$[FeF_6]^{3-}$或$[Fe(HPO_4)_2]^-$,以降低$\varphi^{\ominus\prime}(Fe^{3+}/Fe^{2+})$,增大突跃范围,并消除$Fe^{3+}$黄色干扰,有利于终点颜色的观察。

$K_2Cr_2O_7$ 标准溶液浓度的计算：

$$c(K_2Cr_2O_7) = \frac{m(K_2Cr_2O_7)}{M(K_2Cr_2O_7) \times V}$$

试样中铁的含量（质量分数）

$$w(Fe) = \frac{6c(K_2Cr_2O_7) \times V(K_2Cr_2O_7) \times M(Fe^{2+})}{m(\text{试样})} \times 100\%$$

2）重铬酸钾法测定水中化学耗氧量的测定

在环境监测中，常用 $K_2Cr_2O_7$ 测定水体的污染程度，作为评价水质的重要指标。水体中能被酸性 $K_2Cr_2O_7$ 标准溶液氧化的还原性物质如有机物、亚硝酸盐、亚铁盐等的总量，称为水体的化学耗氧量（COD）。

具体方法是：水样在 H_2SO_4 介质中，以 Ag_2SO_4 为催化剂，加入一定量过量的 $K_2Cr_2O_7$ 标准溶液，加热消解，反应后，以邻菲罗啉为指示剂，用 $FeSO_4$ 标准溶液回滴剩余的 $K_2Cr_2O_7$。

根据被消解的水体的体积、滴定所用 $FeSO_4$ 标准溶液的量、加入 $K_2Cr_2O_7$ 的量，即可计算出水样中化学耗氧量。分析结果以 $\rho(COD)$ 计，单位为 $mg \cdot L^{-1}$。除重铬酸钾法外，还可采用高锰酸钾法测定 COD。由于 $K_2Cr_2O_7$ 氧化分解有机物的种类很多，氧化率高，测定误差小，再现性好，因此，近年来重铬酸钾法被广泛应用。

3）重铬酸钾法测定土壤中有机质含量的测定

土壤中有机质组成复杂，为方便起见，常以碳含量折算为有机质含量，测定时主要反应为

$$2Cr_2O_7^{2-} + 16H^+ + 3C \rightleftharpoons 4Cr^{3+} + 3CO_2 + 8H_2O$$

$$Cr_2O_7^{2-} + 14H^+ + 6Fe^{2+} \rightleftharpoons 2Cr^{3+} + 7H_2O + 6Fe^{3+}$$

测定采用返滴定法，即在试样中加入过量的 $K_2Cr_2O_7$ 标准溶液，在浓 H_2SO_4 存在下加热至 $170 \sim 180^\circ C$ 使土壤有机质中的 C 氧化为 CO_2 逸出。剩余的 $K_2Cr_2O_7$ 用 $FeSO_4$ 标准溶液返滴定，以邻二氮菲亚铁为指示剂。

为加速有机质的氧化，可加入 Ag_2SO_4 为催化剂，Ag_2SO_4 还可使土壤中 Cl^- 生成沉淀 AgCl，以排除 Cl^- 的干扰。

土壤中含碳量换算为有机质含量时，含碳量乘以换算系数 k 才可得有机质含量。相关换算系数 k 可结合土壤实际情况并查阅相关资料确定。土壤有机质含量可按下式计算：

$$w(\text{有机质}) = \frac{\frac{3}{2}\left[c_0(K_2CrO_4)V_0(K_2CrO_4) - \frac{1}{6}c(FeSO_4)V(FeSO_4)\right] \cdot M(C) \cdot k}{m} \times 100\%$$

7.4.3 碘量法

1. 方法介绍

碘量法是常用的氧化还原滴定方法之一。它利用I_2的氧化性和I^-的还原性进行滴定，电对的半反应为

$$I_2 + 2e^- \rightleftharpoons 2I^- \qquad \varphi^{\ominus}(I_2/I^-) = 0.54V$$

由电极电势值可以看出，I_2是较弱的氧化剂，只能与部分较强的还原剂发生反应，而I^-是一种中等强度的还原剂，能与许多氧化剂发生反应。

碘量法分为直接碘量法和间接碘量法。

(1) 直接碘量法。直接碘量法又称碘滴定法，以I_2为标准溶液，直接滴定还原性较强的物质，如S^{2-}、SO_3^{2-}、$S_2O_3^{2-}$、Sn^{2+}、AsO_3^{3-} 和抗坏血酸等，其反应条件为酸性和中性，在碱性条件下I_2会发生歧化反应：

$$3I_2 + 6OH^- \rightleftharpoons IO_3^- + 5I^- + 3H_2O$$

直接碘量法应用较少。

(2) 间接碘量法。间接碘量法利用I^-的还原性，测定具有氧化性的物质。测定中，首先使被测氧化性物质与过量的KI发生反应，定量地析出单质I_2，然后用$Na_2S_2O_3$标准溶液滴定析出的I_2，从而间接测定氧化性的物质。间接碘量法又称滴定碘法，其滴定反应为

$$I_2 + 2S_2O_3^{2-} \rightleftharpoons 2I^- + S_4O_6^{2-}$$

碘量法的误差主要来源于I_2的挥发、I^-被空气氧化和$Na_2S_2O_3$的分解，因此，必须严格控制反应条件和滴定条件：

(1) 控制溶液的酸度，滴定一般在弱酸性或中性条件下进行。因在强酸性溶液中$Na_2S_2O_3$会分解，I^-易被空气氧化，其反应分别为

$$S_2O_3^{2-} + 2H^+ \rightleftharpoons SO_2 + S + H_2O$$

$$4I^- + 4H^+ + O_2 \rightleftharpoons 2I_2 + 2H_2O$$

而在碱性条件下，$Na_2S_2O_3$与I_2会发生如下副反应：

$$4I_2 + S_2O_3^{2-} + 10OH^- \rightleftharpoons 2SO_4^{2-} + 8I^- + 5H_2O$$

该副反应影响滴定反应的定量关系，另外，在碱性溶液中，I_2也会发生歧化反应。

(2) 为防止I_2的挥发可加入过量的KI，比理论用量多2~3倍，以形成I_3^-，并在室温下进行滴定。滴定速度要适当，不要剧烈摇动，并且滴定时最好使用碘量瓶。

(3) 为防止I^-被空气氧化，由于光照以及Cu^{2+}、NO_2^-等催化空气氧化I^-，反应需于暗处进行，干扰离子也应事先除去。若被测物质对空气氧化I^-有催化作用，

则间接碘量法测 Cu^{2+} 时，介质酸度不宜过高，否则 O_2 的氧化性增强，且 $4I^- + 4H^+ + O_2 = 2I_2 + 2H_2O$ 反应速率加快。

此外，析出 I_2 反应完成后立即滴定，滴定速度不应过慢且不能剧烈摇动，这对防止 I_2 的挥发及 I^- 的氧化都有利。

碘量法中用 β-直链淀粉溶液作指示剂，十分灵敏，I_2 浓度为 $1.0 \times 10^{-5} mol \cdot L^{-1}$ 时即显蓝色，使用时注意现配现用，以防变质失效。间接碘量法中，要待滴定至近终点时再加入淀粉，以防吸附 I_2 生成不易吸的蓝色加合物，造成滴定误差。

间接碘量法可以测定许多无机物和有机物，应用广泛。

2. 标准溶液的配制和标定

1) I_2 标准溶液的配制与标定

用升华的方法制得纯碘，可以直接配制成标准溶液。通常用市售的碘先配制近似浓度的碘溶液，然后用已知溶液的 $Na_2S_2O_3$ 标准溶液标定碘溶液。由于碘几乎不溶于水，但能溶于 KI 溶液，故配制碘溶液时应加入过量的 KI。

碘溶液应避免与橡胶等有机物接触，也要防止见光、受热，否则溶液将发生质变。

2) $Na_2S_2O_3$ 标准溶液的配制与标定

$Na_2S_2O_3 \cdot 5H_2O$ 常含有 S、Na_2SO_3、Na_2SO_4 等少量杂质，易风化、潮解，所以不能直接配制成标准溶液，且溶液中若有溶解氧、二氧化碳或微生物时，$Na_2S_2O_3$ 会析出单质 S。

$$Na_2S_2O_3 + CO_2 + H_2O = NaHCO_3 + NaHSO_3 + S$$

在配制 $Na_2S_2O_3$ 溶液时，加入少量的 Na_2CO_3 使溶液呈碱性，以防止 $Na_2S_2O_3$ 的分解。蒸馏水需煮沸、冷却后使用，以除去氧、二氧化碳和杀死细菌等。与空气氧的反应如下

$$2Na_2S_2O_3 + O_2 = 2Na_2SO_4 + 2S$$

光照也会促进 $Na_2S_2O_3$ 分解，因此应将溶液储存于棕色瓶中，放置暗处 7~10 天，待其浓度稳定后再进行标定，但不宜长期保存。

$$Na_2S_2O_3 = Na_2SO_3 + S$$

常用来标定 $Na_2S_2O_3$ 溶液的基准物质有 KIO_3、$KBrO_3$ 和 $K_2Cr_2O_7$ 等。例如，用 $K_2Cr_2O_7$ 来标定 $Na_2S_2O_3$，标定过程是：准确称取一定量的 $K_2Cr_2O_7$，加入适量的 H_2SO_4 控制酸度 $c(H^+) = 0.2 \sim 0.4 mol \cdot L^{-1}$，再加入过量的 KI，应超过理论用量的 5 倍，以保证反应完全进行，置于暗处，待反应完全后，加水稀释，以 β-淀粉为指示剂，用 $Na_2S_2O_3$ 标准溶液滴定至蓝色褪去即为终点。

反应方程式为
$$Cr_2O_7^{2-} + 6I^- + 14H^+ = 2Cr^{3+} + 3I_2 + 7H_2O$$
$$I_2 + 2S_2O_3^{2-} = 2I^- + S_4O_6^{2-}$$

滴定过程中，应先用 $Na_2S_2O_3$ 溶液将生成的 I_2 大部分滴定后，溶液呈淡黄色时，再加入 β-淀粉指示剂，用 $Na_2S_2O_3$ 标准溶液继续滴定至蓝色刚好消失即为终点。

$Na_2S_2O_3$ 标准溶液的浓度计算公式：

$$c(Na_2S_2O_3) = \frac{3 \times 2m(K_2Cr_2O_7)}{M(K_2Cr_2O_7)V(Na_2S_2O_3)}$$

3. 应用示例

1) 胆矾中铜含量的测定

在弱酸性溶液中，Cu^{2+} 可被 KI 还原为 CuI，反应方程式如下

$$2Cu^{2+} + 4I^- = 2CuI\downarrow + I_2$$

由于 CuI 溶解度比较小，在过量的 KI 存在时，反应定量地向右进行，产生定量的 I_2，析出的 I_2 用 $S_2O_3^{2-}$ 标准溶液滴定，以淀粉为指示剂，间接测得铜的含量。

$$I_2 + 2S_2O_3^{2-} = S_4O_6^{2-} + 2I^-$$

由于 CuI 沉淀表面会吸附一些 I_2 使滴定终点不明显，并影响准确度，故在接近化学计量点时，加入少量 KSCN 使 CuI 沉淀转变成 CuSCN，因 CuSCN 的溶解度比 CuI 小得多，并不吸附 I_2，能使被 CuI 吸附的 I_2 从沉淀表面置换出来，从而被 $S_2O_3^{2-}$ 标准溶液滴定，提高测定结果的准确度。

碘量法测铜时，Fe^{3+} 的存在会干扰 Cu^{2+} 的测定，因此一般先加入 NaF，由于 F^- 与氧化态物质 Fe^{3+} 生成很稳定的配合物 $[FeF_6]^{3-}$：

$$Fe^{3+} + 6F^- = [FeF_6]^{3-}$$

$\varphi^{\ominus\prime}(Fe^{3+}/Fe^{2+})$ 降至小于 0.54V [$\varphi^{\ominus}(I_2/I^-) = 0.54V$]，于是 Fe^{3+} 不能氧化 I^-，即 $2Fe^{3+} + 2I^- = 2Fe^{2+} + I_2$ 这个反应不再发生。

还应注意，KSCN 应当在滴定接近终点时加入，否则 SCN^- 会还原 I_2 使结果偏低。另外，为了防止 Cu^{2+} 水解，反应在 pH = 3.0~4.0 溶液中进行，通常用 HAc 或 H_2SO_4 调节。酸度过低，反应速率慢，但酸度也不可过高，以避免在 Cu^{2+} 催化下加快 I^- 被空气中的氧氧化，使结果偏高，测定结果可按如下公式计算：

$$w(Cu^{2+}) = \frac{c(Na_2S_2O_3)V(Na_2S_2O_3)M(Cu^{2+})}{m(样)} \times 100\%$$

2) 食盐中含碘量的测定

食盐中的碘一般以碘酸钾形式存在。

食盐中碘含量测定原理：在酸性溶液中加入过量的 KI 使 IO_3^- 氧化析出 I_2

$$IO_3^- + 5I^- + 6H^+ = 3I_2 + 3H_2O$$

然后用 $Na_2S_2O_3$ 标准溶液滴定 I_2，实现食盐中 I^- 含量测定。

$$I_2 + 2S_2O_3^{2-} = 2I^- + S_4O_6^{2-}$$

具体操作流程如下：

(1) $Na_2S_2O_3$ 标准溶液的配制与标定。在台秤上称取 0.25g $Na_2S_2O_3 \cdot 5H_2O$，溶解于 500mL 新煮沸并冷却的蒸馏水中，储于棕色瓶，放置待用。

准确称取 1.4g（准确至 0.0001g）于 110℃烘至恒量的 KIO_3，于烧杯中加水溶解，转移至 1000mL 容量瓶中，稀释定容，摇匀，再用移液管移出 25.00mL 于 500mL 容量瓶中，加水稀释、定容、摇匀，待用。KIO_3 标准溶液的准确浓度计算如下

$$c(KIO_3) = \frac{m(KIO_3)}{M(KIO_3)} \times \frac{1}{V} \times \frac{1}{20}$$

$$V(KIO_3) = 1000mL = 1L$$

取 10.00mL KIO_3 标准溶液于 250mL 碘量瓶中，加 90mL 水、2mL $1mol \cdot L^{-1}$ HCl，摇匀后加 5mL 5% KI，立即用 $Na_2S_2O_3$ 标准溶液滴定，至溶液呈浅黄色时，加 5mL 0.5% 淀粉溶液，继续滴定至蓝色恰好消失为止，记录消耗 $Na_2S_2O_3$ 的体积，平行滴定三次。$Na_2S_2O_3$ 标准溶液的准确浓度计算如下

$$c(Na_2S_2O_3) = \frac{c(KIO_3)V(KIO_3) \times 3 \times 2}{V(Na_2S_2O_3)}$$

$$V(KIO_3) = 10.00mL$$

(2) 食盐中含碘量的测定。称取 10g 加碘食盐（准确至 0.01g）置于 250mL 碘量瓶中，加 100mL 水溶解，加 2mL $1mol \cdot L^{-1}$ HCl 后加 5mL 5%KI 溶液，立即用 $Na_2S_2O_3$ 标准溶液滴定至溶液呈浅黄色时，加 5mL 5% 淀粉溶液，继续滴定至此蓝色恰好消失为止，记录所用 $Na_2S_2O_3$ 体积，平行滴定三次。食盐中含碘量计算公式如下

$$w(IO_3^-) = \frac{1}{2} \times \frac{1}{3} \times \frac{c(Na_2S_2O_3)V(Na_2S_2O_3)M(IO_3^-)}{m(盐)} \times 100\%$$

(3) 值得注意的是：不论是 $Na_2S_2O_3$ 标准溶液的标定还是食盐中含碘量的测定中，有这样一个操作过程，即加入 5mL 5% KI 溶液，其目的是与 KIO_3 标准溶液或待测盐溶液中含有的 KIO_3 反应，即

$$IO_3^- + 5I^- + 6H^+ = 3I_2 + 3H_2O$$

定量地生成单质 I_2 后，再与 $Na_2S_2O_3$ 标准溶液定量反应。此时需要注意的是，既要防止单质 I_2 的挥发，还要防止溶液中 I^- 被空气中的氧氧化（KI 是过量的）。因此，析出 I_2 反应完成后立即滴定，滴定速度不应过慢且不能剧烈摇动。滴定反应要在碘量瓶中进行，并且要在暗处反应。

本 章 小 结

氧化还原滴定法是以氧化还原反应为基础的分析方法，是滴定分析中应用最广泛的方法之一。如以 Ox 代表氧化剂，Red 代表还原剂，其基本反应为

$$Ox_1 + Red_2 = Red_1 + Ox_2$$

该反应可分解为同时进行的两步，即氧化态 Ox_1 得到电子转化为弱还原态 Red_1，Red_2 还原态失去电子转化为弱氧化态 Ox_2，其反应式为

$$Ox_1 + n_1e^- = Red_1 \text{（还原半反应）}$$

$$Red_2 - n_2e^- = Ox_2 \text{（氧化半反应）}$$

以上两个半反应均称为半电池反应，也简称半反应。Ox_1 与 Red_1、Ox_2 与 Red_2 为共轭电对，可写成 Ox_1/Red_1、Ox_2/Red_2。

1. 能斯特方程式

能斯特方程式是对应半反应中共轭电对的电极电势的表达式。

对应还原半反应 $Ox_1 + n_1e^- = Red_1$，能斯特方程式为

$$\varphi(Ox_1/Red_1) = \varphi^{\ominus}(Ox_1/Red_1) + \frac{RT}{n_1F}\ln\frac{c(Ox_1)/c^{\ominus}}{c(Red_1)/c^{\ominus}}$$

对应氧化半反应 $Ox_2 + n_2e^- = Red_2$，能斯特方程式为

$$\varphi(Ox_2/Red_2) = \varphi^{\ominus}(Ox_2/Red_2) + \frac{RT}{n_2F}\ln\frac{c(Ox_2)/c^{\ominus}}{c(Red_2)/c^{\ominus}}$$

能斯特方程和半反应是对应的，有半反应，理论上就可以写出对应的能斯特方程，就可以设计出相应的半电池，每个半反应对应一组共轭电对。当然，任何一个氧化还原反应在理论上都可以拆分成两个半反应，可以写出对应的两个能斯特方程，设计出对应的两个半电池，有两组对应的共轭电对。要学会把任何一个氧化还原反应熟练地拆成两个半反应。

2. 条件电极电势

氧化还原反应的反应历程复杂，反应速率慢，而且容易发生副反应，这为利用氧化还原反应进行滴定分析增加了一定的难度。氧化还原反应的电对分为可逆电对和不可逆电对两大类。

可逆电对是反应中氧化态和还原态物质很快建立平衡的电对，如 Fe^{3+}/Fe^{2+}、Cr^{4+}/Cr^{3+}、I_2/I^- 等。

不可逆电对是反应中不能真正建立起按氧化还原反应式中所示的平衡，如 MnO_4^-/Mn^{2+}、$Cr_2O_7^{2-}/Cr^{3+}$、$CO_2/H_2C_2O_4$、$S_4O_6^{2-}/S_2O_3^{2-}$ 等。

在实际工作中，影响电对电极电势的因素是多方面的，如果把各种因素都加以考虑就要在能斯特方程式中引入相应的系数。

电对的氧化态或还原态可能具有多种相关型体存在形式，氧化还原反应还可能受溶液酸的影响，如果有沉淀、配位等影响主反应发生的副反应等因素存在，必须引入副反应系数 α；另外，溶液浓度大且离子价态高，不能忽略离子强度的影响，因此还必须引入活度系数 γ。在使用能斯特公式时，考虑以上因素才能使理论计算结果与实际情况更为接近，因此引入条件电极电势。

可逆电对的半反应

$$Ox + ne^- \rightleftharpoons Red$$

对应的能斯特方程

$$\varphi(Ox/Red) = \varphi^{\ominus}(Ox/Red) + \frac{RT}{nF}\ln\frac{c(Ox)/c^{\ominus}}{c(Red)/c^{\ominus}}$$

引入副反应系数 α，有

$$\alpha_{Ox} = \frac{c'(Ox)}{c(Ox)}, \quad \alpha_{Red} = \frac{c'(Red)}{c(Red)}$$

式中，$c'(Ox)$ 表示在半反应中包括 Ox 平衡浓度，即 $c(Ox)$ 在内的，并且与 Ox 相关的其他型体浓度的总和，称为总浓度(或分析浓度)。$c'(Red)$ 表示在半反应中包括 Red 平衡浓度 $c(Red)$ 在内的，与 Red 相关其他型体浓度的总和，也称总浓度(或分析浓度)。

用活度代替浓度，即用活度系数乘以氧化态或还原态的平衡浓度得活度值。引入活度系数 γ，有

$$a(Ox) = \gamma(Ox) \cdot c(Ox)$$
$$a(Red) = \gamma(Red) \cdot c(Red)$$

式中，$a(Ox)$ 和 $a(Red)$ 分别表示氧化态 Ox 和还原态 Red 的活度。在溶液中，活度是真正有效的浓度。所以在氧化还原半反应中，能斯特方程式中的氧化态、还

原态的浓度项应该换成对应的活度,即

$$\varphi(\text{Ox}/\text{Red}) = \varphi^{\ominus}(\text{Ox}/\text{Red}) + \frac{RT}{nF}\ln\frac{a(\text{Ox})/c^{\ominus}}{a(\text{Red})/c^{\ominus}}$$

将 $a(\text{Ox}) = \gamma(\text{Ox})\cdot c(\text{Ox})$ 与 $a(\text{Red}) = \gamma(\text{Red})\cdot c(\text{Red})$ 代入上式得

$$\varphi(\text{Ox}/\text{Red}) = \varphi^{\ominus}(\text{Ox}/\text{Red}) + \frac{RT}{nF}\ln\frac{\gamma(\text{Ox})\cdot c(\text{Ox})/c^{\ominus}}{\gamma(\text{Red})\cdot c(\text{Red})/c^{\ominus}}$$

而氧化态或还原态的平衡浓度和总浓度之间还需副反应系数来联系,即总浓度除以平衡浓度等于副反应系数

$$\alpha_{\text{Ox}} = \frac{c'(\text{Ox})}{c(\text{Ox})}, \quad \alpha_{\text{Red}} = \frac{c'(\text{Red})}{c(\text{Red})}$$

将其代入 $\varphi(\text{Ox}/\text{Red}) = \varphi^{\ominus}(\text{Ox}/\text{Red}) + \frac{RT}{nF}\ln\frac{\gamma(\text{Ox})\cdot c(\text{Ox})/c^{\ominus}}{\gamma(\text{Red})\cdot c(\text{Red})/c^{\ominus}}$ 得

$$\varphi(\text{Ox}/\text{Red}) = \varphi^{\ominus}(\text{Ox}/\text{Red}) + \frac{RT}{nF}\ln\frac{\gamma(\text{Ox})\cdot c'(\text{Ox})/c^{\ominus}}{\gamma(\text{Red})\cdot c'(\text{Red})/c^{\ominus}}\cdot\frac{\alpha_{\text{Red}}}{\alpha_{\text{Ox}}}$$

整理得

$$\varphi(\text{Ox}/\text{Red}) = \varphi^{\ominus}(\text{Ox}/\text{Red}) + \frac{RT}{nF}\ln\frac{\gamma(\text{Ox})\cdot\alpha_{\text{Red}}}{\gamma(\text{Red})\cdot\alpha_{\text{Ox}}} + \frac{RT}{nF}\ln\frac{c'(\text{Ox})/c^{\ominus}}{c'(\text{Red})/c^{\ominus}}$$

令

$$\varphi^{\ominus'}(\text{Ox}/\text{Red}) = \varphi^{\ominus}(\text{Ox}/\text{Red}) + \frac{RT}{nF}\ln\frac{\gamma(\text{Ox})\cdot\alpha_{\text{Red}}}{\gamma(\text{Red})\cdot\alpha_{\text{Ox}}}$$

则得

$$\varphi(\text{Ox}/\text{Red}) = \varphi^{\ominus'}(\text{Ox}/\text{Red}) + \frac{RT}{nF}\ln\frac{c'(\text{Ox})/c^{\ominus}}{c'(\text{Red})/c^{\ominus}}$$

$\varphi^{\ominus'}(\text{Ox}/\text{Red})$ 称为氧化还原电对的条件电极电势。

条件电极电势 $\varphi^{\ominus'}(\text{Ox}/\text{Red})$ 是在特定条件下,氧化态、还原态物质的总浓度 $c'(\text{Ox})$、$c'(\text{Red})$ 均为 $1\text{mol}\cdot\text{L}^{-1}$ 时,校正了外界因素(如离子强度、各种副反应、酸度等因素)电对的电极电势。

因此,如果直接将氧化态型体、还原态型体的浓度代入能斯特方程式,而不考虑离子强度的影响和副反应的影响,电极电势实测值与理论值是不吻合的。

以电对的条件电极电势 $\varphi^{\ominus'}(\text{Ox}/\text{Red})$ 代替标准电极电势 $\varphi^{\ominus}(\text{Ox}/\text{Red})$,以总浓度 c' 代替参加反应的氧化态、还原态的活度 a,实际利用活度系数 γ 和副反应系数 α 已将总浓度校正为参加反应的氧化态、还原态物质的活度 a,不仅使得

计算简便，而且计算结果与实测值十分吻合。

3. 氧化还原反应的平衡常数

对称式氧化还原反应方程式

$$n_2\text{Ox}_1 + n_1\text{Red}_2 \rightleftharpoons n_2\text{Red}_1 + n_1\text{Ox}_2$$

对应的标准平衡常数

$$K^{\ominus} = \frac{[c(\text{Red}_1)/c^{\ominus}]^{n_2} \cdot [c(\text{Ox}_2)/c^{\ominus}]^{n_1}}{[c(\text{Ox}_1)/c^{\ominus}]^{n_2} \cdot [c(\text{Red}_2)/c^{\ominus}]^{n_1}}$$

对应的半反应

$$\text{Ox}_1 + n_1\text{e}^- \rightleftharpoons \text{Red}_1$$
$$\text{Ox}_2 + n_2\text{e}^- \rightleftharpoons \text{Red}_2$$

对应的能斯特方程式为

$$\varphi(\text{Ox}_1/\text{Red}_1) = \varphi^{\ominus}(\text{Ox}_1/\text{Red}_1) + \frac{2.303RT}{n_1F}\lg\frac{c(\text{Ox}_1)/c^{\ominus}}{c(\text{Red}_1)/c^{\ominus}}$$

$$\varphi(\text{Ox}_2/\text{Red}_2) = \varphi^{\ominus}(\text{Ox}_2/\text{Red}_2) + \frac{2.303RT}{n_2F}\lg\frac{c(\text{Ox}_2)/c^{\ominus}}{c(\text{Red}_2)/c^{\ominus}}$$

反应达平衡时

$$\varphi(\text{Ox}_1/\text{Red}_1) = \varphi(\text{Ox}_2/\text{Red}_2)$$

即

$$\varphi^{\ominus}(\text{Ox}_1/\text{Red}_1) + \frac{2.303RT}{n_1F}\lg\frac{c(\text{Ox}_1)/c^{\ominus}}{c(\text{Red}_1)/c^{\ominus}}$$
$$= \varphi^{\ominus}(\text{Ox}_2/\text{Red}_2) + \frac{2.303RT}{n_2F}\lg\frac{c(\text{Ox}_2)/c^{\ominus}}{c(\text{Red}_2)/c^{\ominus}}$$

整理得

$$\varphi^{\ominus}(\text{Ox}_1/\text{Red}_1) - \varphi^{\ominus}(\text{Ox}_2/\text{Red}_2) = \frac{2.303RT}{n_1n_2F}\lg\frac{[c(\text{Ox}_2)/c^{\ominus}]^{n_1} \cdot [c(\text{Red}_1)/c^{\ominus}]^{n_2}}{[c(\text{Red}_2)/c^{\ominus}]^{n_1} \cdot [c(\text{Ox}_1)/c^{\ominus}]^{n_2}}$$

因为

$$K^{\ominus} = \frac{[c(\text{Red}_1)/c^{\ominus}]^{n_2} \cdot [c(\text{Ox}_2)/c^{\ominus}]^{n_1}}{[c(\text{Ox}_1)/c^{\ominus}]^{n_2} \cdot [c(\text{Red}_2)/c^{\ominus}]^{n_1}}$$

所以

$$\varphi^{\ominus}(\text{Ox}_1/\text{Red}_1) - \varphi^{\ominus}(\text{Ox}_2/\text{Red}_2) = \frac{2.303RT}{n_1n_2F}\lg K^{\ominus}$$

整理得

$$\lg K^{\ominus} = \frac{[\varphi^{\ominus}(Ox_1/Red_1) - \varphi^{\ominus}(Ox_2/Red_2)] \cdot n_1 n_2 F}{2.303RT}$$

$$= \frac{[\varphi^{\ominus}(Ox_1/Red_1) - \varphi^{\ominus}(Ox_2/Red_2)] \cdot n_1 n_2}{0.0592}$$

($T = 298.15K$)

标准平衡常数 $K^{\ominus}$ 的大小表示反应完全程度的大小，但反应的实际完全程度如何与反应进行的条件(如反应物是否发生副反应等)有关。与在配位平衡中引入条件平衡常数一样，氧化还原反应也可以引入条件平衡常数 K'

$$\lg K' = \frac{[\varphi^{\ominus'}(Ox_1/Red_1) - \varphi^{\ominus'}(Ox_2/Red_2)] \cdot n_1 n_2 F}{2.303RT}$$

条件平衡常数与条件电极电势之差 $\varphi^{\ominus'}(Ox_1/Red_1) - \varphi^{\ominus'}(Ox_2/Red_2)$ 相关，差值越大，反应进行得越完全。

$$K' = \frac{[c'(Red_1)/c^{\ominus}]^{n_2} \cdot [c'(Ox_2)/c^{\ominus}]^{n_1}}{[c'(Ox_1)/c^{\ominus}]^{n_2} \cdot [c'(Red_2)/c^{\ominus}]^{n_1}}$$

式中，c' 为相关型体的总浓度(分析浓度)，而 c 指的是平衡浓度。

不论是标准平衡常数还是条件平衡常数，都与电对的电极电势之差有关。在氧化还原反应中，哪组电对是正极，哪组电对是负极，要明确。确定电对正负极，与氧化还原反应的方向有关，获得电子的电对是正极，给出电子的电对是负极，正极减负极才是电极电势之差。

非对称式氧化还原反应的标准平衡常数如何求解呢？在教材中没有具体给出。虽然没有给出，但标准平衡常数为平衡状态下的反应商，视非对称式氧化还原反应中反应物和生成物具体情况而定。非对称式氧化还原反应也可以拆分成两个半反应，其中一个是得电子的半反应，应为正极，另一个必是失去电子的半反应，应为负极。正负极之差为氧化还原反应的电动势，寻找电动势与标准平衡常数表达式之间的联系会有答案。

4. 氧化还原滴定曲线

氧化还原反应滴定曲线与酸碱反应滴定曲线相似。

滴定开始至化学计量点之前，溶液中有两组电对，滴定过程中化学反应达到平衡时，这两组电对的电极电势必定相等，任一电对的电极电势都可代表溶液的电极电势，所以可利用其中任何一个电对计算。当然必须要看哪组电对的电极电势容易求得。

在氧化还原反应滴定体系中，在滴定的每一个平衡时刻，两组电对的电极电势是相等的，如果包括指示剂在内，当然是氧化还原类型的指示剂，不考虑其他类型指示剂，氧化还原指示剂的氧化态和还原态构成一组电对的电极电势，那么三组电对的电极电势在滴定的每个平衡时刻都是相等的。几组电对的电极电势虽然相等，但是滴定过程中电极电势的值是随着滴定过程的进行而有所变化的，或者逐渐升高，或者逐渐降低。

对电极电势趋势的变化升高还是降低的判断要正确，这对滴定结果是正误差还是负误差的判断有影响。同一氧化还原反应，同一指示剂，滴定剂滴定被滴定物质是正误差，但是如果用原来的被滴定物质作滴定剂，原来的滴定剂放在锥形瓶中被滴定，那结果就不是正误差，而是负误差。

对称式氧化还原反应化学计量点时电极电势的计算公式如下推导。

对称式氧化还原反应方程式

$$n_2 Ox_1 + n_1 Red_2 \rightleftharpoons n_2 Red_1 + n_1 Ox_2$$

半反应

$$Ox_1 + n_1 e^- \rightleftharpoons Red_1$$

$$Ox_2 + n_2 e^- \rightleftharpoons Red_2$$

对应的能斯特方程式

$$\varphi(Ox_1/Red_1) = \varphi^{\ominus'}(Ox_1/Red_1) + \frac{2.303RT}{n_1 F} \lg \frac{c(Ox_1)/c^{\ominus}}{c(Red_1)/c^{\ominus}}$$

$$\varphi(Ox_2/Red_2) = \varphi^{\ominus'}(Ox_2/Red_2) + \frac{2.303RT}{n_2 F} \lg \frac{c(Ox_2)/c^{\ominus}}{c(Red_2)/c^{\ominus}}$$

因为

$$\varphi(Ox_1/Red_1) = \varphi(Ox_2/Red_2) = \varphi_{计}$$

所以

$$\varphi^{\ominus'}(Ox_1/Red_1) + \frac{2.303RT}{n_1 F} \lg \frac{c(Ox_1)/c^{\ominus}}{c(Red_1)/c^{\ominus}}$$

$$= \varphi^{\ominus'}(Ox_2/Red_2) + \frac{2.303RT}{n_2 F} \lg \frac{c(Ox_2)/c^{\ominus}}{c(Red_2)/c^{\ominus}} = \varphi_{计}$$

$$n_1 \varphi^{\ominus'}(Ox_1/Red_1) + \frac{2.303RT}{F} \lg \frac{c(Ox_1)/c^{\ominus}}{c(Red_1)/c^{\ominus}} = n_1 \varphi_{计}$$

$$n_2 \varphi^{\ominus'}(Ox_2/Red_2) + \frac{2.303RT}{F} \lg \frac{c(Ox_2)/c^{\ominus}}{c(Red_2)/c^{\ominus}} = n_2 \varphi_{计}$$

将两式相加，得

$$n_1\varphi^{\ominus'}(Ox_1/Red_1) + n_2\varphi^{\ominus'}(Ox_2/Red_2) + \frac{2.303RT}{F}\lg\frac{c(Ox_2)/c^{\ominus}}{c(Red_2)/c^{\ominus}} +$$

$$\frac{2.303RT}{F}\lg\frac{c(Ox_1)/c^{\ominus}}{c(Red_1)/c^{\ominus}} = \varphi_{计}(n_1+n_2)$$

$$n_1\varphi^{\ominus'}(Ox_1/Red_1) + n_2\varphi^{\ominus'}(Ox_2/Red_2) +$$

$$\frac{2.303RT}{F}\lg\frac{c(Ox_2)/c^{\ominus}}{c(Red_2)/c^{\ominus}} \cdot \frac{c(Ox_1)/c^{\ominus}}{c(Red_1)/c^{\ominus}} = \varphi_{计}(n_1+n_2)$$

在氧化还原反应方程式 $n_2 Ox_1 + n_1 Red_2 \rightleftharpoons n_2 Red_1 + n_1 Ox_2$ 中

$$\frac{c(Ox_1)}{c(Red_2)} = \frac{n_2}{n_1}, \frac{c(Ox_2)}{c(Red_1)} = \frac{n_1}{n_2}$$

所以

$$n_1\varphi^{\ominus'}(Ox_1/Red_1) + n_2\varphi^{\ominus'}(Ox_2/Red_2) = \varphi_{计}(n_1+n_2)$$

$$\varphi_{计} = \frac{n_1\varphi^{\ominus'}(Ox_1/Red_1) + n_2\varphi^{\ominus}(Ox_2/Red_2)}{n_1+n_2}$$

这就是对称式氧化还原反应在化学计量点时溶液中两组电对的电极电势的计算方法。

5. 影响氧化还原反应滴定曲线的因素

化学计量点附近电极电势突跃范围与两组电对的条件电极电势差有关。这可从化学计量点前后溶液电极电势的算法看出。

滴定开始至化学计量点前，滴定误差为 -0.1% 时，用 Fe^{3+}/Fe^{2+} 电对计算溶液各平衡时刻的电势。

$$\varphi_{前} = \varphi^{\ominus'}(Fe^{3+}/Fe^{2+}) + \frac{0.0592}{1}\lg\frac{c(Fe^{3+})/c^{\ominus}}{c(Fe^{2+})/c^{\ominus}}$$

$$\frac{c(Fe^{3+})}{c(Fe^{2+})} = 999$$

化学计量点后，滴定误差为 $+0.1\%$ 时，溶液的电极电势用另一组电对 Ce^{4+}/Ce^{3+} 的电极电势计算。

$$\varphi_{后} = \varphi^{\ominus'}(Ce^{4+}/Ce^{3+}) + \frac{0.0592}{1}\lg\frac{c(Ce^{4+})/c^{\ominus}}{c(Ce^{3+})/c^{\ominus}}$$

$$\frac{c(\text{Ce}^{4+})}{c(\text{Ce}^{3+})} = \frac{1}{1000}$$

因为 $\Delta\varphi = \varphi_后 - \varphi_前$,所以

$$\Delta\varphi = \varphi^{\ominus'}(\text{Ce}^{4+}/\text{Ce}^{3+}) + \frac{0.0592}{1}\lg\frac{c(\text{Ce}^{4+})/c^{\ominus}}{c(\text{Ce}^{3+})/c^{\ominus}} -$$
$$\left[\varphi^{\ominus'}(\text{Fe}^{3+}/\text{Fe}^{2+}) + \frac{0.0592}{1}\lg\frac{c(\text{Fe}^{3+})/c^{\ominus}}{c(\text{Fe}^{2+})/c^{\ominus}}\right]$$
$$= \varphi^{\ominus'}(\text{Ce}^{4+}/\text{Ce}^{3+}) - \varphi^{\ominus'}(\text{Fe}^{3+}/\text{Fe}^{2+}) +$$
$$\frac{0.0592}{1}\lg\frac{c(\text{Ce}^{4+})/c^{\ominus}}{c(\text{Ce}^{3+})/c^{\ominus}} - \frac{0.0592}{1}\lg\frac{c(\text{Fe}^{3+})/c^{\ominus}}{c(\text{Fe}^{2+})/c^{\ominus}}$$

上式中后两项为固定值,所以 $\Delta\varphi$ 取决于两组电对条件电极电势的差值,差值越大,滴定突跃范围越大;差值越小,滴定突跃范围越小。滴定突跃范围越大,滴定时准确度就越高。

在通常情况下,两组电对的条件电极电势(或标准电极电势)之差大于 0.2V,有较明显的突跃,才有可能进行滴定。

6. 氧化还原滴定中的指示剂

氧化还原滴定中常用的指示剂可分为:自身指示剂、特殊指示剂、氧化还原指示剂。

氧化还原指示剂是一类本身可以发生氧化还原反应的物质,其氧化态 In(Ox) 和还原态 In(Red) 具有不同的颜色,在滴定过程中,随滴定剂的加入,溶液的电极电势不断变化,指示剂被氧化或被还原,使得在计量点附近由一种颜色变为另一种颜色。

氧化还原指示剂的半反应

$$\text{In(Ox)} + ne^- \rightleftharpoons \text{In(Red)}$$

对应的能斯特方程式

$$\varphi[\text{In(Ox)}/\text{In(Red)}] = \varphi^{\ominus'}[\text{In(Ox)}/\text{In(Red)}] \pm \frac{2.303RT}{nF}\lg\frac{c[\text{In(OX)}]/c^{\ominus}}{c[\text{In(Red)}]/c^{\ominus}}$$

式中,$\varphi^{\ominus'}[\text{In(Ox)}/\text{In(Red)}]$ 为氧化还原指示剂的条件电极电势。

在滴定过程中,随溶液电极电势的变化,指示剂氧化态和还原态的浓度比也逐渐改变,溶液的颜色也变化,当 $c[\text{In(Ox)}] = c[\text{In(Red)}]$ 时溶液的电极电势称为氧化还原指示剂的理论变色点电极电势,它等于指示剂的条件电极电势,即

$$\varphi[\text{In(Ox)}/\text{In(Red)}] = \varphi^{\ominus'}[\text{In(Ox)}/\text{In(Red)}]$$

溶液处于指示剂变色点电极电势时，溶液颜色是指示剂氧化态和还原态颜色的混合色。

把 $\dfrac{c[\text{In(Ox)}]}{c[\text{In(Red)}]} = 10$ 和 $\dfrac{c[\text{In(Ox)}]}{c[\text{In(Red)}]} = \dfrac{1}{10}$ 代入

$$\varphi[\text{In(Ox)}/\text{In(Red)}] = \varphi^{\ominus'}[\text{In(Ox)}/\text{In(Red)}] \pm \dfrac{2.303RT}{nF}\lg\dfrac{c[\text{In(Ox)}]/c^{\ominus}}{c[\text{In(Red)}]/c^{\ominus}}$$

可得指示剂的变色范围

$$\varphi[\text{In(Ox)}/\text{In(Red)}] = \varphi^{\ominus'}[\text{In(Ox)}/\text{In(Red)}] \pm \dfrac{2.303RT}{nF}$$

$$= \varphi^{\ominus'}[\text{In(Ox)}/\text{In(Red)}] \pm \dfrac{0.0592}{n}$$

（$T = 298.15\text{K}$）

在滴定过程中，溶液体系中有三组电对存在，即 Ox_1/Red_1、Ox_2/Red_2、$\text{In(Ox)}/\text{In(Red)}$，对应三个半反应

$$\text{Ox}_1 + n_1\text{e}^- \rightleftharpoons \text{Red}_1$$

$$\text{Ox}_2 + n_2\text{e}^- \rightleftharpoons \text{Red}_2$$

$$\text{In(Ox)} + n_3\text{e}^- \rightleftharpoons \text{In(Red)}$$

每个半反应的电子转移数不一定相同，用 n_1、n_2、n_3 表示在三个半反应中转移的电子数。三个半反应对应的能斯特方程式为

$$\varphi(\text{Ox}_1/\text{Red}_1) = \varphi^{\ominus'}(\text{Ox}_1/\text{Red}_1) + \dfrac{2.303RT}{n_1F}\lg\dfrac{c(\text{Ox}_1)/c^{\ominus}}{c(\text{Red}_1)/c^{\ominus}}$$

$$\varphi(\text{Ox}_2/\text{Red}_2) = \varphi^{\ominus'}(\text{Ox}_2/\text{Red}_2) + \dfrac{2.303RT}{n_2F}\lg\dfrac{c(\text{Ox}_2)/c^{\ominus}}{c(\text{Red}_2)/c^{\ominus}}$$

$$\varphi[\text{In(Ox)}/\text{In(Red)}] = \varphi^{\ominus'}[\text{In(Ox)}/\text{In(Red)}] + \dfrac{2.303RT}{n_3F}\lg\dfrac{c[\text{In(Ox)}]/c^{\ominus}}{c[\text{In(Red)}]/c^{\ominus}}$$

在滴定过程中，如果溶液电极电势大于指示剂的电极电势，即 $\varphi > \varphi[\text{In(Ox)}/\text{In(Red)}]$，则指示剂的还原态被氧化，$c[\text{In(Ox)}]$ 增大，溶液的颜色向指示剂的氧化态颜色方向变化。如果溶液电极电势小于指示剂的电极电势，即 $\varphi < \varphi[\text{In(Ox)}/\text{In(Red)}]$，则指示剂的氧化态被还原，$c[\text{In(Red)}]$ 增大，溶液颜色向指示剂的还原态颜色方向变化。

氧化还原指示剂的变色点电极电势应与氧化还原滴定反应化学计量点电极电势相近，或者指示剂的变色范围落在滴定反应电极电势突跃范围之内是指示剂的

选择原则。

7. 重要的氧化还原反应

根据所使用氧化剂的不同，将氧化还原滴定分为高锰酸钾法、重铬酸钾法、碘量法等。

要熟练掌握相关反应的方程式，明确化学反应的计量关系。

思考及练习题

1. 氧化还原滴定法主要有几类？这些方法的基本反应是什么？
2. 什么是条件电极电势？它与标准电极电势的关系是什么？使用条件电极电势有何优点？
3. 如何判断一个氧化还原反应能否进行完全？
4. 应用于氧化还原滴定法的反应应具备什么主要条件？
5. 影响氧化还原反应速率的主要因素是什么？
6. 通过比较酸碱滴定、配位滴定和氧化还原滴定的滴定曲线，说明它们具有哪些共性和特征。
7. 为什么 $KMnO_4$ 滴定 Fe^{2+} 不能用盐酸酸化？
8. 计算 $KMnO_4$ 在 $1mol \cdot L^{-1}$ HCl 溶液中用 Fe^{3+} 滴定 Sn^{2+} 的电位突跃范围，在此滴定中应选用什么指示剂？滴定终点是否与等量点一致？
9. 配平下列方程式。

(1) $FeSO_4 + K_2Cr_2O_7 + H_2SO_4 \rightleftharpoons Fe_2(SO_4)_3 + Cr_2(SO_4)_3 + H_2O$

(2) $KMnO_4 + FeSO_4 + H_2SO_4 \rightleftharpoons Fe_2(SO_4)_3 + MnSO_4 + K_2SO_4 + H_2O$

(3) $I_2 + Na_2S_2O_3 \rightleftharpoons NaI + Na_2S_4O_6$

(4) $KMnO_4 + Na_2C_2O_4 + H_2SO_4 \rightleftharpoons Na_2SO_4 + MnSO_4 + K_2SO_4 + CO_2 + H_2O$

(5) $AsO_3^{3-} + I_2 + H_2O \rightleftharpoons AsO_4^{3-} + I^- + H^+$

(6) $KBrO_3 + KI + H_2SO_4 \rightleftharpoons I_2 + KBr + K_2SO_4 + H_2O$

(7) $KMnO_4 + HCOONa + NaOH \rightleftharpoons K_2MnO_4 + Na_2MnO_4 + Na_2CO_3 + H_2O$

10. 用 22.00mL $KMnO_4$ 溶液恰能氧化 0.1436g $Na_2C_2O_4$。试计算高锰酸钾溶液的浓度。

11. 在 0.1275g 纯 $K_2Cr_2O_7$ 中加入过量 KI，析出的 I_2 用 $Na_2S_2O_3$ 溶液滴定，消耗了 22.85mL。求 $Na_2S_2O_3$ 标准溶液的浓度。

$$Cr_2O_7^{2-} + 6I^- + 14H^+ \rightleftharpoons 2Cr^{3+} + 3I_2 + 7H_2O$$

$$I_2 + 2S_2O_3^{2-} \rightleftharpoons S_4O_6^{2-} + 2I^-$$

12. 将 0.1602g 石灰石试样溶解在 HCl 溶液中，然后将钙沉淀为 CaC_2O_4，沉淀溶解在稀 H_2SO_4 中，用 $KMnO_4$ 溶液滴定耗去 20.70mL，已知 $KMnO_4$ 溶液对 $CaCO_3$ 的滴定度为 $0.006020g \cdot mL^{-1}$。求石灰石中 $CaCO_3$ 的含量。

13. 10.00mL 市售 H_2O_2，$\rho = 1.010g \cdot mL^{-1}$，用 $c(KMnO_4) = 0.02400mol \cdot L^{-1}$ 溶液滴定，耗

去 36.82mL 。计算溶液中 H_2O_2 的质量分数。

14. 不纯的 KI 试样 0.5180g，在 H_2SO_4 溶液中，加入纯 K_2CrO_4 0.1940g 处理，煮沸除去生成的 I_2，然后加入过量的 KI，使与过量的 K_2CrO_4 作用，析出的 I_2 用 $0.1000 mol \cdot L^{-1} Na_2S_2O_3$ 溶液滴定，耗去 10.00mL 。求试样中 KI 的含量。

15. 准确称取含有 PbO 和 PbO_2 的混合物样品 1.234g ，在酸性溶液中，加入 $0.2500 mol \cdot L^{-1}$ $H_2C_2O_4$ 溶液 20.00mL ，使 PbO_2 还原为 Pb^{2+} ，所得溶液用氨水中和，使溶液中所有的 Pb^{2+} 均沉淀为 PbC_2O_4 ，过滤，滤液酸化后用 $0.04000 mol \cdot L^{-1} KMnO_4$ 标准溶液滴定，用去 10.00mL 。然后将以上所得 PbC_2O_4 沉淀溶于酸后再用 $KMnO_4$ 标准溶液滴定，用去 30.00mL 。计算样品中 PbO 和 PbO_2 的含量。

16. 分析软锰矿，称取试样 0.5000g ，加入 0.5700g $H_2C_2O_4 \cdot 2H_2O$ 及稀酸溶液，加热至反应完全，过量的草酸用 $0.02000 mol \cdot L^{-1}$ $KMnO_4$ 溶液滴定，用去 30.00mL 。求软锰矿中 MnO_2 的含量。

第8章 分光光度法

光学分析是基于电磁辐射与物质相互作用后产生的辐射信号或发生的变化来测定物质的性质、含量及结构的一类仪器分析方法。它包括非光谱法和光谱法两大类。

非光谱法不涉及物质内部能级的跃迁，是基于光与物质相互作用时所产生的折射、散射、干涉和偏振等变化的光学分析。折射法、偏振法、光散射法、干涉法、衍射法、旋光法等都属于非光谱法。

光谱法是以原子和分子的光谱学为基础建立起来的一类仪器分析方法，它通过测量光与物质作用时由物质内部量子化能级跃迁而发生发射、吸收而产生的光谱的波长和强度来进行分析。

光谱法在定性、定量及结构分析方面起着重要的作用。紫外-可见分光光度法（UV-VIS）和荧光分析法（FS）可用于金属、非金属和有机物质的测定；原子发射光谱法（AES）和原子吸收光谱法（AAS）常用于痕量金属的测定；红外光谱法（IR）、拉曼光谱法（RS）、核磁共振（NMR）可用于测定化合物的性质和结构。

光谱法主要有吸收光谱分析法和发射光谱分析法两大类。

物质在等离子体、电弧、火花中被激发，可发射出该种物质特有的光谱。建立在这种光谱上的分析方法称为发射光谱法。

光与某种物质溶液或蒸气相互作用，由于物质对某些波长的光的吸收，将产生与原来入射光谱不同的新光谱，或使得某些波长的光强度减弱。建立在这种光谱上的分析方法称为吸光光谱法。

基于物质对光的选择性吸收而建立起来的分析方法称为吸光光度法，属于吸收光谱法中的一种。本章重点讨论可见光的吸光光度法。

8.1 分光光度法概述

许多物质是有颜色的，这些有色物质溶液颜色的深浅与这些物质的溶液浓度有关，溶液越浓，颜色越深。因此，可以通过比较溶液颜色的深浅来测定物质的含量，这种测定方法称为比色分析法。"比"有比较的意思。随着现代测试仪器的发展，目前已普遍使用吸光光度计测定溶液对光的吸收程度，通过比较有色溶液对光的吸收程度来确定溶液的浓度,这种方法称为吸光光度法。

吸光是指物质对一定波长的光选择性吸收。分光是指分析仪器对光源经过色散元件和狭缝而获得单色光的过程。吸光光度法和分光光度法是从不同角度对此分析方法进行命名的。因此,吸光光度法通常称为分光光度法。根据所使用光源的不同,分光光度法可分为可见分光光度法、紫外分光光度法和红外光谱法等。

分光光度法与传统的化学分析方法相比,具有以下特点:

(1) 灵敏度高。分光光度法主要用于测定试样中微量或痕量组分的含量。测定物质浓度下限一般可达 $10^{-6} \sim 10^{-5}$ mol·L^{-1},若采用催化或胶束增溶分光光度法,检测下限可达 10^{-9} mol·L^{-1}。

(2) 准确度高。分光光度法属于微量分析方法,因此绝对误差远小于化学分析法,仅为化学分析法绝对误差的 $10^{-4} \sim 10^{-3}$,分光光度测定的相对误差为 2%~5%,完全满足微量组分测定的准确度的要求。

(3) 仪器简单。分光光度法虽然需要用专门仪器,但与其他仪器分析法相比,其仪器设备结构不复杂,测定步骤简单、省时。近年来由于新的高灵敏度、高选择性的显色剂和掩蔽剂的不断出现,常可以不经分离而直接进行分光光度法测定,更为方便、快捷。

(4) 应用广泛。分光光度法能测定许多无机离子和很多有机物,既可以测定微量组分的含量,也可用于反应机理及化学平衡的研究,如测定配合物的组成和配合物的稳定平衡常数、弱酸、弱碱的离解常数等,广泛应用于工业、农业、医药、食品、卫生等行业的分析和科研工作中。

8.2 分光光度法的基本原理

8.2.1 光的基本性质

光是一种电磁波。电磁波范围很宽,波长为 10^{-1} nm~10^3 m,根据波长或频率排列,得到如表 8-1 所示的电磁波谱表。

表 8-1 电磁波谱表

波谱名称	波长范围	跃迁类型	辐射源	分析方法
X 射线	10^{-1}~10 nm	K 和 L 层电子	X 射线管	X 射线光谱法
远紫外光区	10~200 nm	中层电子	氢、氘、氙灯	真空紫外光度法

续表

波谱名称	波长范围	跃迁类型	辐射源	分析方法
近紫外光区	200～400nm	价电子	氢、氘、氙灯	紫外光度法
可见光区	400～760nm	价电子	钨灯	比色及可见光光度法
近红外光区	0.76～2.5μm	分子振动	碳化硅热棒	近红外光度法
中红外光区	2.5～5.0μm	分子振动	碳化硅热棒	中红外光度法
远红外光区	5.0～1000μm	分子转动和振动	碳化硅热棒	远红外光度法
微波	0.1～100cm	分子转动	电磁波发生器	微波光谱法
无线电波	1m～1000nm			核磁共振光谱法

光具有波粒二象性，每个光量子具有的能量与光频率有关

$$E = h\nu$$

式中，h 和 ν 分别为普朗克常量和光的频率。

物质的分子或离子中，除电子总处于一定的运动状态外，还有原子核间的相对运动，即核的振动以及分子绕着重心的转动。无论是电子运动的能量还是分子振动能、转动能，均为不连续的，即分子内部能量是量子化的。当照射光的光量子能量与分子内两能级间能量差相等时，分子可将光量子吸收，本身被激发至较高的能量状态，此即物质对光的选择性吸收。紫外光和可见光可引起分子内部电子能级、振动能级和转动能级间能量的跃迁。由于分子的振动能级之间及转动能级之间的差值均很小，分子吸收光谱连在一起，因此分子吸收光谱与原子发射或吸收光谱不同，是呈现带状的连续光谱。

8.2.2 溶液的颜色和对光的选择性吸收

人的眼睛能感觉到的光称为可见光。在可见光区内，不同波长的光具有不同的颜色。只具有一种波长的光称为单色光，由不同波长的光组成的光称为复合光。日常人们所看到的太阳光、白炽灯光、日光灯等白光都是复合光，它是由400～760nm波长范围内的红、橙、黄、绿、青、蓝、紫等颜色的光按一定比例混合而成的。

实验证明，如果将两种适当颜色的单色光按一定强度比例混合，也可以得到白光。通常这两种颜色的单色光称为互补色光。图 8-1 为互补色光示意图，图中处于直线关系的两种颜色的光是互补色光，它们彼此按一定比例混合即成为白光。

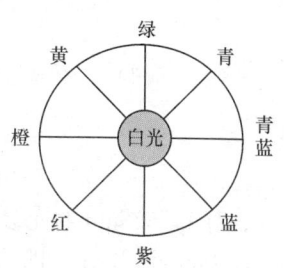

图 8-1 互补色光示意图

物质呈现的颜色与光有密切的关系，当光照射到物质时，物质对不同波长的光的反射、散射、透射的程度不同，使物质呈现不同的颜色。

对于溶液来说，它所呈现的不同颜色是由于溶液中的质点选择性地吸收了某种颜色的光。当一束白光通过某溶液时，如果溶液对各种颜色的光均不吸收，入射光全透过，或虽有吸收但各种颜色的光透过程度相同，则溶液是无色的；如果溶液只吸收了白光中一部分波长的光，而其余的光都透过溶液，则溶液呈现的恰是吸收光的互补色光的颜色。例如，$CuSO_4$ 溶液选择性吸收了白光中的黄色光而呈现蓝色，$KMnO_4$ 溶液选择性吸收了白光中的绿色而呈现紫红色。

8.2.3 吸收光谱曲线

进行光度分析时，为了正确选择物质的吸收光，通常是测量物质对不同波长光的吸收情况，以波长 λ 为横坐标，以吸光度 A 为纵坐标作图得一曲线，这种描述有色物质对不同波长光的吸收情况的图形称为吸收曲线，如图 8-2 所示。

由图 8-2 可以看出，当浓度一定时，吸光度 A 随波长的变化而改变，在 $\lambda = \lambda_{max}$ 处测定的灵敏度最大，其吸光度 A 也最大。光吸收曲线是分光光度法中选择入射光波长的重要依据。

光吸收曲线直观地反映出物质对不同波长光的吸收情况。图 8-3 是 4 种不同浓度的 $KMnO_4$ 溶液的光吸收曲线。

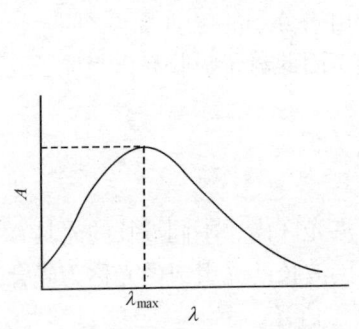

图 8-2 光吸收曲线

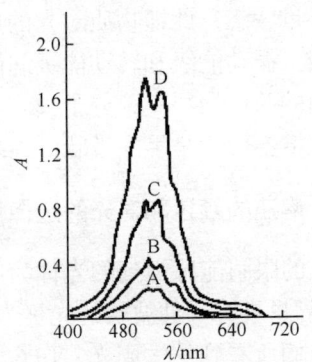

图 8-3 不同浓度的 $KMnO_4$ 溶液的光吸收曲线

由图 8-3 可知，在可见光范围内，$KMnO_4$ 溶液对不同波长的光的吸收情况不同，对 $\lambda = 525nm$ 的光吸收最多，有最大吸收波长；4 条曲线的最大峰值均出现在 $\lambda = 525nm$ 波长处，即溶液的最大吸收波长不随浓度的变化而变化，且不同浓度溶液的光吸收曲线的形状是相似的。

不同浓度的同种物质溶液,在一定波长处,吸光度 A 随溶液浓度 c 的增加而增大,以此可作为分光光度法定量分析的依据。

当然,不同物质的光吸收曲线的形状和最大吸收波长均不相同,各种物质均有它的特征光吸收曲线(也称特征吸收光谱),以此可作为分光光度法定性分析的依据。

8.2.4 光吸收定律——朗伯-比尔定律

朗伯-比尔定律是光吸收的基本定律,也是吸收光谱法定量分析的依据和基础。在一定的浓度范围内,当用某一适当波长的单色光照射吸收光物质的溶液时,其吸光度 A 与溶液的浓度 c、液层厚度 b 的乘积成正比,称为朗伯-比尔定律。其数学表达式为

$$A = abc$$

式中,a 为比例常数,与溶液的性质、温度和入射光的波长有关,其取值大小和单位还与 c 和 b 采用的单位有关。当 c 以 $g \cdot L^{-1}$ 表示时,a 称为吸光系数,单位为 $L \cdot g^{-1} \cdot cm^{-1}$。当 c 以 $mol \cdot L^{-1}$ 表示时,a 称为摩尔吸光系数,用 ε 表示,单位为 $L \cdot mol^{-1} \cdot cm^{-1}$。

摩尔吸光系数表示物质对某一特定波长光的吸收能力,是物质的重要特征。摩尔吸光系数与入射光的波长、溶液性质、温度有关,还与测量仪器质量有关。当条件一定时,摩尔吸光系数为一常数,其值越大,吸光能力越强,物质对光吸收的灵敏度越高。分光光度法中,一般要求物质的摩尔吸光系数应大于 $10^4 L \cdot mol^{-1} \cdot cm^{-1}$。

朗伯-比尔定律简单推导如下:当一束平行的单色光垂直照射并通过一均匀的非色散介质时,由于介质对光的吸收,必使透射光强度小于入射光强度。设入射光强和透射光强分别为 I_0 和 I_t,示意图如图 8-4 所示。

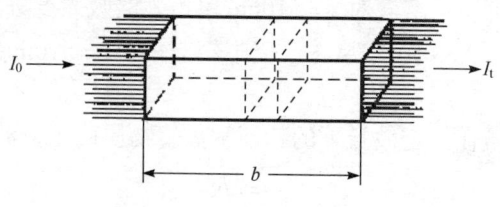

图 8-4 光吸收示意图

设吸收光强度为 I_a 并且忽略反射光的强度 I_r,则有

$$I_0 = I_t + I_a$$

定义介质的透光率 T 为

$$T = \frac{I_t}{I_0}$$

透光率越大，表示介质对光的吸收越少。实验证明，溶液透光率 T 的大小与液层厚度 b、溶液的浓度 c 有关

$$\lg \frac{1}{T} = abc$$

即

$$\lg \frac{I_0}{I_t} = abc$$

式中，$\lg \frac{I_0}{I_t}$ 表示光被溶液吸收的程度，称为吸光度 A，故又可写为

$$A = abc$$

当溶液种类和入射光波一定时，a 是与溶液浓度及液层厚度无关的常数，称为吸光系数。$A = abc$ 称为光吸收定律，又称朗伯-比尔定律。

朗伯-比尔定律不仅适用于物质对可见光的吸收，也适用于紫外光和红外光的吸收；不仅适用于均匀非色散溶液，也适用于气体和均匀物质。

对于多组分体系，若各物质之间无相互作用，朗伯-比尔定律适用于溶液中的每一种吸光物质。当某波长的单色光通过多组分溶液时，溶液的吸光度等于各组分的吸光度之和，即吸光度具有加和性。

设体系中有 n 个组分，则在任一波长处的总吸光度可以表示为

$$A_{总} = A_1 + A_2 + \cdots + A_n = \varepsilon_1 b c_1 + \varepsilon_2 b c_2 + \cdots + \varepsilon_n b c_n$$

式中，ε_1、ε_2、$\cdots$、ε_n 为该波长条件下，第 $i = 1, 2, \cdots, n$ 种组分对该波长的光的摩尔吸光系数；c_1、c_2、$\cdots$、c_n 为各组分的浓度。

【例 8-1】 某物质水溶液对 $\lambda = 510\text{nm}$ 单色光的吸光度 $A = 0.80$。若测定时液层厚度 $b = 1\text{cm}$，$c = 2.0 \times 10^{-5} \text{mol} \cdot \text{L}^{-1}$，则该溶液对 $\lambda = 510\text{nm}$ 单色光的摩尔吸光系数 ε 为多少？

解 ε 是某物质在一定波长下的特征常数，物质确定，波长确定，ε 确定。

$$A = \varepsilon b c$$

$$\varepsilon = \frac{A}{bc} = \frac{0.80}{1\text{cm} \times 2.0 \times 10^{-5} \text{mol} \cdot \text{L}^{-1}}$$

$$\varepsilon = 4.0 \times 10^4 \text{L} \cdot \text{mol}^{-1} \cdot \text{cm}^{-1}$$

【例 8-2】 某物质水溶液 $c = 2.0 \times 10^{-5} \text{mol} \cdot \text{L}^{-1}$，在 $\lambda = 510\text{nm}$ 时，$\varepsilon = 1.0 \times 10^4 \text{L} \cdot \text{mol}^{-1} \cdot \text{cm}^{-1}$。若测定时液层厚度 $b = 1\text{cm}$，计算吸光度和透光率。

解

$$A = \varepsilon bc$$
$$A = \varepsilon bc = 1.0 \times 10^4 \text{L} \cdot \text{mol}^{-1} \cdot \text{cm}^{-1} \times 1\text{cm} \times 2.0 \times 10^{-5} \text{mol} \cdot \text{L}^{-1}$$
$$A = 0.2$$

【例 8-3】 有 Cr^{3+} 和 Co^{2+} 混合液,在可见光区,Cr^{3+} 和 Co^{2+} 是吸光组分,它们的光吸收曲线相互重叠,在任一波长处仪器测得的吸光度 A 都是两者吸光度之和。在波长 $\lambda = 400\text{nm}$ 和 $\lambda = 510\text{m}$ 处的两个吸收峰,其吸光度之和分别为 $A_{400} = 0.450$,$A_{510} = 0.580$。经实验测得 $\varepsilon_{400}^{Cr^{3+}} = 0.538\text{L} \cdot \text{mol}^{-1} \cdot \text{cm}^{-1}$,$\varepsilon_{400}^{Co^{2+}} = 15.20\text{L} \cdot \text{mol}^{-1} \cdot \text{cm}^{-1}$,$\varepsilon_{510}^{Cr^{3+}} = 5.08\text{L} \cdot \text{mol}^{-1} \cdot \text{cm}^{-1}$,$\varepsilon_{510}^{Co^{2+}} = 5.90\text{L} \cdot \text{mol}^{-1} \cdot \text{cm}^{-1}$,液层厚度为 $b = 1\text{cm}$。混合溶液中 $c(Cr^{3+})$ 和 $c(Co^{2+})$ 各为多少?

解 根据溶液的吸光度等于各组分的吸光度之和有

$$A_{400} = \varepsilon_{400}^{Cr^{3+}} bc(Cr^{3+}) + \varepsilon_{400}^{Co^{2+}} bc(Co^{2+})$$
$$A_{510} = \varepsilon_{510}^{Cr^{3+}} bc(Cr^{3+}) + \varepsilon_{510}^{Co^{2+}} bc(Co^{2+})$$

代入数据

$$0.450 = 0.538\text{L} \cdot \text{mol}^{-1} \cdot \text{cm}^{-1} \times 1\text{cm} \times c(Cr^{3+}) + 15.20\text{L} \cdot \text{mol}^{-1} \cdot \text{cm}^{-1} \times 1\text{cm} \times c(Co^{2+})$$
$$0.580 = 5.08\text{L} \cdot \text{mol}^{-1} \cdot \text{cm}^{-1} \times 1\text{cm} \times c(Cr^{3+}) + 5.90\text{L} \cdot \text{mol}^{-1} \cdot \text{cm}^{-1} \times 1\text{cm} \times c(Co^{2+})$$

得

$$c(Cr^{3+}) = 0.0267 \text{mol} \cdot \text{L}^{-1}$$
$$c(Co^{2+}) = 0.0832 \text{mol} \cdot \text{L}^{-1}$$

8.3 分光光度计

8.3.1 光度分析仪的基本部件

分光光度计的基本结构由五部分组成,即光源、单色器、吸收池、检测器和显示记录系统,见图 8-5。

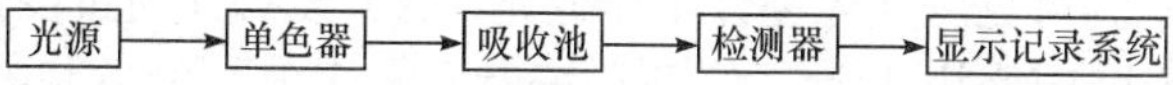

光源 → 单色器 → 吸收池 → 检测器 → 显示记录系统

图 8-5 分光光度计的主要部件

1. 光源

光源作用是提供分析所需的复合光。一般,钨灯(350~800nm)适用于可见光区,氘灯(190~400nm)适用于紫外光区,根据不同波长的要求选择使用。对光源的要求是要有一定的强度且稳定。

2. 单色器

单色器的作用是将光源发出的复合光分解为按波长顺序排列的单色光,并能通过出射狭缝分离出任一波长的单色光。它的性能直接影响入射光的单色性,从而影响测定的灵敏度、选择性和标准曲线的线性关系等。单色器由入射狭缝、反射镜、色散元件、聚焦元件和出射狭缝等几部分组成,尤其关键部分色散元件,起分光作用。色散元件有两种基本形式:光栅和棱镜。

1) 光栅

光栅有多种,光谱仪中多采用平面闪耀光栅。它由高度抛光的表面(如铝)上划刻许多根平行线槽而成。当复合光照射到光栅上时,光栅的每条刻线都产生衍射作用,而每条刻线所衍射的光又会互相干涉而产生干涉条纹。光栅正是利用不同波长的入射光产生的干涉条纹的衍射角不同,波长长的衍射角大,波长短的衍射角小,从而使复合光色散成按波长顺序排列的单色光。图 8-6 是光栅衍射原理示意图。

光栅作为色散元件,光栅单色器光学系统构成见图 8-7。

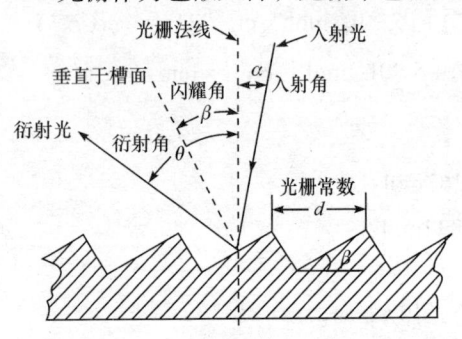

图 8-6 光栅衍射原理示意图

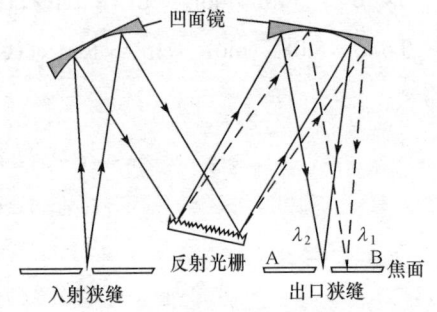

图 8-7 光栅单色器光学系统构成图

2) 棱镜

棱镜由平面光学玻璃或石英玻璃制成。玻璃镜用于 350~3200nm 波长范围,它吸收紫外光而不能用于紫外光分光光度分析。石英棱镜用于 185~400nm 波长范围,它可用于紫外-可见分光光度计中作分光元件。复合光通过棱镜时,由于棱镜材料的折射率不同而产生折射。但是,折射率与入射光的波长有关。当复合光通过棱镜的两个界面发生两次折射后,根据折射定律,波长小的偏向角大,波长大的偏向角小,故而能将复合光色散成不同波长的单色光。图 8-8 是棱镜色散示意图。

棱镜作为色散元件,棱镜单色器光学系统构成见图 8-9。

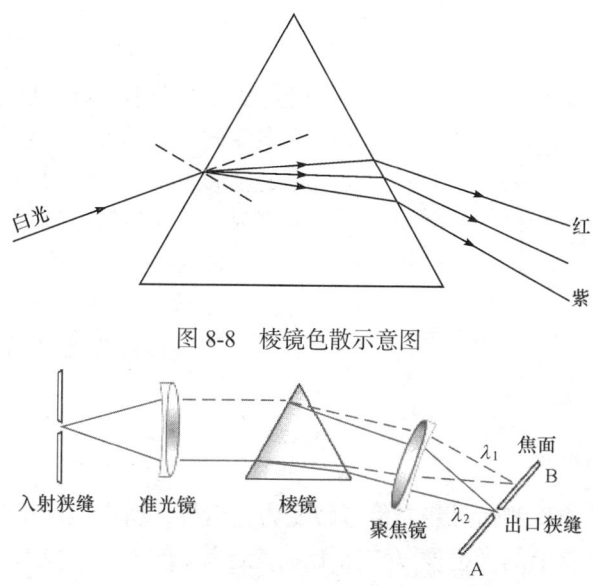

图 8-8 棱镜色散示意图

图 8-9 棱镜单色器光学系统构成图

3. 吸收池

吸收池也称样品池、比色皿等，用于盛放试液，由玻璃或石英制成。玻璃吸收池只能用于可见光区，石英池既可以用于可见光区，也可用于紫外光区。一般分光光度计都配有不同厚度的吸收池，有 0.5cm、1.0cm、2.0cm、3.0cm、5.0cm 等规格。

4. 检测器

检测器是一种光电转换元件，其作用是将透过吸收池的光信号强度变成可测量的电信号强度。在过去的光电比色计和低档的分光光度计中常用硒光电池。目前，紫外-可见分光光度计中多用光电管和光电倍增管。

光电管是由一个阳极和一个光敏阴极构成的真空或充有少量惰性气体的二极管，阴极表面有碱金属或碱土金属氧化物等光敏材料。当被光照射时，阴极表面发射电子，电子流向阳极而产生电流。

对一定波长的光，光电流大小 i 与光强度 I 成正比：$i=kI$。光电管的特点是灵敏度高、不易疲劳。

光电倍增管是在普通光电管中引入具有二次电子发射特性的倍增电极组合，比普通光电管灵敏度高 200 多倍，是目前中高档分光光度计中常用的一种检测器。

5. 显示记录系统

显示记录系统的作用是把电信号以吸光度或透光率的方式显示或记录下来。光电流的大小通常用检流计测量，吸光度或透光度可以从表头标尺上读取或采用数字显示。在检流计标尺上，有吸光度和透光度两种刻度，透光度是等刻度的，吸光度刻度是不均匀的（图 8-10）。

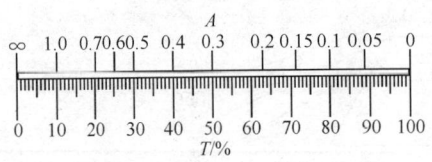

图 8-10 检流计标尺示意图

由于溶液的吸光度与其浓度成正比，测定时一般读取吸光度。

8.3.2 吸光度的测定

分光光度计的检测信号将光信号转变为电信号，所以显示记录系统显示的只是与照射在检测器上的光强度 I 成正比的光电流 i 的大小。设通过被测溶液的入射单色光强度和透射光强度分别为 I_0 和 I_t，则

$$i_0 = kI_0$$
$$i_t = kI_t$$

两式相比，可得

$$\frac{i_t}{i_0} = \frac{I_t}{I_0} = T$$

即 i_t 与 i_0 的比值为被测溶液的透光率 T，经换算即可得吸光度 A。因此，在使用单光束分光光度计测定溶液的吸光度时，必须首先做空白测定：光路中不放入被测溶液，使由单色器产生的入射光 I_0 直接照射检测器，并调节光源强度或入射狭缝宽度，使检流计指示 $T=100\%$，然后，在相同条件下将被测溶液推入光路，此时照射于检测器的为透射光 I_t，此时检流计指针指示 T，即为被测溶液的透光率，由对应的吸光度标尺即可直接读出吸光度 A。

由于吸收池、溶剂及与被测成分共存的其他物质对光有吸收、色散、反射等有影响，故实际工作中要用参比溶液做空白测定，以减少吸收池、溶剂等因素对测定的影响。

8.3.3 分光光度计简介

分光光度计种类很多，一般按工作波长范围分类。紫外-可见分光光度计主要用于无机物和有机物含量的测定，红外分光光度计主要用于结构分析。

分光光度计又可根据光学系统的不同，分为单光束分光光度计和双光束分光

光度计。

根据分光光度计在测量过程中同时提供的波长数,可分为单波长分光光度计和双波长分光光度计。

近年来又出现了电子计算机控制的分光光度计。

1. 单光束分光光度计

采用一个单色器,获得所需波长的一束单色光,通过改变参比池和样品池的位置,进行参比溶液和样品溶液的交替测量。这种仪器通常由于光源强度的波动和检测系统的不稳定性而引起测量误差,因此必须配备稳压电源。国产721型可见分光光度计属于这种类型,其工作波段为360~800nm,采用钨灯作光源,棱镜作色散元件,光电管作检测器。经过改进的722型分光光度计采用光栅作色散元件,数字显示,工作波段为320~800nm,光电管作检测器,其光学系统如图8-11所示。

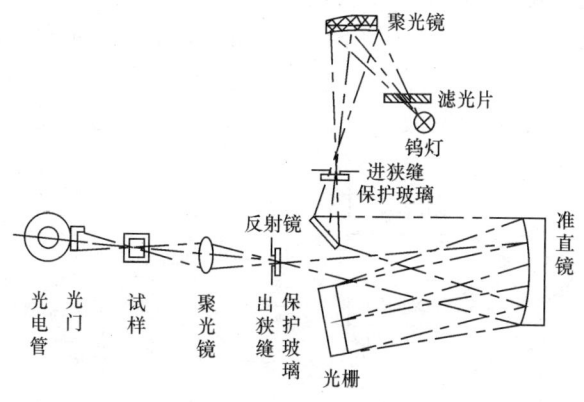

图8-11 722型分光光度计光学系统示意图

单光束分光光度计结构简单,操作简便,价格低廉,是一种常规定量分析仪器。

2. 双光束分光光度计

双光束分光光度计是将单色光色散后的单色光分成两束,一束通过参比池,一束通过待测样品池,仪器自动高频率交替测量两束透射光的强度差,并将其转换成样品溶液的吸光度,故一次测量即可得到样品溶液的吸光度。国产730、WFD-10型等分光光度计都属于此类。图8-12为WFD-10型双光束紫外-可见分光光度计光学系统示意图。

双光束分光光度计是近年来发展最快的一类分光光度计,其特点是便于进行自动记录,可在较短时间内获得全波段扫描吸收光谱,从而简化了操作手续。通过反复比较样品和参比信号，消除了光栅和电子元件等不稳定对测定的影响。双光束分光光度计光路设计要求严格，价格较高。

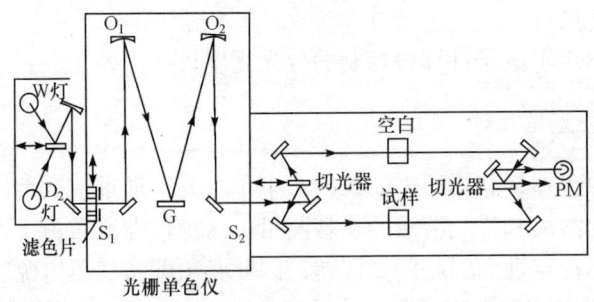

图 8-12　WFD-10 型双光束紫外-可见分光光度计光学系统示意图

3. 双波长分光光度计

双波长分光光度计是将同一光源发出的光分成两束，分别经过两个光栅，得到两束不同波长的单色光，使两种不同波长的单色光以一定频率交替照射被测溶液，测得被测溶液在两种波长下的吸光度之差 ΔA。溶液中被测组分的浓度 c 与吸光度之差 ΔA 成正比，这是双波长的定量依据，图 8-13 是双波长分光光度计光学系统示意图。

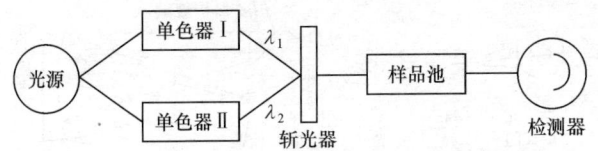

图 8-13　双波长分光光度计光学系统示意图

值得注意的是，双波长和双光束是有所区别的。双波长是两种不同波长的光照射同一被测样品，测得的值是在两种波长条件下同一样品的吸光度之差。双光束是同一波长的单色光被分成两束，分别照射到参比和待测两个样品中，测得的结果是待测样品的吸光度，因为参比吸光度自动扣除了。双光束较单光束操作简便，稳定性好。

双波长分光光度计可测定高浓度试样、多组分混合试样，还可测定浑浊试样，有较高的灵敏度和准确度。

双波长分光光度法的关键是两个波长 λ_1、λ_2 的选择要适合。要求被测溶液在两波长的 ΔA 足够大，而干扰组分在两波长处应有相同的吸光度，即 $\Delta A = 0$。

目前有一种分光光度计集双光束与双波长的功能于一身，兼有这两种类型分光光度计的特点。

8.4 分光光度的定量分析方法及其应用

8.4.1 分光光度的定量分析方法

分光光度法用于定量分析的依据是朗伯-比尔定律，即在一定波长处被测物质的吸光度与它的浓度呈线性关系。因此，通过测定溶液对一定波长的入射光的吸光度，即可求出该物质在溶液中的浓度和含量。分光光度法不仅用于测定微量组分，还可用于测定常量组分和多组分混合物。

1. 单组分物质的定量分析

对单组分的定量分析可用标准曲线法和比较法两种方法实现测定。
1) 标准曲线法

首先配制一系列不同含量的标准溶液，以不含待测组分的空白溶液为参比，在相同条件下测定标准溶液的吸光度，绘制吸光度-浓度曲线即标准曲线，见图8-14。

在相同条件下，测定未知样品的吸光度，从标准曲线上找出与之对应的未知样品的浓度。

标准曲线法是有适用范围的，标准曲线一定要在线性范围内适用，在线性范围内实现定量测定。超出线性范围就不再遵循朗伯-比尔定律。

标准曲线制作的好坏与否可用回归系数 R 评价。例如，测得这样一组数据，具体见表8-2。

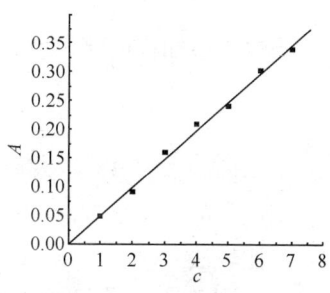

图8-14 分光光度法标准曲线

表8-2 分光光度实验中标准工作曲线溶液浓度与吸光度数据

项目	0	1	2	3	4	5	待测样品
原标准溶液体积 /mL	0.00	2.00	4.00	6.00	8.00	10.00	x
稀释后标准溶液的浓度 $c/(g \cdot L^{-1})$	0	4×10^{-4}	8×10^{-4}	1.2×10^{-3}	1.6×10^{-3}	2.0×10^{-3}	?
吸光度 A	0.000	0.120	0.240	0.360	0.480	0.600	0.488

回归系数 R 求解过程

$$S_c = \sum c^2 - \frac{(\sum c)^2}{n}$$

$$S_A = \sum A^2 - \frac{(\sum A)^2}{n}$$

$$S_{cA} = \sum cA - \frac{\sum c \sum A}{n}$$

所以
$$R = \frac{S_{cA}}{\sqrt{S_c S_A}}$$

在线性回归求解回归系数的同时，也可得一元线性方程
$$A = kc + b$$

其中
$$k = \frac{S_{cA}}{S_c}$$

$$b = \bar{A} - k\bar{c}$$

当输入未知样的测定值 A，即可求出未知样的浓度 c

$$c = \frac{A - b}{k}$$

关于回归系数及一元线性回归方程的求解以及相关数据的处理，也可以编程或采用已有的计算机程序进行处理，更简单、方便。

2) 比较法

在相同条件下测定试样溶液吸光度 A_x 和某一浓度的标准溶液的吸光度 A_s，由标准溶液的浓度 c_s 可计算出试样中被测物质的浓度 c_x。

$$\frac{c_x}{c_s} = \frac{A_x}{A_s}$$

这种方法比较简便，但是要获得较准确的结果，在测定的浓度范围内溶液应完全遵守朗伯-比尔定律，并且 c_x 和 c_s 应该很接近。

2. 多组分物质的定量分析

在溶液中有时不止一种吸光物质时，如何在同一试液中不经分离，就可以实现两种以上组分含量的测定呢？

一个样品多种组分的同时测定是建立在吸光度具有加和性的基础上，即总吸

光度为各个组分吸光度的总和。设体系中有 n 个组分，则在任一波长处的总吸光度可以表示为

$$A_{\text{总}} = A_1 + A_2 + \cdots + A_n = \varepsilon_1 b c_1 + \varepsilon_2 b c_2 + \cdots + \varepsilon_n b c_n$$

式中，ε_1、ε_2、$\cdots$、ε_n 为该波长条件下，第 $1,2,\cdots,n$ 种组分对该波长的光的摩尔吸光系数；c_1、c_2、$\cdots$、c_n 为各组分的浓度。

设溶液中同时存在两组分 x 和 y，它们的吸收光谱一般有如下几种情况，具体见图 8-15。

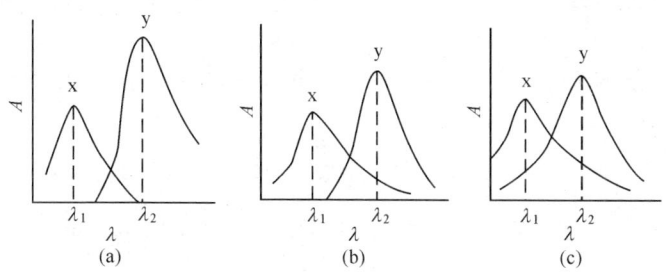

图 8-15 两组分混合溶液光吸收曲线的三种情况

每一组分的光吸收曲线是由各自的标准溶液在各个波长条件下测吸光度绘图而得。

每一组分在不同波长下的摩尔吸光系数是可知的，由单一组分在确定波长下测吸光度而求得。$\varepsilon_{\lambda 1}^{x}$、$\varepsilon_{\lambda 1}^{y}$ 分别为在波长 λ_1 条件下，组分 x 和 y 分所对应的摩尔吸光系数；$\varepsilon_{\lambda 2}^{x}$、$\varepsilon_{\lambda 2}^{y}$ 分别为在波长 λ_2 条件下，组分 x 和 y 分所对应的摩尔吸光系数。

第一种情况[图 8-15(a)]：两种组分的最大吸收波长相互不重叠，即各组分的最大吸收波长或某些波段处不重叠，x 组分最大吸收波长时，y 组分吸光度为零，同样 y 组分最大吸收波长时，x 组分吸光度为零。这种情况两组分互不干扰，可分别在其各自最大吸收波长处按单组分测定 x、y 组分。此时，朗伯-比尔定律可写为

$$A_{\lambda 1}^{x} = \varepsilon_{\lambda 1}^{x} b c_x$$
$$A_{\lambda 2}^{y} = \varepsilon_{\lambda 2}^{y} b c_y$$

第二种情况[图 8-15(b)]：两种组分的最大吸收波长有重叠，但是单向干扰，即 x 组分最大吸收波长时，y 组分吸光度为零，而 y 组分最大吸收波长时，x 组分吸光度不为零。此时，朗伯-比尔定律可写为

$$A_{\lambda 1}^{x} = \varepsilon_{\lambda 1}^{x} b c_x$$

$$A_{\lambda2}^{x+y} = \varepsilon_{\lambda2}^{y}bc_y + \varepsilon_{\lambda2}^{x}bc_x$$

第三种情况[图 8-15(c)]：两种组分的最大吸收波长有重叠，并且是双向干扰，即 x 组分最大吸收波长时，y 组分吸光度不为零，y 组分最大吸收波长时，x 组分吸光度也不为零。此时，朗伯-比尔定律可写为

$$A_{\lambda1}^{x+y} = \varepsilon_{\lambda1}^{x}bc_x + \varepsilon_{\lambda1}^{y}bc_y$$
$$A_{\lambda2}^{x+y} = \varepsilon_{\lambda2}^{y}bc_y + \varepsilon_{\lambda2}^{x}bc_x$$

如果是多种组分 c_1、c_2、$\cdots$、c_n，不用 x、y、z 等下角标作标识，而用 $1,2,\cdots,n$ 等下角标作标识。

波长测定范围为 λ_1、λ_2、$\cdots$、λ_m。吸收光谱见图 8-16。此时朗伯-比尔定律可以这样描写：

$$A_1^{1+2+\cdots+n} = \varepsilon_{11}bc_1 + \varepsilon_{12}bc_2 + \cdots + \varepsilon_{1n}bc_n$$
$$A_2^{1+2+\cdots+n} = \varepsilon_{21}bc_1 + \varepsilon_{22}bc_2 + \cdots + \varepsilon_{2n}bc_n$$
$$\vdots$$
$$A_3^{1+2+\cdots+n} = \varepsilon_{31}bc_1 + \varepsilon_{32}bc_2 + \cdots + \varepsilon_{3n}bc_n$$
$$A_m^{1+2+\cdots+n} = \varepsilon_{m1}bc_1 + \varepsilon_{m2}bc_2 + \cdots + \varepsilon_{mn}bc_n$$

式中，ε_{mn} 是指在波长 λ_m 条件下，组分 c_n 的摩尔吸光系数。$\varepsilon_{11}\varepsilon_{12}\cdots\varepsilon_{1n}\varepsilon_{21}\varepsilon_{22}\cdots\varepsilon_{2n}\varepsilon_{m1}\varepsilon_{m2}\cdots\varepsilon_{mn}$ 需要每种组分的标准样品在各个波长下进行测定，进而求得该组分在各个波长下的摩尔吸光系数。这是一个复杂的工作，但是可以实现，并且有了这些数据以后可作为数据库存储备用。

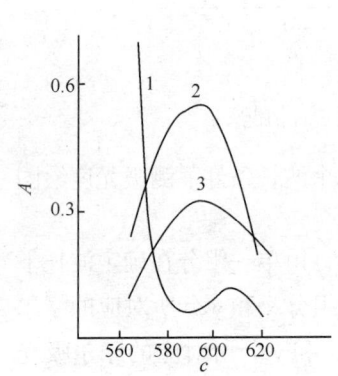

图 8-16　多组分吸收光谱

3. 示差分光光度法

普通分光光度计在高吸光度和低吸光度范围内进行测定时，测量误差较大，故不适合测定高含量组分和低含量组分。示差分光光度法可以解决这一问题。

示差分光光度法是用一个已知浓度的标准溶液作为参比溶液（正常为空白溶液或零参比），调节仪器的基准点（零起点），减小待测溶液吸光度的读数误差，从而求得被测物含量的分析方法。

按所选择的测量条件不同，可以分为高含量示差分光光度法、低含量示差分光光度法和使用两个参比溶液的双标准示差分光光度法，它们测量原理基本相同，其中以高含量示差分光光度法的应用最多。

1）高含量示差分光光度法

设参比标准溶液浓度为 c_s，被测试液浓度为 c_x，根据朗伯-比尔定律

$$A_s = \varepsilon b c_s$$
$$A_x = \varepsilon b c_x$$

两式相减得

$$\Delta A = A_x - A_s = \varepsilon b(c_x - c_s) = \varepsilon b \Delta c$$

说明被测溶液与参比溶液吸光度的差值和两溶液浓度之差成正比。

具体测定方法是用已知浓度 c_s 的标准溶液作为参比溶液，调节仪器使检流计上吸光度读数为零，然后测一系列浓度略高于 c_s（测高含量组分时）的标准溶液的吸光度，即 ΔA_1、ΔA_2、ΔA_3、…、ΔA_n，其中

$$\Delta A_1 = A_1 - A_s$$
$$\Delta A_2 = A_2 - A_s$$
$$\vdots$$
$$\Delta A_i = A_i - A_s$$
$$\vdots$$
$$\Delta A_n = A_n - A_s$$

将测得的 ΔA 和 Δc 绘制标准曲线。其中 $\Delta c = c_x - c_s$

$$\Delta c_1 = c_1 - c_s$$
$$\Delta c_2 = c_2 - c_s$$
$$\vdots$$
$$\Delta c_i = c_i - c_s$$
$$\vdots$$
$$\Delta c_n = c_n - c_s$$

测未知试样的 ΔA_x，在标准曲线上可查得对应的 Δc_x，根据

$$c_x = c_s + \Delta c_x$$

求得 c_x。

这种测量方法实际上是相当于放大了仪器透光度标尺。

一般分光光度法以空白溶液为参比（透光率 $T = 100\%$），测得标准溶液（c_s）和待测溶液（c_x）的透光率 T 分别为 $T_s = 10\%$ 和 $T_x = 7\%$（待测溶液比参比溶液浓度高一些）。这样测定吸光度读数误差会很大。

若采用示差分光光度法，以浓度为 c_s 的标准溶液作参比溶液调节仪器零点，即将标准溶液的透光率从 $T_s = 10\%$ 调到 $T_s = 100\%$。由于标准溶液与待测溶液的透光度的比值为 10∶7 是恒定的，因此待测溶液的透光率将由 $T_x = 7\%$ 变为 $T_x = 70\%$，使测得的吸光度落在适宜的读数范围内，具体见图 8-17。

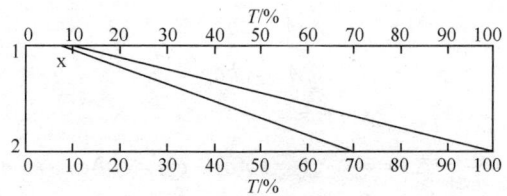

图 8-17　高含量示差分光光度法示意图

这样就相当于把透光度标尺扩大了 10 倍,即提高了计数的准确度,使读数落在标尺合适的读数范围内,从而提高了高含量示差分光光度法测定的准确度。

2) 低含量示差分光光度法

以空白溶液为参比(透光率 $T=100\%$),标准溶液(c_s)的透光率 $T_s=90\%$,待测溶液(c_x)的透光率 $T_x=93\%$(待测溶液比参比溶液浓度低)。

采用示差分光光度法,以标准溶液(c_s)为参比,标准溶液的透光率由 $T_s=90\%$ 变为 $T_s=0\%$。待测溶液(c_x)的透光率由 $T_x=93\%$ 变为 $T_x=30\%$。标尺放大了,使读数落在标尺合适的读数范围内,从而提高了低含量示差分光光度法测定的准确度(图 8-18)。

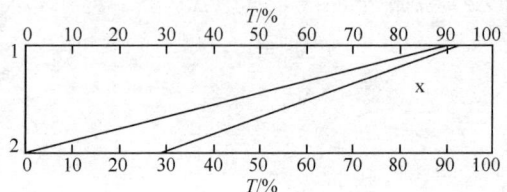

图 8-18　低含量示差分光光度法示意图

低含量示差分光光度法适用于痕量物质的测定,以下简要介绍其原理。设参比标准溶液浓度为 c_s,被测试液浓度为 c_x,根据朗伯-比尔定律

$$A_s = \varepsilon b c_s$$
$$A_x = \varepsilon b c_x$$

两式相减得

$$\Delta A = A_s - A_x = \varepsilon b(c_s - c_x) = \varepsilon b \Delta c$$

说明参比溶液与待测溶液吸光度的差值和两溶液浓度之差成正比。

具体测定方法是用已知浓度 c_s 的标准溶液作为参比溶液,调节仪器使检流计上吸光度读数为 100%,然后测一系列浓度略低于 c_s (测低含量组分时)的标准溶液的吸光度,即 ΔA_1、ΔA_2、ΔA_3、…、ΔA_n,其中

$$\Delta A_1 = A_s - A_1$$
$$\Delta A_2 = A_s - A_2$$
$$\vdots$$
$$\Delta A_i = A_s - A_i$$
$$\vdots$$
$$\Delta A_n = A_s - A_n$$

将测得的 ΔA 和 Δc 绘制标准曲线。其中 $\Delta c = c_s - c_x$

$$\Delta c_1 = c_s - c_1$$
$$\Delta c_2 = c_s - c_2$$
$$\vdots$$
$$\Delta c_i = c_s - c_i$$
$$\vdots$$
$$\Delta c_n = c_s - c_n$$

测未知试样的 ΔA_x，在标准曲线上可查得对应的 Δc_x，根据

$$c_x = c_s - \Delta c_x$$

求得 c_x。

【例 8-4】 用示差分光光度法测定 Fe^{2+}，标准溶液和未知液的显色反应按表 8-3 进行。

表 8-3 Fe^{2+} 系列标准溶液配制

溶液序号	1	2	3	4	5	未知液
$0.1mg \cdot mL^{-1}$ Fe^{2+} 溶液移取体积 /mL	2.00	2.25	2.50	2.75	3.00	
1% 盐酸羟胺加入体积 /mL	0.5	0.5	0.5	0.5	0.5	0.5
25% NaAc 溶液加入体积 /mL	2.5	2.5	2.5	2.5	2.5	2.5
0.2% 邻菲罗啉溶液加入体积 /mL	2.50	2.50	2.50	2.50	2.50	2.50
用蒸馏水稀释至 25.00mL 摇匀						

以 1 号溶液作为参比溶液，调整仪器工作零点，用 1cm 比色皿在 $\lambda = 510nm$ 波长处分别测定各溶液的吸光度，记录于表 8-4。

表 8-4 以 1 号溶液为参比 Fe^{2+} 系列标准溶液吸光度值

溶液序号	1	2	3	4	5	未知液
吸光度 (ΔA)	0.000	0.207	0.366	0.528	0.740	0.500
$c(Fe^{2+})/(mg \cdot mL^{-1})$	0.200	0.225	0.250	0.275	0.300	
Δc	0.000	0.025	0.050	0.075	0.100	

解 相关数据处理采用回归算法进行计算

$$\Delta A = k\Delta c + b$$

回归系数 R 求解过程：

$$S_{\Delta c} = \sum \Delta c^2 - \frac{(\sum \Delta c)^2}{n} = 6.25 \times 10^{-3}$$

$$S_{\Delta A} = \sum \Delta A^2 - \frac{(\sum \Delta A)^2}{n} = 0.33209$$

$$S_{\Delta c \Delta A} = \sum \Delta c \Delta A - \frac{\sum \Delta c \sum \Delta A}{n} = 0.045475$$

所以

$$R = \frac{S_{\Delta c \Delta A}}{\sqrt{S_{\Delta c} S_{\Delta A}}} = \frac{0.045475}{\sqrt{6.25 \times 10^{-3} \times 0.33209}} = 0.9982$$

在线性回归求解回归系数的同时，也可得一元线性方程

$$\Delta A = k\Delta c + b$$

其中

$$k = \frac{S_{\Delta c \Delta A}}{S_{\Delta c}} = 7.276$$

$$b = \overline{\Delta A} - k\overline{\Delta c} = 0.3682 - 7.276 \times 0.05 = 4.4 \times 10^{-3}$$

当输入未知样的测定值 ΔA，即可求出未知样的浓度 c

$$\Delta c = \frac{\Delta A - b}{k} = \frac{0.500 - 4.4 \times 10^{-3}}{7.276} = 0.06811$$

所以

$$c = \Delta c + 0.200 = 0.06811 + 0.200 = 0.26811 (mg \cdot mL^{-1})$$

8.4.2 分光光度法的应用

分光光度法具有广泛的应用，可以对物质进行定性和定量分析，如检验有机

物中是否含有芳环等共轭系统；测定蛋白质、DNA、NO_2^-、NO_3^-等含量，这些物质对紫外光有一定的吸收；测配合物的配位比、酸碱离解常数等。

1. 弱酸和弱碱离解常数的测定

应用分光光度法测定弱酸、弱碱的离解常数，是基于弱酸与其共轭碱或弱碱与其共轭酸对光的吸收情况不同。

$$HA \rightleftharpoons H^+ + A^-$$

其离解常数为

$$K_a^\ominus(HA) = \frac{[c(H^+)/c^\ominus] \cdot [c(A^-)/c^\ominus]}{c(HA)/c^\ominus}$$

对上式取对数得

$$pH = pK_a^\ominus(HA) - \lg\frac{c(HA)/c^\ominus}{c(A^-)/c^\ominus}$$

$$pK_a^\ominus(HA) = pH + \lg\frac{c(HA)/c^\ominus}{c(A^-)/c^\ominus}$$

从上式可以看出，为测定 $pK_a^\ominus(HA)$ 需测出 pH 及 $\frac{c(HA)/c^\ominus}{c(A^-)/c^\ominus}$ 比值。具体做法是：配制总浓度 $[c_0(HA) = c(HA) + c(A^-)]$ 完全相同而酸度不同的三份溶液。

第一份溶液的酸性足够强，在一定波长测定其吸光度

$$A(HA) = \varepsilon(HA) \cdot b \cdot c(HA)$$

因为此时 $c_0(HA) \approx c(HA)$，所以

$$A(HA) = \varepsilon(HA) \cdot b \cdot c_0(HA)$$

式中，$A(HA)$ 为溶液的吸光度，此时弱酸几乎全部以 HA 的形式存在；$\varepsilon(HA)$ 为在一定波长条件下溶液（几乎全部是 HA）的摩尔吸光系数；$c(HA)$ 为 HA 型体的浓度。

第二份溶液的 pH 在 $pK_a^\ominus(HA)$ 附近，此时溶液中 HA 与 A^- 共存，在相同波长条件下测定其吸光度

$$A = A(HA) + A(A^-) = \varepsilon(HA) \cdot b \cdot c(HA) + \varepsilon(A^-) \cdot b \cdot c(A^-)$$

$$A = \varepsilon(HA) \cdot b \cdot c(HA) + \varepsilon(A^-) \cdot b \cdot c(A^-)$$

式中，A 为溶液的吸光度，溶液中有两种主要型体 HA、A^-，根据吸光度的加和性，$A = A(A^-) + A(HA)$；$\varepsilon(HA)$、$\varepsilon(A^-)$ 为一定波长条件下，两种型体各自的摩尔吸光系数。

第三份溶液的碱性足够强，此时弱酸几乎全部以 A^- 的形式存在，在相同波长下测其吸光度

$$A(A^-) = \varepsilon(A^-) \cdot b \cdot c(A^-)$$

因为此时 $c_0(HA) \approx c(A^-)$，所以

$$A(A^-) = \varepsilon(A^-) \cdot b \cdot c_0(HA)$$

三份溶液的初始浓度相同，pH 不同，不论 pH 为何值，始终有

$$c_0(HA) = c(HA) + c(A^-)$$

并且

$$A(HA) = \varepsilon(HA) \cdot b \cdot c_0(HA) \text{（强酸）}$$

$$A(A^-) = \varepsilon(A^-) \cdot b \cdot c_0(HA) \text{（强碱）}$$

$$A = \varepsilon(HA) \cdot b \cdot c(HA) + \varepsilon(A^-) \cdot b \cdot c(A^-)$$

[pH 在 $pK_a^\ominus(HA)$ 附近]

将 $A(HA) = \varepsilon(HA) \cdot b \cdot c_0(HA)$ 与 $A(A^-) = \varepsilon(A^-) \cdot b \cdot c_0(HA)$ 代入

$$A = \varepsilon(HA) \cdot b \cdot c(HA) + \varepsilon(A^-) \cdot b \cdot c(A^-)$$

得

$$A = \frac{A(HA)}{c_0(HA)} \times c(HA) + \frac{A(A^-)}{c_0(HA)} \times c(A^-)$$

因为 A、$A(HA)$、$A(A^-)$ 是实验过程中测得的值，$c_0(HA)$ 是配制溶液的初始浓度，也是已知的，所以得联立方程

$$A = \frac{A(HA)}{c_0(HA)} \times c(HA) + \frac{A(A^-)}{c_0(HA)} \times c(A^-)$$

$$c_0(HA) = c(HA) + c(A^-)$$

可解得

$$c(A^-) = \frac{A(HA) - A}{A(HA) - A(A^-)} \cdot c_0(HA)$$

$$c(HA) = \frac{A(A^-) - A}{A(A^-) - A(HA)} \cdot c_0(HA)$$

值得注意的是，这两个解是在确定 pH 条件下求得的，即第二份溶液的 pH 条件下求得的解。

将以上两个解代入

$$pK_a^\ominus(HA) = pH + \lg \frac{c(HA)/c^\ominus}{c(A^-)/c^\ominus}$$

得

$$pK_a^\ominus(\text{HA}) = \text{pH} - \lg\frac{A(\text{A}^-) - A}{A(\text{HA}) - A}$$

2. 配合物组成的测定

利用分光光度法测定配合物组成的方法很多，这里介绍简单的摩尔比法和等摩尔连续变化法，用于测定离解度较小、配位比较低的配合物的组成。

1) 摩尔比法

摩尔比法是利用金属离子与显色剂物质的量的比例的变化来测定配合物组成。在一定条件下配制一系列这样的溶液：即金属离子 M 的浓度是固定的，显色剂 R 的浓度依次递增。在相同测定条件下测定这一系列溶液的吸光度 A，并以吸光度 A 为纵坐标，$c(\text{R})/c(\text{M})$ 值为横坐标作图，如图 8-19 所示。

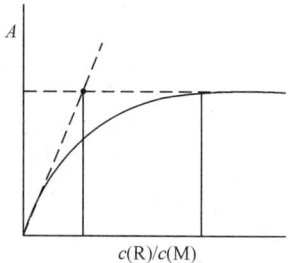

图 8-19 摩尔比法测定配合物组成

由图 8-19 可以看出，当 $c(\text{R})$ 较小时，金属离子 M 没有完全配位，显色配合物 MR 的浓度 $c(\text{MR})$ 没有达到最大，吸光度 A 也就没有达到最大。随着 $c(\text{R})$ 的增大，吸光度 A 不再升高，曲线变得平坦，转折处所对应的物质的量比即配合物的配位比。

2) 等摩尔连续变化法

等摩尔连续变化法是在实验中连续改变显色剂 R 和金属离子 M 的浓度，使溶液中金属离子和显色剂的物质的量按比例变化，但两者的总量保持一定，即 $c(\text{R}) + c(\text{M}) = c_0$，$c_0$ 为定值。测定这一系列溶液的吸光度 A，然后以吸光度 A 为纵坐标，$c(\text{R})/c_0$ 或 $c(\text{M})/c_0$ 为横坐标作图，以此来确定配合物的组成，如图 8-20 所示。

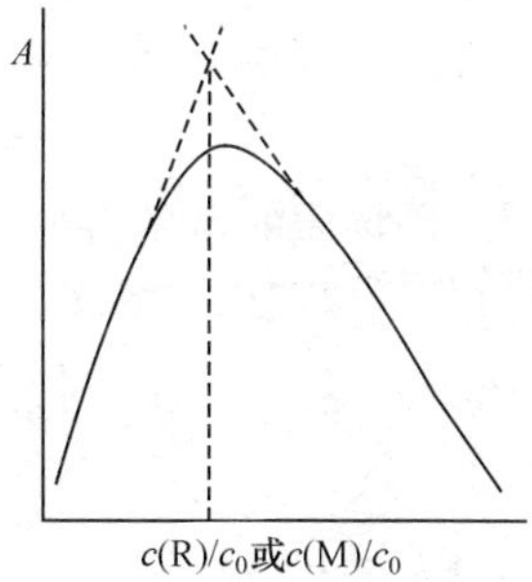

图 8-20 等摩尔连续变化法测定配合物组成

本 章 小 结

光是一种电磁波，具有波粒二象性。人眼能看到的光称为可见光，其波长范围为 400～780nm，不同波长的光具有不同的能量。

光与某种物质溶液或蒸气相互作用，由于物质对某些波长的光的吸收，将产生与原来入射光谱不同的新光谱,或使得某些波长的光强度减弱。建立在这种光谱上的分析方法称为吸光光谱法。

不同的物质由于分子结构不同,分子轨道能量差不同,从而选择性吸收不同波长的光。基于物质对光的选择性吸收而建立起来的分析方法称为吸光光度法,属于吸收光谱分析法中的一种。根据所吸收的波长范围,吸光光度法又可分为可见、紫外、红外光谱分析法。

如果物质在等离子体、电弧、火花中被激发,可发射出该种物质特有的光谱。建立在这种光谱上的分析方法称为发射光谱法。

光谱分析法主要有吸收光谱分析法和发射光谱分析法两大类。

1. 朗伯-比尔定律——吸光光度法定量分析的基础

朗伯-比尔定律是光吸收的基本定律,也是吸收光谱法定量分析的依据和基础。在一定的浓度范围内,当用某一适当波长的单色光照射吸收光物质的溶液时,其吸光度 A 与溶液的浓度 c 、液层厚度 b 的乘积成正比,称为朗伯-比尔定律。其数学表达式为

$$A = abc$$

式中,a 为比例常数,与溶液的性质、温度和入射光的波长有关,其取值大小和单位还与 c 和 b 采用的单位有关。当 c 以 $g \cdot L^{-1}$ 表示时,a 称为吸光系数,单位为 $L \cdot g^{-1} \cdot cm^{-1}$。当 c 以 $mol \cdot L^{-1}$ 表示时,a 称为摩尔吸光系数,用 ε 表示,单位为 $L \cdot mol^{-1} \cdot cm^{-1}$。

摩尔吸光系数 ε 表示物质对某一特定波长光的吸收能力,是物质的重要特征。摩尔吸光系数 ε 与入射光的波长、溶液性质、温度有关,还与测量仪器质量有关。当条件一定时,摩尔吸光系数 ε 为一常数,其值越大,吸光能力越强,物质对光吸收的灵敏度越高。

吸光光度法中,一般要求物质的摩尔吸光系数值应大于 $10^4 L \cdot mol^{-1} \cdot cm^{-1}$。

光吸收定律不仅适用于物质对可见光的吸收,也适用于紫外光和红外光的吸收;不仅适用于均匀非色散溶液,也适用于气体和均匀物质。

对于多组分体系,若各物质之间无相互作用,朗伯-比尔定律适用于溶液中的每一种吸光物质。当一波长的单色光通过多组分溶液时,溶液的吸光度等于各组分的吸光度之和,即吸光度具有加和性。

设体系中有 n 个组分,在任一波长处的总吸光度可以表示为

$$A_总 = A_1 + A_2 + \cdots + A_n = \varepsilon_1 bc_1 + \varepsilon_2 bc_2 + \cdots + \varepsilon_n bc_n$$

式中,ε_1、ε_2、$\cdots$、ε_n 为该波长条件下,第 $i=1,2,\cdots,n$ 种组分对该波长的光的摩尔吸光系数;c_1、c_2、$\cdots$、c_n 为各组分的浓度。

2. 分光光度计的结构及种类

分光光度计的基本结构都是由五部分组成，即光源、单色器、吸收池、检测器和显示记录系统。

分光光度计种类很多，一般按工作波长范围分类。紫外-可见分光光度计主要用于无机物和有机物含量的测定，红外分光光度计主要用于结构分析。

分光光度计又可根据光学系统的不同，分为单光束分光光度计和双光束分光光度计。

根据分光光度计在测量过程中同时提供的波长数，可分为单波长分光光度计和双波长分光光度计。

近年来又出现了电子计算机控制的分光光度计。

3. 分光光度的定量分析方法

分光光度法不仅用于测定微量组分，还可用常量组分和多组分混合物的测定。

分光光度法用于定量分析原理简单、明确。分光光度法不仅可实现单一组分的定量分析，还可实现复杂组分的定量分析，关键在于如何充分开发、利用分光光度法。

分光光度法作为一种常用的光学定量分析方法，不论是在待测试样前处理还是标准曲线的制作，还是后期数据处理方面，它的定量分析流程可为其他光学定量分析方法所借鉴。它是一种最常用、最易理解、最具代表性的一种光学定量分析方法。

1) 单组分物质的定量分析

对单一组分的定量分析可用标准曲线法和比较法两种方法实现测定。

标准曲线法：首先配制一系列不同含量的标准溶液，以不含待测组分的空白溶液为参比，在相同条件下测定标准溶液的吸光度，绘制吸光度-浓度曲线即标准曲线。

在相同条件下，测定未知样品的吸光度，从标准曲线上找出与之对应的未知样品的浓度。

标准曲线法是有适用范围的，标准曲线一定要在线性范围内适用，在线性范围内实现定量测定。超出线性范围就不再遵循朗伯-比尔定律。

2) 多组分物质的定量分析

一个样品多种组分的同时测定是建立在吸光度具有加和性的基础上，即总吸光度为各个组分吸光度的总和。

设体系中有 n 个组分，则在任一波长处的总吸光度可以表示为

$$A_总 = A_1 + A_2 + \cdots + A_n = \varepsilon_1 bc_1 + \varepsilon_2 bc_2 + \cdots + \varepsilon_n bc_n$$

式中，ε_1、ε_2、$\cdots$、ε_n 为该波长条件下，第 $i=1,2,\cdots,n$ 种组分对该波长的光的摩尔吸光系数；c_1、c_2、$\cdots$、c_n 为各组分的浓度。

此时朗伯-比尔定律（光吸收定律）可以写为

$$A_1^{1+2+\cdots+n} = \varepsilon_{11}bc_1 + \varepsilon_{12}bc_2 + \cdots + \varepsilon_{1n}bc_n$$
$$A_2^{1+2+\cdots+n} = \varepsilon_{21}bc_1 + \varepsilon_{22}bc_2 + \cdots + \varepsilon_{2n}bc_n$$
$$\vdots$$
$$A_3^{1+2+\cdots+n} = \varepsilon_{31}bc_1 + \varepsilon_{32}bc_2 + \cdots + \varepsilon_{3n}bc_n$$
$$A_m^{1+2+\cdots+n} = \varepsilon_{m1}bc_1 + \varepsilon_{m2}bc_2 + \cdots + \varepsilon_{mn}bc_n$$

ε_{mn} 是指在波长 λ_m 条件下，组分 c_n 的摩尔吸光系数。$\varepsilon_{11}\varepsilon_{12}\cdots\varepsilon_{1n}\cdots\varepsilon_{21}\varepsilon_{21}\cdots\varepsilon_{2n}\cdots\varepsilon_{m1}\varepsilon_{m2}\cdots\varepsilon_{mn}$ 是需要每种组分的标准样品在各个波长下进行测定，进而求得该组分在各个波长下的摩尔吸光系数。

3）示差分光光度法

普通分光光度计在高吸光度和低吸光度范围内进行测定时，测量误差较大，故不适合测定高含量组分和低含量组分。示差分光光度法可以解决这一问题。

示差分光光度法是用一个已知浓度的标准溶液作为参比溶液（正常为空白溶液或零参比），调节仪器的基准点（零起点），减小待测溶液吸光度的读数误差，从而求得被测物含量的分析方法。

按所选择的测量条件不同，可以分为高含量示差分光光度法、低含量示差分光光度法和使用两个参比溶液的双标准示差分光光度法，它们测量原理基本相同，其中以高含量示差分光光度法的应用最多。

4. 分光光度法的应用

分光光度法具有广泛的应用，可以对物质进行定性和定量分析，如检验有机物中是否含有芳环等共轭系统；测定蛋白质、DNA、NO_2^-、NO_3^- 等含量，这些物质对紫外光有一定的吸收；测配合物的配位比、酸碱离解常数等。

思考及练习题

1. 什么是吸光光度法？它有什么特点？
2. 简述有色溶液对光的选择性吸收，并说明产生选择性吸收的原因。
3. 写出朗伯-比尔定律的数学表达式，并说明其物理意义。
4. 应用朗伯-比尔定律应注意哪些条件？
5. 什么是吸光度、透光率？吸光度与透光率之间有什么关系？
6. 摩尔吸光系数的物理意义是什么？

7. 有色溶液与其最大吸收光度有什么关系？

8. 分光光度法误差来源有哪些？怎样选择合适的测量条件？

9. 分光光度计是由哪些部件构成的？各部件的作用是什么？

10. 分光光度计中色散元件有哪几种？

11. 在分光光度实验中如何选择入射光的波长？

12. 在分光光度实验中为什么必须做空白试验？为什么用参比溶液做空白？

13. 什么是吸收曲线？绘制吸收曲线的目的是什么？

14. 在吸收曲线实验中，最大吸收峰的位置 λ_{max} 与溶液浓度的大小有关吗？

15. 用双硫腙光度法测定 Pb^{2+}，已知 50mL 溶液中含 Pb^{2+} 0.080mg，用 2.0cm 吸收池于波长 520nm 测得 $T=53\%$，求双硫腙-铅配合物的摩尔吸光系数 ε_{520}。

16. 将 $KMnO_4$ 溶液盛于 2.0cm 吸收池中，测得 $T=60\%$，如果将浓度缩小 1 倍，其他条件不变，吸光度 A 是多少？

17. 已知某有色配合物在一定波长下用 2.0cm 比色皿测定时其透光率 $T=60\%$，若在相同条件下改用 1.0cm 比色皿测定，吸光度为多少？如再用 3.0cm 比色皿测定，吸光度为多少？

18. 用 KSCN 目视比色法测定 Fe^{3+}，称取 2.5000g 试样，溶解后定容至 1000.00mL，吸取 10.00mL 至 50.00mL 比色管中，显色后定容，摇匀。将此溶液与标准色阶比较，颜色介于第三、四管之间，求试样中铁的含量（以 FeO% 表示）。

标准色阶管号	1	2	3	4	5	6
浓度/(FeOmg·50mL^{-1})	0.08	0.09	0.10	0.20	0.30	0.40

19. 目视比色法测定磷肥含磷量。称取 0.1918g KH_2PO_4，准确配制成 1000.00mL 溶液，吸取 10.00mL，定容至 100.00mL，以此为标准溶液，配制成下列标准色阶：分别吸取 2.00mL、4.00mL、6.00mL、8.00mL、10.00mL 标准溶液，显色后均定容 100.00mL；取试样 1.6300g 溶解后定容至 250.00mL，取 10.00mL 显色后定容至 100.00mL。经与标准色阶比较，和第五管颜色相同，求试样中磷的含量（以 P_2O_5% 表示）。

20. 光电比色法测定土壤试样中磷的含量。已知一种标样中含 P_2O_5 为 0.40%，它的溶液显色后的吸光度 $A=0.32$，未知土壤试样溶液吸光度 $A=0.20$，求土壤样品中 P_2O_5 的含量。

21. 在进行水样中微量铁的测定时，所用标准溶液含 FeO 0.23mg·L^{-1}，其吸光度为 0.43，将试液稀释 5 倍后，在同样条件下显色，其吸光度为 0.52，求水样中 FeO 的含量（mg·L^{-1}）。

22. 有一 $KMnO_4$ 溶液，盛于 1cm 厚的比色杯中，在 525nm 波长下测得的透光率 $T=0.60$，如果将其浓度增加一倍，而其他条件不变，吸光度是多少？

23. 有一标准 Fe^{3+} 溶液，浓度为 7.80μg·mL^{-1}，其吸光度为 0.430，有一待测液在同一条件下测得的吸光度为 0.660，求待测溶液中铁的含量（mg·L^{-1}）。

24. 0.44mg Fe^{3+} 以硫氰酸盐显色后用水稀释到 250.00mL，用 1cm 比色杯在波长 480nm 处测得吸光度 $A=0.74$，求摩尔吸光系数 ε。

25. 用磺基水杨酸法测得 Fe^{3+} 的一组工作曲线数据如下，用计算器或计算机求 a、b、r。

溶液序号	标1	标2	标3	标4	标5	标6	未知液
浓度/($mg \cdot 50mL^{-1}$)	0.10	0.20	0.30	0.40	0.50	0.60	0.34
吸光度 A	0.097	0.2000	0.304	0.408	0.510	0.613	0.350

26. 用普通分光光度法测定某一浓度为 c_s 的标准溶液吸光度 $A_s = 0.699$，测定未知液的吸光度 $A_x = 1.00$。再用示差分光光度法测定上述未知液，用上述标准液作参比。

(1) 用差示法测定未知液的吸光度应为多少？

(2) 在两种测量方法中，标准液和未知液的透光率各为多少？

(3) 差示法和普通法相比较，读数标尺放大多少倍？

参 考 文 献

高鸿.1991.分析化学前沿.北京：科学出版社
华中师范大学，东北师范大学，陕西师范大学，等.2011.分析化学(上册).4版.北京：高等教育出版社
李连仲.1991.岩石矿物分析(第一分册).北京：地质出版社
李生泉.2008.分析化学.北京：中国农业大学出版社
李树奎，郭信森，王禄增，等.1993.分析化学实验技术.沈阳：辽宁科学技术出版社
李晓燕，张元勤，杨孝容.2012.分析化学.北京：科学出版社
刘约权，李贵深.2005.实验化学(上、下册).2版.北京：高等教育出版社
汪尔康.1999.21世纪的分析化学.北京：科学出版社
武汉大学，吉林大学，中山大学，等.1985.分析化学.2版.北京：高等教育出版社
徐宝荣，王芬.2008.分析化学.2版.北京：中国农业出版社
徐维鑑，李婉坤，韩文宗.1993.工业分析无机化学(上册).武汉：中国地质大学出版社
赵士铎.2001.定量分析简明教程.北京：中国农业大学出版社
赵士铎.2008.定量分析简明教程.2版.北京：中国农业大学出版社
周培根，袁春莲，张桓武.1993.分析化学.沈阳：辽宁科学技术出版社

附 录

附录 1　弱酸、弱碱的离解常数

1. 无机酸在水溶液中的离解常数（25℃）

名称	化学式	K_a	pK_a
偏铝酸	$HAlO_2$	6.3×10^{-13}	12.2
亚砷酸	H_3AsO_3	6.0×10^{-10}	9.22
砷酸	H_3AsO_4	$6.3\times10^{-3}\,(K_{a1})$	2.2
		$1.05\times10^{-7}\,(K_{a2})$	6.98
		$3.2\times10^{-12}\,(K_{a3})$	11.5
硼酸	H_3BO_3	$5.8\times10^{-10}\,(K_{a1})$	9.24
		$1.8\times10^{-13}\,(K_{a2})$	12.74
		$1.6\times10^{-14}\,(K_{a3})$	13.8
次溴酸	$HBrO$	2.4×10^{-9}	8.62
氢氰酸	HCN	6.2×10^{-10}	9.21
碳酸	H_2CO_3	$4.2\times10^{-7}\,(K_{a1})$	6.38
		$5.6\times10^{-11}\,(K_{a2})$	10.25
次氯酸	$HClO$	3.2×10^{-8}	7.5
氢氟酸	HF	6.61×10^{-4}	3.18
锗酸	H_2GeO_3	$1.7\times10^{-9}\,(K_{a1})$	8.78
		$1.9\times10^{-13}\,(K_{a2})$	12.72
高碘酸	HIO_4	2.8×10^{-2}	1.56
亚硝酸	HNO_2	5.1×10^{-4}	3.29
次磷酸	H_3PO_2	5.9×10^{-2}	1.23
亚磷酸	H_3PO_3	$5.0\times10^{-2}\,(K_{a1})$	1.3
		$2.5\times10^{-7}\,(K_{a2})$	6.6
磷酸	H_3PO_4	$7.52\times10^{-3}\,(K_{a1})$	2.12
		$6.31\times10^{-8}\,(K_{a2})$	7.2
		$4.4\times10^{-13}\,(K_{a3})$	12.36

续表

名称	化学式	K_a	pK_a
焦磷酸	$H_4P_2O_7$	$3.0 \times 10^{-2} (K_{a1})$	1.52
		$4.4 \times 10^{-3} (K_{a2})$	2.36
		$2.5 \times 10^{-7} (K_{a3})$	6.6
		$5.6 \times 10^{-10} (K_{a4})$	9.25
氢硫酸	H_2S	$1.3 \times 10^{-7} (K_{a1})$	6.88
		$7.1 \times 10^{-15} (K_{a2})$	14.15
亚硫酸	H_2SO_3	$1.23 \times 10^{-2} (K_{a1})$	1.91
		$6.6 \times 10^{-8} (K_{a2})$	7.18
硫酸	H_2SO_4	$1.0 \times 10^{3} (K_{a1})$	-3
		$1.02 \times 10^{-2} (K_{a2})$	1.99
硫代硫酸	$H_2S_2O_3$	$2.52 \times 10^{-1} (K_{a1})$	0.6
		$1.9 \times 10^{-2} (K_{a2})$	1.72
氢硒酸	H_2Se	$1.3 \times 10^{-4} (K_{a1})$	3.89
		$1.0 \times 10^{-11} (K_{a2})$	11
亚硒酸	H_2SeO_3	$2.7 \times 10^{-3} (K_{a1})$	2.57
		$2.5 \times 10^{-7} (K_{a2})$	6.6
硒酸	H_2SeO_4	$1 \times 10^{3} (K_{a1})$	−3
		$1.2 \times 10^{-2} (K_{a2})$	1.92
硅酸	H_2SiO_3	$1.7 \times 10^{-10} (K_{a1})$	9.77
		$1.6 \times 10^{-12} (K_{a2})$	11.8
亚碲酸	H_2TeO_3	$2.7 \times 10^{-3} (K_{a1})$	2.57
		$1.8 \times 10^{-8} (K_{a2})$	7.74

2. 有机酸在水溶液中的离解常数(25℃)

名称	化学式	K_a	pK_a
甲酸	HCOOH	1.8×10^{-4}	3.75
乙酸	CH_3COOH	1.74×10^{-5}	4.76
乙醇酸	$CH_2(OH)COOH$	1.48×10^{-4}	3.83
乙二酸	$(COOH)_2$	$5.4 \times 10^{-2} (K_{a1})$	1.27
		$5.4 \times 10^{-5} (K_{a2})$	4.27
甘氨酸	$CH_2(NH_2)COOH$	1.7×10^{-10}	9.78
一氯乙酸	$CH_2ClCOOH$	1.4×10^{-3}	2.86

续表

名称	化学式	K_a	pK_a
二氯乙酸	$CHCl_2COOH$	5.0×10^{-2}	1.3
三氯乙酸	CCl_3COOH	2.0×10^{-1}	0.7
丙酸	CH_3CH_2COOH	1.35×10^{-5}	4.87
丙烯酸	$CH_2=CHCOOH$	5.5×10^{-5}	4.26
乳酸(丙醇酸)	$CH_3CHOHCOOH$	1.4×10^{-4}	3.86
丙二酸	$HOOCCH_2COOH$	$1.4 \times 10^{-3} (K_{a1})$	2.85
		$2.2 \times 10^{-6} (K_{a2})$	5.66
丙炔酸	$HC \equiv CCOOH$	1.29×10^{-2}	1.89
甘油酸	$HOCH_2CHOHCOOH$	2.29×10^{-4}	3.64
丙酮酸	$CH_3COCOOH$	3.2×10^{-3}	2.49
α-丙胺酸	$CH_3CH(NH_2)COOH$	1.35×10^{-10}	9.87
β-丙胺酸	$CH_2(NH_2)CH_2COOH$	4.4×10^{-11}	10.36
正丁酸	$CH_3(CH_2)_2COOH$	1.52×10^{-5}	4.82
异丁酸	$(CH_3)_2CHCOOH$	1.41×10^{-5}	4.85
3-丁烯酸	$CH_2=CHCH_2COOH$	2.1×10^{-5}	4.68
异丁烯酸	$CH_2=C(CH_3)COOH$	2.2×10^{-5}	4.66
反丁烯二酸(富马酸)	$HOOCCH=CHCOOH$	$9.3 \times 10^{-4} (K_{a1})$	3.03
		$3.6 \times 10^{-5} (K_{a2})$	4.44
顺丁烯二酸(马来酸)	$HOOCCH=CHCOOH$	$1.2 \times 10^{-2} (K_{a1})$	1.92
		$5.9 \times 10^{-7} (K_{a2})$	6.23
酒石酸	$HOOCCH(OH)CH(OH)COOH$	$1.04 \times 10^{-3} (K_{a1})$	2.98
		$4.55 \times 10^{-5} (K_{a2})$	4.34
正戊酸	$CH_3(CH_2)_3COOH$	1.4×10^{-5}	4.86
异戊酸	$(CH_3)_2CHCH_2COOH$	1.67×10^{-5}	4.78
2-戊烯酸	$CH_3CH_2CH=CHCOOH$	2.0×10^{-5}	4.7
3-戊烯酸	$CH_3CH=CHCH_2COOH$	3.0×10^{-5}	4.52
4-戊烯酸	$CH_2=CHCH_2CH_2COOH$	2.10×10^{-5}	4.677
戊二酸	$HOOC(CH_2)_3COOH$	$1.7 \times 10^{-4} (K_{a1})$	3.77
		$8.3 \times 10^{-7} (K_{a2})$	6.08
谷氨酸	$HOOCCH_2CH_2CH(NH_2)COOH$	$7.4 \times 10^{-3} (K_{a1})$	2.13
		$4.9 \times 10^{-5} (K_{a2})$	4.31
		$4.4 \times 10^{-10} (K_{a3})$	9.358

续表

名称	化学式	K_a	pK_a
正己酸	$CH_3(CH_2)_4COOH$	1.39×10^{-5}	4.86
异己酸	$(CH_3)_2CH(CH_2)_3COOH$	1.43×10^{-5}	4.85
(E)-2-己烯酸	$CH_3(CH_2)_2CH=CHCOOH$	1.8×10^{-5}	4.74
(E)-3-己烯酸	$CH_3CH_2CH=CHCH_2COOH$	1.9×10^{-5}	4.72
己二酸	$HOOCCH_2CH_2CH_2CH_2COOH$	$3.8 \times 10^{-5} (K_{a1})$	4.42
		$3.9 \times 10^{-6} (K_{a2})$	5.41
柠檬酸	$HOOCCH_2C(OH)(COOH)CH_2COOH$	$7.4 \times 10^{-4} (K_{a1})$	3.13
		$1.7 \times 10^{-5} (K_{a2})$	4.76
		$4.0 \times 10^{-7} (K_{a3})$	6.4
苯酚	C_6H_5OH	1.1×10^{-10}	9.96
邻苯二酚	$o\text{-}C_6H_4(OH)_2$	3.6×10^{-10}	9.45
		1.6×10^{-13}	12.8
间苯二酚	$m\text{-}C_6H_4(OH)_2$	$3.6 \times 10^{-10} (K_{a1})$	9.3
		$8.71 \times 10^{-12} (K_{a2})$	11.06
对苯二酚	$p\text{-}C_6H_4(OH)_2$	1.1×10^{-10}	9.96
2,4,6-三硝基苯酚	$2,4,6\text{-}(NO_2)_3C_6H_2OH$	5.1×10^{-1}	0.29
葡萄糖酸	$CH_2OH(CHOH)_4COOH$	1.4×10^{-4}	3.86
苯甲酸	C_6H_5COOH	6.3×10^{-5}	4.2
水杨酸	$C_6H_4(OH)COOH$	$1.05 \times 10^{-3} (K_{a1})$	2.98
		$4.17 \times 10^{-13} (K_{a2})$	12.38
邻硝基苯甲酸	$o\text{-}NO_2C_6H_4COOH$	6.6×10^{-3}	2.18
间硝基苯甲酸	$m\text{-}NO_2C_6H_4COOH$	3.5×10^{-4}	3.46
对硝基苯甲酸	$p\text{-}NO_2C_6H_4COOH$	3.6×10^{-4}	3.44
邻苯二甲酸	$o\text{-}C_6H_4(COOH)_2$	$1.1 \times 10^{-3} (K_{a1})$	2.96
		$4.0 \times 10^{-6} (K_{a2})$	5.4
间苯二甲酸	$m\text{-}C_6H_4(COOH)_2$	$2.4 \times 10^{-4} (K_{a1})$	3.62
		$2.5 \times 10^{-5} (K_{a2})$	4.6
对苯二甲酸	$p\text{-}C_6H_4(COOH)_2$	$2.9 \times 10^{-4} (K_{a1})$	3.54
		$3.5 \times 10^{-5} (K_{a2})$	4.46
1,3,5-苯三甲酸	$C_6H_3(COOH)_3$	$7.6 \times 10^{-3} (K_{a1})$	2.12
		$7.9 \times 10^{-5} (K_{a2})$	4.1
		$6.6 \times 10^{-6} (K_{a3})$	5.18

续表

名称	化学式	K_a	pK_a
苯基六羧酸	$C_6(COOH)_6$	$2.1\times10^{-1}(K_{a1})$	0.68
		$6.2\times10^{-3}(K_{a2})$	2.21
		$3.0\times10^{-4}(K_{a3})$	3.52
		$8.1\times10^{-6}(K_{a4})$	5.09
		$4.8\times10^{-7}(K_{a5})$	6.32
		$3.2\times10^{-8}(K_{a6})$	7.49
癸二酸	$HOOC(CH_2)_8COOH$	$2.6\times10^{-5}(K_{a1})$	4.59
		$2.6\times10^{-6}(K_{a2})$	5.59
乙二胺四乙酸(EDTA)	$CH_2-N(CH_2COOH)_2$ $\|$ $CH_2-N(CH_2COOH)_2$	$1.0\times10^{-2}(K_{a1})$	2
		$2.14\times10^{-3}(K_{a2})$	2.67
		$6.92\times10^{-7}(K_{a3})$	6.16
		$5.5\times10^{-11}(K_{a4})$	10.26

3. 无机碱在水溶液中的离解常数(25℃)

名称	化学式	K_b	pK_b
氢氧化铝	$Al(OH)_3$	$1.38\times10^{-9}(K_{b3})$	8.86
氢氧化银	$AgOH$	1.10×10^{-4}	3.96
氢氧化钙	$Ca(OH)_2$	$3.72\times10^{-3}(K_{b1})$	2.43
		$3.98\times10^{-2}(K_{b2})$	1.4
氨水	NH_3+H_2O	1.78×10^{-5}	4.75
肼(联胺)	$N_2H_4+H_2O$	$9.55\times10^{-7}(K_{b1})$	6.02
		$1.26\times10^{-15}(K_{b2})$	14.9
羟胺	NH_2OH+H_2O	9.12×10^{-9}	8.04
氢氧化铅	$Pb(OH)_2$	$9.55\times10^{-4}(K_{b1})$	3.02
		$3.0\times10^{-8}(K_{b2})$	7.52
氢氧化锌	$Zn(OH)_2$	9.55×10^{-4}	3.02

4. 有机碱在水溶液中的离解常数(25℃)

名称	化学式	K_b	pK_b
甲胺	CH_3NH_2	4.17×10^{-4}	3.38
尿素(脲)	$CO(NH_2)_2$	1.5×10^{-14}	13.82
乙胺	$CH_3CH_2NH_2$	4.27×10^{-4}	3.37
乙醇胺	$H_2N(CH_2)_2OH$	3.16×10^{-5}	4.5
乙二胺	$H_2N(CH_2)_2NH_2$	$8.51\times10^{-5}(K_{b1})$	4.07
		$7.08\times10^{-8}(K_{b2})$	7.15
二甲胺	$(CH_3)_2NH$	5.89×10^{-4}	3.23
三甲胺	$(CH_3)_3N$	6.31×10^{-5}	4.2
三乙胺	$(C_2H_5)_3N$	5.25×10^{-4}	3.28
丙胺	$C_3H_7NH_2$	3.70×10^{-4}	3.432
异丙胺	$i\text{-}C_3H_7NH_2$	4.37×10^{-4}	3.36
1,3-丙二胺	$NH_2(CH_2)_3NH_2$	$2.95\times10^{-4}(K_{b1})$	3.53
		$3.09\times10^{-6}(K_{b2})$	5.51
1,2-丙二胺	$CH_3CH(NH_2)CH_2NH_2$	$5.25\times10^{-5}(K_{b1})$	4.28
		$4.05\times10^{-8}(K_{b2})$	7.393
三丙胺	$(CH_3CH_2CH_2)_3N$	4.57×10^{-4}	3.34
三乙醇胺	$(HOCH_2CH_2)_3N$	5.75×10^{-7}	6.24
丁胺	$C_4H_9NH_2$	4.37×10^{-4}	3.36
异丁胺	$i\text{-}C_4H_9NH_2$	2.57×10^{-4}	3.59
叔丁胺	$t\text{-}C_4H_9NH_2$	4.84×10^{-4}	3.315
己胺	$CH_3(CH_2)_5NH_2$	4.37×10^{-4}	3.36
辛胺	$CH_3(CH_2)_7NH_2$	4.47×10^{-4}	3.35
苯胺	$C_6H_5NH_2$	3.98×10^{-10}	9.4
苄胺	C_7H_9N	2.24×10^{-5}	4.65
环己胺	$C_6H_{11}NH_2$	4.37×10^{-4}	3.36
吡啶	C_5H_5N	1.48×10^{-9}	8.83
六亚甲基四胺	$(CH_2)_6N_4$	1.35×10^{-9}	8.87
2-氯酚	C_6H_5ClO	3.55×10^{-6}	5.45
3-氯酚	C_6H_5ClO	1.26×10^{-5}	4.9
4-氯酚	C_6H_5ClO	2.69×10^{-5}	4.57

续表

名称	化学式	K_b	pK_b
邻氨基苯酚	$o\text{-}H_2NC_6H_4OH$	5.2×10^{-5}	4.28
		1.9×10^{-5}	4.72
间氨基苯酚	$m\text{-}H_2NC_6H_4OH$	7.4×10^{-5}	4.13
		6.8×10^{-5}	4.17
对氨基苯酚	$p\text{-}H_2NC_6H_4OH$	2.0×10^{-4}	3.7
		3.2×10^{-6}	5.5
邻甲苯胺	$o\text{-}CH_3C_6H_4NH_2$	2.82×10^{-10}	9.55
间甲苯胺	$m\text{-}CH_3C_6H_4NH_2$	5.13×10^{-10}	9.29
对甲苯胺	$p\text{-}CH_3C_6H_4NH_2$	1.20×10^{-9}	8.92
8-羟基喹啉(20℃)	$8\text{-}HOC_9H_6N$	6.5×10^{-5}	4.19
二苯胺	$(C_6H_5)_2NH$	7.94×10^{-14}	13.1
联苯胺	$H_2NC_6H_4C_6H_4NH_2$	$5.01\times10^{-10}\,(K_{b1})$	9.3
		$4.27\times10^{-11}\,(K_{b2})$	10.37

附录2　常用难溶电解质的溶度积常数

化合物	化学式	温度/℃	K_{sp}
无水氢氧化铝	$Al(OH)_3$	20	1.9×10^{-33}
		25	3×10^{-34}
三水合氢氧化铝	$Al(OH)_3\cdot3H_2O$	20	4×10^{-13}
		25	3.7×10^{-13}
磷酸铝	$AlPO_4$	25	9.84×10^{-21}
溴酸钡	$Ba(BrO_3)_2$	25	2.43×10^{-4}
碳酸钡	$BaCO_3$	16	7×10^{-9}
		25	8.1×10^{-9}
铬酸钡	$BaCrO_4$	28	2.4×10^{-10}
氟化钡	BaF_2	25.8	1.73×10^{-6}
二水合碘酸钡	$Ba(IO_3)_2\cdot2H_2O$	25	6.5×10^{-10}
一水合乙二酸钡	$BaC_2O_4\cdot2H_2O$	18	1.2×10^{-7}

续表

化合物	化学式	温度/℃	K_{sp}
硫酸钡	$BaSO_4$	18	0.87×10^{-10}
		25	1.08×10^{-10}
		50	1.98×10^{-10}
氢氧化铍	$Be(OH)_2$	25	6.92×10^{-22}
碳酸镉	$CdCO_3$	25	1.0×10^{-12}
氢氧化镉	$Cd(OH)_2$	25	7.2×10^{-15}
三水合乙二酸镉	$CdC_2O_4 \cdot 3H_2O$	18	1.53×10^{-8}
磷酸镉	$Cd_3(PO_4)_2$	25	2.53×10^{-33}
硫化镉	CdS	18	3.6×10^{-29}
碳酸钙(方解石)	$CaCO_3$	15	0.99×10^{-8}
		25	0.87×10^{-8}
		18~25	4.8×10^{-9}
铬酸钙	$CaCrO_4$	18	2.3×10^{-2}
氟化钙	CaF_2	18	3.4×10^{-11}
		25	3.95×10^{-11}
氢氧化钙	$Ca(OH)_2$	18~25	8×10^{-6}
		25	5.02×10^{-6}
六水合碘酸钙	$Ca(IO_3)_2 \cdot 6H_2O$	18	6.44×10^{-7}
一水合乙二酸钙	$CaC_2O_4 \cdot H_2O$	18	1.78×10^{-9}
		25	2.57×10^{-9}
磷酸钙	$Ca_3(PO_4)_2$	25	2.07×10^{-33}
硫酸钙	$CaSO_4$	10	6.1×10^{-5}
		25	4.93×10^{-5}
二水合酒石酸钙	$CaC_4H_4O_6 \cdot 2H_2O$	18	7.7×10^{-7}
氢氧化亚铬	$Cr(OH)_2$	25	2×10^{-16}
氢氧化铬	$Cr(OH)_3$	25	6.3×10^{-31}
氢氧化钴	$Co(OH)_2$	25	1.6×10^{-15}
硫化钴	CoS	18	3×10^{-26}
		18~25	10^{-21}
碳酸铜	$CuCO_3$	25	1×10^{-10}

续表

化合物	化学式	温度/℃	K_{sp}
氢氧化铜	$Cu(OH)_2$	18~25	6×10^{-20}
		25	4.8×10^{-20}
碘酸铜	$Cu(IO_3)_2$	25	1.4×10^{-7}
乙二酸铜	CuC_2O_4	25	2.87×10^{-8}
硫化铜	CuS	18	8.5×10^{-45}
溴化亚铜	$CuBr$	18~20	4.15×10^{-8}
氯化亚铜	$CuCl$	18~20	1.02×10^{-6}
氢氧化亚铜（与氧化亚铜平衡）	$CuOH$	25	2×10^{-15}
碘化亚铜	CuI	18~20	5.06×10^{-12}
硫化亚铜	Cu_2S	16~18	2×10^{-47}
硫氰化亚铜	$CuSCN$	18	1.64×10^{-11}
氢氧化铁	$Fe(OH)_3$	18	1.1×10^{-36}
碳酸亚铁	$FeCO_3$	18~25	2×10^{-11}
氢氧化亚铁	$Fe(OH)_2$	18	1.64×10^{-14}
		25	$1\times10^{-15};8.0\times10^{-16}$
乙二酸亚铁	FeC_2O_4	25	2.1×10^{-7}
硫化亚铁	FeS	18	3.7×10^{-19}
溴化铅	$PbBr_2$	25	$6.3\times10^{-6};6.60\times10^{-6}$
碳酸铅	$PbCO_3$	18	3.3×10^{-14}
铬酸铅	$PbCrO_4$	18	1.77×10^{-14}
氯化铅	$PbCl_2$	25.2	1.0×10^{-4}
		18~25	1.7×10^{-5}
氟化铅	PbF_2	18	3.2×10^{-8}
		26.6	3.7×10^{-8}
氢氧化铅	$Pb(OH)_2$	25	$1\times10^{-16};1.43\times10^{-20}$
碘酸铅	$Pb(IO_3)_2$	18	1.2×10^{-13}
		25.8	2.6×10^{-13}
碘化铅	PbI_2	15	7.47×10^{-9}
		25	1.39×10^{-8}

续表

化合物	化学式	温度/℃	K_{sp}
乙二酸铅	PbC_2O_4	18	2.74×10^{-11}
硫酸铅	$PbSO_4$	18	1.6×10^{-8}
硫化铅	PbS	18	3.4×10^{-28}
碳酸锂	Li_2CO_3	25	1.7×10^{-3}
氟化锂	LiF	25	1.84×10^{-3}
磷酸锂	Li_3PO_4	25	2.37×10^{-4}
磷酸铵镁	$MgNH_4PO_4$	25	2.5×10^{-13}
碳酸镁	$MgCO_3$	12	2.6×10^{-5}
氟化镁	MgF_2	18	7.1×10^{-9}
		25	6.4×10^{-9}
氢氧化镁	$Mg(OH)_2$	18	1.2×10^{-11}
乙二酸镁	MgC_2O_4	18	8.57×10^{-5}
碳酸锰	$MnCO_3$	18~25	9×10^{-11}
氢氧化锰	$Mn(OH)_2$	18	4×10^{-14}
硫化锰(粉色)	MnS	18	1.4×10^{-15}
硫化锰(绿色)	MnS	25	10^{-22}
溴化汞	$HgBr_2$	25	8×10^{-20}
氯化汞	$HgCl_2$	25	2.6×10^{-15}
氢氧化汞(与氧化汞平衡)	$Hg(OH)_2$	25	3.6×10^{-26}
碘化汞	HgI_2	25	3.2×10^{-29}
硫化汞	HgS	18	$4 \times 10^{-53}; 2 \times 10^{-49}$
溴化亚汞	Hg_2Br_2	25	1.3×10^{-21}
氯化亚汞	Hg_2Cl_2	25	2×10^{-18}
碘化亚汞	Hg_2I_2	25	1.2×10^{-28}
硫酸亚汞	Hg_2SO_4	25	$6 \times 10^{-7}; 6.5 \times 10^{-7}$
氢氧化镍	$Ni(OH)_2$	25	5.48×10^{-16}
硫化镍	NiS	18	1.4×10^{-24}
		18~25	10^{-27}
		18~25	10^{-21}

续表

化合物	化学式	温度/℃	K_{sp}
酒石酸钾	$KHC_4H_4O_6$	18	3.8×10^{-4}
高氯酸钾	$KClO_4$	25	1.05×10^{-2}
高碘酸钾	KIO_4	25	3.71×10^{-4}
乙酸银	$AgC_2H_3O_2$	16	1.82×10^{-3}
溴酸银	$AgBrO_3$	20	3.97×10^{-5}
		25	5.77×10^{-5}
溴化银	$AgBr$	18	4.1×10^{-13}
		25	7.7×10^{-13}
碳酸银	Ag_2CO_3	25	6.15×10^{-12}
氯化银	$AgCl$	4.7	0.21×10^{-10}
		9.7	0.37×10^{-10}
		25	1.56×10^{-10}
		50	13.2×10^{-10}
		100	21.5×10^{-10}
铬酸银	Ag_2CrO_4	14.8	1.2×10^{-12}
		25	9×10^{-12}
氰化银	$AgCN$	20	2.2×10^{-12}
重铬酸银	$Ag_2Cr_2O_7$	25	2×10^{-7}
氢氧化银	$AgOH$	20	1.52×10^{-8}
碘酸银	$AgIO_3$	9.4	0.92×10^{-8}
碘化银	AgI	13	0.32×10^{-16}
		25	1.5×10^{-16}
亚硝酸银	$AgNO_2$	25	5.86×10^{-4}
乙二酸银	$Ag_2C_2O_4$	25	1.3×10^{-11}
硫酸银	Ag_2SO_4	18~25	1.2×10^{-5}
硫化银	Ag_2S	18	1.6×10^{-49}
硫氰化银	$AgSCN$	18	0.49×10^{-12}
		25	1.16×10^{-12}
碳酸锶	$SrCO_3$	25	1.6×10^{-9}
铬酸锶	$SrCrO_4$	18~25	3.6×10^{-5}

续表

化合物	化学式	温度/℃	K_{sp}
氟化锶	SrF_2	18	2.8×10^{-9}
乙二酸锶	SrC_2O_4	18	5.61×10^{-8}
硫酸锶	$SrSO_4$	2.9	2.77×10^{-7}
		17.4	2.81×10^{-7}
溴化铊	$TlBr$	25	4×10^{-6}
氯化铊	$TlCl$	25	2.65×10^{-4}
硫酸铊	Tl_2SO_4	25	3.6×10^{-4}
硫氰化铊	$TlSCN$	25	2.25×10^{-4}
氢氧化锡	$Sn(OH)_2$	18~25	1×10^{-26}
		25	$5.45\times10^{-27};1.4\times10^{-28}$
硫化锡	SnS	25	10^{-28}
氢氧化锌	$Zn(OH)_2$	18~20	1.8×10^{-14}
二水合乙二酸锌	$ZnC_2O_4\cdot 2H_2O$	18	1.35×10^{-9}
硫化锌	ZnS	18	1.2×10^{-23}

附录3 配合物稳定常数

配位反应的平衡常数用配合物稳定常数表示，又称配合物形成常数。此常数值越大，说明形成的配合物越稳定。其倒数用来表示配合物的离解程度，称为配合物的不稳定常数。以下表格中，表1中除特别说明外，都是在25℃下，离子强度$I=0$；表2中离子强度都是在有限的范围内，$I\approx 0$。表中β_n表示累积稳定常数。

1. 金属-无机配位体配合物的稳定常数

配位体	金属离子	配位体数目 n	$\lg\beta_n$
NH_3	Ag^+	1,2	3.24,7.05
	Au^{3+}	4	10.3
	Cd^{2+}	1,2,3,4,5,6	2.65,4.75,6.19,7.12,6.80,5.14
	Co^{2+}	1,2,3,4,5,6	2.11,3.74,4.79,5.55,5.73,5.11
	Co^{3+}	1,2,3,4,5,6	6.7,14.0,20.1,25.7,30.8,35.2
	Cu^+	1,2	5.93,10.86

续表

配位体	金属离子	配位体数目 n	$\lg\beta_n$
NH_3	Cu^{2+}	1,2,3,4,5	4.31,7.98,11.02,13.32,12.86
	Fe^{2+}	1,2	1.4,2.2
	Hg^{2+}	1,2,3,4	8.8,17.5,18.5,19.28
	Mn^{2+}	1,2	0.8,1.3
	Ni^{2+}	1,2,3,4,5,6	2.80,5.04,6.77,7.96,8.71,8.74
	Pd^{2+}	1,2,3,4	9.6,18.5,26.0,32.8
	Pt^{2+}	6	35.3
	Zn^{2+}	1,2,3,4	2.37,4.81,7.31,9.46
Br^-	Ag^+	1,2,3,4	4.38,7.33,8.00,8.73
	Bi^{3+}	1,2,3,4,5,6	2.37,4.20,5.90,7.30,8.20,8.30
	Cd^{2+}	1,2,3,4	1.75,2.34,3.32,3.70
	Ce^{3+}	1	0.42
	Cu^+	2	5.89
	Cu^{2+}	1	0.30
	Hg^{2+}	1,2,3,4	9.05,17.32,19.74,21.00
	In^{3+}	1,2	1.30,1.88
	Pb^{2+}	1,2,3,4	1.77,2.60,3.00,2.30
	Pd^{2+}	1,2,3,4	5.17,9.42,12.70,14.90
	Rh^{3+}	2,3,4,5,6	14.3,16.3,17.6,18.4,17.2
	Sc^{3+}	1,2	2.08,3.08
	Sn^{2+}	1,2,3	1.11,1.81,1.46
	Tl^{3+}	1,2,3,4,5,6	9.7,16.6,21.2,23.9,29.2,31.6
	U^{4+}	1	0.18
	Y^{3+}	1	1.32
Cl^-	Ag^+	1,2,4	3.04,5.04,5.30
	Bi^{3+}	1,2,3,4	2.44,4.7,5.0,5.6
	Cd^{2+}	1,2,3,4	1.95,2.50,2.60,2.80
	Co^{3+}	1	1.42
	Cu^+	2,3	5.5,5.7
	Cu^{2+}	1,2	0.1,0.6
	Fe^{2+}	1	1.17
	Fe^{3+}	2	9.8
	Hg^{2+}	1,2,3,4	6.74,13.22,14.07,15.07
	In^{3+}	1,2,3,4	1.62,2.44,1.70,1.60
	Pb^{2+}	1,2,3	1.42,2.23,3.23

续表

配位体	金属离子	配位体数目 n	$\lg\beta_n$
Cl^-	Pd^{2+}	1,2,3,4	6.1,10.7,13.1,15.7
	Pt^{2+}	2,3,4	11.5,14.5,16.0
	Sb^{3+}	1,2,3,4	2.26,3.49,4.18,4.72
	Sn^{2+}	1,2,3,4	1.51,2.24,2.03,1.48
	Tl^{3+}	1,2,3,4	8.14,13.60,15.78,18.00
	Th^{4+}	1,2	1.38,0.38
	Zn^{2+}	1,2,3,4	0.43,0.61,0.53,0.20
	Zr^{4+}	1,2,3,4	0.9,1.3,1.5,1.2
CN^-	Ag^+	2,3,4	21.1,21.7,20.6
	Au^{3+}	2	38.3
	Cd^{2+}	1,2,3,4	5.48,10.60,15.23,18.78
	Cu^+	2,3,4	24.0,28.59,30.30
	Fe^{2+}	6	35.0
	Fe^{3+}	6	42.0
	Hg^{2+}	4	41.4
	Ni^{2+}	4	31.3
	Zn^{2+}	1,2,3,4	5.3,11.70,16.70,21.60
F^-	Al^{3+}	1,2,3,4,5,6	6.11,11.12,15.00,18.00,19.40,19.80
	Be^{2+}	1,2,3,4	4.99,8.80,11.60,13.10
	Bi^{3+}	1	1.42
	Co^{2+}	1	0.4
	Cr^{3+}	1,2,3	4.36,8.70,11.20
	Cu^{2+}	1	0.9
	Fe^{2+}	1	0.8
	Fe^{3+}	1,2,3,5	5.28,9.30,12.06,15.77
	Ga^{3+}	1,2,3	4.49,8.00,10.50
	Hf^{4+}	1,2,3,4,5,6	9.0,16.5,23.1,28.8,34.0,38.0
	Hg^{2+}	1	1.03
	In^{3+}	1,2,3,4	3.70,6.40,8.60,9.80
	Mg^{2+}	1	1.30
	Mn^{2+}	1	5.48
	Ni^{2+}	1	0.50
	Pb^{2+}	1,2	1.44,2.54
	Sb^{3+}	1,2,3,4	3.0,5.7,8.3,10.9
	Sn^{2+}	1,2,3	4.08,6.68,9.50

续表

配位体	金属离子	配位体数目 n	$\lg\beta_n$
F^-	Th^{4+}	1,2,3,4	8.44,15.08,19.80,23.20
	TiO^{2+}	1,2,3,4	5.4,9.8,13.7,18.0
	Zn^{2+}	1	0.78
	Zr^{4+}	1,2,3,4,5,6	9.4,17.2,23.7,29.5,33.5,38.3
I^-	Ag^+	1,2,3	6.58,11.74,13.68
	Bi^{3+}	1,4,5,6	3.63,14.95,16.80,18.80
	Cd^{2+}	1,2,3,4	2.10,3.43,4.49,5.41
	Cu^+	2	8.85
	Fe^{3+}	1	1.88
	Hg^{2+}	1,2,3,4	12.87,23.82,27.60,29.83
	Pb^{2+}	1,2,3,4	2.00,3.15,3.92,4.47
	Pd^{2+}	4	24.5
	Tl^+	1,2,3	0.72,0.90,1.08
	Tl^{3+}	1,2,3,4	11.41,20.88,27.60,31.82
OH^-	Ag^+	1,2	2.0,3.99
	Al^{3+}	1,4	9.27,33.03
	As^{3+}	1,2,3,4	14.33,18.73,20.60,21.20
	Be^{2+}	1,2,3	9.7,14.0,15.2
	Bi^{3+}	1,2,4	12.7,15.8,35.2
	Ca^{2+}	1	1.3
	Cd^{2+}	1,2,3,4	4.17,8.33,9.02,8.62
	Ce^{3+}	1	4.6
	Ce^{4+}	1,2	13.28,26.46
	Co^{2+}	1,2,3,4	4.3,8.4,9.7,10.2
	Cr^{3+}	1,2,4	10.1,17.8,29.9
	Cu^{2+}	1,2,3,4	7.0,13.68,17.00,18.5
	Fe^{2+}	1,2,3,4	5.56,9.77,9.67,8.58
	Fe^{3+}	1,2,3	11.87,21.17,29.67
	Hg^{2+}	1,2,3	10.6,21.8,20.9
	In^{3+}	1,2,3,4	10.0,20.2,29.6,38.9
	Mg^{2+}	1	2.58
	Mn^{2+}	1,3	3.9,8.3
	Ni^{2+}	1,2,3	4.97,8.55,11.33
	Pa^{4+}	1,2,3,4	14.04,27.84,40.7,51.4
	Pb^{2+}	1,2,3	7.82,10.85,14.58

续表

配位体	金属离子	配位体数目 n	$\lg\beta_n$
OH^-	Pd^{2+}	1,2	13.0,25.8
	Sb^{3+}	2,3,4	24.3,36.7,38.3
	Sc^{3+}	1	8.9
	Sn^{2+}	1	10.4
	Th^{3+}	1,2	12.86,25.37
	Ti^{3+}	1	12.71
	Zn^{2+}	1,2,3,4	4.40,11.30,14.14,17.66
	Zr^{4+}	1,2,3,4	14.3,28.3,41.9,55.3
NO_3^-	Ba^{2+}	1	0.92
	Bi^{3+}	1	1.26
	Ca^{2+}	1	0.28
	Cd^{2+}	1	0.40
	Fe^{3+}	1	1.0
	Hg^{2+}	1	0.35
	Pb^{2+}	1	1.18
	Tl^+	1	0.33
	Tl^{3+}	1	0.92
$P_2O_7^{4-}$	Ba^{2+}	1	4.6
	Ca^{2+}	1	4.6
	Cd^{3+}	1	5.6
	Co^{2+}	1	6.1
	Cu^{2+}	1,2	6.7,9.0
	Hg^{2+}	2	12.38
	Mg^{2+}	1	5.7
	Ni^{2+}	1,2	5.8,7.4
	Pb^{2+}	1,2	7.3,10.15
	Zn^{2+}	1,2	8.7,11.0
SCN^-	Ag^+	1,2,3,4	4.6,7.57,9.08,10.08
	Bi^{3+}	1,2,3,4,5,6	1.67,3.00,4.00,4.80,5.50,6.10
	Cd^{2+}	1,2,3,4	1.39,1.98,2.58,3.6
	Cr^{3+}	1,2	1.87,2.98
	Cu^+	1,2	12.11,5.18
	Cu^{2+}	1,2	1.90,3.00
	Fe^{3+}	1,2,3,4,5,6	2.21,3.64,5.00,6.30,6.20,6.10
	Hg^{2+}	1,2,3,4	9.08,16.86,19.70,21.70

续表

配位体	金属离子	配位体数目 n	$\lg\beta_n$
SCN⁻	Ni^{2+}	1,2,3	1.18,1.64,1.81
	Pb^{2+}	1,2,3	0.78,0.99,1.00
	Sn^{2+}	1,2,3	1.17,1.77,1.74
	Th^{4+}	1,2	1.08,1.78
	Zn^{2+}	1,2,3,4	1.33,1.91,2.00,1.60
$S_2O_3^{2-}$	Ag^+	1,2	8.82,13.46
	Cd^{2+}	1,2	3.92,6.44
	Cu^+	1,2,3	10.27,12.22,13.84
	Fe^{3+}	1	2.10
	Hg^{2+}	2,3,4	29.44,31.90,33.24
	Pb^{2+}	2,3	5.13,6.35
SO_4^{2-}	Ag^+	1	1.3
	Ba^{2+}	1	2.7
	Bi^{3+}	1,2,3,4,5	1.98,3.41,4.08,4.34,4.60
	Fe^{3+}	1,2	4.04,5.38
	Hg^{2+}	1,2	1.34,2.40
	In^{3+}	1,2,3	1.78,1.88,2.36
	Ni^{2+}	1	2.4
	Pb^{2+}	1	2.75
	Pr^{3+}	1,2	3.62,4.92
	Th^{4+}	1,2	3.32,5.50
	Zr^{4+}	1,2,3	3.79,6.64,7.77

2. 金属-有机配位体配合物的稳定常数

配位体	金属离子	配位体数目 n	$\lg\beta_n$
乙二胺四乙酸(EDTA) [(HOOCCH₂)₂NCH₂]₂	Ag^+	1	7.32
	Al^{3+}	1	16.11
	Ba^{2+}	1	7.78
	Be^{2+}	1	9.3
	Bi^{3+}	1	22.8
	Ca^{2+}	1	11.0
	Cd^{2+}	1	16.4
	Co^{2+}	1	16.31

续表

配位体	金属离子	配位体数目 n	$\lg\beta_n$
乙二胺四乙酸(EDTA) [(HOOCCH$_2$)$_2$NCH$_2$]$_2$	Co^{3+}	1	36.0
	Cr^{3+}	1	23.0
	Cu^{2+}	1	18.7
	Fe^{2+}	1	14.83
	Fe^{3+}	1	24.23
	Ga^{3+}	1	20.25
	Hg^{2+}	1	21.80
	In^{3+}	1	24.95
	Li$^+$	1	2.79
	Mg^{2+}	1	8.64
	Mn^{2+}	1	13.8
	Mo(V)	1	6.36
	Na$^+$	1	1.66
	Ni^{2+}	1	18.56
	Pb^{2+}	1	18.3
	Pd^{2+}	1	18.5
	Sc^{2+}	1	23.1
	Sn^{2+}	1	22.1
	Sr^{2+}	1	8.80
	Th^{4+}	1	23.2
	TiO^{2+}	1	17.3
	Tl^{3+}	1	22.5
	U^{4+}	1	17.50
	VO^{2+}	1	18.0
	Y^{3+}	1	18.32
	Zn^{2+}	1	16.4
	Zr^{4+}	1	19.4
乙酸(acetic acid) CH$_3$COOH	Ag$^+$	1,2	0.73,0.64
	Ba^{2+}	1	0.41
	Ca^{2+}	1	0.6
	Cd^{2+}	1,2,3	1.5,2.3,2.4
	Ce^{3+}	1,2,3,4	1.68,2.69,3.13,3.18
	Co^{2+}	1,2	1.5,1.9
	Cr^{3+}	1,2,3	4.63,7.08,9.60

续表

配位体	金属离子	配位体数目 n	$\lg\beta_n$
乙酸(acetic acid) CH$_3$COOH	Cu^{2+}(20℃)	1,2	2.16,3.20
	In^{3+}	1,2,3,4	3.50,5.95,7.90,9.08
	Mn^{2+}	1,2	9.84,2.06
	Ni^{2+}	1,2	1.12,1.81
	Pb^{2+}	1,2,3,4	2.52,4.0,6.4,8.5
	Sn^{2+}	1,2,3	3.3,6.0,7.3
	Tl^{3+}	1,2,3,4	6.17,11.28,15.10,18.3
	Zn^{2+}	1	1.5
乙酰丙酮(acetyl acetone) CH$_3$COCH$_2$COCH$_3$	Al^{3+}(30℃)	1,2	8.6,15.5
	Cd^{2+}	1,2	3.84,6.66
	Co^{2+}	1,2	5.40,9.54
	Cr^{2+}	1,2	5.96,11.7
	Cu^{2+}	1,2	8.27,16.34
	Fe^{2+}	1,2	5.07,8.67
	Fe^{3+}	1,2,3	11.4,22.1,26.7
	Hg^{2+}	2	21.5
	Mg^{2+}	1,2	3.65,6.27
	Mn^{2+}	1,2	4.24,7.35
	Mn^{3+}	3	3.86
	Ni^{2+}(20℃)	1,2,3	6.06,10.77,13.09
	Pb^{2+}	2	6.32
	Pd^{2+}(30℃)	1,2	16.2,27.1
	Th^{4+}	1,2,3,4	8.8,16.2,22.5,26.7
	Ti^{3+}	1,2,3	10.43,18.82,24.90
	V^{2+}	1,2,3	5.4,10.2,14.7
	Zn^{2+}(30℃)	1,2	4.98,8.81
	Zr^{4+}	1,2,3,4	8.4,16.0,23.2,30.1
乙二酸(oxalic acid) HOOCCOOH	Ag$^+$	1	2.41
	Al^{3+}	1,2,3	7.26,13.0,16.3
	Ba^{2+}	1	2.31
	Ca^{2+}	1	3.0
	Cd^{2+}	1,2	3.52,5.77
	Co^{2+}	1,2,3	4.79,6.7,9.7
	Cu^{2+}	1,2	6.23,10.27

续表

配位体	金属离子	配位体数目 n	$\lg\beta_n$
乙二酸(oxalic acid) HOOCCOOH	Fe^{2+}	1,2,3	2.9,4.52,5.22
	Fe^{3+}	1,2,3	9.4,16.2,20.2
	Hg^{2+}	1	9.66
	Hg_2^{2+}	2	6.98
	Mg^{2+}	1,2	3.43,4.38
	Mn^{2+}	1,2	3.97,5.80
	Mn^{3+}	1,2,3	9.98,16.57,19.42
	Ni^{2+}	1,2,3	5.3,7.64,~8.5
	Pb^{2+}	1,2	4.91,6.76
	Sc^{3+}	1,2,3,4	6.86,11.31,14.32,16.70
	Th^{4+}	4	24.48
	Zn^{2+}	1,2,3	4.89,7.60,8.15
	Zr^{4+}	1,2,3,4	9.80,17.14,20.86,21.15
乳酸(lactic acid) $CH_3CHOHCOOH$	Ba^{2+}	1	0.64
	Ca^{2+}	1	1.42
	Cd^{2+}	1	1.70
	Co^{2+}	1	1.90
	Cu^{2+}	1,2	3.02,4.85
	Fe^{3+}	1	7.1
	Mg^{2+}	1	1.37
	Mn^{2+}	1	1.43
	Ni^{2+}	1	2.22
	Pb^{2+}	1,2	2.40,3.80
	Sc^{2+}	1	5.2
	Th^{4+}	1	5.5
	Zn^{2+}	1,2	2.20,3.75
水杨酸(salicylic acid) $C_6H_4(OH)COOH$	Al^{3+}	1	14.11
	Cd^{2+}	1	5.55
	Co^{2+}	1,2	6.72,11.42
	Cr^{2+}	1,2	8.4,15.3
	Cu^{2+}	1,2	10.60,18.45
	Fe^{2+}	1,2	6.55,11.25
	Mn^{2+}	1,2	5.90,9.80
	Ni^{2+}	1,2	6.95,11.75

续表

配位体	金属离子	配位体数目 n	$\lg\beta_n$
水杨酸(salicylic acid) $C_6H_4(OH)COOH$	Th^{4+}	1,2,3,4	4.25,7.60,10.05,11.60
	TiO^{2+}	1	6.09
	V^{2+}	1	6.3
	Zn^{2+}	1	6.85
磺基水杨酸(5-sulfosalicylic acid) $HO_3SC_6H_3(OH)COOH$	$Al^{3+}(0.1mol\cdot L^{-1})$	1,2,3	13.20,22.83,28.89
	$Be^{2+}(0.1mol\cdot L^{-1})$	1,2	11.71,20.81
	$Cd^{2+}(0.1mol\cdot L^{-1})$	1,2	16.68,29.08
	$Co^{2+}(0.1mol\cdot L^{-1})$	1,2	6.13,9.82
	$Cr^{3+}(0.1mol\cdot L^{-1})$	1	9.56
	$Cu^{2+}(0.1mol\cdot L^{-1})$	1,2	9.52,16.45
	$Fe^{2+}(0.1mol\cdot L^{-1})$	1,2	5.9,9.9
	$Fe^{3+}(0.1mol\cdot L^{-1})$	1,2,3	14.64,25.18,32.12
	$Mn^{2+}(0.1mol\cdot L^{-1})$	1,2	5.24,8.24
	$Ni^{2+}(0.1mol\cdot L^{-1})$	1,2	6.42,10.24
	$Zn^{2+}(0.1mol\cdot L^{-1})$	1,2	6.05,10.65
酒石酸(tartaric acid) $(HOOCCHOH)_2$	Ba^{2+}	2	1.62
	Bi^{3+}	3	8.30
	Ca^{2+}	1,2	2.98,9.01
	Cd^{2+}	1	2.8
	Co^{2+}	1	2.1
	Cu^{2+}	1,2,3,4	3.2,5.11,4.78,6.51
	Fe^{3+}	1	7.49
	Hg^{2+}	1	7.0
	Mg^{2+}	2	1.36
	Mn^{2+}	1	2.49
	Ni^{2+}	1	2.06
	Pb^{2+}	1,3	3.78,4.7
	Sn^{2+}	1	5.2
	Zn^{2+}	1,2	2.68,8.32
丁二酸(butanedioic acid) $HOOCCH_2CH_2COOH$	Ba^{2+}	1	2.08
	Be^{2+}	1	3.08
	Ca^{2+}	1	2.0
	Cd^{2+}	1	2.2

续表

配位体	金属离子	配位体数目 n	$\lg\beta_n$
丁二酸 (butanedioic acid) HOOCCH$_2$CH$_2$COOH	Co^{2+}	1	2.22
	Cu^{2+}	1	3.33
	Fe^{3+}	1	7.49
	Hg^{2+}	2	7.28
	Mg^{2+}	1	1.20
	Mn^{2+}	1	2.26
	Ni^{2+}	1	2.36
	Pb^{2+}	1	2.8
	Zn^{2+}	1	1.6
硫脲 (thiourea) H$_2$NCSNH$_2$	Ag$^+$	1,2	7.4,13.1
	Bi^{3+}	6	11.9
	Cd^{2+}	1,2,3,4	0.6,1.6,2.6,4.6
	Cu$^+$	3,4	13.0,15.4
	Hg^{2+}	2,3,4	22.1,24.7,26.8
	Pb^{2+}	1,2,3,4	1.4,3.1,4.7,8.3
乙二胺 (ethyoene diamine) H$_2$NCH$_2$CH$_2$NH$_2$	Ag$^+$	1,2	4.70,7.70
	Cd^{2+}(20℃)	1,2,3	5.47,10.09,12.09
	Co^{2+}	1,2,3	5.91,10.64,13.94
	Co^{3+}	1,2,3	18.7,34.9,48.69
	Cr^{2+}	1,2	5.15,9.19
	Cu$^+$	2	10.8
	Cu^{2+}	1,2,3	10.67,20.0,21.0
	Fe^{2+}	1,2,3	4.34,7.65,9.70
	Hg^{2+}	1,2	14.3,23.3
	Mg^{2+}	1	0.37
	Mn^{2+}	1,2,3	2.73,4.79,5.67
	Ni^{2+}	1,2,3	7.52,13.84,18.33
	Pd^{2+}	2	26.90
	V^{2+}	1,2	4.6,7.5
	Zn^{2+}	1,2,3	5.77,10.83,14.11
吡啶 (pyridine) C$_5$H$_5$N	Ag$^+$	1,2	1.97,4.35
	Cd^{2+}	1,2,3,4	1.40,1.95,2.27,2.50
	Co^{2+}	1,2	1.14,1.54
	Cu^{2+}	1,2,3,4	2.59,4.33,5.93,6.54

续表

配位体	金属离子	配位体数目 n	$\lg\beta_n$
吡啶(pyridine) C_5H_5N	Fe^{2+}	1	0.71
	Hg^{2+}	1,2,3	5.1,10.0,10.4
	Mn^{2+}	1,2,3,4	1.92,2.77,3.37,3.50
	Zn^{2+}	1,2,3,4	1.41,1.11,1.61,1.93
甘氨酸(glycin) H_2NCH_2COOH	Ag^+	1,2	3.41,6.89
	Ba^{2+}	1	0.77
	Ca^{2+}	1	1.38
	Cd^{2+}	1,2	4.74,8.60
	Co^{2+}	1,2,3	5.23,9.25,10.76
	Cu^{2+}	1,2,3	8.60,15.54,16.27
	Fe^{2+}(20℃)	1,2	4.3,7.8
	Hg^{2+}	1,2	10.3,19.2
	Mg^{2+}	1,2	3.44,6.46
	Mn^{2+}	1,2	3.6,6.6
	Ni^{2+}	1,2,3	6.18,11.14,15.0
	Pb^{2+}	1,2	5.47,8.92
	Pd^{2+}	1,2	9.12,17.55
	Zn^{2+}	1,2	5.52,9.96
2-甲基-8-羟基喹啉 （50%二噁烷） (8-hydroxy-2-methyl quinoline)	Cd^{2+}	1,2,3	9.00,9.00,16.60
	Ce^{3+}	1	7.71
	Co^{2+}	1,2	9.63,18.50
	Cu^{2+}	1,2	12.48,24.00
	Fe^{2+}	1,2	8.75,17.10
	Mg^{2+}	1,2	5.24,9.64
	Mn^{2+}	1,2	7.44,13.99
	Ni^{2+}	1,2	9.41,17.76
	Pb^{2+}	1,2	10.30,18.50
	UO_2^{2+}	1,2	9.4,17.0
	Zn^{2+}	1,2	9.82,18.72

附录4 常用标准电极电势

1. 在酸性溶液中(298K)

电对	方程式	$E^{\ominus}/V$
Li(Ⅰ)-(0)	$Li^+ + e^- \Longleftrightarrow Li$	−3.0401
Cs(Ⅰ)-(0)	$Cs^+ + e^- \Longleftrightarrow Cs$	−3.026
Rb(Ⅰ)-(0)	$Rb^+ + e^- \Longleftrightarrow Rb$	−2.98
K(Ⅰ)-(0)	$K^+ + e^- \Longleftrightarrow K$	−2.931
Ba(Ⅱ)-(0)	$Ba^{2+} + 2e^- \Longleftrightarrow Ba$	−2.912
Sr(Ⅱ)-(0)	$Sr^{2+} + 2e^- \Longleftrightarrow Sr$	−2.89
Ca(Ⅱ)-(0)	$Ca^{2+} + 2e^- \Longleftrightarrow Ca$	−2.868
Na(Ⅰ)-(0)	$Na^+ + e^- \Longleftrightarrow Na$	−2.71
La(Ⅲ)-(0)	$La^{3+} + 3e^- \Longleftrightarrow La$	−2.379
Mg(Ⅱ)-(0)	$Mg^{2+} + 2e^- \Longleftrightarrow Mg$	−2.372
Ce(Ⅲ)-(0)	$Ce^{3+} + 3e^- \Longleftrightarrow Ce$	−2.336
H(0)-(−Ⅰ)	$H_2(g) + 2e^- \Longleftrightarrow 2H^-$	−2.23
Al(Ⅲ)-(0)	$AlF_6^{3-} + 3e^- \Longleftrightarrow Al + 6F^-$	−2.069
Th(Ⅳ)-(0)	$Th^{4+} + 4e^- \Longleftrightarrow Th$	−1.899
Be(Ⅱ)-(0)	$Be^{2+} + 2e^- \Longleftrightarrow Be$	−1.847
U(Ⅲ)-(0)	$U^{3+} + 3e^- \Longleftrightarrow U$	−1.798
Hf(Ⅳ)-(0)	$HfO^{2+} + 2H^+ + 4e^- \Longleftrightarrow Hf + H_2O$	−1.724
Al(Ⅲ)-(0)	$Al^{3+} + 3e^- \Longleftrightarrow Al$	−1.662
Ti(Ⅱ)-(0)	$Ti^{2+} + 2e^- \Longleftrightarrow Ti$	−1.630
Zr(Ⅳ)-(0)	$ZrO_2 + 4H^+ + 4e^- \Longleftrightarrow Zr + 2H_2O$	−1.553
Si(Ⅳ)-(0)	$[SiF_6]^{2-} + 4e^- \Longleftrightarrow Si + 6F^-$	−1.24
Mn(Ⅱ)-(0)	$Mn^{2+} + 2e^- \Longleftrightarrow Mn$	−1.185
Cr(Ⅱ)-(0)	$Cr^{2+} + 2e^- \Longleftrightarrow Cr$	−0.913
Ti(Ⅲ)-(Ⅱ)	$Ti^{3+} + e^- \Longleftrightarrow Ti^{2+}$	−0.9
B(Ⅲ)-(0)	$H_3BO_3 + 3H^+ + 3e^- \Longleftrightarrow B + 3H_2O$	−0.8698
*Ti(Ⅳ)-(0)	$TiO_2 + 4H^+ + 4e^- \Longleftrightarrow Ti + 2H_2O$	−0.86

续表

电对	方程式	$E^{\ominus}$/V
Te(0)-(-II)	$Te+2H^++2e^-\rightleftharpoons H_2Te$	−0.793
Zn(II)-(0)	$Zn^{2+}+2e^-\rightleftharpoons Zn$	−0.7618
Ta(V)-(0)	$Ta_2O_5+10H^++10e^-\rightleftharpoons 2Ta+5H_2O$	−0.750
Cr(III)-(0)	$Cr^{3+}+3e^-\rightleftharpoons Cr$	−0.744
Nb(V)-(0)	$Nb_2O_5+10H^++10e^-\rightleftharpoons 2Nb+5H_2O$	−0.644
As(0)-(-III)	$As+3H^++3e^-\rightleftharpoons AsH_3$	−0.608
U(IV)-(III)	$U^{4+}+e^-\rightleftharpoons U^{3+}$	−0.607
Ga(III)-(0)	$Ga^{3+}+3e^-\rightleftharpoons Ga$	−0.549
P(I)-(0)	$H_3PO_2+H^++e^-\rightleftharpoons P+2H_2O$	−0.508
P(III)-(I)	$H_3PO_3+2H^++2e^-\rightleftharpoons H_3PO_2+H_2O$	−0.499
*C(IV)-(III)	$2CO_2+2H^++2e^-\rightleftharpoons H_2C_2O_4$	−0.49
Fe(II)-(0)	$Fe^{2+}+2e^-\rightleftharpoons Fe$	−0.447
Cr(III)-(II)	$Cr^{3+}+e^-\rightleftharpoons Cr^{2+}$	−0.407
Cd(II)-(0)	$Cd^{2+}+2e^-\rightleftharpoons Cd$	−0.4030
Se(0)-(-II)	$Se+2H^++2e^-\rightleftharpoons H_2Se(aq)$	−0.399
Pb(II)-(0)	$PbI_2+2e^-\rightleftharpoons Pb+2I^-$	−0.365
Eu(III)-(II)	$Eu^{3+}+e^-\rightleftharpoons Eu^{2+}$	−0.36
Pb(II)-(0)	$PbSO_4+2e^-\rightleftharpoons Pb+SO_4^{2-}$	−0.3588
In(III)-(0)	$In^{3+}+3e^-\rightleftharpoons In$	−0.3382
Tl(I)-(0)	$Tl^++e^-\rightleftharpoons Tl$	−0.336
Co(II)-(0)	$Co^{2+}+2e^-\rightleftharpoons Co$	−0.28
P(V)-(III)	$H_3PO_4+2H^++2e^-\rightleftharpoons H_3PO_3+H_2O$	−0.276
Pb(II)-(0)	$PbCl_2+2e^-\rightleftharpoons Pb+2Cl^-$	−0.2675
Ni(II)-(0)	$Ni^{2+}+2e^-\rightleftharpoons Ni$	−0.257
V(III)-(II)	$V^{3+}+e^-\rightleftharpoons V^{2+}$	−0.255
Ge(IV)-(0)	$H_2GeO_3+4H^++4e^-\rightleftharpoons Ge+3H_2O$	−0.182
Ag(I)-(0)	$AgI+e^-\rightleftharpoons Ag+I^-$	−0.15224
Sn(II)-(0)	$Sn^{2+}+2e^-\rightleftharpoons Sn$	−0.1375
Pb(II)-(0)	$Pb^{2+}+2e^-\rightleftharpoons Pb$	−0.1262
*C(IV)-(II)	$CO_2(g)+2H^++2e^-\rightleftharpoons CO+H_2O$	−0.12

续表

电对	方程式	$E^{\ominus}/V$
P(0)-(-Ⅲ)	$P(白)+3H^++3e^-\rightleftharpoons PH_3(g)$	−0.063
Hg(Ⅰ)-(0)	$Hg_2I_2+2e^-\rightleftharpoons 2Hg+2I^-$	−0.0405
Fe(Ⅲ)-(0)	$Fe^{3+}+3e^-\rightleftharpoons Fe$	−0.037
H(Ⅰ)-(0)	$2H^++2e^-\rightleftharpoons H_2$	0.0000
Ag(Ⅰ)-(0)	$AgBr+e^-\rightleftharpoons Ag+Br^-$	0.07133
S(Ⅱ,Ⅴ)-(Ⅱ)	$S_4O_6^{2-}+2e^-\rightleftharpoons 2S_2O_3^{2-}$	0.08
*Ti(Ⅳ)-(Ⅲ)	$TiO^{2+}+2H^++e^-\rightleftharpoons Ti^{3+}+H_2O$	0.1
S(0)-(-Ⅱ)	$S+2H^++2e^-\rightleftharpoons H_2S(aq)$	0.142
Sn(Ⅳ)-(Ⅱ)	$Sn^{4+}+2e^-\rightleftharpoons Sn^{2+}$	0.151
Sb(Ⅲ)-(0)	$Sb_2O_3+6H^++6e^-\rightleftharpoons 2Sb+3H_2O$	0.152
Cu(Ⅱ)-(Ⅰ)	$Cu^{2+}+e^-\rightleftharpoons Cu^+$	0.153
Bi(Ⅲ)-(0)	$BiOCl+2H^++3e^-\rightleftharpoons Bi+Cl^-+H_2O$	0.1583
S(Ⅵ)-(Ⅳ)	$SO_4^{2-}+4H^++2e^-\rightleftharpoons H_2SO_3+H_2O$	0.172
Sb(Ⅲ)-(0)	$SbO^++2H^++3e\rightleftharpoons Sb+H_2O$	0.212
Ag(Ⅰ)-(0)	$AgCl+e^-\rightleftharpoons Ag+Cl^-$	0.22233
As(Ⅲ)-(0)	$HAsO_2+3H^++3e^-\rightleftharpoons As+2H_2O$	0.248
Hg(Ⅰ)-(0)	$Hg_2Cl_2+2e^-\rightleftharpoons 2Hg+2Cl^-$（饱和 KCl）	0.26808
Bi(Ⅲ)-(0)	$BiO^++2H^++3e^-\rightleftharpoons Bi+H_2O$	0.320
U(Ⅵ)-(Ⅳ)	$UO_2^{2+}+4H^++2e^-\rightleftharpoons U^{4+}+2H_2O$	0.327
C(Ⅳ)-(Ⅲ)	$2HCNO+2H^++2e^-\rightleftharpoons (CN)_2+2H_2O$	0.330
V(Ⅳ)-(Ⅲ)	$VO^{2+}+2H^++e^-\rightleftharpoons V^{3+}+H_2O$	0.337
Cu(Ⅱ)-(0)	$Cu^{2+}+2e^-\rightleftharpoons Cu$	0.3419
Re(Ⅶ)-(0)	$ReO_4^-+8H^++7e^-\rightleftharpoons Re+4H_2O$	0.368
Ag(Ⅰ)-(0)	$Ag_2CrO_4+2e^-\rightleftharpoons 2Ag+CrO_4^{2-}$	0.4470
S(Ⅳ)-(0)	$H_2SO_3+4H^++4e^-\rightleftharpoons S+3H_2O$	0.449
Cu(Ⅰ)-(0)	$Cu^++e^-\rightleftharpoons Cu$	0.521
I(0)-(-Ⅰ)	$I_2+2e^-\rightleftharpoons 2I^-$	0.5355
I(0)-(-Ⅰ)	$I_3^-+2e^-\rightleftharpoons 3I^-$	0.536
As(Ⅴ)-(Ⅲ)	$H_3AsO_4+2H^++2e^-\rightleftharpoons HAsO_2+2H_2O$	0.560

续表

电对	方程式	$E^{\ominus}$/V
Sb(V)-(III)	$Sb_2O_5+6H^++4e^-\rightleftharpoons 2SbO^++3H_2O$	0.581
Te(IV)-(0)	$TeO_2+4H^++4e^-\rightleftharpoons Te+2H_2O$	0.593
U(V)-(IV)	$UO_2^++4H^++e^-\rightleftharpoons U^{4+}+2H_2O$	0.612
Hg(II)-(I)	$2HgCl_2+2e^-\rightleftharpoons Hg_2Cl_2+2Cl^-$	0.63
Pt(IV)-(II)	$[PtCl_6]^{2-}+2e^-\rightleftharpoons [PtCl_4]^{2-}+2Cl^-$	0.68
O(0)-(-I)	$O_2+2H^++2e^-\rightleftharpoons H_2O_2$	0.695
Pt(II)-(0)	$[PtCl_4]^{2-}+2e^-\rightleftharpoons Pt+4Cl^-$	0.755
*Se(IV)-(0)	$H_2SeO_3+4H^++4e^-\rightleftharpoons Se+3H_2O$	0.74
Fe(III)-(II)	$Fe^{3+}+e^-\rightleftharpoons Fe^{2+}$	0.771
Hg(I)-(0)	$Hg_2^{2+}+2e^-\rightleftharpoons 2Hg$	0.7973
Ag(I)-(0)	$Ag^++e^-\rightleftharpoons Ag$	0.7996
Os(VIII)-(0)	$OsO_4+8H^++8e^-\rightleftharpoons Os+4H_2O$	0.8
N(V)-(IV)	$2NO_3^-+4H^++2e^-\rightleftharpoons N_2O_4+2H_2O$	0.803
Hg(II)-(0)	$Hg^{2+}+2e^-\rightleftharpoons Hg$	0.851
Si(IV)-(0)	$SiO_2(石英)+4H^++4e^-\rightleftharpoons Si+2H_2O$	0.857
Cu(II)-(I)	$Cu^{2+}+I^-+e^-\rightleftharpoons CuI$	0.86
N(III)-(I)	$2HNO_2+4H^++4e^-\rightleftharpoons H_2N_2O_2+2H_2O$	0.86
Hg(II)-(I)	$2Hg^{2+}+2e^-\rightleftharpoons Hg_2^{2+}$	0.920
N(V)-(III)	$NO_3^-+3H^++2e^-\rightleftharpoons HNO_2+H_2O$	0.934
Pd(II)-(0)	$Pd^{2+}+2e^-\rightleftharpoons Pd$	0.951
N(V)-(II)	$NO_3^-+4H^++3e^-\rightleftharpoons NO+2H_2O$	0.957
N(III)-(II)	$HNO_2+H^++e^-\rightleftharpoons NO+H_2O$	0.983
I(I)-(-I)	$HIO+H^++2e^-\rightleftharpoons I^-+H_2O$	0.987
V(V)-(IV)	$VO_2^++2H^++e^-\rightleftharpoons VO^{2+}+H_2O$	0.991
V(V)-(IV)	$[V(OH)_4]^++2H^++e^-\rightleftharpoons VO^{2+}+3H_2O$	1.00
Au(III)-(0)	$[AuCl_4]^-+3e^-\rightleftharpoons Au+4Cl^-$	1.002
Te(VI)-(IV)	$H_6TeO_6+2H^++2e^-\rightleftharpoons TeO_2+4H_2O$	1.02
N(IV)-(II)	$N_2O_4+4H^++4e^-\rightleftharpoons 2NO+2H_2O$	1.035
N(IV)-(III)	$N_2O_4+2H^++2e^-\rightleftharpoons 2HNO_2$	1.065

续表

电对	方程式	$E^{\ominus}/V$
I(V)-(-I)	$IO_3^-+6H^++6e^-\rightleftharpoons I^-+3H_2O$	1.085
Br(0)-(-I)	$Br_2(aq)+2e^-\rightleftharpoons 2Br^-$	1.0873
Se(VI)-(IV)	$SeO_4^{2-}+4H^++2e^-\rightleftharpoons H_2SeO_3+H_2O$	1.151
Cl(V)-(IV)	$ClO_3^-+2H^++e^-\rightleftharpoons ClO_2+H_2O$	1.152
Pt(II)-(0)	$Pt^{2+}+2e^-\rightleftharpoons Pt$	1.18
Cl(VII)-(V)	$ClO_4^-+2H^++2e^-\rightleftharpoons ClO_3^-+H_2O$	1.189
I(V)-(0)	$2IO_3^-+12H^++10e^-\rightleftharpoons I_2+6H_2O$	1.195
Cl(V)-(III)	$ClO_3^-+3H^++2e^-\rightleftharpoons HClO_2+H_2O$	1.214
Mn(IV)-(II)	$MnO_2+4H^++2e^-\rightleftharpoons Mn^{2+}+2H_2O$	1.224
O(0)-(-II)	$O_2+4H^++4e^-\rightleftharpoons 2H_2O$	1.229
Tl(III)-(I)	$Tl^{3+}+2e^-\rightleftharpoons Tl^+$	1.252
Cl(IV)-(III)	$ClO_2+H^++e^-\rightleftharpoons HClO_2$	1.277
N(III)-(I)	$2HNO_2+4H^++4e^-\rightleftharpoons N_2O+3H_2O$	1.297
Cr(VI)-(III)	$Cr_2O_7^{2-}+14H^++6e^-\rightleftharpoons 2Cr^{3+}+7H_2O$	1.33
Br(I)-(-I)	$HBrO+H^++2e^-\rightleftharpoons Br^-+H_2O$	1.331
Cr(VI)-(III)	$HCrO_4^-+7H^++3e^-\rightleftharpoons Cr^{3+}+4H_2O$	1.350
Cl(0)-(-I)	$Cl_2(g)+2e^-\rightleftharpoons 2Cl^-$	1.35827
Cl(VII)-(-I)	$ClO_4^-+8H^++8e^-\rightleftharpoons Cl^-+4H_2O$	1.389
Cl(VII)-(0)	$ClO_4^-+8H^++7e^-\rightleftharpoons 1/2Cl_2+4H_2O$	1.39
Au(III)-(I)	$Au^{3+}+2e^-\rightleftharpoons Au^+$	1.401
Br(V)-(-I)	$BrO_3^-+6H^++6e^-\rightleftharpoons Br^-+3H_2O$	1.423
I(I)-(0)	$2HIO+2H^++2e^-\rightleftharpoons I_2+2H_2O$	1.439
Cl(V)-(-I)	$ClO_3^-+6H^++6e^-\rightleftharpoons Cl^-+3H_2O$	1.451
Pb(IV)-(II)	$PbO_2+4H^++2e^-\rightleftharpoons Pb^{2+}+2H_2O$	1.455
Cl(V)-(0)	$ClO_3^-+6H^++5e^-\rightleftharpoons 1/2Cl_2+3H_2O$	1.47
Cl(I)-(-I)	$HClO+H^++2e^-\rightleftharpoons Cl^-+H_2O$	1.482
Br(V)-(0)	$BrO_3^-+6H^++5e^-\rightleftharpoons 1/2Br_2+3H_2O$	1.482
Au(III)-(0)	$Au^{3+}+3e^-\rightleftharpoons Au$	1.498
Mn(VII)-(II)	$MnO_4^-+8H^++5e^-\rightleftharpoons Mn^{2+}+4H_2O$	1.507

电对	方程式	$E^{\ominus}/V$
Mn(Ⅲ)-(Ⅱ)	$Mn^{3+}+e^-=\!=\!Mn^{2+}$	1.5415
Cl(Ⅲ)-(-Ⅰ)	$HClO_2+3H^++4e^-=\!=\!Cl^-+2H_2O$	1.570
Br(Ⅰ)-(0)	$HBrO+H^++e^-=\!=\!1/2Br_2(aq)+H_2O$	1.574
N(Ⅱ)-(Ⅰ)	$2NO+2H^++2e^-=\!=\!N_2O+H_2O$	1.591
I(Ⅶ)-(Ⅴ)	$H_5IO_6+H^++2e^-=\!=\!IO_3^-+3H_2O$	1.601
Cl(Ⅰ)-(0)	$HClO+H^++e^-=\!=\!1/2Cl_2+H_2O$	1.611
Cl(Ⅲ)-(Ⅰ)	$HClO_2+2H^++2e^-=\!=\!HClO+H_2O$	1.645
Ni(Ⅳ)-(Ⅱ)	$NiO_2+4H^++2e^-=\!=\!Ni^{2+}+2H_2O$	1.678
Mn(Ⅶ)-(Ⅳ)	$MnO_4^-+4H^++3e^-=\!=\!MnO_2+2H_2O$	1.679
Pb(Ⅳ)-(Ⅱ)	$PbO_2+SO_4^{2-}+4H^++2e^-=\!=\!PbSO_4+2H_2O$	1.6913
Au(Ⅰ)-(0)	$Au^++e^-=\!=\!Au$	1.692
Ce(Ⅳ)-(Ⅲ)	$Ce^{4+}+e^-=\!=\!Ce^{3+}$	1.72
N(Ⅰ)-(0)	$N_2O+2H^++2e^-=\!=\!N_2+H_2O$	1.766
O(-Ⅰ)-(-Ⅱ)	$H_2O_2+2H^++2e^-=\!=\!2H_2O$	1.776
Co(Ⅲ)-(Ⅱ)	$Co^{3+}+e^-=\!=\!Co^{2+}$ (2mol·L^{-1}H$_2$SO$_4$)	1.83
Ag(Ⅱ)-(Ⅰ)	$Ag^{2+}+e^-=\!=\!Ag^+$	1.980
S(Ⅶ)-(Ⅵ)	$S_2O_8^{2-}+2e^-=\!=\!2SO_4^{2-}$	2.010
O(0)-(-Ⅱ)	$O_3+2H^++2e^-=\!=\!O_2+H_2O$	2.076
O(Ⅱ)-(-Ⅱ)	$F_2O+2H^++4e^-=\!=\!H_2O+2F^-$	2.153
Fe(Ⅵ)-(Ⅲ)	$FeO_4^{2-}+8H^++3e^-=\!=\!Fe^{3+}+4H_2O$	2.20
O(0)-(-Ⅱ)	$O(g)+2H^++2e^-=\!=\!H_2O$	2.421
F(0)-(-Ⅰ)	$F_2+2e^-=\!=\!2F^-$	2.866
	$F_2+2H^++2e^-=\!=\!2HF$	3.053

2. 在碱性溶液中(298K)

电对	方程式	$E^{\ominus}/V$
Ca(Ⅱ)-(0)	$Ca(OH)_2+2e^-=\!=\!Ca+2OH^-$	−3.02
Ba(Ⅱ)-(0)	$Ba(OH)_2+2e^-=\!=\!Ba+2OH^-$	−2.99

续表

电对	方程式	$E^{\ominus}/V$
La(Ⅲ)-(0)	$La(OH)_3+3e^- \rightleftharpoons La+3OH^-$	−2.90
Sr(Ⅱ)-(0)	$Sr(OH)_2 \cdot 8H_2O+2e^- \rightleftharpoons Sr+2OH^-+8H_2O$	−2.88
Mg(Ⅱ)-(0)	$Mg(OH)_2+2e^- \rightleftharpoons Mg+2OH^-$	−2.690
Be(Ⅱ)-(0)	$Be_2O_3^{2-}+3H_2O+4e^- \rightleftharpoons 2Be+6OH^-$	−2.63
Hf(Ⅳ)-(0)	$HfO(OH)_2+H_2O+4e^- \rightleftharpoons Hf+4OH^-$	−2.50
Zr(Ⅳ)-(0)	$H_2ZrO_3+H_2O+4e^- \rightleftharpoons Zr+4OH^-$	−2.36
Al(Ⅲ)-(0)	$H_2AlO_3^-+H_2O+3e^- \rightleftharpoons Al+4OH^-$	−2.33
P(Ⅰ)-(0)	$H_2PO_2^-+e^- \rightleftharpoons P+2OH^-$	−1.82
B(Ⅲ)-(0)	$H_2BO_3^-+H_2O+3e^- \rightleftharpoons B+4OH^-$	−1.79
P(Ⅲ)-(0)	$HPO_3^{2-}+2H_2O+3e^- \rightleftharpoons P+5OH^-$	−1.71
Si(Ⅳ)-(0)	$SiO_3^{2-}+3H_2O+4e^- \rightleftharpoons Si+6OH^-$	−1.697
P(Ⅲ)-(Ⅰ)	$HPO_3^{2-}+2H_2O+2e^- \rightleftharpoons H_2PO_2^-+3OH^-$	−1.65
Mn(Ⅱ)-(0)	$Mn(OH)_2+2e^- \rightleftharpoons Mn+2OH^-$	−1.56
Cr(Ⅲ)-(0)	$Cr(OH)_3+3e^- \rightleftharpoons Cr+3OH^-$	−1.48
*Zn(Ⅱ)-(0)	$[Zn(CN)_4]^{2-}+2e^- \rightleftharpoons Zn+4CN^-$	−1.26
Zn(Ⅱ)-(0)	$Zn(OH)_2+2e^- \rightleftharpoons Zn+2OH^-$	−1.249
Ga(Ⅲ)-(0)	$H_2GaO_3^-+H_2O+3e^- \rightleftharpoons Ga+4OH^-$	−1.219
Zn(Ⅱ)-(0)	$ZnO_2^{2-}+2H_2O+2e^- \rightleftharpoons Zn+4OH^-$	−1.215
Cr(Ⅲ)-(0)	$CrO_2^-+2H_2O+3e^- \rightleftharpoons Cr+4OH^-$	−1.2
Te(0)-(−Ⅱ)	$Te+2e^- \rightleftharpoons Te^{2-}$	−1.143
P(Ⅴ)-(Ⅲ)	$PO_4^{3-}+2H_2O+2e^- \rightleftharpoons HPO_3^{2-}+3OH^-$	−1.05
*Zn(Ⅱ)-(0)	$[Zn(NH_3)_4]^{2+}+2e^- \rightleftharpoons Zn+4NH_3$	−1.04
*W(Ⅵ)-(0)	$WO_4^{2-}+4H_2O+6e^- \rightleftharpoons W+8OH^-$	−1.01
*Ge(Ⅳ)-(0)	$HGeO_3^-+2H_2O+4e^- \rightleftharpoons Ge+5OH^-$	−1.0
Sn(Ⅳ)-(Ⅱ)	$[Sn(OH)_6]^{2-}+2e^- \rightleftharpoons HSnO_2^-+H_2O+3OH^-$	−0.93
S(Ⅵ)-(Ⅳ)	$SO_4^{2-}+H_2O+2e^- \rightleftharpoons SO_3^{2-}+2OH^-$	−0.93
Se(0)-(−Ⅱ)	$Se+2e^- \rightleftharpoons Se^{2-}$	−0.924
Sn(Ⅱ)-(0)	$HSnO_2^-+H_2O+2e^- \rightleftharpoons Sn+3OH^-$	−0.909
P(0)-(−Ⅲ)	$P+3H_2O+3e^- \rightleftharpoons PH_3(g)+3OH^-$	−0.87
N(Ⅴ)-(Ⅳ)	$2NO_3^-+2H_2O+2e^- \rightleftharpoons N_2O_4+4OH^-$	−0.85

续表

电对	方程式	$E^\ominus$/V
H(I)-(0)	$2H_2O+2e^- \rightleftharpoons H_2+2OH^-$	−0.8277
Cd(II)-(0)	$Cd(OH)_2+2e^- \rightleftharpoons Cd+2OH^-$	−0.809
Co(II)-(0)	$Co(OH)_2+2e^- \rightleftharpoons Co+2OH^-$	−0.73
Ni(II)-(0)	$Ni(OH)_2+2e^- \rightleftharpoons Ni+2OH^-$	−0.72
As(V)-(III)	$AsO_4^{3-}+2H_2O+2e^- \rightleftharpoons AsO_2^-+4OH^-$	−0.71
Ag(I)-(0)	$Ag_2S+2e^- \rightleftharpoons 2Ag+S^{2-}$	−0.691
As(III)-(0)	$AsO_2^-+2H_2O+3e^- \rightleftharpoons As+4OH^-$	−0.68
Sb(III)-(0)	$SbO_2^-+2H_2O+3e^- \rightleftharpoons Sb+4OH^-$	−0.66
*Re(VII)-(IV)	$ReO_4^-+2H_2O+3e^- \rightleftharpoons ReO_2+4OH^-$	−0.59
*Sb(V)-(III)	$SbO_3^-+H_2O+2e^- \rightleftharpoons SbO_2^-+2OH^-$	−0.59
Re(VII)-(0)	$ReO_4^-+4H_2O+7e^- \rightleftharpoons Re+8OH^-$	−0.584
*S(IV)-(II)	$2SO_3^{2-}+3H_2O+4e^- \rightleftharpoons S_2O_3^{2-}+6OH^-$	−0.58
Te(IV)-(0)	$TeO_3^{2-}+3H_2O+4e^- \rightleftharpoons Te+6OH^-$	−0.57
Fe(III)-(II)	$Fe(OH)_3+e^- \rightleftharpoons Fe(OH)_2+OH^-$	−0.56
S(0)-(−II)	$S+2e^- \rightleftharpoons S^{2-}$	−0.47627
Bi(III)-(0)	$Bi_2O_3+3H_2O+6e^- \rightleftharpoons 2Bi+6OH^-$	−0.46
N(III)-(II)	$NO_2^-+H_2O+e^- \rightleftharpoons NO+2OH^-$	−0.46
*Co(II)−C(0)	$[Co(NH_3)_6]^{2+}+2e^- \rightleftharpoons Co+6NH_3$	−0.422
Se(IV)-(0)	$SeO_3^{2-}+3H_2O+4e^- \rightleftharpoons Se+6OH^-$	−0.366
Cu(I)-(0)	$Cu_2O+H_2O+2e^- \rightleftharpoons 2Cu+2OH^-$	−0.360
Tl(I)-(0)	$Tl(OH)+e^- \rightleftharpoons Tl+OH^-$	−0.34
*Ag(I)-(0)	$[Ag(CN)_2]^-+e^- \rightleftharpoons Ag+2CN^-$	−0.31
Cu(II)-(0)	$Cu(OH)_2+2e^- \rightleftharpoons Cu+2OH^-$	−0.222
Cr(VI)-(III)	$CrO_4^{2-}+4H_2O+3e^- \rightleftharpoons Cr(OH)_3+5OH^-$	−0.13
*Cu(I)-(0)	$[Cu(NH_3)_2]^++e^- \rightleftharpoons Cu+2NH_3$	−0.12
O(0)-(−I)	$O_2+H_2O+2e^- \rightleftharpoons HO_2^-+OH^-$	−0.076
Ag(I)-(0)	$AgCN+e^- \rightleftharpoons Ag+CN^-$	−0.017
N(V)-(III)	$NO_3^-+H_2O+2e^- \rightleftharpoons NO_2^-+2OH^-$	0.01
Se(VI)-(IV)	$SeO_4^{2-}+H_2O+2e^- \rightleftharpoons SeO_3^{2-}+2OH^-$	0.05
Pd(II)-(0)	$Pd(OH)_2+2e^- \rightleftharpoons Pd+2OH^-$	0.07

续表

电对	方程式	$E^{\ominus}/V$
S(Ⅱ,Ⅴ)-(Ⅱ)	$S_4O_6^{2-}+2e^-=\!=\!=2S_2O_3^{2-}$	0.08
Hg(Ⅱ)-(0)	$HgO+H_2O+2e^-=\!=\!=Hg+2OH^-$	0.0977
Co(Ⅲ)-(Ⅱ)	$[Co(NH_3)_6]^{3+}+e^-=\!=\!=[Co(NH_3)_6]^{2+}$	0.108
Pt(Ⅱ)-(0)	$Pt(OH)_2+2e^-=\!=\!=Pt+2OH^-$	0.14
Co(Ⅲ)-(Ⅱ)	$Co(OH)_3+e^-=\!=\!=Co(OH)_2+OH^-$	0.17
Pb(Ⅳ)-(Ⅱ)	$PbO_2+H_2O+2e^-=\!=\!=PbO+2OH^-$	0.247
I(Ⅴ)-(-Ⅰ)	$IO_3^-+3H_2O+6e^-=\!=\!=I^-+6OH^-$	0.26
Cl(Ⅴ)-(Ⅲ)	$ClO_3^-+H_2O+2e^-=\!=\!=ClO_2^-+2OH^-$	0.33
Ag(Ⅰ)-(0)	$Ag_2O+H_2O+2e^-=\!=\!=2Ag+2OH^-$	0.342
Fe(Ⅲ)-(Ⅱ)	$[Fe(CN)_6]^{3-}+e^-=\!=\!=[Fe(CN)_6]^{4-}$	0.358
Cl(Ⅶ)-(Ⅴ)	$ClO_4^-+H_2O+2e^-=\!=\!=ClO_3^-+2OH^-$	0.36
*Ag(Ⅰ)-(0)	$[Ag(NH_3)_2]^++e^-=\!=\!=Ag+2NH_3$	0.373
O(0)-(-Ⅱ)	$O_2+2H_2O+4e^-=\!=\!=4OH^-$	0.401
I(Ⅰ)-(-Ⅰ)	$IO^-+H_2O+2e^-=\!=\!=I^-+2OH^-$	0.485
*Ni(Ⅳ)-(Ⅱ)	$NiO_2+2H_2O+2e^-=\!=\!=Ni(OH)_2+2OH^-$	0.490
Mn(Ⅶ)-(Ⅵ)	$MnO_4^-+e^-=\!=\!=MnO_4^{2-}$	0.558
Mn(Ⅶ)-(Ⅳ)	$MnO_4^-+2H_2O+3e^-=\!=\!=MnO_2+4OH^-$	0.595
Mn(Ⅵ)-(Ⅳ)	$MnO_4^{2-}+2H_2O+2e^-=\!=\!=MnO_2+4OH^-$	0.60
Ag(Ⅱ)-(Ⅰ)	$2AgO+H_2O+2e^-=\!=\!=Ag_2O+2OH^-$	0.607
Br(Ⅴ)-(-Ⅰ)	$BrO_3^-+3H_2O+6e^-=\!=\!=Br^-+6OH^-$	0.61
Cl(Ⅴ)-(-Ⅰ)	$ClO_3^-+3H_2O+6e^-=\!=\!=Cl^-+6OH^-$	0.62
Cl(Ⅲ)-(Ⅰ)	$ClO_2^-+H_2O+2e^-=\!=\!=ClO^-+2OH^-$	0.66
I(Ⅶ)-(Ⅴ)	$H_3IO_6^{2-}+2e^-=\!=\!=IO_3^-+3OH^-$	0.7
Cl(Ⅲ)-(-Ⅰ)	$ClO_2^-+2H_2O+4e^-=\!=\!=Cl^-+4OH^-$	0.76
Br(Ⅰ)-(-Ⅰ)	$BrO^-+H_2O+2e^-=\!=\!=Br^-+2OH^-$	0.761
Cl(Ⅰ)-(-Ⅰ)	$ClO^-+H_2O+2e^-=\!=\!=Cl^-+2OH^-$	0.841
*Cl(Ⅳ)-(Ⅲ)	$ClO_2(g)+e^-=\!=\!=ClO_2^-$	0.95
O(0)-(-Ⅱ)	$O_3+H_2O+2e^-=\!=\!=O_2+2OH^-$	1.24

注：摘自 Lide D R. 1997-1998. Handbook of Chemistry and Physics. 78th ed. Boca Raton: CRC Press Inc.
*摘自 Dean J A. 1985. Lange's Handbook of Chemistry. 13th ed. New York: Mc Graw Hill.